Tutorium Reaktivität und Synthese

Stefan Leisering · Christoph A. Schalley

Tutorium Reaktivität und Synthese

Mechanismen synthetisch wichtiger Reaktionen der Organischen Chemie

Stefan Leisering
Institut für Chemie und Biochemie
Freie Universität Berlin
Berlin, Deutschland

Christoph A. Schalley
Institut für Chemie und Biochemie
Freie Universität Berlin
Berlin, Deutschland

Ergänzendes Material zu diesem Buch finden Sie auf http://www.springer.com.

ISBN 978-3-662-53851-7   ISBN 978-3-662-53852-4   (eBook)
DOI 10.1007/978-3-662-53852-4

Die Deutsche Nationalbibliothek verzeichnet diese Publikation in der Deutschen Nationalbibliografie;
detaillierte bibliografische Daten sind im Internet über http://dnb.d-nb.de abrufbar.

Springer Spektrum
© Springer-Verlag GmbH Deutschland 2017

Planung: Dr. Lisa Edelhäuser

Gedruckt auf säurefreiem und chlorfrei gebleichtem Papier

Springer Spektrum ist Teil von Springer Nature
Die eingetragene Gesellschaft ist Springer-Verlag GmbH Deutschland
Die Anschrift der Gesellschaft ist: Heidelberger Platz 3, 14197 Berlin, Germany

Vorwort

Das vorliegende Buch richtet sich an Studierende der Organischen Chemie im dritten oder vierten Semester. Das Basiswissen zu grundlegenden Konzepten aus einer Grundlagenvorlesung der Organischen Chemie wird daher vorausgesetzt. An den meisten deutschen Universitäten sind diese Grundlagenvorlesungen nach Stoffklassen gegliedert. Dem liegt die Überlegung zugrunde, dass bestimmte funktionelle Gruppen eine für die jeweilige Stoffklasse typische Reaktivität bedingen, sodass sich hieraus eine Einteilung der Vielfalt der Organischen Chemie hinsichtlich Struktur und Reaktivität ableiten lässt.

In den klassischen Grundlagenvorlesungen stehen synthetische Aspekte meist nicht im Vordergrund. Komplexere Syntheseaufgaben sind späteren spezielleren Vorlesungen vorbehalten. Grundlegende Reaktionsmechanismen werden zwar behandelt, etwa die nucleophile Substitution an Halogenalkanen, die elektrophile Addition an Doppelbindungen oder die nucleophile Addition an Carbonylverbindungen. Dennoch bleibt eine genauere Diskussion der Reaktionsmechanismen in aller Regel ebenfalls späteren Vorlesungen, meist im dritten und vierten Semester, vorbehalten. An Studierende in diesen Vorlesungen richtet sich dieses Buch.

Nach der ersten Einführungsvorlesung in die Organische Chemie bleibt bei vielen Studierenden das Gefühl zurück, es mit einer großen Anzahl einzeln stehender Fakten zu tun zu haben. Viele Konzepte wurden besprochen, aber wann welches davon wie und in welcher Variante zur Anwendung zu bringen ist, erscheint zu Beginn oft mehr oder minder willkürlich. Viele Studierende behelfen sich daher damit, viele Details auswendig zu lernen; allzu oft tritt dabei aber die nötige Strukturierung des erworbenen Wissens in den Hintergrund. In der Regel bedarf es einer mehrfachen Annäherung an dasselbe Thema aus verschiedenen Blickwinkeln, bis das zugrunde liegende Konzept in seinen Konsequenzen umfassend ausgeleuchtet ist. Hierbei wird dann meist auch klar, dass die Organische Chemie eine recht systematische Disziplin ist. Eine Quervernetzung des Wissens ist hierbei hilfreich.

Die beiden Aspekte „Reaktivität" und „Synthese" miteinander zu vernetzen, ist ein Ziel dieses Tutoriums. Wir betrachten eine Vielzahl nach grundlegenden Reaktionsmechanismen gegliederter organisch-chemischer Reaktionen und wenden sie in Synthesen an. Auch wenn wir hier keine komplexen vielstufigen Naturstoffsynthesen besprechen, beschäftigen wir uns mit Syntheseaufgaben, für die trotz eines nicht sehr hohen Schwierigkeitsgrads eine Syntheseplanung eine gute Übung ist. Daher wird zu Beginn des Buchs das Konzept der Retrosynthese als ein mächtiges Werkzeug der Syntheseplanung vorgestellt. Eine der Regeln der Retrosynthese ist, möglichst nur solche retrosynthetischen Zerlegungen zu wählen, denen in der Synthese eine Reaktion mit einem sinnvollen Mechanismus gegenübersteht. Eine genaue Kenntnis der Mechanismen synthetisch wichtiger Reaktionen ist daher immer auch hilfreich für eine erfolgreiche Syntheseplanung und die Optimierung der Synthesen, sodass sich die Beziehung zwischen Reaktivität und Synthese zwanglos ergibt.

Jedes der mechanistisch orientierten Kap. 3 bis 10 beleuchtet daher auch mindestens einen synthetisch wichtigen Aspekt zusätzlich zur Umwandlung funktioneller Gruppen ineinander. Im Kap. 3 zu Radikalreaktionen ist es der Aufbau von Ringsystemen. Im Kap. 4 über nucleophile Substitutionen werden Sie stereochemische Überlegungen, insbesondere die Stereochemie steuernde Nachbargruppeneffekte, finden, die in Synthesen gezielt angewandt werden können, um ein stereochemisch definiertes Produkt zu erhalten. Im Kap. 5, in dem Additionen und Eliminierungen besprochen werden, sind ebenfalls stereochemische Aspekte wichtig, während es im Aromaten-Kap. 6 um die Steuerung der Zweitsubstitution und somit um die Erzeugung bestimmter Substitutionsmuster am aromatischen Ring geht. Die Carbonylchemie in Kap. 7 bietet die Möglichkeit, die Synthese von 1,n-dioxygenierten Verbindungen zu systematisieren, wobei das Konzept der Reaktivitätsumpolung eine wesentliche Rolle bei der Synthese geradzahliger Abstände zwischen den funktionellen Gruppen spielt. In den Kap. 8 und 9 zu Sextett-Umlagerungen und Yliden geht es um C-C-Bindungsknüpfungen in Kettenverlängerungen und umgekehrt um Kettenverkürzungen sowie die direkte Herstellung von C = C-Doppelbindungen und Dreiringsystemen. Schließlich erlauben die pericyclischen Reaktionen in Kap. 10 beispielsweise den schnellen Aufbau von Ringsystemen unter weitgehender stereochemischer Kontrolle. Damit sollten Sie für die eigenständige Lösung einiger mittelschwerer (Retro-)syntheseaufgaben in Kap. 11 vorbereitet sein.

Das vorliegende Buch ist als Tutorium gedacht, nicht als Ersatz für die gängigen Lehrbücher der Organischen Chemie. Wir haben eine größere Anzahl von Übungsaufgaben in den Text eingestreut, um einen Anreiz zu geben, das eigene Verständnis unmittelbar zu überprüfen und zu vertiefen. Jedes Kapitel endet zudem mit einem Satz Trainingsaufgaben zu mechanistischen und syntheseplanerischen Aspekten. Lösungshinweise und, wo nötig, auch die vollständigen Lösungen zu diesen Aufgaben finden Sie im Internet unter www.springer.com/978-3-662-53851-7. Wir haben die Lösungshinweise bewusst nicht immer komplett ausformuliert, weil wir der Überzeugung sind, dass ein besserer Lerneffekt erreicht wird, wenn Sie sich an den Lösungen der Aufgaben selbst versuchen. Sie sollten also zunächst probieren, die Aufgaben ohne Lösung zu bearbeiten, auch wenn dies mitunter etwas zeitaufwendiger ist. Dieser Aufwand lohnt sich aber, weil man auf dem Weg zur Lösung eine Menge lernen kann. Nur, wenn Sie gar nicht weiterkommen, sollten Sie die Lösungshinweise nachschlagen. In einigen Aufgaben werden Sie auch gebeten, etwas nachzuschlagen. Wir sind uns darüber im Klaren, dass Sie sich sehr wahrscheinlich noch in einem frühen Stadium Ihres Studiums befinden und vielleicht noch nicht mit der Suche nach Fachliteratur vertraut sind. In aller Regel sollten Sie die gewünschten Angaben im Internet oder in Lehrbüchern finden können. Dennoch können unsere Aufgaben auch ein Anreiz sein, sich mit der Suche nach Fachliteratur vertraut zu machen.

Wir hoffen, mit diesem Ansatz schon in einem frühen Stadium des Studiums der Organischen Chemie einen Eindruck zu vermitteln, wie vielfältig und spannend die Organische Chemie einerseits sein kann, wie systematisch sie andererseits aber auch ist.

Schließlich danken wir Carin Kietzmann von Herzen für die Mühe, das Manuskript Korrektur zu lesen und so manchen Fehler und manche ungelenke Formulierung auszumerzen.

Berlin, Deutschland   Stefan Leisering
im Herbst 2016   Christoph A. Schalley

Inhaltsverzeichnis

Grundlegende Konzepte

Das erste Kapitel rekapituliert einige grundlegende Konzepte der organischen Chemie und ist als kurze Wiederholung bereits gelernten Stoffs zur Vorbereitung gedacht.

- Sie wiederholen das Konzept der Hybridisierung, die Konstruktion von Molekülorbitalen über Linearkombinationen und die grafische Darstellung von Molekülorbitalen, insbesondere von konjugierten π-Systemen. Sie kennen die Bedeutung von Grenzorbitalen.
- Sie können Reaktionsmechanismen in Potenzialenergiekurven übertragen und sind sich über die Bedeutung dieser Reaktionsprofile zur Beschreibung von Reaktionsmechanismen durch Korrelation von Energie mit der Strukturveränderung im Reaktionsverlauf im Klaren.
- Sie können mit Isomerie und mesomeren Grenzformeln sicher umgehen und beherrschen sicher die Stereochemie sowie die zugrunde liegenden Symmetriebetrachtungen.

1.1 Die Konstruktion von Molekülorbitalen aus Atomorbitalen

1.1.1 Atomorbitale

Jedes Atomorbital kann mathematisch mit einer Wellenfunktion beschrieben werden. Das Quadrat der Wellenfunktion liefert die Aufenthaltswahrscheinlichkeit der Elektronen im jeweiligen Orbital. Im Prinzip sind die Orbitale unendlich ausgedehnt. Berechnet man aber z. B. den Raum, in dem sich die Elektronen mit 90 % Wahrscheinlichkeit aufhalten, erhält man räumlich ausgedehnte Gebilde mit

© Springer-Verlag GmbH Deutschland 2017
S. Leisering und C.A. Schalley, *Tutorium Reaktivität und Synthese,*
DOI 10.1007/978-3-662-53852-4_1

charakteristischer Form – etwa Kugeln bei den s-Orbitalen, Hanteln bei p-Orbitalen usw. Jedes Orbital kann mit Quantenzahlen beschrieben werden (Tab. 1.1).

Tab. 1.1 Charakterisierung von Atomorbitalen durch Atomquantenzahlen

Quantenzahl	Symbol	Mögliche Werte	Beschreibt
Hauptquantenzahl	n	1, 2, 3, 4, …	Orbitalenergien
Nebenquantenzahl	l	0, 1, 2, …, $n-1$	Orbitalenergien, räumliche Ausdehnung der Orbitale
Magnetische QZ	m	$-1, …, 0, …, 1$	
Spinquantenzahl	s	$-\frac{1}{2}, +\frac{1}{2}$	Spin der Elektronen

Da die Spinquantenzahl eines Elektrons zwei verschiedene Werte annehmen kann und die Bedingung gilt, dass sich jedes Elektron eines Atoms von allen anderen Elektronen des gleichen Atoms in mindestens einer Quantenzahl unterscheiden muss (Pauli-Prinzip), kann jedes Orbital nur mit maximal zwei Elektronen entgegengesetzten Spins aufgefüllt werden. Die Besetzung erfolgt dabei nach der Hundschen Regel, die besagt, dass energetisch gleiche Orbitale zuerst einfach besetzt werden.

Aus den Quantenzahlen ergibt sich das Aufbauprinzip des Periodensystems der Elemente, wie in Tab. 1.2 gezeigt. In der ersten Schale (n = 1) gibt es nur eine mög-

Tab. 1.2 Atomorbitale und Quantenzahlen – das Aufbauprinzip des Periodensystems

Energie	Räumlicher Bereich		Spin	Maximale Besetzung	Form[a]
Haupt-QZ	Neben-QZ	Magnetische QZ	Spin-QZ		
n = 1	l = 0 (s-Orbital)	m = 0	$-\frac{1}{2}, +\frac{1}{2}$	$1 \times 2 = 2$	
n = 2	l = 0 (s-Orbital)	m = 0	$-\frac{1}{2}, +\frac{1}{2}$	$1 \times 2 = 2$	
	l = 1 (p-Orbitale)	m = $-1, 0, +1$	$-\frac{1}{2}, +\frac{1}{2}$	$3 \times 2 = 6$	
n = 3	l = 0 (s-Orbital)	m = 0	$-\frac{1}{2}, +\frac{1}{2}$	$1 \times 2 = 2$	
	l = 1 (p-Orbitale)	m = $-1, 0, +1$	$-\frac{1}{2}, +\frac{1}{2}$	$3 \times 2 = 6$	
	l = 2 (d-Orbitale)	m = $-2, -1, 0, +1, +2$	$-\frac{1}{2}, +\frac{1}{2}$	$5 \times 2 = 10$	

[a]Die weißen und grauen Orbitallappen drücken das Vorzeichen der Wellenfunktion im jeweiligen Raumbereich aus; die Ausdehnung der einzelnen Orbitallappen ergibt sich aus dem Quadrat der Wellenfunktion und ist ein Maß für die Aufenthaltswahrscheinlichkeit der Elektronen

liche Nebenquantenzahl ($l = 0$) und entsprechend nur eine mögliche magnetische Quantenzahl ($m = 0$). Atome haben in der ersten Schale daher nur ein kugelsymmetrisches s-Orbital, das mit zwei Elektronen besetzt werden kann. Die erste Periode enthält demgemäß nur zwei Elemente: Wasserstoff und Helium. In der zweiten Schale ($n = 2$) gibt es zwei mögliche Nebenquantenzahlen ($l = 0, 1$). Entsprechend gibt es hier s- und p-Orbitale. Da die magnetische Quantenzahl von -1 bis $+1$ laufen kann, sind ein kugelsymmetrisches s-Orbital und zusätzlich drei hantelförmige p-Orbitale entlang der x-, y- und z-Achse eines Koordinatensystems durch das Atom (p_x-, p_y-, p_z-Orbitale) möglich, die nicht mehr kugel-, sondern rotationssymmetrisch zur jeweiligen Koordinatenachse sind. In der dritten Schale kommen entsprechend die fünf d-Orbitale hinzu, die noch komplexere Formen haben. Dieses Aufbauprinzip lässt sich für die höheren Valenzschalen weiter fortsetzen.

1.1.2   Hybrid-Atomorbitale

Als Konsequenz für Kohlenstoffverbindungen folgt hieraus, dass die 6 Elektronen des Kohlenstoffs in einer $1s^2 2s^2 2p^2$-Konfiguration auf die Orbitale zu verteilen wären, wobei zwei der p-Orbitale nach der Regel von Hund jeweils einfach besetzt sind. Demnach würden nur diese beiden einfach besetzten Orbitale für Bindungen zur Verfügung stehen; das Produkt wäre ein Carben (ein CH_2-Baustein mit einem freien Elektronenpaar).

Nun wissen wir, dass Kohlenstoffatome in aller Regel vier Bindungen eingehen können. Eine Möglichkeit, dies zu beschreiben, ist die sogenannte Hybridisierung von Atomorbitalen. Dabei werden beispielsweise das 2s- und die drei 2p-Orbitale miteinander zu 4 sp^3-Orbitalen gemischt (Abb. 1.1). Das mathematische Verfahren dahinter ist die Bildung von Linearkombinationen der Wellenfunktionen der s- und p-Orbitale.

Die Gesamtzahl der Orbitale muss dabei gleich bleiben. Auch die Gesamtenergie der Orbitale bleibt gleich. Man erhält aber vier neue Hybrid-Atomorbitale, die jeweils in die Ecken eines Tetraeders zeigen und so entlang der Bindungsachsen liegen. Zugleich sind alle vier Hybridorbitale energetisch gleich und werden nach der Hundschen Regel jeweils einfach besetzt. Damit ist der Kohlenstoff in der Lage, vier Bindungen zu bilden.

Die Hybridisierung ist zu einer korrekten Beschreibung der Bindungssituation am Kohlenstoff nicht zwingend erforderlich. Man kann Moleküle wie Methan auch ohne Hybridisierung korrekt beschreiben. Hybridisierung ist lediglich eine Methode, die Anschaulichkeit des Orbitalmodells zu verbessern, und ändert weder etwas an der Energie noch an der Struktur von Molekülen. Ebenso können auch andere Kombinationen von Orbitalen gewählt werden, z. B. die Hybridisierung des 2s- mit zwei 2p-Orbitalen zu drei $2sp^2$-Hybridorbitalen oder die Kombination des 2s- mit einem 2p-Orbital zu zwei $2sp$-Orbitalen. Im ersten Fall bleibt ein, im letzten Fall bleiben zwei p-Orbitale übrig. Es sollten jedoch stets nur Atomorbitale hybridisiert werden, die energetisch ähnlich sind, also in der gleichen Schale liegen und damit die gleiche Hauptquantenzahl haben.

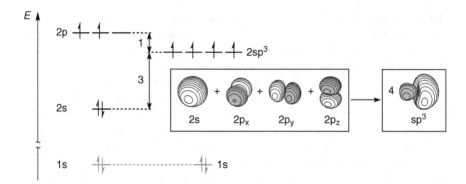

Abb. 1.1 Hybridisierung der 2s- und 2p-Orbitale zu $2sp^3$-Orbitalen mit ihren relativen energetischen Lagen. Kästen: Überlagerung des kugelsymmetrischen 2s- mit den hantelförmigen 2p-Orbitalen bewirkt eine Verzerrung der Hantel zu einem Orbital mit einem ausgedehnteren und einem kleineren Orbitallappen. Das 1s-Orbital des Kohlenstoffatoms liegt energetisch so weit unterhalb des 2s-Orbitals, dass es für eine Hybridisierung ausscheidet

1.1.3 Die LCAO-MO-Methode

Die Abkürzung LCAO-MO steht für „linear combination of atomic orbitals to molecular orbitals" und beschreibt das mathematische Verfahren, mit dessen Hilfe sich die Bildung von Bindungen von Atomen untereinander beschreiben lässt. Mit diesem Verfahren werden zunächst zwei Atomorbitale der beiden an der Bindung beteiligten Atome 1 und 2, ϕ_1 und ϕ_2, linear miteinander kombiniert. Dabei darf sich die Zahl der Orbitale nicht ändern, und man muss zwei Molekülorbitale – ein bindendes Molekülorbital ψ und ein antibindendes Orbital ψ^* – konstruieren. Dazu bildet man für das bindende Molekülorbital die Summe und für das antibindende Molekülorbital die Differenz der Atomorbitale. Die beiden Atomorbitale gehen dabei jeweils gewichtet mit einem Orbitalkoeffizienten c_n ein, der ausdrückt, welches Gewicht das jeweilige Atomorbital im Molekülorbital hat:

- Bindendes Molekülorbital: $\psi = c_1\phi_1 + c_2\phi_2$
- Antibindendes Molekülorbital: $\psi^* = c_1\phi_1 - c_2\phi_2$

Nach der Konstruktion der Molekülorbitale (MOs) werden die MOs in der Reihenfolge ansteigender Orbitalenergien und unter Beachtung der Hundschen Regel mit Elektronen gefüllt.

Für unsere Zwecke ist ein vereinfachtes grafisches Verfahren völlig ausreichend. Abb. 1.2 zeigt das Verfahren am Beispiel einer C–H-Bindung im Methan. Man geht von den beiden Atomorbitalen aus, hier also vom 1s-Orbital des Wasserstoffatoms und vom $2sp^3$-Hybridorbital des Kohlenstoffs. Bildet man die beiden Linearkombinationen, so entstehen zwei MOs. Das bindende MO liegt energetisch tiefer als die beiden Atomorbitale, das antibindende entsprechend höher. Die beiden Elektronen werden nun in das bindende Orbital gefüllt. Man erkennt sofort

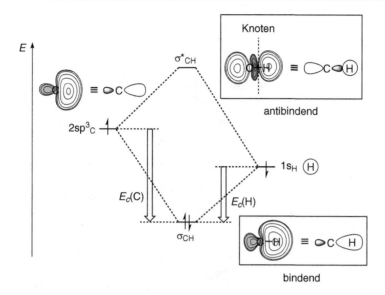

Abb. 1.2 Qualitatives MO-Schema einer C–H-Bindung. Durch Linearkombination eines sp^3- und eines s-Orbitals entstehen zwei Molekülorbitale. Im bindenden Orbital gibt es keinen, im antibindenden einen Vorzeichenwechsel entlang der C–H-Bindung. Die beiden Valenzelektronen werden unter Energiegewinn $(E_c(C) + E_c(H))$ in das energetisch günstigere σ-Orbital gefüllt

den Energiegewinn gegenüber der Ausgangssituation, in der beide Atomorbitale jeweils mit einem Elektron besetzt waren. Die grafische Methode erlaubt auch qualitative Aussagen über das Aussehen der beiden neuen MOs. Während im bindenden MO die beiden Atomorbitale mit gleichem Vorzeichen überlappen und miteinander verschmelzen, findet sich im antibindenden MO ein Vorzeichenwechsel der Wellenfunktion – ein sogenannter Knoten – zwischen den beiden Atomen.

Übung 1.1

Zeichnen Sie die MO-Schemata des H_2-Moleküls und eines Lithiumfluorid-Ionenpaars. Wie wirkt es sich auf den Energiegewinn bei der Bindungsbildung, wie auf das Aussehen der MOs aus, dass die Orbitalenergien der beiden Wasserstoff-1s-Atomorbitale gleich sind, die Orbitalenergie des Li-2s-Orbitals jedoch deutlich höher liegt als die der F-sp^3-Orbitale?

Man kann die Hybridorbitale nutzen, um MOs zu konstruieren, die bei σ-Bindungen wie der C–H-Bindung jeweils rotationssymmetrisch zur Bindungsachse sind. Wie oben bereits angedeutet, muss man die Hybridorbitale aber nicht verwenden. Abb. 1.3 zeigt, wie Methan auch beschrieben werden kann, ohne zuerst Hybrid-Atomorbitale bilden zu müssen. Die Linearkombinationen sind hier komplizierter, da mehr als zwei Atomorbitale kombiniert werden müssen. Das Ergebnis ist jedoch das gleiche, wenn man aus allen bindenden Orbitalen die Beiträge

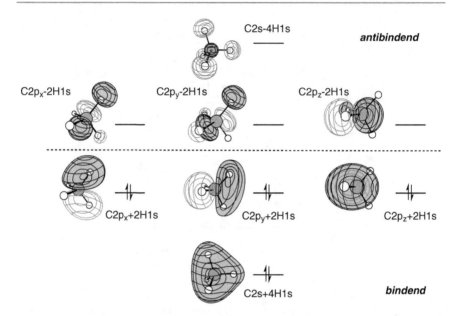

Abb. 1.3 Die Molekülorbitale des Methanmoleküls unter Verwendung der nicht hybridisierten Kohlenstofforbitale. Die Linearkombinationen der Atomorbitale sind komplizierter und einzelne Molekülorbitale können nicht mit den C–H-Bindungen direkt identifiziert werden. Addiert man aber die Beiträge aller MOs zu jeder der vier Bindungen, so erhält man geometrisch und energetisch exakt das gleiche Ergebnis, das unter Verwendung der sp^3-Hybridorbitale erhalten wird

zu jeder der vier C–H-Bindungen aufaddiert: Ein tetraedrisch von vier H-Atomen umgebener Kohlenstoff.

Übung 1.2

Schauen Sie sich die Molekülorbitale des Methans in Abb. 1.3 genauer an und überlegen Sie, wie die Formen der gezeigten MOs aus der Überlagerung der Atomorbitale entstehen. Schreiben Sie die jeweils zugrunde liegenden Linearkombinationen auf. Offensichtlich entsprechen die einzelnen Orbitale nicht mehr den im Molekül vorhandenen Bindungen. Wie erhalten Sie Zugang zu den einzelnen Bindungen und ihren Stärken?

1.1.4 Konstruktion der π-Molekülorbitale von konjugierten π-Systemen

Die π-Molekülorbitale von Doppelbindungssystemen können getrennt vom σ-Gerüst konstruiert werden, da alle σ-Bindungen in der Knotenebene der an den π-Systemen beteiligten p_z-Atomorbitale liegen. Damit vereinfacht sich die Konstruktion der π-MOs auch für größere konjugierte Doppelbindungssysteme deutlich. Aus n p_z-Atomorbitalen erhält man durch Linearkombination wieder genau n Molekülorbitale. Beim 1,3-Butadien beispielsweise wechselwirken nun vier p-Atomorbitale miteinander, folglich gibt es auch vier π-Molekülorbitale. Diese Orbitale lassen sich wie folgt ganz schematisch mit einer sehr einfachen grafischen Methode konstruieren:

Zuerst zeichnet man das Molekülgerüst viermal übereinander (Abb. 1.4), am besten gleich mit den beteiligten p-Atomorbitalen. Von unten nach oben sollen nun die Orbitale mit steigender Orbitalenergie eingezeichnet werden. Dabei können Sie zur Konstruktion der Orbitale ganz einfach die sogenannte Knotenregel anwenden: Im energetisch niedrigsten Orbital gibt es keinen Knoten zwischen den seitlich überlappenden p-Atomorbitalen, also keinen Vorzeichenwechsel entlang der Kohlenstoffkette. Die Wellenfunktionen aller vier p-Atomorbitale haben oberhalb und unterhalb die gleichen Vorzeichen, die durch die helle und dunkle Einfärbung der beiden Orbitallappen ausgedrückt sind. Das energetisch nächsthöhere Orbital hat dann einen Knoten in der Mitte, das dritte Orbital zwei symmetrisch zueinander angeordnete Knoten, und das energetisch höchste Orbital besteht aus im Vorzeichen der Wellenfunktion alternierenden Atomorbitalen und hat damit drei Knoten.

In Abb. 1.4 sind die Orbitallappen mit unterschiedlichen Größen gezeichnet, da die Orbitalkoeffizienten verschieden sind. Für eine rein qualitative Betrachtung

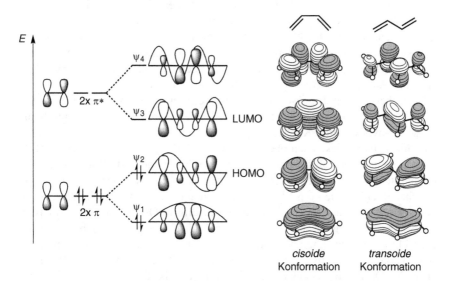

Abb. 1.4 Links: MO-Schema des 1,3-Butadiensystems. Durch seitliche Überlappung zweier π*-Orbitale entstehen die Orbitale ψ_1 (bindend) und ψ_2 (antibindend). Ebenso entstehen durch seitliche Überlappung zweier π*-Orbitale ψ_3 (bindend) und ψ_4 (antibindend). **Mitte:** Wellenfunktionen der vier π-Orbitale von 1,3-Butadien und Darstellung der vier Orbitale mithilfe der Atomorbitale. Man erkennt, dass sie der Knotenregel folgen, nach der die Orbitalenergien mit der Knotenzahl ansteigen. **Rechts:** Gestalt der Orbitale für die cisoide und die transoide Konformation des Butadiens

reicht es aus, wenn Sie die Atomorbitale zunächst alle gleich groß zeichnen. Die Molekülorbitale werden der Reihenfolge nach von unten nach oben mit den entsprechenden π-Elektronen besetzt. Daraus ergibt sich auch, welches Molekülorbital das HOMO („highest occupied molecular orbital") und welches das LUMO („lowest unoccupied molecular orbital") ist.

Übung 1.3

a) Machen Sie sich klar, was die schematische Zeichnung der Orbitale mithilfe der Atomorbitale bedeutet und warum die in Abb. 1.4 rechts gezeigte tatsächliche Gestalt der Orbitale davon abweicht.

b) Wenden Sie das grafische Verfahren zur Konstruktion der π-Molekülorbitale auf das Allylkation, das Allylanion, das Pentadienylkation und 1,3,5-Hexatrien an. Prüfen Sie anschließend, ob Ihre Orbitale korrekt konstruiert sind, indem Sie die vier Verbindungen nachschlagen. Bestimmen Sie jeweils das HOMO und das LUMO.

1.1.5 Besonderheiten bei cyclisch delokalisierten π-Systemen: Aromatizität

Aromatische Kohlenwasserstoffe besitzen nach der Hückel-Regel ein cyclisch konjugiertes π-System mit $4n + 2$ π-Elektronen ($n = 0, 1, 2, 3\dots$). Der bekannteste Vertreter dieser Stoffklasse ist das Benzol. Aromaten sind durch besonders hohe Resonanzenergien gut stabilisiert, wodurch sich ihre Reaktivität deutlich von der linearer konjugierter π-Systeme unterscheidet. Anstelle von Additionsreaktionen gehen Aromaten z. B. eher elektrophile Substitutionen ein.

Diese besonderen Eigenschaften resultieren aus der elektronischen Struktur des π-Systems. Veranschaulichen kann man sich das mittels der Molekülorbitale: Sechs sp^2-hybridisierte Kohlenstoffatome bilden einen planaren sechseckigen Ring mit sechs π-Elektronen ober- und unterhalb des σ-Gerüsts. Die sechs Molekülorbitale und ihre Besetzung sind in Abb. 1.5 dargestellt. Wie bei linearen konjugierten Verbindungen wächst auch hier die Orbitalenergie wieder mit der Knotenzahl. Durch die *cyclische* Delokalisierung ergibt sich aber ein wesentlicher Unterschied: Auf das einzelne energetisch niedrigste Orbital folgen Orbitalpaare gleicher Orbitalenergien, die sich in der Zahl der Knotenebenen nicht unterscheiden, wohl aber in der Lage der Knotenebenen, die entweder nur durch Bindungsmitten verlaufen (jeweils die linken Orbitale) oder auch durch zwei C-Atome, an denen der Orbitalkoeffizient dann null wird (jeweils die rechten Orbitale). Bei energiegleichen Orbitalen spricht man von „Entartung". Nach der Hundschen Regel sind sie zunächst beide einzeln zu besetzen. Beim Benzol sind aber sechs π-Elektronen vorhanden, sodass die unteren drei bindenden Orbitale voll besetzt sind, die drei antibindenden darüber leer.

Die relativen Orbitalenergien lassen sich leicht darstellen, indem man auf Musulin-Frost-Diagramme zurückgreift. Diese Diagramme stellen eine einfache

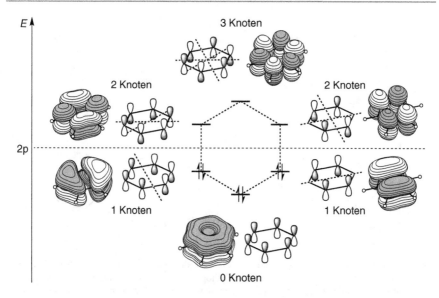

Abb. 1.5 Molekülorbitale des π-Systems von Benzol und ihre Besetzung mit Elektronen. Im Unterschied zu linearen konjugierten π-Systemen führt die cyclische Delokalisierung oberhalb des energetisch niedrigsten MO zu paarweise entarteten, also energiegleichen Orbitalen. Dies gilt für andere Aromaten analog. Die Paare energetisch entarteter MOs haben jeweils die gleiche Knotenanzahl. Die Orbitale sind zum einen schematisch in der gebräuchlichen Weise mithilfe der p-Atomorbitale dargestellt. Daneben finden Sie jeweils die tatsächliche Gestalt

grafische Methode dar, um die MO-Schemata von cyclisch konjugierten π-Systemen zu konstruieren. Man zeichnet dazu den Ring mit einer Spitze nach unten so ein, dass der Molekülschwerpunkt (der Flächenmittelpunkt) auf dem Energieniveau der p-Atomorbitale liegt. Jede Ecke des Rings kennzeichnet dann die energetische Lage eines Orbitals (Abb. 1.6, oben). Dadurch, dass sie auf der Spitze stehen, ergibt sich automatisch auch, dass das energetisch günstigste Orbital nur einmal, darüber aber paarweise entartete Orbitale zu finden sind.

Die *Hückel-Regel* besagt, dass monocyclische, annähernd planare konjugierte π-Systeme dann besonders stabil ("aromatisch") sind, wenn sie 4n + 2 π-Elektronen besitzen. Cyclisch delokalisierte π-Systeme mit 4n π-Elektronen sind dagegen besonders instabil ("antiaromatisch"). Den Grund für diese Regel erkennen Sie sofort, wenn Sie einmal die Musulin-Frost-Diagramme von Cyclobutadien und Cyclooctatetraen zeichnen (Abb. 1.6, unten): Während bei Benzol die beiden unteren "Schalen" vollständig besetzt sind, besitzen diese beiden Moleküle – wenn sie cyclisch konjugiert vorliegen – nur je ein Elektron in den beiden höchsten besetzten Orbitalen. Diese "Schale" ist also nicht voll besetzt. Für ein solches Molekül sagt die Hückel-Theorie, die eine einfache Berechnung konjugierter π-Systeme erlaubt, eine Destabilisierung voraus. Deswegen spricht man hier auch von Antiaromaten.

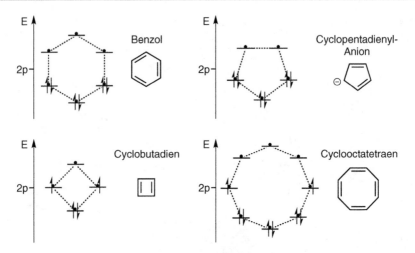

Abb. 1.6 Energieniveaus der π-Orbitale in cyclisch durchkonjugierten π-Systemen. **Oben:** Zwei aromatische Moleküle (Benzol und das Cyclopentadienylanion). **Unten:** zwei antiaromatische Moleküle (Cyclobutadien und Cyclooctatetraen mit angenommenem vollständig delokalisiertem π-System)

Allerdings können Antiaromaten in der Regel nicht isoliert werden, weil die Moleküle dieser Destabilisierung ausweichen. Um das zu verstehen, muss man sich Folgendes vor Augen führen: Für vollständig delokalisiertes Cyclobutadien gibt es gemäß dem oben gezeigten MO-Schema mehrere verschiedene Möglichkeiten, die beiden einzelnen Elektronen in Orbitalen unterzubringen: der gezeigte Zustand, in dem beide Elektronen gleichen Spin haben und sich in zwei verschiedenen Orbitalen befinden, einen analogen Zustand, in dem die beiden Elektronen ebenfalls getrennt in den beiden Orbitalen sitzen, aber entgegengesetzten Spin haben, und natürlich auch einen Zustand, in dem beide Elektronen gepaart in einem der Orbitale sind und das zweite Orbital leer ist. In einem solchen Fall spricht man von elektronischer Entartung.

Nach dem *Jahn-Teller-Theorem* weichen Moleküle einer solchen Entartung aus. Das Theorem besagt:

Befindet sich ein Molekül in einem elektronisch entarteten Zustand, so weicht es durch eine geometrische Verzerrung unter Symmetrieerniedrigung in einen energetisch günstigeren, elektronisch nicht entarteten Zustand aus.

Am Beispiel des Cyclobutadiens lässt sich das leicht illustrieren (Abb. 1.7). Das oben gezeigte MO-Schema gilt nur für ein quadratisches Cyclobutadien, das bei vollständiger Delokalisierung der π-Elektronen vier gleich lange C–C-Bindungen hat. Ein solches Molekül hat also eine vierzählige Achse senkrecht zur Molekülebene durch den Flächenmittelpunkt. Verzerrt es sich zu einem Rechteck

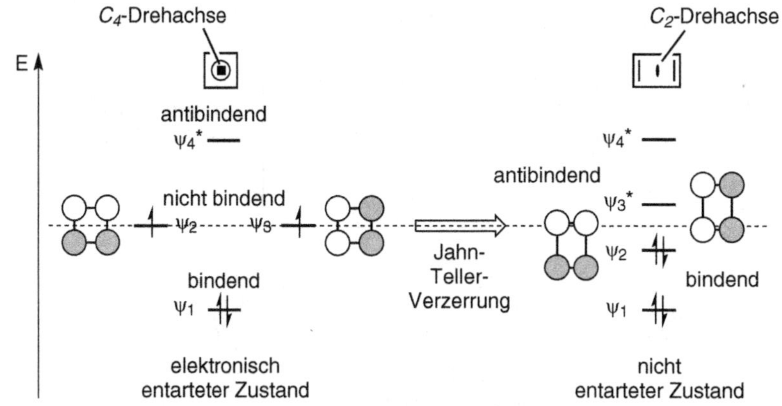

Abb. 1.7 **Links:** MO-Schema von Cyclobutadien unter der Annahme einer quadratischen Geometrie mit vierzähliger Drehachse und vollständig delokalisiertem π-System. **Rechts:** Aufhebung der Entartung durch Jahn-Teller-Verzerrung. Aus der C_4-Achse wird eine C_2-Achse und die beiden mittleren Orbitale spalten energetisch auf

mit alternierenden Einfach- und Doppelbindungen, so sind die beiden mittleren Orbitale nicht mehr entartet, die Geometrie ist verzerrt, und aus der vierzähligen ist eine zweizählige Achse geworden. Damit weicht das Cyclobutadien auch der antiaromatischen Destabilisierung aus, und aus dem Antiaromaten wird ein „Nichtaromat".

Abb. 1.8 zeigt, wo der antiaromatische, vollständig delokalisierte Zustand zu finden ist: Betrachtet man die Bindungsverschiebung im Cyclobutadien, so erkennt man, dass der Übergangszustand aus Symmetriegründen eine quadratische Geometrie haben muss. Zugleich kann es eine Bindungsverschiebung nur geben, wenn die π-Elektronen im Übergangszustand delokalisiert sind. Der Übergangszustand erleidet also eine antiaromatische Destabilisierung, die wesentlich für die Barriere der Elektronenverschiebungsreaktion verantwortlich ist. Im Gegensatz zum Benzol liegt Cyclobutadien also in einem sogenannten Doppelminimumpotenzial vor.

Übung 1.4

a) Schlagen Sie nach, welche Struktur Cyclooctatetraen tatsächlich hat. Erläutern Sie an diesem Beispiel noch einmal das Jahn-Teller-Theorem und seine Konsequenzen.

b) Zeichnen Sie für das Cyclooctatetraen in seiner tatsächlichen Struktur ein MO-Schema und besetzen Sie die Orbitale entsprechend mit Elektronen. Erkennen Sie, dass die Entartung nun aufgehoben ist?

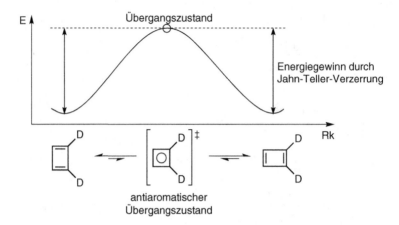

Abb. 1.8 Potenzialenergiekurve für die Bindungsverschiebung im Cyclobutadien. Um die Bindungsverschiebung kenntlich zu machen, wurden zwei der C-Atome mit Deuteriumatomen isotopenmarkiert. Aus Symmetriegründen muss der Übergangszustand quadratisch sein. Um die Bindungsverschiebung zu ermöglichen, müssen hier auch die vier π-Elektronen delokalisiert vorliegen

1.2   Reaktionsmechanismen und Potenzialenergieflächen

Reaktionsmechanismen beschreiben den Verlauf chemischer Reaktionen – insbesondere Änderungen in der Molekülgeometrie und der elektronischen Struktur – und lassen sich in einer sogenannten Potenzialenergiekurve zusammenfassen (Abb. 1.9). Aufgetragen wird die Energie über der Reaktionskoordinate. Die Potenzialenergiekurve zeigt also die Veränderung der Energie während des mikroskopischen Reaktionsverlaufes. Mit „mikroskopisch" ist gemeint, dass „Reaktionsverlauf" hier nicht so zu verstehen ist, dass nach einer bestimmten Zeit eine bestimmte Menge der Edukte in die Produkte umgewandelt sind. Vielmehr ist die Reaktionskoordinate ein in der Regel sehr komplexer Geometrieparameter, der die Strukturveränderungen im reagierenden Molekül erfasst.

Edukte und Produkte haben dabei eine bestimmte Lebensdauer. Sie liegen in lokalen Energieminima auf der Kurve. Um vom Edukt zum Produkt zu kommen, muss ein Übergangszustand überwunden werden, der energetisch der Aktivierungsbarriere entspricht und ein lokales Maximum auf der Reaktionskoordinate darstellt. Übergangszustände werden innerhalb einiger hundert Femtosekunden (1 fs $= 10^{-15}$ s) durchlaufen. Sie haben also eine so kurze Lebensdauer, dass sie mit den gängigen Methoden nicht erfasst werden können.

Handelt es sich um eine einstufige Reaktion, wie in Abb. 1.9 dargestellt, entspricht die Differenz der Energien von Edukt und Übergangszustand der Aktivierungsenergie ($\Delta G^{\ddagger}$) der Reaktion. Je höher diese Aktivierungsbarriere ist, desto langsamer ist die Reaktion. Bei mehrstufigen Reaktionen, in denen mehrere Elementarschritte aufeinander folgen, ist immer der Schritt mit

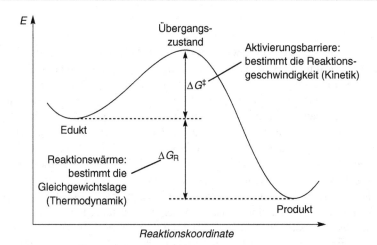

Abb. 1.9 Potenzialenergiekurve und die Korrespondenz von Aktivierungsbarriere und Kinetik sowie Reaktionswärme und Thermodynamik

der höchsten Aktivierungsbarriere für die Geschwindigkeit der Gesamtreaktion verantwortlich. Er wird daher als geschwindigkeitsbestimmender Schritt bezeichnet. Die Kinetik beschäftigt sich mit einer detaillierten Beschreibung der Geschwindigkeiten chemischer Reaktionen.

Die Energiedifferenz zwischen Edukten und Produkten gibt an, wie viel Energie bei der Reaktion frei (exergone Reaktion) oder verbraucht (endergone Reaktion) wird. Ist die Aktivierungsbarriere klein genug oder arbeitet man bei entsprechend hoher Temperatur, sodass sowohl die Hin- als auch die Rückreaktion schnell ablaufen, stellt sich das chemische Gleichgewicht zwischen Edukten und Produkten ein, das nur noch von der relativen energetischen Lage von Edukt und Produkt abhängt, nicht aber mehr vom Weg, über den die Reaktion verläuft. Dieser Teil der chemischen Energetik wird Thermodynamik genannt.

Wenn Organiker von der Triebkraft einer Reaktion sprechen, sind sie oft unpräzise. Als Triebkraft wird häufig das besonders stabile Produkt genannt, obwohl die Reaktion eigentlich keine Gleichgewichtsreaktion ist und daher durch die Höhe der Übergangszustände in ihrer Geschwindigkeit bestimmt ist. Es ist sehr hilfreich, hier sauber zu argumentieren. Auch wenn ein besonders günstiges Produkt häufig auch über energetisch günstige Übergangszustände erreicht wird, ist dies nicht notwendigerweise immer der Fall. Es ist daher wichtig, Kinetik und Thermodynamik präzise voneinander zu trennen.

Um noch etwas besser zu verstehen, was die Reaktionskoordinate bedeutet, betrachten wir zum Schluss noch einmal eine sehr einfache Reaktion: Ein Wasserstoffmolekül reagiert mit einem Wasserstoffatom zu einem Wasserstoffatom und einem Wasserstoffmolekül. Nehmen wir die drei Atome als unterscheidbar an und markieren sie mit A, B und C, so erhalten wir die Reaktionsgleichung:

$$H^A - H^B + H^{\bullet C} \rightarrow H^{\bullet A} + H^B - H^C$$

Zu Beginn ist also der Abstand zwischen H^A und H^B klein und entspricht dem Bindungsabstand in einem H_2-Molekül, während der Abstand zwischen H^B und H^C groß ist. Am Ende der Reaktion ist dies entsprechend umgekehrt. Trägt man nun unter der Voraussetzung, dass der Winkel zwischen den drei Wasserstoffatomen während der ganzen Reaktion 180° beträgt, auf der x-Achse den H^A–H^B-Abstand r(A–B), auf der y-Achse den H^B–H^C-Abstand r(B–C) und auf der z-Achse die Energie auf, erhält man die in Abb. 1.10 (links) gezeigte Potenzialenergiefläche.

Zu Beginn der Reaktion befinden sich die beiden Reaktionspartner im Minimum vorn links (r(A–B) klein, r(B–C) groß). Folgt man aus diesem Minimum dem Pfad des geringsten Energieanstiegs, so gelangt man zu einem Sattelpunkt in der Talmitte. Dieser Sattelpunkt ist der Übergangszustand, für den aus Symmetriegründen gilt, dass beide Abstände gleich lang sein müssen (r(A–B) = r(B–C)), da es sich um eine sogenannte Identitätsreaktion handelt, bei der Edukte und Produkte gleich sind. Beide Abstände sind aber auch länger als der H–H-Abstand in einem Wasserstoffmolekül. Dahinter geht es energetisch wieder bergab zum Minimum hinten rechts. Schneidet man diese Potenzialenergiefläche entlang des Wegs niedrigster Energie auf und rollt sie ab, erhält man die Potenzialenergiekurve in Abb. 1.10 (rechts).

Man erkennt nun also auch, dass Übergangszustände zwar auf der Potenzialenergiekurve, also dem Reaktionspfad, ein lokales Maximum darstellen, aber auf der Potenzialenergiefläche einem Sattelpunkt entsprechen. Nur in Richtung der Reaktionskoordinate liegt hier also ein Maximum vor, in allen anderen Koordinaten ein Minimum. Analog dazu würde niemand die Alpen durch Überklettern des Mont-Blanc-Gipfels überqueren, sondern eine Passstraße wie den Brenner benutzen. Seitlich der Passstraße steigt das Gebirge weiter an, nur in Fahrtrichtung geht es vom Pass in beide Richtungen hinab.

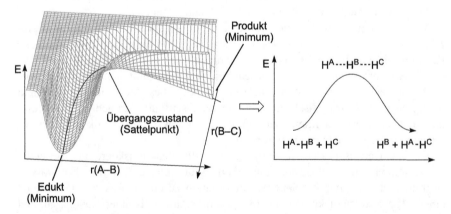

Abb. 1.10 Potenzialenergiefläche für die Reaktion von H_2 mit H•. In der x/y-Ebene ist eine Höhenlinienkarte gezeichnet. Darüber die dreidimensionale „Energielandschaft" für die Reaktion

---

Übung 1.5

a) Überlegen Sie, wo in der Potenzialenergiefläche in Abb. 1.10 die H–H-Streckschwingung des H_2-Moleküls vor und nach der Reaktion zu finden ist. Welcher Geometrieparameter verändert sich jeweils bei diesen Schwingungen? Wo befinden Sie sich dann auf der Potenzialenergiefläche?

b) Im Übergangszustand sind alle drei H-Atome aneinander gebunden. Beschreiben Sie, wo Sie im Diagramm die symmetrische Streckschwingung des Übergangszustands finden und wo die asymmetrische Streckschwingung.

c) Das Diagramm in Abb. 1.10 ist wegen der Voraussetzung, dass der HHH-Winkel stets 180 ° betragen soll, bereits eine Vereinfachung gegenüber der Wirklichkeit. Wie viele Koordinaten benötigen Sie, um die Winkelinformation noch mit in das Diagramm einzubeziehen?

d) Ein Molekül mit N Atomen hat 3N Freiheitsgrade. Davon sind drei Freiheitsgrade Translationsfreiheitsgrade, die einer Verschiebung des ganzen Moleküls entlang der drei Koordinatenachsen im Raum entsprechen. Bei nichtlinearen Molekülen gibt es dazu drei Rotationsfreiheitsgrade um die drei Hauptrotationsachsen. Bei linearen Molekülen wie z. B. CO_2 fällt einer dieser Rotationsfreiheitsgrade weg. Damit verbleiben bei nichtlinearen Molekülen 3N–6 und bei linearen Molekülen 3N–5 Schwingungsfreiheitsgrade. Bestimmen Sie, wie viele Dimensionen Ihre Potenzialenergiefläche hat, wenn an der Reaktion insgesamt neun Atome beteiligt sind. Verwenden Sie dabei als Beispiel die nucleophile Substitutionsreaktion von Methyliodid mit Ammoniak zu Methylammoniumiodid ($H_3N + CH_3I \rightarrow CH_3NH_3I$).

1.3 Isomerie, Chiralität und Mesomerie

1.3.1 Isomerie

Verbindungen gleicher Summenformel können sich hinsichtlich ihrer Konnektivität (z. B. verzweigte vs. unverzweigte Alkane) unterscheiden. Man spricht dann von Konstitutionsisomeren. Es gibt jedoch noch weitere Arten der Isomerie, die sich unterscheiden lassen: Konfigurationsisomere, die bei gleicher Atomkonnektivität räumlich unterschiedlich aufgebaut sind und nicht durch Drehen um Einfachbindungen ineinander überführt werden können, und Konformere, die gleiche Atomkonnektivitäten aufweisen und räumlich unterschiedlich aufgebaut sind, aber durch schnelle Drehung um Einfachbindungen im Molekül ineinander übergehen. Um zu bestimmen, um welche Art von Isomeren es sich handelt, kann man folgenden Algorithmus anwenden:

- **Schritt 1:** Man beginnt mit einem Vergleich der Summenformeln der beiden zu untersuchenden Moleküle. Sind sie verschieden, sind es zwei verschiedene Verbindungen; es handelt sich dann nicht um Isomere.

- **Schritt 2:** Sind die Summenformeln gleich, versucht man als Nächstes, beide Moleküle durch Drehen im Raum miteinander zur Deckung zu bringen. Ist dies möglich, handelt es sich um identische Moleküle, also ebenfalls nicht um Isomere.
- **Schritt 3:** Sind sie nicht identisch, vergleicht man die Reihenfolge der Atomverknüpfungen, also die Konnektivitäten. Sind die Atome unterschiedlich miteinander verknüpft, handelt es sich um Konstitutionsisomere.
- **Schritt 4:** Wenn beide Moleküle räumlich nicht identisch, aber Summenformel und Konnektivitäten gleich sind, wird versucht, durch Drehen um Einfachbindungen beide ineinander zu überführen. Gelingt das, handelt es sich um Konformere.
- **Schritt 5:** Ist auch das nicht möglich, sind es Konfigurationsisomere. Dann wird noch untersucht, ob beide zueinander spiegelbildlich sind. Verhalten sie sich wie Bild und Spiegelbild, bezeichnet man die beiden Moleküle als Enantiomere, falls nicht, sind sie Diastereomere.

Übung 1.6

Nehmen Sie Ihren Molekülbaukasten zur Hand, bauen Sie verschiedene Isomere der Summenformel C_7H_{16} und bestimmen Sie jeweils für unterschiedliche Paare, welche Art von Isomerie vorliegt. Zeichnen Sie dann zwei Moleküle der Zusammensetzung C_7H_{16}, die nicht Enantiomere, sondern Diastereomere sind. Bauen Sie auch diese beiden, um sich zu vergewissern, dass sie gleiche Konstitution besitzen, aber dennoch räumlich verschieden sind, ohne dabei Bild und Spiegelbild zu sein.

1.3.2 Chiralität

Chiralität (griech. „cheir" = Hand) beschreibt das Phänomen, dass zwei Objekte sich wie Bild und Spiegelbild verhalten, aber durch Drehung nicht zur Deckung zu bringen sind. Dies ist bei makroskopischen Objekten wie der rechten und der linken Hand der Fall. Schrauben und ihr Spiegelbild sind ebenfalls nicht zur Deckung zu bringen. Weinbergschneckenhäuser winden sich meist in die gleiche Richtung; nur ganz wenige Schnecken haben Häuser mit dem entgegengesetzten Drehsinn. Man bezeichnet sie als „Schneckenkönige".

Chiralität kann man mithilfe von Symmetriebetrachtungen präzise definieren. Daher schauen wir uns zunächst einmal ein paar grundlegende Symmetrieelemente an:

Spiegelebene σ

Ein Molekül hat immer dann eine Spiegelebene, wenn Sie von allen Atomen auf der einen Seite der Ebene jeweils das Lot auf die Ebene fällen können und auf der anderen Seite bei Verlängerung um die gleiche Strecke wieder auf ein identisches Atom treffen. Beispiele für Moleküle mit Spiegelebene sind in Abb. 1.11 gezeigt.

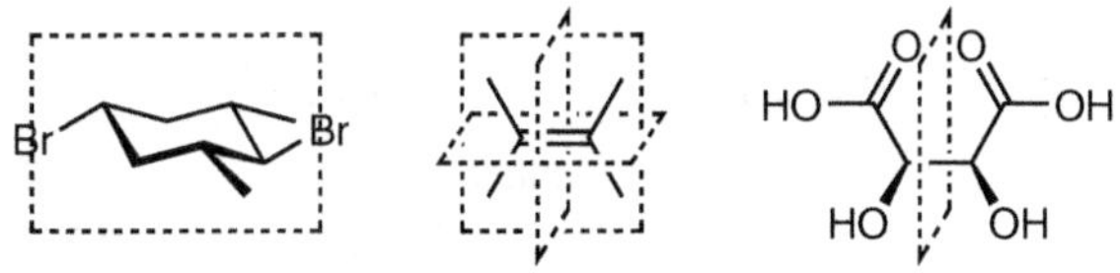

Abb. 1.11 Moleküle, die eine Spiegelebene enthalten

Drehachsen C_n

Wenn ein Molekül eine *n*-zählige Drehachse C_n enthält, erhalten Sie das identische Molekül, wenn Sie es um einen Winkel von 360 °/n drehen. Bei einer C_2-Achse bringt also eine Drehung um 180 ° das Molekül mit dem ursprünglichen wieder zur Deckung, bei einer C_3-Achse eine Drehung um 120 ° usw. Beispiele für Moleküle mit Drehachsen finden sich in Abb. 1.12.

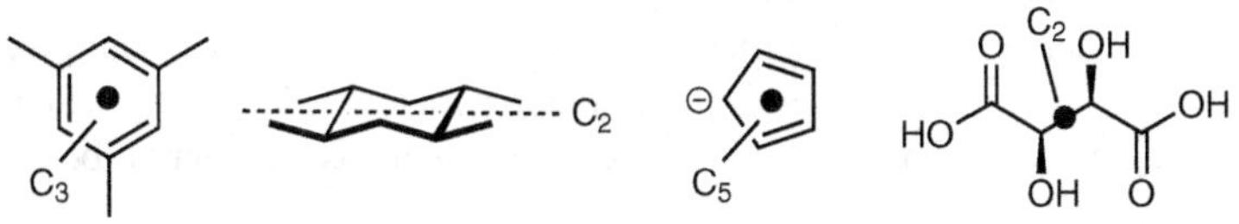

Abb. 1.12 Moleküle, die eine Drehachse enthalten. Die dicken Punkte bedeuten, dass Sie hier entlang der Achse schauen

Inversionszentrum i

Wenn Sie von allen Atomen eines Moleküls eine Linie durch denselben Punkt ziehen können und bei Verlängerung dieser Linie um die gleiche Strecke jenseits des Punkts wieder die gleichen Atome finden, besitzt das Molekül ein Inversionszentrum. Typische Beispiele sind die Moleküle in Abb. 1.13.

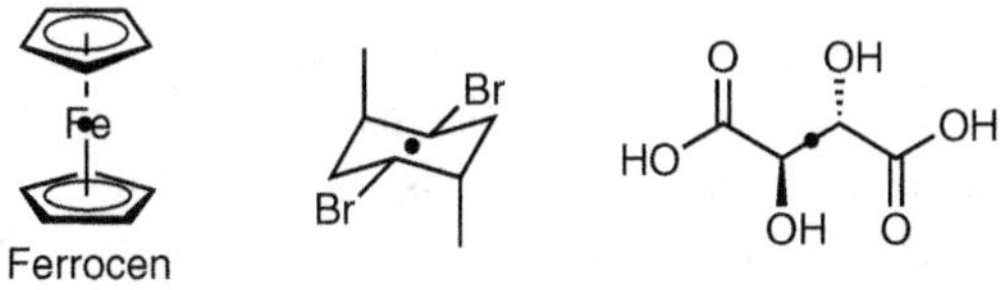

Abb. 1.13 Moleküle, die ein Inversionszentrum enthalten. Die Punkte kennzeichnen die Position des Inversionszentrums

Ferrocen

Drehspiegelachsen S_n

Drehspiegelachsen stellen eine etwas komplexere, zusammengesetzte Symmetrieoperation dar. Wenn Sie ein Molekül um eine Achse um 360 °/n drehen *und in einem Zug* an einer Ebene senkrecht zu dieser Achse spiegeln und dann wieder das identische Molekül erhalten, besitzt es eine Drehspiegelachse S_n. Beachten Sie bitte, dass Moleküle mit Drehspiegelachsen nicht unbedingt gleichzeitig Spiegelebenen oder Drehachsen enthalten müssen. Sie müssen immer beide Vorgänge (Drehen und Spiegeln) durchführen und können erst dann beurteilen, ob Sie wieder beim identischen Molekül angekommen sind (Abb. 1.14). Das folgende

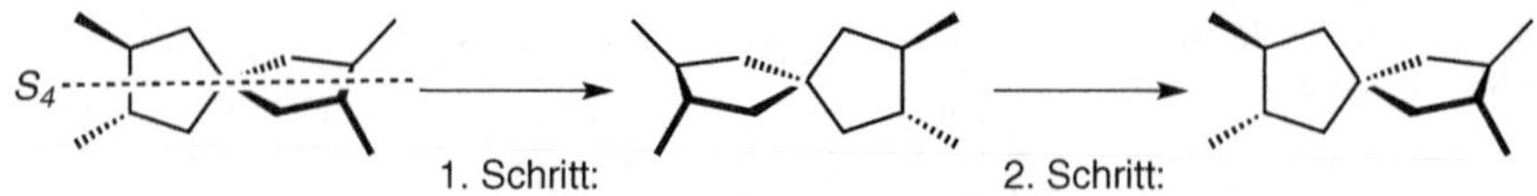

1. Schritt:
nach vorne kippen
um 90°

2. Schritt:
spiegeln an Ebene
senkrecht zur Achse

Abb. 1.14 Ein Molekül, das weder eine Spiegelebene noch ein Inversionszentrum enthält, aber eine vierzählige Drehspiegelachse. Beide Schritte müssen vollzogen sein, bevor das Ergebnis mit dem Startpunkt verglichen wird. Sind Startpunkt und Ergebnis der beiden Transformationen gleich, hat das Molekül eine Drehspiegelachse – im gezeigten Beispiel eine S_4-Achse

Beispiel zeigt ein Molekül, das keine Spiegelebene enthält, auch kein Inversionszentrum. Es besitzt eine C_2-Drehachse, die zugleich auch eine S_4-Drehspiegelachse ist, wie Sie leicht sehen können, wenn Sie Startpunkt und Endpunkt beider Operationen miteinander vergleichen.

Über diese vier Symmetrieelemente hinaus gibt es noch das triviale Symmetrieelement der Identität, das vermutlich keiner näheren Erläuterung bedarf. Um die Beziehungen zwischen den Symmetrieelementen etwas genauer zu beleuchten, noch zwei Überlegungen:

*   Stellen Sie sich eine S_1-Drehspiegelachse vor. Hier würde zunächst um 360 ° gedreht, was zwangsläufig keine Veränderung verursacht, da jede vollständige Drehung wieder zum Ursprung zurückführt, und danach gespiegelt. Eine Spiegelebene ist also immer eine S_1-Achse.
*   Analog entspricht ein Inversionszentrum einer S_2-Achse (Drehen um 180 °, gefolgt von einer Spiegelung).

Wenn Sie sich jetzt zurückerinnern, wie wir oben Chiralität definiert haben (Spiegelbild kann durch Drehen des Moleküls im Raum nicht mit dem Bild zur Deckung gebracht werden), dann sehen Sie sofort, wieso Drehspiegelachsen Chiralität ausschließen. Man kann also mithilfe der hier beschriebenen Symmetrieelemente sehr einfach herausfinden, ob ein Molekül chiral ist oder nicht. Enthält es eine Spiegelebene/S_1-Achse, sind Bild und Spiegelbild zwangsläufig identisch. Moleküle mit Spiegelebene lassen sich immer durch Drehen im Raum mit ihrem Spiegelbild zur Deckung bringen. Das Gleiche gilt auch für Moleküle mit Inversionszentren/S_2-Achsen, genauso auch für Moleküle mit höheren Drehspiegelachsen wie dem im letzten Bild gezeigten Molekül. Damit bekommen wir eine klare, gut handhabbare Definition von **Chiralität:**

▶ Moleküle, die eine Drehspiegelachse S_n enthalten sind immer achiral.

Chiralität bedingt die Abwesenheit von Drehspiegelachsen. Einfache Drehachsen sind dagegen unschädlich für Chiralität.

Übung 1.7

a) Prüfen Sie anhand der oben gezeigten Moleküle, ob sie neben den bereits eingetragenen Symmetrieelementen noch weitere enthalten. Zeichnen Sie weitere Beispiele für Moleküle mit mehr als einer Spiegelebene und überprüfen Sie, ob diese Moleküle zusätzlich Drehachsen enthalten. Welche sind dies, und wo liegen sie relativ zu den Spiegelebenen? Erweitern Sie diese Überlegungen auf höhere Drehachsen, die sich mit C_2-Achsen kreuzen (z. B. das oben gezeigte 1,3,5-Trimethylbenzol).

b) Ermitteln Sie alle Symmetrieelemente von 1,2-Propadien (Allen), 1,3-Dichlor-1,2-propadien (1,3-Dichlorallen), 1,2-Dimethylbenzol, *cis*- und *trans*-1,3-Dichlorcyclohexan und *cis*- und *trans*-1,2-Dichlorcyclohexan. Welche dieser Moleküle sind chiral?

c) Geben Sie mindestens vier Beispiele für Moleküle mit Drehachsen an, die chiral sind, um sich klar zu machen, dass Drehachsen C_n für Chiralität „unschädlich" sind. Bauen Sie diese Moleküle, wie auch die anderen oben angegebenen, mithilfe Ihres Molekülbaukastens und vollziehen Sie das hier Erläuterte anhand des 3-D-Modells im Detail nach.

Die organische Chemie unterscheidet zwischen zentraler, planarer, axialer und helikaler Chiralität. Im Rahmen dieser einführenden Überlegungen wollen wir uns nur mit der zentralen Chiralität beschäftigen. Man bezeichnet sie als „zentral", weil ein Kohlenstoffatom (das „stereogene Zentrum") das Chiralitätselement ist und vier verschiedene Substituenten trägt.

Übung 1.8

Auch wenn wir hier die anderen Arten von Chiralität nicht ausführlich besprechen: Schlagen Sie nach, was man unter axialer, planarer und helikaler Chiralität versteht, und geben Sie Beispiele an, bei welchen Molekülen sie jeweils auftreten.

Betrachten wir einmal das folgende Beispiel (Abb. 1.15): Die vier Substituenten an der Doppelbindung, also die drei Wasserstoffatome und die Methylgruppe des Propens, liegen in einer Ebene. Bei der Bromaddition kann sich das Bromoniumion gleichermaßen auf beiden Seiten dieser Molekülebene bilden. Der Rückseitenangriff des Bromids, der das Bromoniumion dann öffnet, kann demnach auch von zwei Seiten erfolgen, sodass zwei spiegelbildliche Produkte entstehen können. Eine selektive Bildung des einen oder anderen kann man offensichtlich nicht erwarten; beide entstehen gleich häufig, und man erhält ein Racemat, also eine 1:1-Mischung zweier Enantiomere.

Auch bei Doppelbindungen RHC=CHR', die an jedem Ende zwei verschiedene Substituenten tragen, entstehen nur zwei enantiomere Produkte, da die Bromaddition streng als *trans*-Addition erfolgt, also das Bromid im zweiten Schritt das Bromoniumion immer von der Rückseite aus angreift. Dies limitiert die Zahl

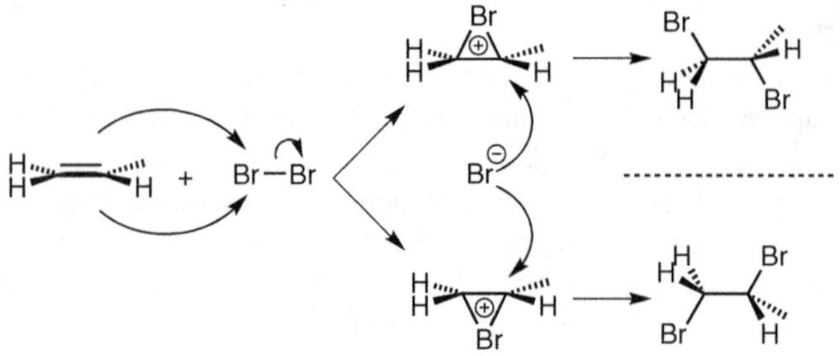

Abb. 1.15 Die Bromierung von Propen verläuft über das Bromoniumion und ist daher eine *trans*-Addition, die zu einem racemischen Produktgemisch führt

möglicher Produkte, denn allgemein gilt, dass es für ein Molekül mit N Stereozentren 2^N Stereoisomere gibt. Dabei sind jeweils paarweise die Stereoisomere Enantiomere, bei denen *alle* Stereozentren in ihrer Chiralität invertiert sind. Alle anderen Stereoisomere, bei denen nur ein Teil der Stereozentren relativ zueinander verändert wurde, sind Diastereomere.

Übung 1.9

Kennzeichnen Sie in der folgenden Strukturformel eines Zuckermoleküls alle stereogenen Zentren mit einem Stern. Wie viele Stereoisomere gibt es für diese Verbindung? Zeichnen Sie alle möglichen Stereoisomere der folgenden Verbindung und prüfen Sie jeweils, welche davon Enantiomerenpaare, welche Diastereomere sind.

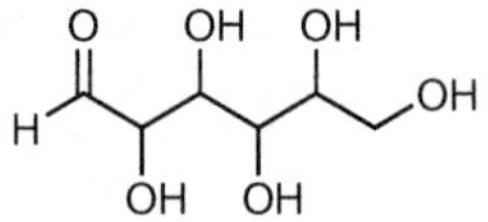

Es ist sehr wichtig, dass Sie eine gute räumliche Vorstellung von Molekülen entwickeln und sie mit Ihren Zeichnungen präzise ausdrücken können. Bauen Sie diese Verbindung mithilfe Ihres Molekülbaukastens und permutieren Sie am Modell die verschiedenen Stereoisomere durch.

Es gibt jedoch auch Moleküle mit N stereogenen Zentren, die weniger als 2^N Stereoisomere besitzen. Dies ist z. B. bei Weinsäure der Fall, die zwei stereogene Zentren enthält, die aber beide die gleichen Substituenten (eine Carboxyl-, eine Hydroxylgruppe und ein Wasserstoffatom) tragen. Schreibt man alle vier

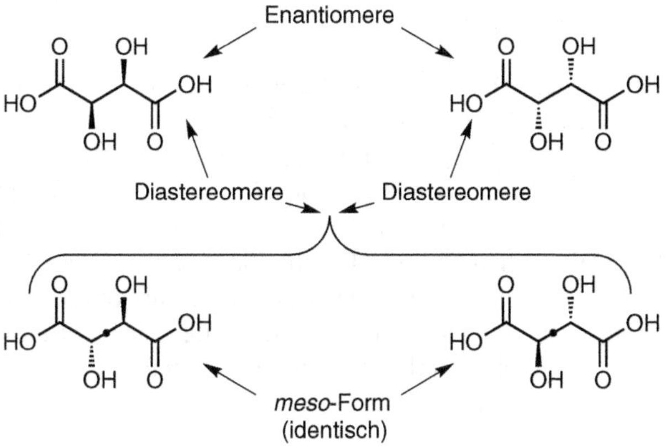

Abb. 1.16 Die drei Stereoisomere der Weinsäure

möglichen Strukturformeln auf, so sieht man, dass die beiden in Abb. 1.16 oben
gezeigten Strukturen sich wie Bild und Spiegelbild verhalten und nicht durch Drehen zur Deckung zu bringen sind. Hier handelt es sich also um ein Enantiomerenpaar. Die beiden unteren Strukturen besitzen jedoch ein Inversionszentrum,
also eine S_2-Drehspiegelachse. Sie müssen daher achiral sein. Dreht man eine der
Strukturen um 180 °, so sieht man, dass sie identisch sind. Diese dritte Struktur
nennt man *meso*-Form. Sie ist ein Diastereomer der beiden anderen Strukturen. Für
Weinsäure gibt es daher nur drei statt der eigentlich erwarteten vier Stereoisomere.

Übung 1.10

a) *meso*-Formen gibt es nicht nur bei Verbindungen mit mehr als einem stereogenen Zentrum, die – je nach der Anordnung der Substituenten an den
Stereozentren – ein Inversionszentrum enthalten. Auch andere Drehspiegelachsen erzeugen *meso*-Formen. Zeichnen Sie Beispiele für *meso*-Formen,
die eine Spiegelebene (S_1-Achse) oder eine S_4-Achse enthalten. Prüfen Sie
auch für die in diesem Kapitel gezeigten Beispielmoleküle, bei welchen
meso-Formen vorliegen können.

b) Oft hören Sie als Definition für Chiralität, dass Moleküle chiral seien, wenn
sie einen Kohlenstoff mit vier verschiedenen Substituenten, ein sogenanntes Stereozentrum, enthielten. Dies ist falsch. Gerade haben Sie achirale
Moleküle gezeichnet, die Kohlenstoffe mit vier verschiedenen Substituenten
enthalten. Zeichnen Sie umgekehrt Beispiele für chirale Moleküle, in denen
kein solches Stereozentrum vorhanden ist.

1.3.3 Mesomerie

Alle Formen der Isomerie zeichnen sich dadurch aus, dass die räumliche Anordnung der Atome in den jeweiligen Isomeren verschieden ist. Mesomerie – gekennzeichnet durch einen Doppelpfeil – hingegen ist davon zu trennen, da bei mesomeren Grenzformeln die Atomlagen unverändert bleiben und lediglich die Elektronenverteilung im Molekül verschieden gezeichnet wird. Bei mesomeren Grenzformeln handelt es sich also um Beschreibungen von Grenzfällen. Die tatsächliche Situation im Molekül liegt zwischen diesen Strukturen. Man kann aus mesomeren Grenzformeln Aussagen über Bindungslängen, Bindungsstärken, Ladungsverteilungen und die Stabilisierung der jeweiligen Moleküle ableiten. Das Beispiel in Abb. 1.17 zeigt dies.

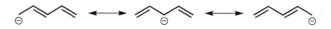

Abb. 1.17 Mesomere Grenzformeln für das Pentadienylanion

Beim Pentadienylanion handelt es sich um ein konjugiertes π-System. Die Ladung ist dabei über drei Zentren, nämlich C(1), C(3) und C(5), verteilt. Da die mittlere Position anders substituiert ist als die beiden äußeren, kann nicht quantitativ aus den Grenzstrukturen abgeleitet werden, wie die Ladung anteilig auf die drei C-Atome verteilt ist, aber qualitativ kann man sagen, dass alle drei C-Atome einen nennenswerten Anteil der Ladung tragen. Daraus ergeben sich Rückschlüsse auf die Reaktivität, da beispielsweise Elektrophile an allen drei Positionen angreifen können. Auch über die Bindungslängen lassen sich qualitative Aussagen machen. Da alle C–C-Bindungen in den mesomeren Grenzformeln sowohl als Einfach- als auch als Doppelbindungen auftauchen, liegt die Bindungsordnung zwischen einer Einfach- und einer Doppelbindung. Damit sind auch die Bindungslängen jeweils länger als eine einfache C=C-Doppelbindung, aber kürzer als eine C–C-Einfachbindung. Auch die Bindungsstärken liegen zwischen einer Doppel- und einer Einfachbindung.

1.4 Trainingsaufgaben

Die folgenden Aufgaben dienen auch zur Wiederholung von Lernstoff und Konzepten aus der Grundlagenvorlesung, die in diesem Buch nicht ausführlich erläutert sind.

Aufgabe 1.1
a) Welche Eigenschaften der Atomorbitale werden beschrieben durch die Hauptquantenzahl **n**, die Nebenquantenzahl **l**, die magnetische Quantenzahl **m** und die Spinquantenzahl **s**? Erläutern Sie das Aufbauprinzip des Periodensystems der Elemente.

b) Zeichnen Sie das „Aussehen" der s-, p- und d-Orbitale. Welche Bedeutung hat Ihre Zeichnung? Was wird durch sie beschrieben?

c) Mit welchem Verfahren können Sie aus Atomorbitalen Molekülorbitale konstruieren? Wie viele Molekülorbitale erhalten Sie aus einem Satz von n Atomorbitalen?

d) Wenden Sie dieses Verfahren auf ein Wasserstoffmolekül an. Zeichnen Sie das Aussehen der Atomorbitale an zwei getrennten Wasserstoffatomen und die Molekülorbitale des Wasserstoffmoleküls. Wie ist die relative energetische Lage der neu gebildeten MOs relativ zu den AOs? Erklären Sie mithilfe des MO-Schemas, warum kovalente Bindungen energetisch günstig sind. Wie kann man sich die ionische Bindung von NaCl in einem solchen Schema vorstellen?

e) Die Valenzschale des Kohlenstoffatoms besitzt ein 2s- und drei 2p-Orbitale. Beschreiben Sie die räumliche Anordnung dieser Orbitale zueinander. Welche Geometrie haben die vier Substituenten an einem gesättigten Kohlenstoffatom? Was versteht man unter Hybridisierung? Erläutern Sie die sp^3-Hybridisierung des Kohlenstoffs. Zeichnen Sie das „Aussehen" der Hybridorbitale und ihre relative räumliche Anordnung. Warum ist das Hybridisierungsmodell vorteilhaft? Unter welcher Voraussetzung kann es sinnvoll angewandt werden?

f) Erläutern Sie, warum Ammoniak eine pyramidale und Wasser eine gewinkelte Molekülstruktur besitzen.

Aufgabe 1.2

a) Das Allylkation ist mesomeriestabilisiert. Zeichnen Sie das MO-Schema für die π-Orbitale des Allylkations, wobei Sie die Orbitale nach ihrer Orbitalenergie ordnen, besetzen Sie sie mit Elektronen und kennzeichnen Sie das HOMO und das LUMO.

b) Welches dieser Orbitale ist das HOMO, welches das LUMO, wenn statt des Allylkations ein Allylanion vorliegt?

c) Wie sieht das MO-Schema des π-Systems von Ozon (O_3) aus? Prüfen Sie Ihre Überlegungen, indem Sie alle drei Sauerstoffatome isoelektronisch gegen Kohlenstoffatome austauschen und das Ergebnis mit dem Allylkation und dem Allylanion vergleichen.

d) Auch eine Methylgruppe in Nachbarschaft zu einem Carbeniumion stabilisiert das Kation. Zeichnen Sie das Ethylkation geometrisch korrekt in der Keilstrichschreibweise und zeichnen Sie die relevanten Orbitale ein, die diesen Effekt erklären. Geben Sie zusätzlich das MO-Schema wieder, aus dem man den stabilisierenden Effekt erkennen kann. Wie nennt man diesen Effekt?

Aufgabe 1.3

Bestimmen Sie für die folgenden Molekülpaare, um welche Art von Isomerie es sich handelt.

(a) (b) (c) (d) (e) (f)

(g) (h) (i) (j) (k) (l) (m)

Aufgabe 1.4

a) Zeichnen Sie für folgende Verbindungen die stabilsten und am wenigsten stabilsten Konformationen in a) der Keilstrichschreibweise, b) der Sägebock-Projektion und c) der Newman-Projektion entlang der angegebenen Bindung.

   2,2-Dimethylbutan (C2–C3-Bindung)   3-Methylpentan (C3–C4-Bindung)

b) Diskutieren Sie anhand eines Energiediagramms die Stabilitäten der Konformere von Ethan und Butan. Tragen Sie die Energiedifferenzen zwischen den lokalen Minima und den Übergangszuständen für die Bindungsrotationen ein. Erläutern Sie die Ursachen für die Rotationsbarrieren. Schlagen Sie hierzu auch folgende Publikation nach: Schreiner P (2002) Angew Chemie 114:3729–3732. Offensichtlich gibt es zwei verschiedene Modelle, um die Rotationsbarriere zu erklären. Diskutieren Sie ihre Vorzüge und Nachteile.

c) Welche Konformationen kann Cyclohexan einnehmen? Welche davon sind Minima, welche Übergangszustände auf der Potenzialenergiefläche?

d) Die stabilste Konformation von *trans*-1,3-Bis-(1,1-dimethylethyl)-cyclohexan ist keine Sesselkonformation. Welche Konformation würden Sie für dieses Molekül erwarten? Geben Sie eine Erklärung.

e) Zeichnen Sie für die folgenden Cyclohexanderivate die stabilste Konformation. Klappen Sie den Ring um und zeichnen Sie auch das weniger stabile Konformer.

Bromcyclohexan   cis-1-(2-Methylpropyl)-4-methylcyclohexan
cis-Cyclohexan-1,3-diol   trans-Cyclohexan-1,3-diol

Aufgabe 1.5

a) Geben Sie eine knappe, aber vollständige und präzise Definition von Chiralität.
b) Wie viele Stereoisomere haben Moleküle mit N Stereozentren im Allgemeinen? Geben Sie eine Formel an. Zeichnen Sie alle möglichen Stereoisomere von Weinsäure in der Fischer-Projektion. Warum gilt die Formel hier offensichtlich nicht?
c) Wie ist der *ee*-Wert definiert? Geben Sie auch hier eine Formel an. Der spezifische Drehwert reiner D-(−)-Weinsäure (= (2S,3S)-Weinsäure) beträgt −12,7 °. Berechnen Sie den Drehwert einer 3:1-Mischung aus D-(−)- und L-(+)-Weinsäure. Geben Sie die Drehwerte von reiner L-(+)-Weinsäure und aller anderen möglichen Stereoisomere an.
d) Wie viele Stereoisomere gibt es von den Molekülen in der oberen Reihe der folgenden Abbildung? Zeichnen Sie alle und identifizieren Sie jeweils Enantiomerenpaare und Diastereomere.

e) Zeichnen Sie die in der unteren Reihe gezeigten Verbindungen in der Fischer-Projektion. Wie gehen Sie dabei vor? Benennen Sie alle Stereozentren nach der CIP-Nomenklatur.

Aufgabe 1.6

a) Sie haben aus ihrem letzten Tauchurlaub am Roten Meer einen Schwamm mitgebracht – glücklicherweise ohne bei der Einreise mit der illegalen Einfuhr geschützter Arten aufzufallen. Aus dem Schwamm wollen Sie einen Naturstoff isolieren, der als Kandidat für ein Medikament mit großem Marktpotenzial infrage kommt. Nach der Isolierung und strukturellen Charakterisierung dieses Naturstoffs unternehmen Sie mit großem Kosten-, Personal- und Materialaufwand den Versuch, in einer vielstufigen asymmetrischen Synthese den Naturstoff herzustellen. Sie wissen aus Voruntersuchungen, dass der Schwamm selektiv nur ein Stereoisomer produziert, das in allen gängigen spektroskopischen Untersuchungen Spektren liefert, die mit denen Ihrer synthetischen Verbindung übereinstimmen. Sie erhalten aber dennoch eine synthetische Substanz mit einem experimentell bestimmten spezifischen Drehwert von $+56\,°$. Ihre aus dem Schwamm isolierte natürliche Substanz hat aber einen spezifischen Drehwert von $+112\,°$. Wie kann es zu dieser Abweichung kommen? Berechnen Sie den Reinheitsgrad Ihrer synthetisch hergestellten Probe und geben Sie einen Wert für den Enantiomerenüberschuss an.

b) Sie unternehmen einen zweiten Syntheseversuch über eine alternative Route. Obwohl die natürliche Probe einen Drehwert von $+112\,°$ hat, erhalten Sie in Ihrer Synthese diesmal einen Drehwert von $-84\,°$, wieder bei identischen spektroskopischen Befunden. Erklären Sie dieses Ergebnis und geben Sie wiederum die Reinheit Ihrer Probe an. Wie ist es um Ihre Syntheseroute bestellt?

c) Eine andere, mit der ersten verwandte Substanz aus dem Schwamm hat einen spezifischen Drehwert von $+35\,°$. Nach einer ebenfalls aufwendigen Laborsynthese dieser zweiten Substanz messen Sie einen spezifischen Drehwert der synthetischen Verbindung von $+105\,°$. Was ist in dieser Synthese falsch gelaufen?

Aufgabe 1.7

a) Die Bildungswärme von Methan beträgt $-74,9\ kJ\ mol^{-1}$. Die Verbrennungswärme von Grafit zu Kohlendioxid ist $-393,5\ kJ\ mol^{-1}$. Ebenso kennen Sie die Verbrennungswärme von Wasserstoff zu Wasser; sie beträgt $-285,9\ kJ\ mol^{-1}$. Berechnen Sie aus diesen Daten die Energie, die Sie bei der vollständigen Verbrennung von 1 mol Methan gewinnen können.

b) Die Verbrennungswärmen *pro CH$_2$-Gruppe* $(kJ\ mol^{-1})$ von Cycloalkanen mit Ringgrößen von 3 bis 14 Kohlenstoffatomen finden Sie in der folgenden Tabelle. Analysieren Sie diese Reihe und ziehen Sie Schlussfolgerungen hinsichtlich der in den Ringen vorhandenen Spannungen und ihrer Ursachen.

n	3	4	5	6	7	8	9	10	11	12	13	14
$\Delta H_v/n$	697,1	686,0	664,0	658,6	662,3	663,6	664,4	663,6	662,8	659,8	660,2	658,6

c) Schlagen Sie die Dichten von Cyclopropan (flüssig, am Siedepunkt) und Cyclohexan nach. Berechnen Sie dann aus den oben gegebenen Verbrennungswärmen den Energieinhalt eines Liters Cyclopropan (flüssig, am Siedepunkt) und eines Liters Cyclohexan. Welche Verbindung hat den höheren Energieinhalt?

Syntheseplanung und Retrosynthese

Das zweite Kapitel beschreibt das Konzept der Retrosynthese, die ein mächtiges Werkzeug zur Syntheseplanung darstellt. Im Verlauf des Buchs werden wir immer wieder auf die Retrosynthese zurückgreifen.

- Sie haben die grundlegende Idee, die Syntheseplanung vom Zielmolekül aus zu beginnen und rückwärts auf einfachere, leicht zugängliche Ausgangsmaterialien zurückzuführen, verstanden.
- Sie gehen mit den zentralen Begriffen der Retrosynthese wie „Retron", „Synthon" oder „Syntheseäquivalent" souverän um.
- Sie lernen einige einfache Retrons zu Reaktionen aus der Grundvorlesung kennen und sind in der Lage, diese Retrons als Strukturelemente im Zielmolekül zu erkennen und die zugehörige Reaktion zu ihrer Herstellung in ihre retrosynthetischen Überlegungen einzubeziehen.
- Sie kennen zentrale Regeln der Retrosynthese wie etwa die Ausnutzung von Molekülsymmetrien für maximale Vereinfachungen der Zielmoleküle.

2.1 Einführung und Definitionen wichtiger Begriffe

Wenn ein komplizierteres Molekül synthetisiert werden soll, ist es in der Regel nicht klar, welche Ausgangsstoffe man einsetzen sollte. Daher beschreitet man bei der Syntheseplanung oft den umgekehrten Weg. Man startet mit dem Zielmolekül und arbeitet sich rückwärts in Richtung zu einfacheren Bausteinen zurück, bis man Moleküle erreicht hat, die leicht zugänglich sind. Dieses Konzept zu einer effizienten Syntheseplanung wird als Retrosynthese bezeichnet. Dabei sind Umwandlungen einer funktionellen Gruppe in eine andere mitunter zwar nötig, die eigentliche Hauptaufgabe besteht jedoch im Aufbau des Kohlenstoffgerüsts. Sie sehen also, dass Reaktionen zur C–C-Bindungsknüpfung für den organischen Synthetiker

© Springer-Verlag GmbH Deutschland 2017
S. Leisering und C.A. Schalley, *Tutorium Reaktivität und Synthese,*
DOI 10.1007/978-3-662-53852-4_2

besonders wertvoll und wichtig sind. Das Konzept der Retrosynthese ist inzwischen ausgefeilt, und es gibt eine Reihe von Fachbegriffen, die im Folgenden definiert werden. In der organisch-chemischen Fachliteratur finden sich in der Regel die englischen Begriffe, die daher in Klammern mit angegeben sind.

- **Leicht zugängliches Startmaterial** („readily accessible starting material"): Endpunkt der Retrosynthese und zugleich Startpunkt der eigentlichen Synthese. Ein solches Startmaterial ist kommerziell erhältlich oder über eine möglichst einfache literaturbekannte Synthese herstellbar.
- **Retrosynthetische Analyse** („retrosynthetic analysis"): Identifikation möglicher und sinnvoller Bindungsschnitte im Zielmolekül, die zu effizienten Syntheseschritten und Synthesesequenzen führen. Oft gibt es eine ganze Reihe verschiedener Möglichkeiten, die gegeneinander abgewogen werden müssen.
- **Retrosynthesepfeil** (⇒): Eine Retrosynthese wird im Gegensatz zu einer Synthese durch den gezeigten Retrosynthesepfeil gekennzeichnet.
- **Retron:** Ein Strukturelement im Zielmolekül oder in einer der Zwischenstufen in der Synthese, das sich besonders gut retrosynthetisch zerlegen lässt und in der Synthese entsprechend leicht mit verlässlichen Reaktionen aufzubauen ist. Mit etwas Erfahrung lassen sich aus solchen typischen Retrons oft gute retrosynthetische Strategien ableiten.
- **Synthon:** Ein idealisiertes, oft nicht real erhältliches Synthesefragment. Das Synthon zeigt jedoch, welche Reaktivität an den Positionen benötigt wird, zwischen denen in der Synthese die Bindungsknüpfung stattfindet. Beispielsweise werden Nucleophile mit einer negativen, Elektrophile mit einer positiven (Formal-)Ladung gekennzeichnet, auch wenn die zugehörigen Reagenzien in der Synthese schließlich ungeladen sind und an den Ladungspositionen in den Synthons lediglich nucleophilen oder elektrophilen Charakter haben.
- **Syntheseäquivalent** („synthetic equivalent"): Tatsächlich einsetzbares Reagenz, das einem Synthon entspricht und die erforderliche Reaktivität besitzt.
- **Transformation funktioneller Gruppen** („functional group interconversion", FGI): Umwandlung einer funktionellen Gruppe in eine andere. In einer Retrosynthese können FGIs erforderlich werden, wenn in einem Schritt eine funktionelle Gruppe A nötig wäre, man aber im nächsten Retrosyntheseschritt eine Gruppe B benötigt. Dann kann eine Transformation A ⇒ B zwischengeschaltet werden. FGIs verlängern allerdings die Synthese durch zusätzliche Schritte mit dem entsprechenden Aufwand und den üblichen Ausbeuteverlusten. Daher sollten sie sparsam eingesetzt werden.
- **Zerlegung** („disconnection"): Retrosynthetisch gedacht ein Bindungsschnitt. In der Synthese erfolgt an dieser Stelle entsprechend eine Bindungsknüpfung.
- **Zielmolekül** („target molecule"): Das gewünschte Endprodukt der Synthese, zugleich der Startpunkt für Überlegungen zur Retrosynthese.

2.2 Die Verwendung von Synthons

Ein Synthon ist ein hypothetischer Baustein, der meist nicht als eigenständiges Molekül existiert, sondern nur als gedachte Struktur, welche die jeweilige Reaktivität der in der retrosynthetischen Analyse gefundenen Bausteine widerspiegelt. Synthons sind für die Planungen von Retrosynthesen wichtig, weil sie für den jeweiligen Baustein die benötigte Reaktivität widerspiegeln, ohne sich aber von vornherein auf tatsächlich in der Synthese verwendete Syntheseäquivalente festlegen zu müssen. Zunächst zerlegt man das zu synthetisierende Molekül daher in Synthons. Daraus ergeben sich dann die Syntheseäquivalente, also die erforderlichen Reagenzien. Zu den meisten Synthons gibt es eine ganze Reihe verschiedener möglicher Syntheseäquivalente.

Beispiel
Im folgenden Beispiel der Synthese eines unsymmetrisch substituierten Diketons (Abb. 2.1) ist das Säurechlorid am Carbonyl-C-Atom elektrophil, während der Silylenolether ein verstecktes Enolat, also ein Nucleophil, darstellt. Beide können unter Lewis-Säure-Katalyse miteinander zur Reaktion gebracht werden. Die unsymmetrische Substitution kann durch eindeutige Zuordnung von Nucleophil und Elektrophil gewährleistet werden. Retrosynthetisch gedacht schneidet man das Zielmolekül wie gekennzeichnet und erhält zunächst die beiden gezeigten Synthons, für die dann entsprechende Syntheseäquivalente gefunden werden müssen.

Man kann nucleophile und elektrophile Synthons nach ihrer Reaktivität in Donoren (abgekürzt mit d; nucleophiles Reaktionszentrum) und Akzeptoren (abgekürzt mit a; elektrophiles Reaktionszentrum) einteilen. Die folgende Hochzahl definiert den Abstand vom Heteroatom einer funktionellen Gruppe (Abb. 2.2), das selbst die Nummer 0 bekommt. Einige typische Synthons sind in Tab. 2.1 mit ihrer Klassifizierung zusammengestellt.

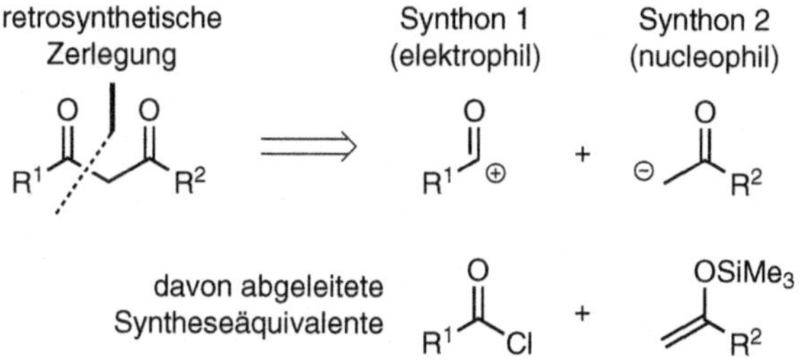

Abb. 2.1 Eine einfache Retrosynthese für das gezeigte 1,3-Diketon, die benötigten Synthons und geeignete Syntheseäquivalente

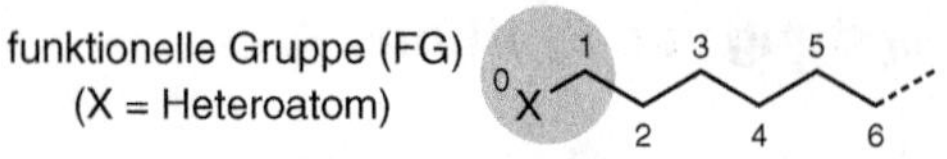

funktionelle Gruppe (FG)
(X = Heteroatom)

Abb. 2.2 Einteilung von Synthons nach dem Abstand vom Heteroatom einer funktionellen Gruppe

Tab. 2.1 Beispiele für Donor- und Akzeptorsynthons und passende Reagenzien

Synthon-Typ	Beispiel-Synthon	Passendes Reagenz
d^1	$^{\ominus}C{\equiv}N$	KCN
d^2	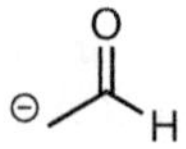	CH_3CHO, Base
d^3	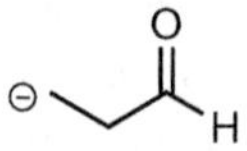	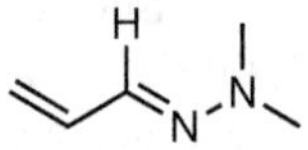
d^4	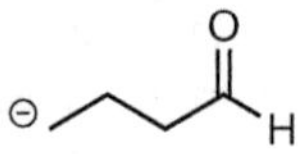	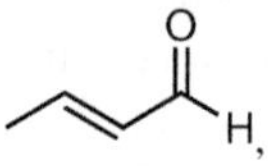 , Base
a^1	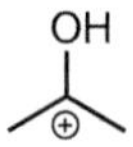	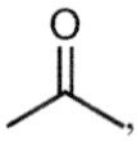 , Säure
a^2	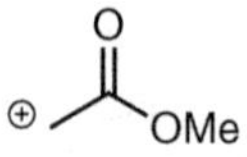	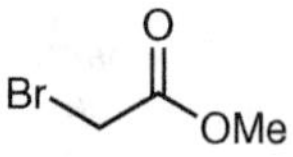
a^3	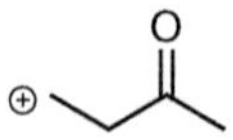	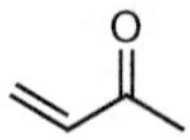
a^4	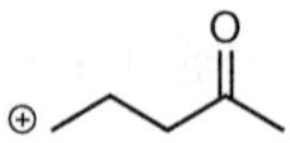	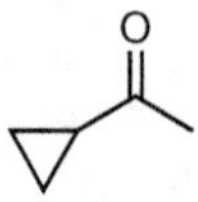

Übung 2.1
a) Geben Sie für jedes der in Tab. 2.1 aufgeführten Synthons eine Reaktion an, in der sie eine Rolle spielen, und formulieren Sie den jeweiligen Mechanismus im Detail.

b) Zum Knobeln: Wieso ist das Hydrazon in Zeile 3 ein d^3- und das Cyclopropylketon in der letzten Zeile ein a^4-Syntheseäquivalent? Formulieren Sie jeweils die Mechanismen der Reaktionen dieser beiden Verbindungen mit einem allgemeinen Elektrophil (E$^+$) bzw. Nucleophil (Nu$^-$).

2.3 Einige typische Retrons

Retrons sind Strukturelemente im Zielmolekül, die als Produkt typischer Reaktionen aufgebaut werden können und damit umgekehrt auf mögliche retrosynthetische Zerlegungen hinweisen. Viele Retrons werden wir erst in den späteren Kapiteln kennen lernen. Einige sind Ihnen aber bereits geläufig, auch wenn Sie sie bislang nicht als Retrons wahrgenommen haben. Zur Illustration des Konzepts sind einige Beispiele in Tab. 2.2 zusammengestellt. Für den organischen Synthetiker ist es sehr hilfreich, sich immer wieder solche typischen Strukturelemente einzuprägen, um sie in einem Zielmolekül schnell wiederzuerkennen und so rasch gute Ideen für die retrosynthetische Analyse des Zielmoleküls zu gewinnen.

Übung 2.2
a) In Tab. 2.2 sind direkt die Syntheseäquivalente angegeben. Formulieren Sie die zugehörigen Synthons.

b) Formulieren Sie die Reaktionsmechanismen der jeweiligen Reaktionen, soweit Sie sie in Ihrer Grundvorlesung zur Organischen Chemie kennengelernt haben.

2.4 Erste einfache Beispiele

Beispiel 1: Synthese von 2-Phenylessigsäure
Abb. 2.3 zeigt drei mögliche Zerlegungen von 2-Phenylessigsäure mit ihren jeweils eigenen Synthons und den dazugehörigen Syntheseäquivalenten.

Die Zerlegung (a) mündet schließlich in eine Grignard-Reaktion. Diese beginnt mit der Umsetzung von Benzylbromid mit Magnesium, an die sich die Umsetzung des so gebildeten Grignard-Reagenzes mit CO_2 aus Trockeneis anschließt. Der Weg (b) entspräche einer S_N-Reaktion des Benzylbromids mit Cyanid, gefolgt von einer Hydrolyse des Nitrils unter sauren Bedingungen. Die letzte Variante (c) wäre eine dreistufige Synthesesequenz: Herstellung des Diazoniumsalzes, Reaktion mit dem entsprechenden Esterenolat und anschließende Verseifung des Esters.

Tab. 2.2 Einige Beispiele für Retrons, ihre retrosynthetische Zerlegung und die ihnen typischerweise zugeordneten Reaktionen

Retron		Retrosynthetische Zerlegung	Zugeordnete Reaktion
Cyclohexenring	$\Longrightarrow$	Dien und Dienophil	Diels-Alder-Reaktion
Cyclohexanring	$\Longrightarrow$	Cyclohexen und Wasserstoff ($+ H_2$, Pd/C)	Katalytische Hydrierung nach einer Diels-Alder-Reaktion
β-Hydroxycarbonylverbindung	$\Longrightarrow$	Aldehyd und Enolat	Aldol-Reaktion (basische Bedingungen)
α,β-ungesättigte Carbonylverbindung	$\Longrightarrow$	Aldehyd und Enol	Aldol-Kondensation (Saure Bedingungen mit direkter Eliminierung von Wasser)
(Z)-Doppelbindung	$\Longrightarrow$	Alkin und Wasserstoff ($+ H_2$, Lindlar-Katalysator)	Katalytische Hydrierung mit reaktivitätsvermindertem Katalysator
Propargylalkohol	$\Longrightarrow$	Carbonylverbindung und terminales Alkin	Nucleophile Addition

Wenn Sie beurteilen sollen, welche der drei Varianten die beste ist, müssen Sie nicht nur die Kürze der Synthese einbeziehen. Bei komplexeren Molekülen mit basenlabilen funktionellen Gruppen verböte sich beispielsweise die Grignard-Variante, bei komplexeren Molekülen mit säurelabilen Gruppen die Nitrilhydrolyse.

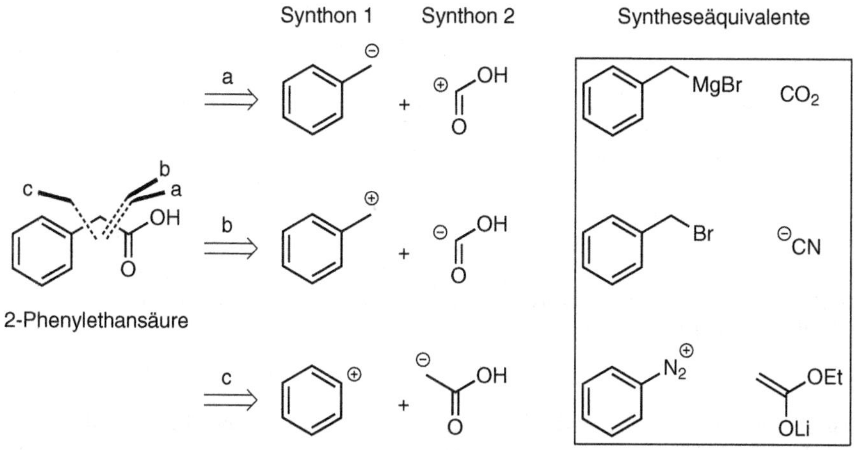

Synthon 1   Synthon 2   Syntheseäquivalente

Abb. 2.3 Drei verschiedene Retrosynthesemöglichkeiten für die Herstellung von 2-Phenylessigsäure

Ebenso könnte ein Sicherheitsaspekt wichtig sein, wenn Sie z. B. einen Praktikumsversuch planen. Hier würden Sie vielleicht die Herstellung des Diazoniumsalzes vermeiden wollen. Die beste Syntheseroute ergibt sich also immer auch unter Einbeziehung des gesamten Kontexts, in dem die Synthese steht.

Übung 2.3
Formulieren Sie zu den drei gezeigten Retrosynthesen die detaillierten Syntheserouten.

Beispiel 2: Synthese von 1,1-Diphenyl-1-propanol
1,1-Diphenylpropan-1-ol (Abb. 2.4) kann unter Ausnutzung der Molekülsymmetrie elegant zerlegt werden. Dabei ist Phenyllithium als Äquivalent für das Phenylanion kommerziell erhältlich, sodass eine zusätzliche Synthesestufe zur Herstellung des metallorganischen Reagenzes vermieden wird. Ethylpropanoat eignet sich zur doppelten nucleophilen Addition, da nach dem Angriff des ersten Phenylanions Ethanolat als Abgangsgruppe abgespalten wird. Dabei entsteht 1-Phenylpropan-1-on, an das ein zweites Phenylanion unmittelbar addieren kann. Mit dieser Strategie erreichen Sie also durch Ausnutzung der Symmetrie eine schnelle Vereinfachung des C-Gerüsts.

Übung 2.4
Machen Sie alternative Vorschläge für Retrosynthesen dieses Moleküls und bewerten Sie sie im Vergleich zur dargestellten retrosynthetischen Analyse. Warum ist die doppelt benzylische Position im Zielmolekül prädestiniert, in den Edukten einem Elektrophil zu entsprechen, während es eher schwierig ist, ein Nucleophil an dieser Stelle in Synthesen einzusetzen?

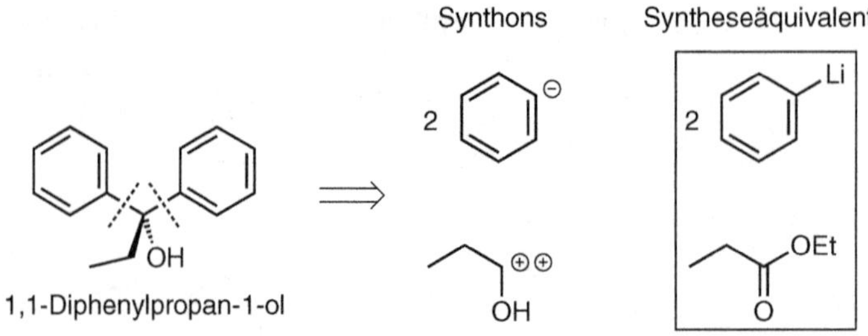

Synthons   Syntheseäquivalente

Abb. 2.4 Ausnutzung der Molekülsymmetrie für eine maximale retrosynthetische Vereinfachung des Molekülgerüsts

Beispiel 3: Zweistufige Synthese von 1,4-Di-(cyclohex-3-enyl)-but-2-in-1,4-diol

Im folgenden Molekül können Sie wiederum die Symmetrie ausnutzen (Abb. 2.5). Dabei ist die Zerlegung (a) effizienter als Variante (b). Der Cyclohexenring kann sehr leicht durch eine Diels-Alder-Reaktion aufgebaut werden (siehe Tab. 2.2), die insbesondere dann gut verläuft, wenn das Dienophil einen elektronenziehenden Substituenten trägt. In diesem Fall ist dies die in Konjugation zur Doppelbindung des Dienophils stehende Aldehydgruppe. Ein Schnitt entlang (b) ist nicht unmöglich; die Synthese der Vorläufersubstanzen ist aber schwieriger zu bewerkstelligen.

Übung 2.5

a) Geben Sie auch für diese Retrosynthese die Synthons und den Syntheseweg an. Ein Aldehyd reagiert nicht bereitwillig mit einem Alkin. Welches zusätzliche Reagenz benötigen Sie, um den letzten Schritt der Synthese erfolgreich durchzuführen?

b) Bei der gezeigten Retrosynthese gibt es ein Selektivitätsproblem. Analysieren Sie, wie viele verschiedene Produkte im letzten Syntheseschritt entstehen können und welche dies sind.

Beispiel 4: Mehrstufige Synthese des Naturstoffs (Z)-Jasmon

Als Beispiel für eine schon etwas aufwendigere, da mehrstufige Retrosynthese mag die Synthese von (Z)-Jasmon dienen (Abb. 2.6). Sie ist aber immer noch recht

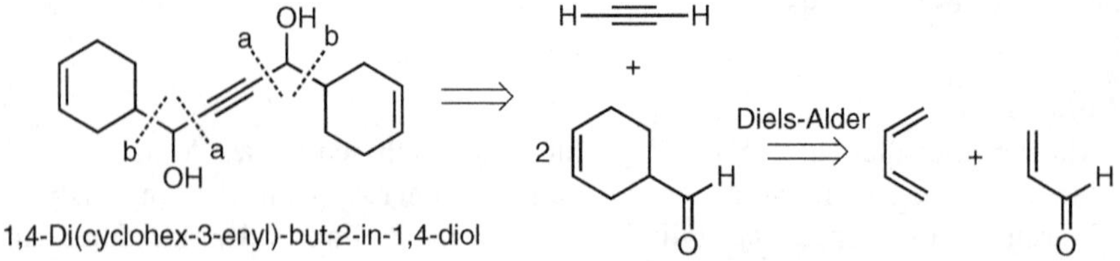

Abb. 2.5 Zweistufige Retrosynthese von 1,4-Di-(cyclohex-3-enyl)-but-2-in-1,4-diol

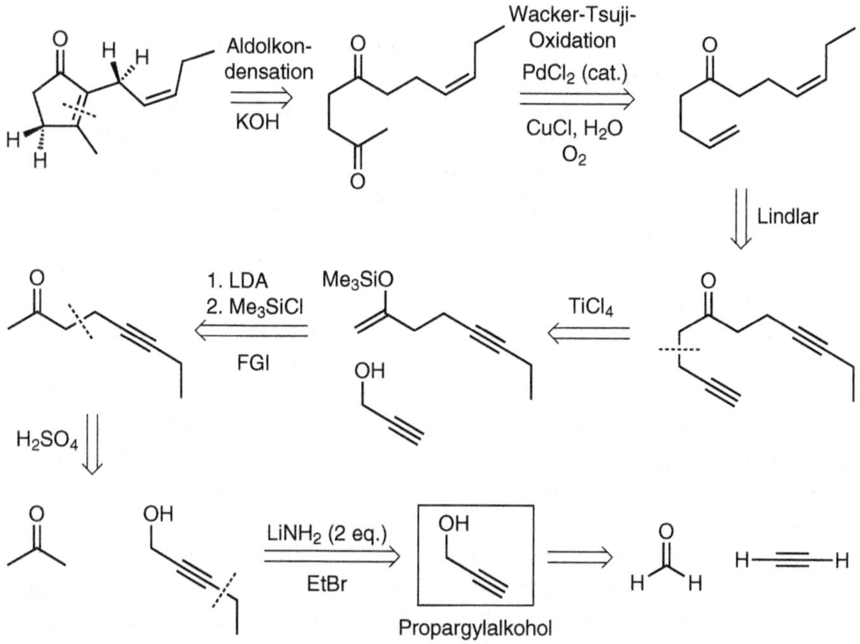

Abb. 2.6 Mehrstufige Retrosynthese von *(Z)*-Jasmon

einfach, weil *(Z)*-Jasmon z. B. kein Stereozentrum enthält und deswegen keine asymmetrische Synthese erfordert.

Vermutlich hätten Sie nicht auf Anhieb die sehr einfachen Bausteine hinter dieser Synthese identifiziert: zwei Moleküle Formaldehyd, ein Molekül Aceton, zwei Ethinmoleküle und ein Molekül Bromethan. Die retrosynthetischen Zerlegungen von C–C-Bindungen sind jeweils als gestrichelte Linien eingetragen.

(Z)-Jasmon enthält eines der in Tab. 2.2 gezeigten Retrons, nämlich das α,β-ungesättigte Keton im Fünfring. Hier lässt sich also ein erster Zerlegungsschritt identifizieren, der einer Aldolkondensation entspricht. Dieser erste Schritt ist insofern bemerkenswert, als hier der Ring retrosynthetisch geöffnet wird. Für in der Syntheseplanung Unerfahrene mag die Versuchung groß sein, das Ringgerüst intakt zu lassen und in geeigneter Weise zu substituieren – zumal Cyclopentenon kommerziell zu niedrigen Preisen erhältlich ist.

Durch retrosynthetische Ringöffnung erhalten wir am neuen Kettenende ein Methylketon, das in einer Wacker-Tsuji-Oxidation aus einem terminalen Alken erhältlich ist, ohne dass die doppelt substituierte C=C-Doppelbindung, die ja auch noch in der Zwischenstufe vorhanden ist, angegriffen wird. In diesem Schritt erkennen Sie, dass es häufig Selektivitätsprobleme geben kann, wenn zwei gleiche funktionelle Gruppen in einer Synthesestufe vorhanden sind. Solche Selektivitätsprobleme zu lösen ist ebenfalls Aufgabe der Syntheseplanung.

Sie setzt ein fundiertes Detailwissen beispielsweise über Reaktivitätsabstufungen voraus. Hier ist die höher substituierte Doppelbindung reaktionsträge genug, um eine ausreichende Selektivität zu erzielen.

(Z)-Doppelbindungen lassen sich sehr leicht durch Lindlar-Hydrierung aus den entsprechenden Alkinen gewinnen. Auch dieses Retron findet sich bereits in Tab. 2.2. Dadurch, dass die Zwischenstufe zwei Alkene enthält, erhält man retrosynthetisch auch zwei Dreifachbindungen in diesem Retrosyntheseschritt. Da die zweite Doppelbindung endständig ist, kann sie ebenfalls retrosynthetisch auf ein Alkin zurückgeführt werden, ohne dass man hier die Bildung von *(E)/(Z)*-Isomeren beachten muss.

Das Molekül ist nun symmetrisch aufgebaut, wenn man einmal von der endständigen Ethylgruppe absieht, die nur an einem Ende angeknüpft ist. Man kann also die beiden Seitenketten analog zueinander aus gemeinsamen Bausteinen aufbauen. Hier ist die Schlüsselkomponente ein Propargylalkohol, der kommerziell erhältlich ist, aber auch seinerseits wieder aus noch einfacheren Bausteinen, nämlich Formaldehyd und Ethin, aufgebaut werden kann und ebenfalls eines der Retrons in Tab. 2.2 darstellt.

Auch wenn es keine Symmetrie ist, die die direkte Knüpfung mehrerer C–C-Bindungen in einem Syntheseschritt erlaubt, ist auch eine solche Pseudosymmetrie vorteilhaft, da einige Reaktionsschritte nun mehrfach vorkommen, z. B. der nucleophile Angriff des Acetylids auf Formaldehyd. Das spart Optimierungsschritte, weil oft die optimalen Bedingungen bei ähnlichen Reaktionen ebenfalls ähnlich sind und die für eine Reaktion ermittelten Reaktionsbedingungen daher auf eine leicht variierte Reaktion analog übertragbar sind.

Übung 2.6

a) Die Retrosynthese von Jasmon ist in Abb. 2.6 der Einfachheit halber direkt in Form von Syntheseäquivalenten gezeigt. Formulieren Sie die Synthons der einzelnen Schritte.

b) Diskutieren Sie Vor- und Nachteile verschiedener alternativer Reihenfolgen von Syntheseschritten. Welche Selektivitätsprobleme ergeben sich möglicherweise?

c) Formulieren Sie die zugehörige Synthese im Detail. Wäre es nicht besser, die beiden letzten Schritte in umgekehrter Reihenfolge abzuarbeiten und zuerst das Ethin mit Ethylbromid zu alkylieren und dann erst die Reaktion mit Formaldehyd durchzuführen?

d) Probieren Sie sich einmal an der Entwicklung einer eigenen alternativen Retrosynthese.

2.5   Regeln für gute Retrosynthesen

Aus den Beispielen können wir eine Reihe von Regeln ableiten, die helfen sollen, effiziente Retrosynthesen zu entwickeln:

- **Möglichst wenige Schritte:** Je kürzer der Syntheseweg, desto weniger Ausbeuteverlust und desto weniger Arbeitsaufwand. In der großtechnischen Produktion eines Stoffs gehen kurze Synthesen in der Regel mit spürbar geringeren Kosten einher.
- **Möglichst wenige FGIs:** Die Umwandlungen einer funktionellen Gruppe in eine andere helfen beim Aufbau des Kohlenstoffgerüsts nicht. Sie sind mitunter unumgänglich, günstig ist es aber, möglichst wenige solche Transformationen einzuplanen und so zusätzliche Syntheseschritte zu vermeiden.
- **Möglichst starke Vereinfachung und Ausnutzung von Symmetrien:** Das Zielmolekül und auch die Zwischenstufen der Retrosynthese sollten möglichst in annähernd gleich große Teile zerlegt werden. Das führt zu einer raschen Vereinfachung und hilft, kurze Routen zu finden. Unter Ausnutzung von Symmetrien können oft besonders deutliche Vereinfachungen erreicht werden. Auch hierdurch verringert sich die Zahl erforderlicher Syntheseschritte.
- **Schlüssige Mechanismen:** Auch wenn manche Synthons eher ungewöhnlich erscheinen mögen, kann es gut geeignete Syntheseäquivalente geben. Jeder Schritt einer Retrosynthese sollte einen schlüssigen Mechanismus besitzen. Ist das nicht der Fall, kann es passieren, dass Sie erst mühsam die benötigte Reaktivität „einbauen" müssen, was zu Umwegen in den Synthesen führt. Ungewöhnliche Synthons sind in Ordnung, wenn sie typischen Intermediaten in den Mechanismen der beteiligten Reaktionen entsprechen. An dieser Regel wird deutlich, wie Reaktionsmechanismen und Syntheseplanung zusammenhängen.
- **Vorzugsweise konvergente Synthesen:** Sie können Moleküle in einer *linearen* Synthesesequenz aufbauen, die sich Schritt für Schritt vorarbeitet. Man arbeitet dann alle Reaktionen in Folge ab: A → B → C → D → E etc. Bei jedem Schritt kommt es zu Ausbeuteverlusten, was diese Sequenz mühsam werden lässt. Besser und in Einklang mit der Regel der stärksten Vereinfachung ist die Strategie, ein Molekül *konvergent* herzustellen, also erst einen Baustein C durch A → B → C, einen zweiten Baustein F durch D → E → F. Wenn beide Bausteine auf kurzen Wegen fertiggestellt sind, werden sie durch die Reaktion C + F → G zum Endprodukt zusammengefügt. Natürlich hängt es von der genauen Struktur des Zielmoleküls ab, ob sich ein solches Vorgehen realisieren lässt oder eine lineare Synthese unumgänglich ist. Auch sind Kupplungen größerer Molekülfragmente am Ende einer Synthese nicht immer effizient und gestalten sich mitunter schwierig. Wenn beispielsweise abzusehen ist, dass die Verknüpfungsstelle zweier größerer Fragmente sterisch stark abgeschirmt sein wird, ist eine konvergente Synthese möglicherweise nicht vorteilhaft.
- **Möglichst von vornherein stereokontrolliert arbeiten:** Wenn Sie es mit chiralen Molekülen zu tun haben, ist es sinnvoll, direkt stereokontrolliert zu arbeiten. Bei jedem Schritt, bei dem ein Racemat gebildet wird, obwohl ein stereochemisch einheitliches Produkt gesucht wird, wird die Hälfte der Ausbeute verworfen. Diese Regel haben wir in der oben gezeigten Synthese des 2-Butin-1,4-diols verletzt, da das Produkt in Form von drei Stereoisomeren (ein Enantiomerenpaar und eine *meso*-Form) gebildet wird. Allerdings ist die

Diels-Alder-Reaktion häufig eine gute Reaktion zur simultanen Kontrolle der relativen Stereochemie an bis zu vier Stereozentren.

2.6　Trainingsaufgaben

Aufgabe 2.1

a) Das folgende Molekül, die Tröger-Base, hat einige Berühmtheit als chirale Base erlangt. Identifizieren Sie die Chiralitätselemente.

b) Warum kommt es in diesem Molekül im Gegensatz zu Ethylmethylpropylamin nicht zu einer schnellen Racemisierung?

c) Wenn Sie die Tröger-Base mit einer Spur Säure umsetzen, kommt es zu einer langsamen Racemisierung. Formulieren Sie einen detaillierten Mechanismus, wie die Racemisierung erfolgen könnte.

d) Versuchen Sie sich, basierend auf Ihren Kenntnissen aus der Grundlagenvorlesung der Organischen Chemie, einmal an der Entwicklung einer Retrosynthese für dieses Molekül. Tipp: Es werden nur zwei Edukte benötigt, die in einer sauer katalysierten vielschrittigen Eintopfsynthese zur Tröger-Base reagieren. Formulieren Sie die in der Synthese ablaufenden Mechanismen in allen Einzelschritten. Falls mesomeriestabilisierte Intermediate gebildet werden, zeichnen Sie bitte auch alle mesomeren Grenzformeln. Welche wichtige Rolle haben die beiden Methylgruppen für den Erfolg Ihrer Synthesestrategie? Welche Nebenreaktionen können in Abwesenheit der Methylgruppen in Ihrer Synthese auftreten?

Aufgabe 2.2

a) Das folgende Molekül **A** besitzt vier Stereozentren. Wie viele Stereoisomere sollte es demnach eigentlich haben, und warum gibt es tatsächlich weniger? Wie viele Stereoisomere sind es?

b) Zeichnen Sie dieses Molekül so, dass seine räumliche Struktur klar ersichtlich ist. Schlagen Sie zuvor nach, in welcher Konformation Cyclohex*ene* (nicht Cyclohex*ane*) vorliegen. Welche Konformation ist die energetisch günstigste und warum?

c) Geben Sie eine Retrosynthese an. Identifizieren Sie dafür ein gutes Retron. Ein einziger Retrosyntheseschritt sollte reichen, um das Molekül auf zwei einfache, käufliche Bausteine zurückzuführen.

d) Die Reaktion, die Sie in Ihrer Retrosynthese einsetzen, sollte eine weitgehende Kontrolle der vier Stereozentren erlauben. Sie sollten eine Reaktion finden können, in der nur ein Racemat gebildet wird, während alle anderen Stereoisomere dagegen nicht entstehen. Die stereochemische Kontrolle ist ein wichtiger Punkt bei der Entwicklung von Retrosynthesen; hier haben Sie ein erstes Beispiel. Welche Konfiguration wählen Sie für die Edukte?

e) Wenn Sie diese Aufgabe gemeistert haben, können Sie auch durch geeignete Wahl der Edukte die anderen Stereoisomere **B–D** leicht mit der gleichen Reaktion herstellen. Geben Sie die Edukte jeweils in der richtigen Konfiguration an. Mit Ausnahme von **C** entstehen sie ebenfalls wieder als Racemate. Warum? Und warum bildet sich einzig bei **C** kein Racemat?

Radikalreaktionen

3

Im dritten Kapitel werden Reaktionen besprochen, in deren Verlauf Radikale, also Moleküle mit einem – oder sehr selten mehreren – ungepaarten Elektronen, als Intermediate auftreten.

- Sie können die Stabilität und Geometrie von Radikalen einschätzen und mithilfe von Bindungsdissoziationsenergien für homolytische Bindungsspaltungen die Thermochemie von Radikalreaktionen berechnen.
- Über die einfachen radikalischen Halogenierungen hinaus, für die Sie Produktverteilungen berechnen können, kennen Sie eine Reihe von synthetisch wichtigen Radikalreaktionen, die zur Funktionalisierung, Umfunktionalisierung und Defunktionalisierung in der organischen Synthese eingesetzt werden.
- Sie lernen dabei auch sehr selektive Radikalreaktionen kennen, die der auch heute noch geläufigen Annahme widersprechen, dass Radikale sehr reaktiv und daher wenig selektiv reagieren. Sie entwickeln eine kritische Sichtweise auf das oft zur Beschreibung des Zusammenhangs von Reaktivität und Selektivität verwendete Hammond-Postulat.
- Mithilfe von radikalisch verlaufenden Ringschlussreaktionen können kompliziertere Ringsysteme aufgebaut werden. Sie können solche Ringsysteme analysieren und retrosynthetisch auf ein acyclisches Vorläufermolekül zurückführen.

© Springer-Verlag GmbH Deutschland 2017
S. Leisering und C.A. Schalley, *Tutorium Reaktivität und Synthese,*
DOI 10.1007/978-3-662-53852-4_3

3.1   Einführung

3.1.1   Stabile Radikale

Radikale gelten zwar oft noch als hochreaktiv und damit wenig selektiv; diese Annahme ist jedoch nicht korrekt. Inzwischen gibt es viele sehr selektive Radikalreaktionen. Ebenso sind nicht alle Radikale automatisch hochreaktiv. Einige Radikale sind sogar so stabil, dass sie in Substanz isolierbar sind.

Ein Beispiel für ein solches stabiles Radikal ist das Tetramethylpiperidinyl-oxid (TEMPO; Abb. 3.1). TEMPO ist kommerziell erhältlich und sublimierbar. Die Stabilisierung ist der sterischen Abschirmung des Radikalzentrums durch die vier Methylgruppen und zusätzlich der Konjugation des Radikalelektrons mit dem freien Elektronenpaar am benachbarten Stickstoffatom geschuldet (3-Elek-tronen-2-Zentren-(3e2c)-Bindung). TEMPO wird in der nitroxidkontrollierten radikalischen Polymerisation eingesetzt, dient als mildes Oxidationsmittel und wird als sogenannte Spinsonde verwendet. Bringt man zwei TEMPO-Radikale in räumliche Nachbarschaft zueinander, kann man mithilfe der Elektronenspinreso-nanz-Spektroskopie (ESR) den Abstand zwischen den beiden Spinsonden messen.

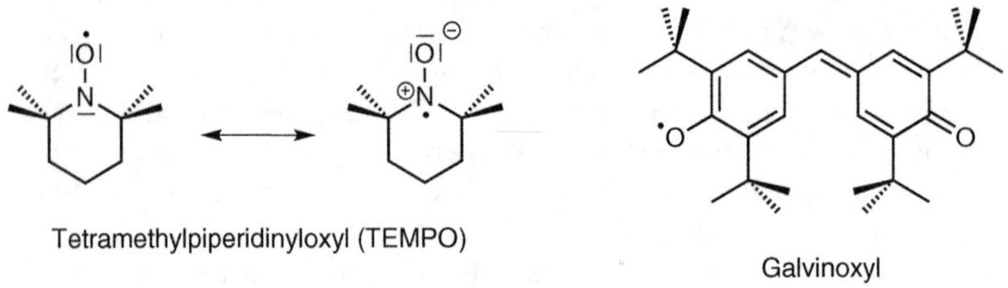

Tetramethylpiperidinyloxyl (TEMPO)

Galvinoxyl

Abb. 3.1   Zwei Beispiele für gut stabilisierte Radikale

Ein zweites Beispiel ist Galvinoxyl. Galvinoxyl wird stark durch Mesomerie stabilisiert. Die *t*-Butylgruppen blockieren zusätzlich potenzielle Radikalreaktio-nen an den *ortho*-Positionen der beiden Sechsringe, an denen ebenfalls partieller Radikalcharakter vorliegt, und schirmen gleichzeitig die beiden Sauerstoffatome sterisch gut ab. Auch Galvinoxyl ist so stabil, dass es von mehreren Firmen kom-merziell vertrieben wird.

Übung 3.1

a) Zeichnen Sie alle sinnvollen mesomeren Grenzstrukturen von Galvinoxyl. Wenn Sie die *t*-Butylgruppen weglassen, welche Reaktionen wären dann denkbar, durch die sich die Galvinoxylradikale stabilisieren könnten?

b) Beschreiben Sie, was Ihre Grenzstrukturen für die Bindungslängen, die Bindungsstärken und die Verteilung des radikalischen Charakters über das Molekül aussagen.

c) Schlagen Sie den Mechanismus der radikalischen Polymerisation von Styrol nach und überlegen Sie, wo TEMPO eingreifen könnte.

3.1.2 Die Struktur von Radikalen

Kohlenstoffzentrierte Radikale liegen mit ihren Strukturen zwischen den Carbanionen und den entsprechenden Carbeniumionen (Abb. 3.2). Die Struktur ist nicht immer trigonal-planar, sondern kann in Abhängigkeit von den Substituenten erheblich von planar bis fast zu einer pyramidalen Geometrie mit Tetraederwinkeln variieren.

Die Strukturen von Carbanion, Radikal und Carbeniumion lassen sich mit dem VSEPR-Modell („valence shell electron pair repulsion") gut voraussagen. Dieses Modell zählt die Bindungselektronenpaare und freien Elektronenpaare an einem Atom und richtet sie räumlich so aus, dass sie sich möglichst günstig im Raum verteilen. Daraus ergibt sich für das Carbanion eine Tetraedergeometrie aus drei Bindungen und einem freien Elektronenpaar. Im Carbeniumion können die drei Bindungselektronenpaare einander günstiger in einer trigonal-planaren Anordnung ausweichen. Das Radikal sollte wegen der gegenüber dem Carbanion verminderten Abstoßung zwischen Radikalelektron und den Bindungselektronen nach diesem Modell eine teilweise pyramidalisierte Struktur aufweisen. Dies ist beim einfachsten Radikal, dem Methylradikal, jedoch nicht der Fall; es ist trigonal planar.

Dagegen ist das Trifluormethylradikal durch einen elektronischen Effekt sehr deutlich pyramidalisiert. Man kann das vielleicht am besten verstehen, wenn man

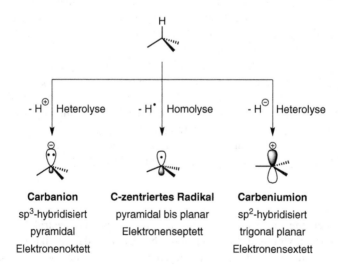

Abb. 3.2 Vergleich der Strukturen von Carbanionen, C-zentrierten Radikalen und Carbeniumionen

sich die drei weiteren möglichen mesomeren Grenzformeln der 3e2c-Bindungen aufzeichnet, bei denen das C-Atom ein freies Elektronenpaar besitzt und das Radikalzentrum sich an jeweils einem der drei F-Atome befindet. Dadurch werden der Kohlenstoff formal negativ und das F-Atom formal positiv geladen. Das C-Atom bekommt dadurch einen eher anionischen Charakter und die Geometrie des Radikals ähnelt mehr dem Carbanion (Abb. 3.3).

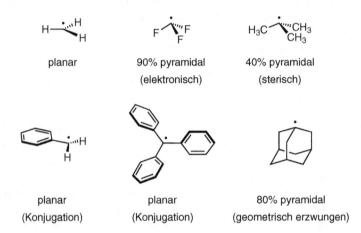

Abb. 3.3 Die Strukturen verschiedener Radikale und Ursachen unterschiedlicher Pyramidalisierung

Das Benzylradikal ist wiederum planar, da es mit dem π-System des benachbarten Aromaten konjugiert ist. Das benzylische Kohlenstoffatom ist daher sp^2-hybridisiert und stellt ein p-Orbital für die Bildung von gemeinsamen Molekülorbitalen mit den p-Orbitalen der C-Atome im aromatischen Ring zur Verfügung. Im Triphenylmethylradikal ist das Radikalzentrum ebenfalls durch die Konjugation zu den drei Phenylringen planar koordiniert. Da bei optimaler Konjugation alle drei Ringe in der gleichen Ebene lägen und sich dadurch die *ortho*-Wasserstoffatome paarweise sehr nahe kämen, sind die drei Phenylringe propellerförmig aus der Ebene gedreht. Auf diese Weise findet das Radikal einen optimalen Kompromiss zwischen Spannung und geschwächter Konjugation.

Schließlich ist das 1-Adamantylradikal wieder gewinkelt, da der „Korsetteffekt" des Molekülkäfigs keine vollständige Planarisierung zulässt.

Übung 3.2

a) Zeichnen Sie die oben beschriebenen mesomeren Grenzstrukturen für das Trifluormethylradikal. In dieser Schreibweise trägt das Radikalzentrum eine negative und eines der Fluoratome eine positive Formalladung. Geben Sie Argumente für oder gegen die These, dass diese Grenzstrukturen zu einem hohen Anteil die wirkliche Struktur und Elektronenverteilung widerspiegeln.

b) Zeichnen Sie alle sinnvollen mesomeren Grenzstrukturen für das Triphenylmethylradikal. Das zentrale C-Atom ist planar umgeben. Wie sind aber die drei Phenylringe angeordnet? Wären alle Phenylringe in einer Ebene mit dem zentralen C-Atom, ergäbe sich maximale Konjugation. Stünden sie genau senkrecht zu dieser Ebene, wäre die Konjugation vollständig unterbrochen. Welche mathematische Funktion beschreibt korrekt die Abhängigkeit der durch Konjugation des Radikalzentrums mit den drei Ringen gewonnenen Stabilisierung in Abhängigkeit vom Verdrillungswinkel?

3.2 Homolytische Bindungsspaltung unpolarer Bindungen

Grundsätzlich gibt es zwei Möglichkeiten, eine chemische Bindung zu brechen (Abb. 3.4). Man spricht von einem heterolytischen Bindungsbruch, wenn beide Bindungselektronen bei einem Fragment verbleiben und – ein neutrales Vorläufermolekül vorausgesetzt – die beiden Fragmente gegennamig geladen sind. Ein homolytischer Bindungsbruch führt dagegen zur Bildung von Radikalen. Jedes Fragment erhält eines der beiden Bindungselektronen, und beide Fragmente eines neutralen Vorläufermoleküls sind ebenfalls wieder neutral.

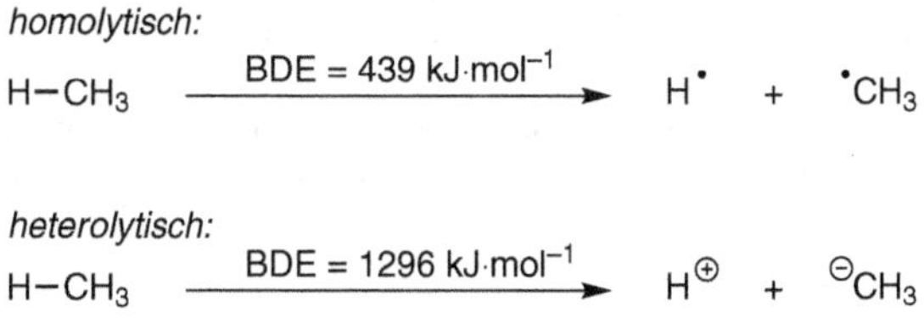

homolytisch:

$$H-CH_3 \xrightarrow{\quad BDE = 439 \ kJ \cdot mol^{-1} \quad} H^\bullet + {}^\bullet CH_3$$

heterolytisch:

$$H-CH_3 \xrightarrow{\quad BDE = 1296 \ kJ \cdot mol^{-1} \quad} H^\oplus + {}^\ominus CH_3$$

Abb. 3.4 Vergleich der homo- und heterolytischen Bindungsdissoziation von Methan mit den zugehörigen Bindungsdissoziationsenergien

Welcher Bindungsbruch energetisch günstiger ist, hängt von mehreren Parametern ab. Die Polarität der Bindung spielt dabei eine große Rolle. Bei unpolaren Bindungen wie z. B. der C–H-Bindung im Methan ist die homolytische Bindungsspaltung in der Regel sehr viel günstiger.

Auch das Medium hat einen wesentlichen Einfluss. Polare, protische Lösemittel sind gut in der Lage, Ladungen zu stabilisieren, und begünstigen daher den heterolytischen Bindungsbruch.

Man kann die in Tab. 3.1 wiedergegebenen Werte ganz einfach nutzen, um vorherzusagen, welche Radikalreaktionen exotherm sind und welche nicht. Dazu addiert man alle Bindungsenergien, die im Verlauf der Reaktion gebrochen werden, und subtrahiert die Bindungsenergien der Bindungen, die gebildet werden (Abb. 3.5). Resultiert ein negativer Wert, ist die Reaktion exotherm.

Die Chlorierung von Methan ist insgesamt also deutlich exotherm und wird freiwillig ablaufen, sobald sie einmal in Gang gesetzt ist, da sie mehr Energie

Tab. 3.1 Homolytische Bindungsdissoziationsenergien in kJ mol^{-1} (BDE, auch oft mit D oder ΔH_{diss} abgekürzt) für Element-Element-, Element-H- und Element-C-Bindungen

Element	E–E-Bindung		E–H-Bindung		E–C-Bindung	
H	H–H	435				
Hal	F–F	159	H–F	568	H$_3$C–F	468
	Cl–Cl	247	H–Cl	426	H$_3$C–Cl	326
	Br–Br	192	H–Br	364	H$_3$C–Br	271
	I–I	150	H–I	297	H$_3$C–I	213
O	HO–OH	213	H–OH	497	H$_3$C–OH	359
	*t*BuO–O*t*Bu	159				
S	H$_3$CS–SCH$_3$	251	H–SH	343	H$_3$C–SH	255
C	H$_3$C–CH$_3$	355	H–CH$_3$	439		
	*t*Bu–*t*Bu	309	H–CH$_2$CH$_3$	418		
			H–*t*Bu	389		

$$Cl{-}Cl \;+\; H{-}CH_3 \longrightarrow H{-}Cl \;+\; Cl{-}CH_3$$

$$\Delta H_R \;=\; BDE(Cl\text{-}Cl) + BDE(H\text{-}CH_3) - BDE(H\text{-}Cl) - BDE(Cl\text{-}CH_3)$$

$$=\quad 247 \;+\; 439 \;-\; 426 \;-\; 326 \;=\; -66 \text{ kJ mol}^{-1}$$

Abb. 3.5 Die Gesamtenergiebilanz der radikalischen Monochlorierung von Methan, berechnet aus den Bindungsdissoziationsenergien der im Verlauf der Reaktion gebrochenen und neu gebildeten Bindungen

erzeugt, als zur Aktivierung des nächsten Chlormoleküls erforderlich ist. Man sollte sich der Näherung jedoch bewusst sein, die in dieser Aussage steckt. Eine Reaktion läuft genau genommen dann freiwillig ab, wenn sie exergonisch ist ($\Delta G_R < 0$). Die Abschätzung auf der Basis der in Tab. 3.1 angegebenen Werte vernachlässigt aber die Entropie und kann daher nur eine Abschätzung sein.

Übung 3.3

a) Berechnen Sie die Reaktionsenthalpien für die radikalische Fluorierung, Bromierung und Iodierung von Methan und vergleichen Sie sie mit der Chlorierung.

b) Bestimmen Sie unter Beachtung der Stöchiometrie die Reaktionsenthalpie der Abstraktion des tertiären Wasserstoffatoms in 2-Methylpropan durch •OH-Radikale, die Sie aus Wasserstoffperoxid erzeugen.

3.3   Bindungsdissoziationsenergien und Radikalstabilitäten

Aus Bindungsdissoziationsenergien kann man wertvolle, auch quantitative Schlüsse über die Stabilität von Radikalen ziehen. Wenn man die C–H-Bindungsenergien in den folgenden Beispielen einmal mit der von Methan vergleicht (439 kJ mol^{-1}), wird deutlich, wie erheblich die Konjugation eines Radikalzentrums mit einem benachbarten π-System oder einem freien Elektronenpaar am Nachbaratom ein Radikal stabilisiert. Abb. 3.6 zeigt die Situation für homolytische C–H-Bindungsspaltungen in benzylischen und allylischen Positionen. Wegen der recht guten Stabilisierung der Radikale sind C–H-Bindungen in diesen Positionen geschwächt.

Im Vergleich zum gut stabilisierten und über verschiedene synthetische Methoden herstellbaren Benzylradikal, ist das Phenylradikal mit seinem ungepaarten Elektron in einem sp^2-Orbital im σ-Gerüst des Aromaten, das nicht mit dem π-System in Konjugation stehen kann, energetisch sehr ungünstig und daher auch nicht leicht zu erzeugen. Die C–H-Bindungsdissoziationsenergie des Benzols liegt daher sogar noch über der von Methan (Abb. 3.7).

Ist das Radikalzentrum nicht mit einer C–C-Doppelbindung konjugiert, sondern z. B. mit einer Carbonylgruppe, so verschieben sich die relativen Orbitallagen, wie in Abb. 3.8 dargestellt, etwas. Auch diese Konjugation führt insgesamt zu einer

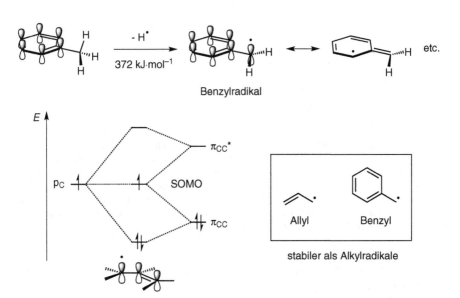

Abb. 3.6 Stabilisierung des Radikals in Benzylstellung durch Konjugation mit dem aromatischen π-System. Ganz analog ist auch ein Radikalzentrum in Allylstellung durch Konjugation stabilisiert. Im MO-Schema sieht man, wie die Stabilisierung beim Allylsystem zustande kommt

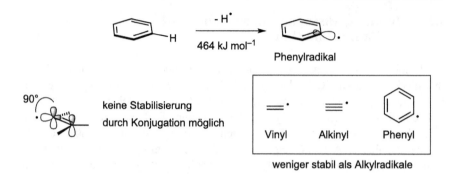

Abb. 3.7 Wenn ein Radikalzentrum im σ-Gerüst des Aromaten vorliegt, sodass keine Konjugation mit dem π-System möglich ist, liegt die Bindungsdissoziationsenergie um nahezu 100 kJ mol^{-1} höher

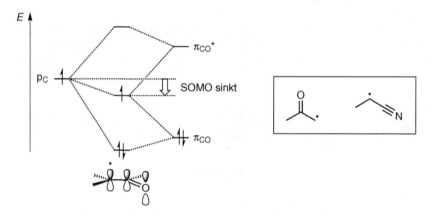

Abb. 3.8 Während im MO-Schema für das π-System des Allylradikals (Abb. 3.6) das p-Ausgangsorbital energetisch genau mittig zwischen dem π- und dem π*-Orbital der Doppelbindung liegt und sich damit für das „singly occupied molecular orbital" (SOMO) energetisch weder eine Absenkung noch Anhebung ergibt, ist dies anders, wenn ein elektronenziehender Substituent wie z. B. eine Carbonylgruppe oder eine Nitrilgruppe zum Radikalzentrum benachbart ist. Sowohl das π- als auch das π*-Orbital der Doppelbindung verschiebt sich zu niedrigeren Orbitalenergien, und auch das SOMO wird dadurch abgesenkt

deutlichen Stabilisierung. Auch die Konjugation zu einem freien Elektronenpaar ist stabilisierend, wie Abb. 3.9 zeigt.

Vergleichen Sie nun die C–H-Bindungsenergien von Methan, Ethan und 2-Methylpropan in Tab. 3.1 (439, 418, 389 kJ mol^{-1}). In diesem Trend zu schwächeren C–H-Bindungen bei höherem Substitutionsgrad drückt sich ebenfalls ein Trend zu stabileren Radikalen aus (Abb. 3.10). Hier liegt aber offensichtlich weder eine Konjugation mit einem benachbarten π-System noch ein benachbartes freies Elektronenpaar vor.

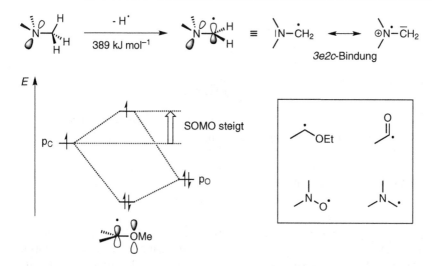

Abb. 3.9 Steht das Radikalzentrum mit einem freien Elektronenpaar an einem Nachbaratom in Konjugation, ergibt sich ebenfalls eine Stabilisierung. Dies ist beispielsweise bei den im Kasten gezeigten Radikalen der Fall. Das MO-Schema zeigt wieder die Hintergründe. Durch die Orbitalaufspaltung befinden sich zwei Elektronen in einem energetisch günstigeren Orbital, während nur ein Elektron angehoben werden muss. Netto ergibt sich eine Stabilisierung

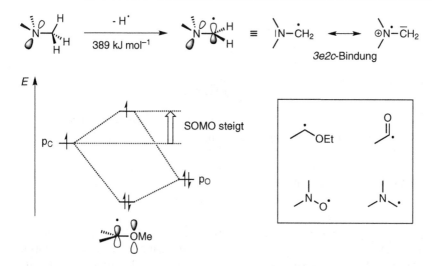

zunehmende Stabilisierung durch Hyperkonjugation mit steigendem Substitutionsgrad

Abb. 3.10 Durch Hyperkonjugation mit einem benachbarten Bindungselektronenpaar kann auch eine Stabilisierung des Radikals erfolgen. Dadurch steigt die Radikalstabilität mit höherem Substitutionsgrad. Die homolytische C–H-Bindungsdissoziationsenergie fällt entsprechend

Stattdessen wirkt hier die sogenannte Hyperkonjugation des Radikalzentrums mit den Bindungselektronen einer benachbarten C–H- oder C–C-Bindung. Dabei muss das Orbital, in dem sich das Radikalelektron befindet, parallel zu dieser Bindung ausgerichtet sein (Abb. 3.11). Auch die Hyperkonjugation lässt sich durch mesomere Grenzformeln ausdrücken. Bitte beachten Sie, dass dabei mesomere Grenzformeln zu zeichnen sind, in denen ein Wasserstoffatom abgespalten zu sein scheint. Dies ist natürlich nicht der Fall, da mesomere Grenzformeln jeweils nur ein Extrem wiedergeben. Die tatsächliche elektronische Struktur liegt dazwischen. Wir können aus den gezeigten (und weiteren analogen) Grenzstrukturen schließen, dass die C–H-Bindung durch das benachbarte Radikalzentrum etwas gelockert und verlängert wird. Stattdessen erfahren die C–C-Bindungen durch den partiellen

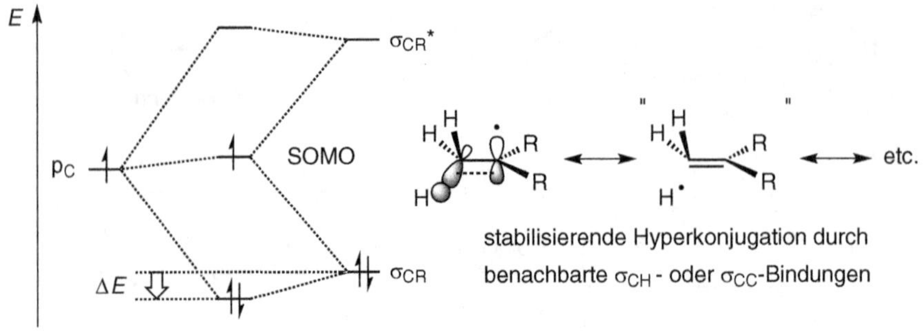

Abb. 3.11 Hyperkonjugation als stabilisierender Faktor für Radikale

Doppelbindungscharakter eine leichte Verkürzung und Verstärkung. Da hier, wie im MO-Schema in Abb. 3.11 gezeigt, eine Konjugation mit den σ- und σ*-Orbitalen der benachbarten C–H-Bindungen entsteht und die Aufspaltung der σ-Orbitale deutlich größer ist als die der π-Orbitale in den vorangegangenen Abbildungen, ist der Hyperkonjugationseffekt kleiner als eine Konjugation zu einem π-System.

Übung 3.4

Hyperkonjugation stabilisiert auch Carbeniumionen. Auch sie werden mit steigendem Substitutionsgrad immer stabiler. Der Effekt ist hier sogar größer als bei den analogen Radikalen. Geben Sie mithilfe des in Abb. 3.11 gezeigten MO-Schemas eine Erklärung hierfür. Warum werden Anionen dagegen nicht durch höhere Substitution stabilisiert? Auch das können Sie mithilfe des MO-Schemas verstehen.

3.4   Radikalische Halogenierung

3.4.1   Radikalkettenmechanismus der radikalischen Halogenierung

Alkane gehen wegen ihrer unpolaren C–H-Bindungen bevorzugt homolytische Bindungsspaltungen ein. Die Bruttoreaktion für die radikalische Chlorierung von Methan ist als Beispiel für eine solche radikalische Halogenierung im Kasten oben in Abb. 3.12 angegeben. Diese Reaktion ist eine Substitution und verläuft über einen Radikalkettenmechanismus, der mit einer Startreaktion beginnt, bei der zunächst einmal die sogenannten kettentragenden Radikale gebildet werden. Im Beispiel sind dies die durch thermisch induzierten Bruch der Cl–Cl-Bindung erzeugten Chloratome. Danach setzt eine Radikalkettenreaktion ein, die aus zwei Kettenschritten besteht. Zuerst abstrahiert das Chloratom ein Wasserstoffatom aus dem Methan und bildet ein HCl-Molekül. Das dabei gebildete Methylradikal

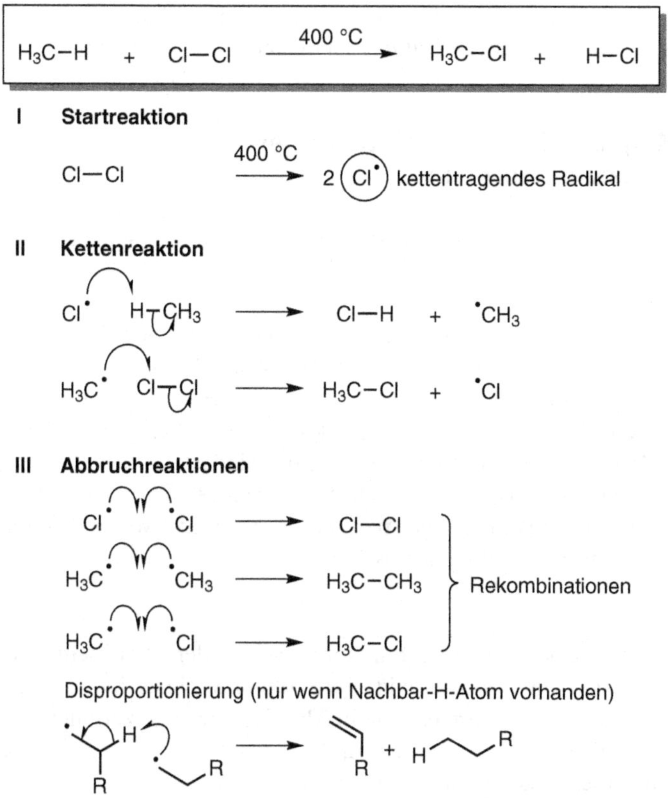

$$H_3C-H \; + \; Cl-Cl \xrightarrow{\;400\,°C\;} H_3C-Cl \; + \; H-Cl$$

I Startreaktion

$$Cl-Cl \xrightarrow{\;400\,°C\;} 2 \; \boxed{Cl^\bullet} \; \text{kettentragendes Radikal}$$

II Kettenreaktion

$$Cl^\bullet \quad H-CH_3 \longrightarrow Cl-H \; + \; {}^\bullet CH_3$$

$$H_3C^\bullet \quad Cl-Cl \longrightarrow H_3C-Cl \; + \; {}^\bullet Cl$$

III Abbruchreaktionen

$$Cl^\bullet \quad {}^\bullet Cl \longrightarrow Cl-Cl$$

$$H_3C^\bullet \quad {}^\bullet CH_3 \longrightarrow H_3C-CH_3 \quad \Big\} \; \text{Rekombinationen}$$

$$H_3C^\bullet \quad {}^\bullet Cl \longrightarrow H_3C-Cl$$

Disproportionierung (nur wenn Nachbar-H-Atom vorhanden)

Abb. 3.12 Radikalkettenreaktion am Beispiel der Chlorierung von Methan

wiederum greift ein Chlormolekül unter Bildung von Chlormethan an. Zugleich wird wieder ein kettentragendes Chlorradikal gebildet.

Zum Kettenabbruch ist die Reaktion zweier Radikale erforderlich. Durch die während der ganzen Reaktion niedrigen Radikalkonzentrationen sind diese Abbruchreaktionen jedoch sehr selten. Die Konzentrationen des Alkans und des Cl_2 sind bis zu einem Zeitpunkt kurz vor der vollständigen Umsetzung der Edukte viel höher als die Radikalkonzentrationen, sodass die Kettenschritte entsprechend viel häufiger ablaufen als die Abbruchreaktionen. Dennoch bricht irgendwann jede Kette einmal ab. Dies kann in Rekombinationsreaktionen geschehen, wenn zwei Radikale eine kovalente Bindung eingehen und damit der Kettenreaktion entzogen werden. In längeren Alkanen, in denen Wasserstoffatome an einem dem Radikalzentrum benachbarten Kohlenstoffatom vorhanden sind, können auch Disproportionierungsreaktionen unter Wasserstoffatomübertragung auftreten. Beim Methan (siehe Beispiel) ist dies mangels eines passenden Nachbar-H-Atoms nicht möglich. Auch bei den Abbruchreaktionen wird etwas Bindungsenergie frei; sie treten verglichen mit den Kettenschritten aber so selten auf, dass sie bei der Energiebilanz nicht ins Gewicht fallen. Wir können uns also zur Berechnung der Reaktionsenthalpien auf die beiden Kettenschritte beschränken.

3.4.2 Möglichkeiten zur Initiation einer Radikalkettenreaktion

Um eine Radikalkettenreaktion zu starten, gibt es mehrere Möglichkeiten:

Licht und Wärme
Bei der Halogenierung oben wurde eine hohe Temperatur gewählt, um das Chlormolekül zu spalten. Auch Licht der passenden Wellenlänge im UV-Bereich ist in der Lage, vor allem die relativ schwachen Halogen-Halogen-Bindungen homolytisch zu spalten (Abb. 3.13). Die Energie des eingestrahlten Lichts, die direkt mit der Wellenlänge zusammenhängt, muss dazu mindestens der Bindungsenergie der Hal-Hal-Bindung entsprechen. Licht hat gegenüber Wärme den Vorteil, dass es durch die Wahl der Wellenlänge spezifischer eingesetzt werden kann und somit eine bessere Kontrolle der Radikalreaktion erlaubt.

Initiatoren
Eine zweite Möglichkeit ist, einen Initiator zu verwenden. Zwei sehr weit verbreitete Initiatoren sind Dibenzoylperoxid (DBPO) und Azobisisobutyronitril (AIBN), die beide beim leichten Erwärmen, wie in Abb. 3.14 gezeigt, zerfallen. Die hierbei generierten Radikale reagieren mit einem der Edukte in der Reaktion unter Erzeugung des eigentlichen kettentragenden Radikals. Führt man also eine Bromierung mit Br_2 und DBPO durch, abstrahiert das Phenylradikal ein Bromatom aus dem Brommolekül und erzeugt so ein freies Bromradikal, das für die Radikalkettenreaktion zur Verfügung steht. Das Radikalelektron befindet sich beim Phenylradikal nicht im π-System, sondern im σ-Gerüst; es ist daher nicht mesomeriestabilisiert und sehr reaktiv. In diesen beiden gezeigten Fällen liefert die Abspaltung thermodynamisch sehr stabiler Moleküle (CO_2 bzw. N_2) die Triebkraft für die Zerfallsreaktionen der Initiatoren.

Eine dritte, etwas modernere Variante ist in Abb. 3.14 unten gezeigt. Durch die Reaktion von diradikalischem Triplett-Sauerstoff mit Triethylboran werden auch schon bei tieferen Temperaturen Ethylradikale freigesetzt, die als Initiatorradikale dann eine Radikalkettenreaktion in Gang bringen können.

Ein Vorteil solcher Startreaktionen ist, dass die Kinetik des Initiatorzerfalls in der Regel bekannt ist und so verlässlich die Anzahl von Kettenstarts kontrolliert werden kann. Für DBPO z. B. beträgt die Aktivierungsbarriere

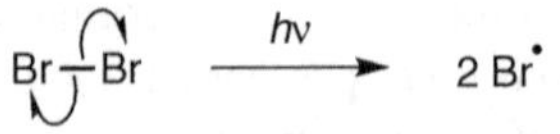

Abb. 3.13 Spaltung eines Brommoleküls mit Licht geeigneter Wellenlänge

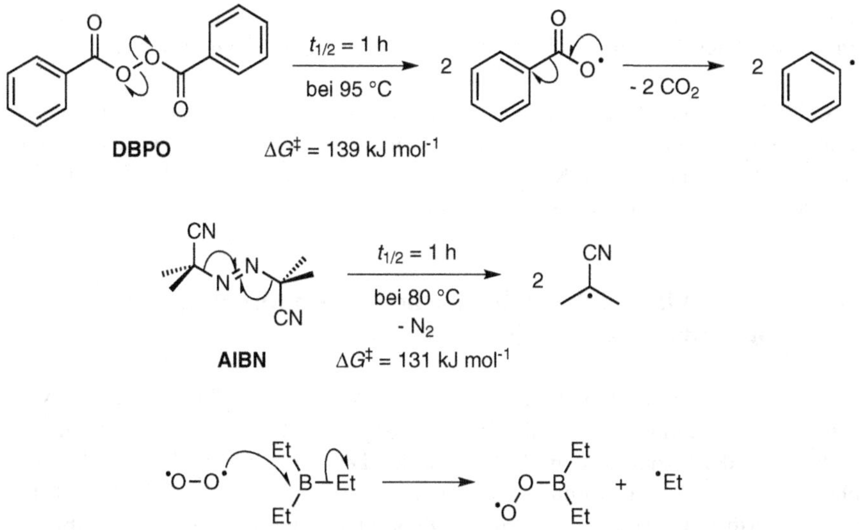

DBPO $\Delta G^{\ddagger} = 139$ kJ mol^{-1}

AIBN $\Delta G^{\ddagger} = 131$ kJ mol^{-1}

Abb. 3.14 Zwei klassische Initiatormoleküle: Dibenzoylperoxid (DBPO) und Azobisisobutyronitril (AIBN) und ihr Zerfall in reaktive Radikale, die dann die eigentliche Radikalreaktion in Gang setzen. Moderner ist die unten gezeigte Reaktion von Triplett-Sauerstoff mit Triethylboran, bei der auch schon bei tieferen Temperaturen Ethylradikale als Initiatorradikale gebildet werden

$\Delta G^{\ddagger} = 139$ kJ mol^{-1}, was einer Halbwertszeit von 1 h bei etwa 95 $^{\circ}$C entspricht. Aus der eingesetzten Menge an Initiator, der Temperatur und den thermochemischen Daten ergibt sich, wie viele Initiatormoleküle pro Zeiteinheit zerfallen und wie viele Kettenreaktionen demnach gestartet werden.

3.4.3 Bodenstein-Prinzip der Quasi-Stationarität

Beleuchten wir die kinetischen Aspekte der radikalischen Halogenierung noch einmal etwas genauer: Es reicht eine sehr geringe Anzahl aktiver Radikale zur Umsetzung nach einem Kettenmechanismus, da das kettentragende Radikal laufend regeneriert wird. Die Reaktion zu den Produkten ist eine *Reaktion 1. Ordnung* in Bezug auf das Radikal; ihre Geschwindigkeit ist also proportional zur Radikalkonzentration [R$^{\bullet}$], die Abbruchreaktionen aber sind *Reaktionen 2. Ordnung;* ihre Geschwindigkeiten also proportional zum Quadrat [R$^{\bullet}$]^2 der Radikalkonzentration. Bei niedrigen Radikalkonzentrationen sind sie daher sehr viel unwahrscheinlicher, d. h. kinetisch benachteiligt.

Radikalreaktionen verlaufen quasistationär. Das bedeutet, dass sich bei gegebener Temperatur die Startreaktion und die Abbruchreaktionen die Waage halten und somit die Konzentration der Kettenträgerradikale konstant und gering bleibt. So stirbt die Reaktion weder ab, noch „geht sie durch". Die Quasistationarität ist weder eine willkürliche Annahme noch eine notwendige Folge des

Reaktionsmechanismus, sondern eine Konsequenz der gewählten Reaktionsbedingungen. Hieraus ergibt sich das *Bodenstein-Prinzip der Quasistationarität:*

▶ Radikalkettenreaktionen werden unter quasistationären Bedingungen durchgeführt, sodass sich Startreaktion und Abbruchreaktionen die Waage halten und
gleich schnell ablaufen. Die Konzentration der kettentragenden Radikale bleibt im
Reaktionsverlauf dadurch konstant und gering.

3.4.4 Selektivitäten der radikalischen Halogenierung: das Hammond-Polanyi-Postulat

Zur Berechnung der Reaktionsenthalpie für die radikalische Chlorierung von Methan wird aus den homolytischen Bindungsenergien in Tab. 3.1 (oben) die Summe
der Beiträge der beiden Kettenschritte gebildet. Dabei ergibt sich der erste Kettenschritt mit $\Delta H_{R1} = +13$ kJ mol^{-1} als leicht endotherm (Abb. 3.15), während der
zweite Schritt mit $\Delta H_{R2} = -79$ kJ mol^{-1} deutlich exotherm ist. Die Gesamtbilanz
ist also, wie oben schon bestimmt, um $\Delta H_R = -66$ kJ mol^{-1} exotherm, sodass die
Reaktion sich so lange selbst am Leben hält, bis die Edukte aufgebraucht sind.

Verwendet man statt Chlor Brom, ergibt sich aus einem deutlich endother-
men 1. Kettenschritt ($+75$ kJ mol^{-1}) und einem deutlich exothermen 2. Schritt
(-79 kJ mol^{-1}) eine insgesamt fast thermoneutrale Reaktion (-4 kJ mol^{-1}). Die
radikalische Iodierung ist insgesamt endotherm und läuft nicht mehr freiwillig ab.

Wird zur Halogenierung ein Alkan verwendet, das mehrere verschieden hoch
substituierte C-Atome enthält, ergeben sich aus den oben diskutierten Radikalstabilitäten unterschiedliche Reaktionsgeschwindigkeiten für primäre, sekundäre und
tertiäre Zentren. Allerdings unterscheiden sich die Selektivitäten für die verschiedenen Halogene, obwohl die intermediär erzeugten Alkylradikale in allen Fällen
identisch sind. Über die in Tab. 3.2 zusammengefassten relativen Reaktionsge-

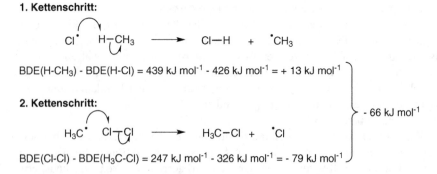

Abb. 3.15 Energiebilanzen der beiden einzelnen Kettenschritte der radikalischen Chlorierung
von Methan

Tab. 3.2 Relative Reaktionsgeschwindigkeitskonstanten k_{rel} für radikalische Halogenierungen an primären, sekundären und tertiären C-Atomen

Halogen	Primäres Zentrum	Sekundäres Zentrum	Tertiäres Zentrum
F_2 (25 °C)	1	1,2	1,4
Cl_2 (25 °C)	1	4	5
Br_2 (25 °C)	1	80	1600

Mitunter finden Sie in den Lehrbüchern oder der Literatur andere Zahlenwerte, die sich in der Regel dann auf andere Temperaturen beziehen

schwindigkeitskonstanten k_{rel} kann man die Produktverteilungen radikalischer Halogenierungen voraussagen.

Wenn Sie Produktverteilungen berechnen wollen, gehen Sie in drei Schritten vor: Sie schreiben zunächst alle möglichen Halogenierungsprodukte auf. Beachten Sie, dass Sie möglicherweise chirale Produkte erhalten, bei denen die beiden Enantiomere getrennt betrachtet werden müssen, weil sie verschieden voneinander sind. Im zweiten Schritt bestimmen Sie für jedes Produkt, wie viele äquivalente Wasserstoffe bei radikalischer Substitution zum identischen Produkt führen würden. Das gibt Ihnen statistische Faktoren (z. B. Methylgruppe: 3 äquivalente Wasserstoffe). Im dritten Schritt multiplizieren Sie die statistischen Faktoren mit den Selektivitäten aus Tab. 3.2 und normieren die erhaltenen Werte auf eine Summe von 100 %.

Auch wenn im folgenden Beispiel (Abb. 3.16) das Edukt nur *ein* tertiäres Zentrum hat, sind die Selektivitäten der Bromierung so hoch, dass das tertiäre Bromalkan als weit überwiegendes Hauptprodukt entsteht.

Übung 3.5
Berechnen Sie die Produktverteilungen der radikalischen Monofluorierung, Monochlorierung und Monobromierung von Methylcyclopentan.

Es stellt sich nun die Frage, warum die Selektivitäten sich von Halogen zu Halogen so deutlich unterscheiden, obwohl doch die intermediär gebildeten Alkylradikale in allen Reaktionen die gleichen sind. Um das zu verstehen, kann man das *Hammond-Polanyi-Postulat* heranziehen:

Zwei auf einer Potenzialenergiefläche benachbarte Spezies sind sich strukturell ähnlich, wenn sie auch energetisch ähnlich sind und umgekehrt.

Das Hammond-Polanyi-Postulat gilt nur für Serien eng verwandter Reaktionen. Sie können also keine S_N2-Reaktion mit einer Diels-Alder-Reaktion oder einer elektrophilen aromatischen Substitution vergleichen. Benachbart sind hierbei nicht das Edukt und das Produkt, die ja selbst bei einer einstufigen Reaktion noch durch einen Übergangszustand (ÜZ) voneinander getrennt sind. Benachbart sind vielmehr

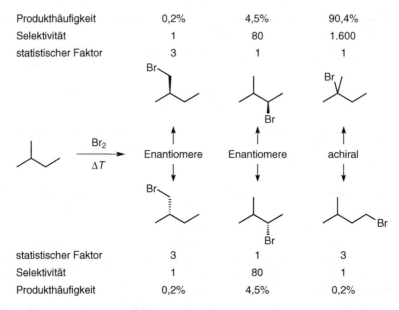

| Produkthäufigkeit | 0,2% | 4,5% | 90,4% |
| statistischer Faktor | 3 | 1 | 1 |

statistischer Faktor	3	1	3
Selektivität	1	80	1
Produkthäufigkeit	0,2%	4,5%	0,2%

Abb. 3.16 Berechnung der Produktverteilung für die Monobromierung von 2-Methylbutan. Bitte beachten Sie: Die sechs Wasserstoffatome an C(1) und an der Methylgruppe an C(2) sind alle äquivalent. Da bei der Bromierung eines dieser Wasserstoffatome aber ein chirales Produkt entsteht, verteilt sich der statistische Faktor von 6 auf die beiden Enantiomere. Analog ergibt sich der Faktor für die Bromierung am sekundären C-Atom nicht zu 2, sondern zu 1

das Edukt und der nächste ÜZ entlang der Reaktionskoordinate oder der ÜZ und das direkt folgende Produkt.

Für die jeweils ersten, geschwindigkeitsbestimmenden Kettenschritte der Fluorierung, Chlorierung und Bromierung ergeben sich aus dem Hammond-Polanyi-Postulat die Potenzialenergiekurven in Abb. 3.17. Die angegebenen Reaktionsenthalpien errechnen sich, wie oben beschrieben, aus den Bindungsdissoziationsenergien in Tab. 3.1.

Da die Fluorierung deutlich exotherm ist, liegen die Übergangzustände energetisch nahe am Edukt. Nach dem Hammond-Polanyi-Postulat sind sie damit auch strukturell dem Edukt ähnlich. Man spricht von eduktähnlichen oder frühen Übergangszuständen. Da sie alle dem Edukt und damit auch einander ähnlich sind, ist die Selektivität der Fluorierung nicht sehr ausgeprägt. Bei der Chlorierung ist der erste Kettenschritt nur noch leicht exotherm. Die Übergangszustände liegen also nach dem Hammond-Polanyi-Postulat kurz vor der Mitte der Reaktionskoordinate und unterscheiden sich geometrisch schon deutlicher von den Edukten und damit auch voneinander, was zu einer gewissen Selektivität führt. Bei der Bromierung schließlich ist der erste Kettenschritt deutlich endotherm. Daher sind nun die Übergangszustände in ihrer Struktur produktähnlicher, denn die Produkte liegen energetisch näher an den Übergangszuständen als die Edukte. Man spricht von

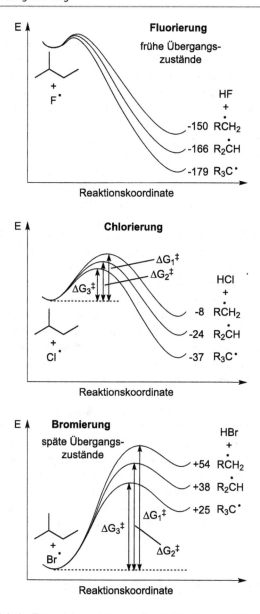

Abb. 3.17 Vergleich der Potenzialenergiekurven für die Fluorierung, Chlorierung und Bromierung jeweils an einem primären, einem sekundären und einem tertiären Kohlenstoffatom. Die angegebenen Zahlenwerte sind die aus den Bindungsdissoziationsenergien berechneten Reaktionsenthalpien des jeweils ersten Kettenschritts

produktähnlichen oder späten Übergangszuständen, die sich nun wegen der Produktunterschiede auch deutlich voneinander unterscheiden und damit die Selektivität der Bromierung erklären.

Die Verknüpfung von Reaktivität und Selektivität – je reaktiver, desto unselektiver – hat zu der einleitend bereits kritisierten Annahme geführt, dass Radikale als sehr reaktive Intermediate keine hohen Selektivitäten im Verlauf radikalischer Reaktionen zulassen. Auch wenn diese Verknüpfung bei den radikalischen Halogenierungen wie erwartet gefunden wird, gibt es viele organische Reaktionen, die diesem Prinzip widersprechen und bei denen es keine umgekehrte Proportionalität zwischen Reaktivität und Selektivität gibt. Daher muss man das Postulat infrage stellen. In der Tat stellt sich bei genauerer Betrachtung heraus, dass die radikalischen Halogenierungen so schnell ablaufen, dass die Reaktionsgeschwindigkeiten nahe am sogenannten Diffusionslimit liegen. Das bedeutet, dass die Reaktionsgeschwindigkeit bei der Fluorierung nicht mehr durch die relativen Lagen der Übergangszustände bestimmt ist, sondern durch die Geschwindigkeit, mit der die reagierenden Teilchen einander durch Diffusion finden. Da diese Diffusion aber unabhängig vom Substitutionsgrad des Substrats ist, ergeben sich keine Reaktivitätsunterschiede von primären zu sekundären oder tertiären C–H-Bindungen. Bei der Chlorierung ist die Reaktionsgeschwindigkeit an primären C-Atomen etwas langsamer als die Diffusion, die Chlorierung an sekundären und tertiären Zentren allerdings ebenfalls diffusionskontrolliert. Das erkennt man daran, dass zwischen der Halogenierung an primären und der an sekundären Zentren ein deutlicher Selektivitätsunterschied besteht, Halogenierungen an sekundären und tertiären Zentren jedoch mit nahezu der gleichen Geschwindigkeit ablaufen. Bei der Bromierung schließlich liegen wieder übergangszustandskontrollierte Reaktionen vor, die langsamer verlaufen als die Diffusion und deshalb auch die erwarteten Selektivitäten zeigen.

An dieser Diskussion erkennen Sie mehrere Aspekte: Zum einen ist Wissenschaft ein ständiger Prozess und immer im Fluss. Neue Ergebnisse lassen ältere Modelle mitunter revisionsbedürftig erscheinen; neue Modellvorstellungen ersetzen sie – oft allerdings relativ langsam. Zum anderen zeigt der hier diskutierte Fall auch, wie eine falsche Modellvorstellung Forschung limitiert. Weil die meisten Chemiker Radikale für reaktiv hielten und daraus ableiteten, dass ihre Reaktionen daher auch nicht selektiv sein können, erkannte man erst spät, dass selektive, mitunter sogar stereoselektive Radikalreaktionen für die organische Synthese durchaus sehr interessant sein können.

3.5   Synthetisch wichtige Radikalreaktionen

Allgemein ist die geringe Selektivität der meisten Radikalreaktionen ein Grund dafür, dass sie relativ wenige Anwendungen gefunden haben. Es gibt dennoch einige synthetisch interessante Radikalreaktionen, die sich unterteilen lassen in

- Funktionalisierungen: Substitution von H durch X
- Umfunktionalisierungen: Substitution von Y durch X
- Defunktionalisierungen: Substitution von Y durch H

X und Y sind dabei verschiedene funktionelle Gruppen. Im Folgenden werden, dieser Einteilung folgend, einige wichtige Radikalreaktionen besprochen.

3.5.1 Funktionalisierungen

3.5.1.1 Halogenierungen: Synthese von Di- und Triphosgen

Obwohl die gerade im Detail diskutierte Chlorierung von Alkanen in der Laborpraxis keine große Rolle spielt, wird sie im großtechnischen Maßstab zur Herstellung von CH_3Cl (Alkylierungsmittel), CH_2Cl_2 (Lösemittel), $CHCl_3$ (Lösemittel) und CCl_4 (Lösemittel) durchgeführt. Sie dient auch dazu, Phosgenanaloga herzustellen. Als Säurechlorid der Kohlensäure ist Phosgen zwar ein interessantes Syntheseintermediat, zugleich aber auch ein Kampfgas. Wegen seiner hohen Giftigkeit und der daraus folgenden teuren Mess- und Überwachungspflichten wird der Einsatz von Phosgen im Labor, wann immer möglich, vermieden. Als Analoga kommen oft Di- und Triphosgen zum Einsatz, die über radikalische Halogenierungen hergestellt werden können (Abb. 3.18).

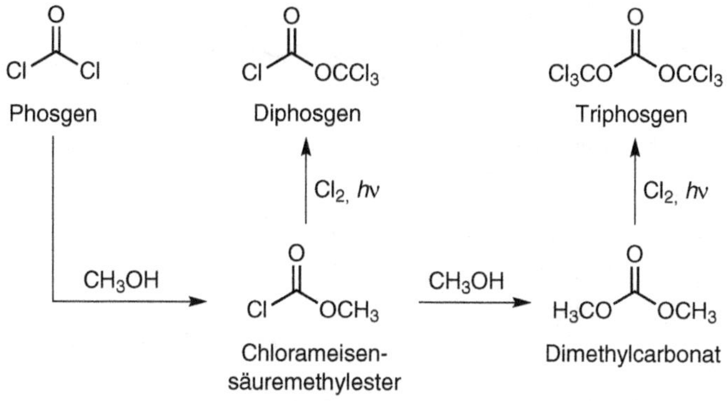

Abb. 3.18 Phosgen wird im industriellen Maßstab erzeugt und kann großtechnisch auch sicher gehandhabt werden. Seine für den Laborgebrauch leichter zu handhabenden Analoga Di- und Triphosgen werden über radikalische Chlorierungsreaktionen hergestellt

---

Übung 3.6

a) Phosgen reagiert z. B. mit 1-Pentanamin zu N,N'-Dipentylharnstoff. Formulieren Sie den Mechanismus dieser Reaktion.

b) Es ist nicht unmittelbar klar, warum Triphosgen ein Analogon für Phosgen sein soll, da Phosgen mit den beiden Chloratomen über gute Abgangsgruppen verfügt, Triphosgen jedoch nicht. Schlagen Sie nach, wie Triphosgen bei der Umsetzung mit 1-Pentanamin zum gleichen Produkt führt. Formulieren Sie auch diesen Reaktionsmechanismus.

3.5.1.2 Halogenierungen: radikalische Halogenierung in Benzylstellung

Wegen der Stabilisierung der intermediär gebildeten Benzylradikale durch Konjugation mit dem π-System des Aromaten sind Halogenierungen an Alkylaromaten selektiv für die Benzylstellung (Abb. 3.19). Der zweite Halogenierungsschritt ist langsamer als der erste, sodass die Monobromierungsprodukte die Hauptprodukte sind. Nach der Diskussion der Radikalstabilitäten in den vorangegangenen Abschnitten stellt sich die Frage, warum die zweite Bromierung an der gleichen Benzylstellung überhaupt langsamer verläuft. Da mit dem ersten Bromatom ein Heteroatom in direkter Nachbarschaft zur Substitutionsstelle eingeführt wird, würde man eigentlich annehmen, dass das bei der zweiten Bromierung intermediär gebildete Radikal durch ein freies Elektronenpaar des ersten Bromatoms noch besser stabilisiert sein sollte. Abb. 3.19 (unten) zeigt den Grund: Damit eine

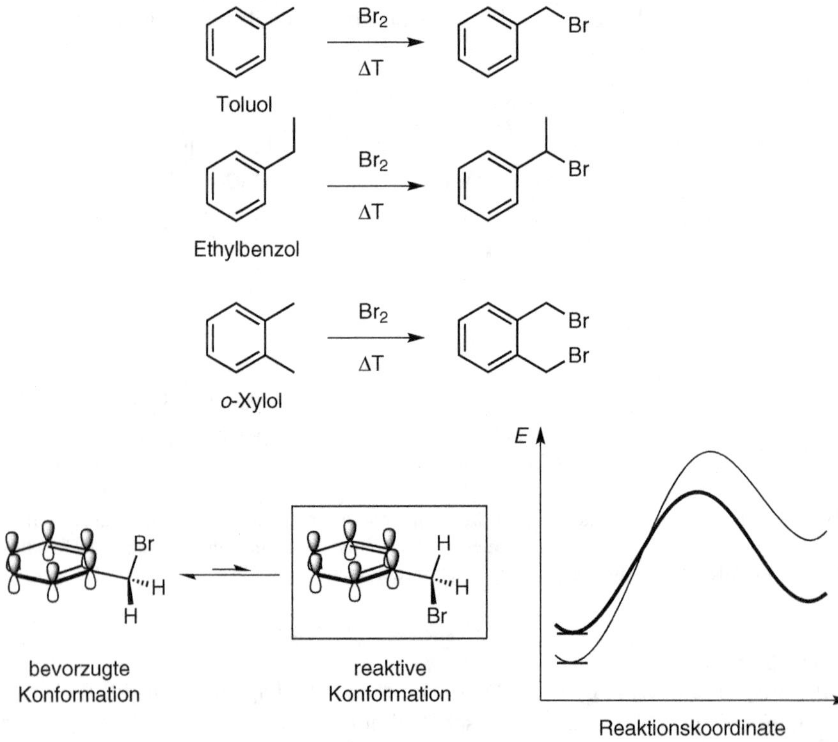

Abb. 3.19 Oben: Die Bromierung von Toluol, Ethylbenzol und *ortho*-Xylol erfolgt selektiv in der Benzylposition. **Unten:** Eine zweite Bromierung an derselben Benzylposition ist langsamer, da der CH_2Br-Substituent nach der ersten Bromierung eine für die folgende Wasserstoffabstraktion ungünstige Konformation bevorzugt. Die C–H-Bindung, die bei der Erzeugung des Benzylradikals gebrochen wird, muss senkrecht zur Ebene des aromatischen Rings stehen, um auch schon während des Reaktionsverlaufs eine Konjugation mit dem π-System des Aromaten zu ermöglichen. Dies verhindert aber das Bromatom aus dem ersten Bromierungsschritt

Konjugation des entstehenden Benzylradikals mit dem π-System des Aromaten bereits im Übergangszustand wirksam werden kann und so den Übergangszustand energetisch stabilisieren hilft, ist eine Konformation erforderlich, in der ein benzylisches Wasserstoffatom senkrecht zur Ringebene des Aromaten steht. Dies ist jedoch aufgrund sterischer und elektronischer Effekte des ersten Bromatoms energetisch nicht die günstigste Konformation. Der Energieunterschied zwischen den beiden gezeigten Konformationen kommt also zur eigentlichen Barriere hinzu und verlangsamt so den zweiten Bromierungsschritt.

Übung 3.7

a) Formulieren Sie den Mechanismus der Bromierung von Ethylbenzol. Machen Sie sich dabei die Gründe für die bevorzugte Bromierung in der Benzylstellung anhand von mesomeren Grenzstrukturen für die in dieser Reaktion auftretenden Intermediate klar.

b) Warum ist eine radikalische Substitution der Wasserstoffatome am aromatischen Kern nicht günstig? Zeichnen Sie hierzu ebenfalls die auftretenden Intermediate und diskutieren Sie ihre Stabilität im Vergleich zum Benzylradikal.

3.5.1.3 Halogenierung: Wohl-Ziegler-Bromierung in Allylstellung (NBS-Bromierung)

Bei der radikalischen Bromierung von Allylsystemen mit elementarem Brom erfolgt im Unterschied zur Halogenierung in Benzylstellung eine radikalische Br_2-Addition an die C=C-Doppelbindung (Abb. 3.20, links). Der Hauptgrund für die Bromierung in Benzylstellung ist die hohe aromatische Resonanzenergie, die bei einer Bromaddition an den Aromaten aufgebracht werden muss und so diese Reaktion energetisch sehr ungünstig werden lässt. Die Konjugation im Allylradikal bringt nur eine deutlich kleinere Stabilisierung mit sich, die bei der Bromaddition an die Doppelbindung leicht überwunden werden kann. Damit ist die Reaktivität wie folgt abgestuft: Die kleinste Aktivierungsbarriere hat die radikalische Bromaddition an die Doppelbindung. Dann folgt die radikalische Substitution in der Benzylstellung, während die radikalische Addition von Brom an den Aromaten energetisch nicht konkurrieren kann.

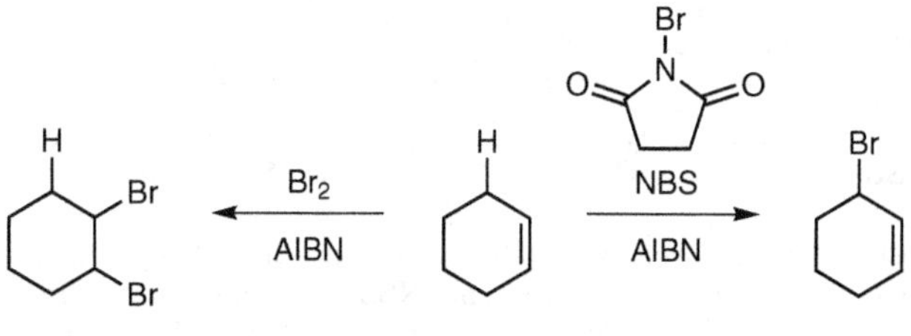

Abb. 3.20 Links: Radikalische Addition von Br_2 an eine C=C-Doppelbindung. **Rechts:** Die radikalische Bromierung mit *N*-Bromsuccinimid (NBS) ergibt dagegen eine selektive radikalische Substitution an der allylischen Position

Bei der Wohl-Ziegler-Bromierung wird das Bromatom mit einem kleinen Trick in die Allylstellung gebracht. Das Reagenz ist *N*-Bromsuccinimid (NBS) mit einer recht schwachen N–Br-Bindung, der Initiator in der Regel AIBN (Abb. 3.20, rechts). Der Mechanismus (Abb. 3.21) folgt dem einer radikalischen Kettenreaktion:

- **Startreaktion:** Der oben bereits beschriebene Zerfall des AIBN wird gefolgt von der Bildung des kettentragenden Bromradikals durch Reaktion der Initiatorradikale mit NBS. Dabei wird ein Bromatom erzeugt, das als kettentragendes Radikal die Kettenreaktion in Gang setzt.
- **Radikalkettenreaktion:** Die Kettenreaktion verläuft über eine H-Atomabstraktion durch das kettentragende Bromradikal aus der Allylstellung. Das Allylradikal ist mesomeriestabilisiert, und HBr entsteht als zweites Produkt in diesem Schritt. Dann folgt ein schneller ionischer Zwischenschritt, in dem das im ersten Schritt gebildete HBr-Molekül mit weiterem NBS zu einem Brommolekül und Succinimid abreagiert. Im letzten Kettenschritt bildet sich das kettentragende Bromradikal wieder zurück. Das in der Reaktion entstehende Br_2

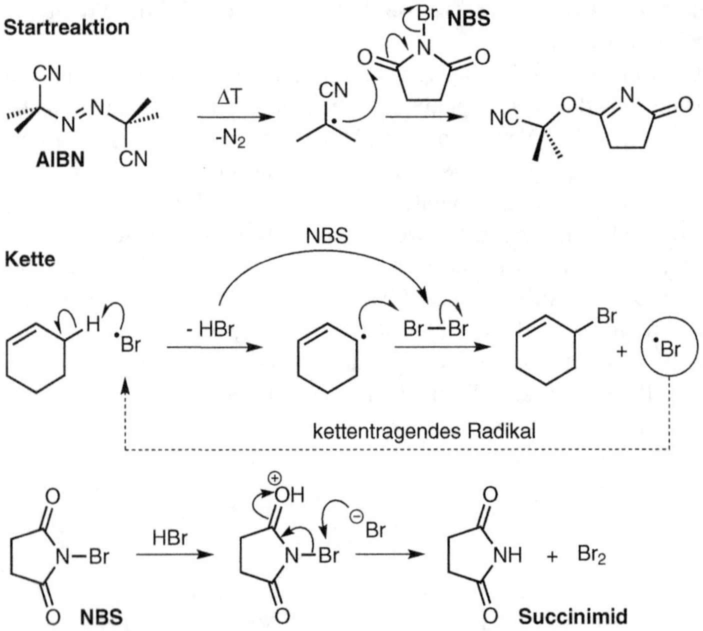

Abb. 3.21 Mechanismus der Wohl-Ziegler-Bromierung in Allylstellung. Das in der Kettenreaktion entstehende Nebenprodukt HBr reagiert mit NBS in einem nichtradikalisch verlaufenden Reaktionsschritt unter Bildung eines Brommoleküls. Zu Beginn der Reaktion ist Br_2 ebenfalls in Spuren vorhanden, die zum einen aus der Synthese stammen können, zum anderen aber auch auf eine Reaktion des NBS mit Spuren von Wasser in der Reaktionsmischung zurückgehen. Die Abbruchreaktionen sind nicht gezeigt

überträgt wiederum im zweiten radikalischen Kettenschritt ein Bromatom auf das Allylradikal unter Rückbildung des kettentragenden Radikals.

- **Abbruchreaktionen:** Am Ende der Kette kommt es natürlich auch hier zu Abbruchreaktionen; wie oben sind auch hier Radikalrekombinationen und Disproportionierungen möglich.

Übung 3.8

a) Übertragen Sie den Mechanismus auf ein unsymmetrisches Substrat und zeichnen Sie ihn vollständig für *(R)*-3-Methyl-1-cyclohexen.

b) Sie erhalten insgesamt vier verschiedene konstitutionsisomere allylische Bromierungsprodukte. Welche sind dies? Die gleichen vier Konstitutionsisomere entstehen auch aus *(S)*-3-Methyl-1-cyclohexen, einige unterscheiden sich aber in ihrer Stereochemie. Begründen Sie mithilfe des Mechanismus, wie es zu dieser Produktvielfalt kommt!

Das Überraschende ist, dass das eigentliche Bromierungsreagenz in der Wohl-Ziegler-Bromierung das intermediär gebildete Br_2 ist, das sonst Additionen an Doppelbindungen eingeht. Es kommt hier dennoch nicht zu einer Addition von Brom an die Doppelbindung, weil der Reaktionsfortschritt zugleich die Konzentration von HBr und damit die verfügbare Menge an Brom kontrolliert. Beide Konzentrationen, [HBr] und [Br_2], sind dadurch wie die Konzentration der kettentragenden Radikale sehr niedrig. Der Angriff des Bromradikals an die Doppelbindung ist ein reversibler Gleichgewichtsprozess (Abb. 3.22), während die Bildung des Allylradikals unter H-Atomabstraktion irreversibel verläuft (Abb. 3.22). Die in beiden Reaktionswegen intermediär gebildeten Radikale reagieren bei niedriger Br_2-Konzentration nur langsam weiter, sodass die irreversible Reaktion zum Allylradikal das Gleichgewicht auf die Seite des Allylradikals verschiebt. Bei hoher Bromkonzentration hingegen ist die Addition des zweiten Bromatoms an die Doppelbindung schnell,

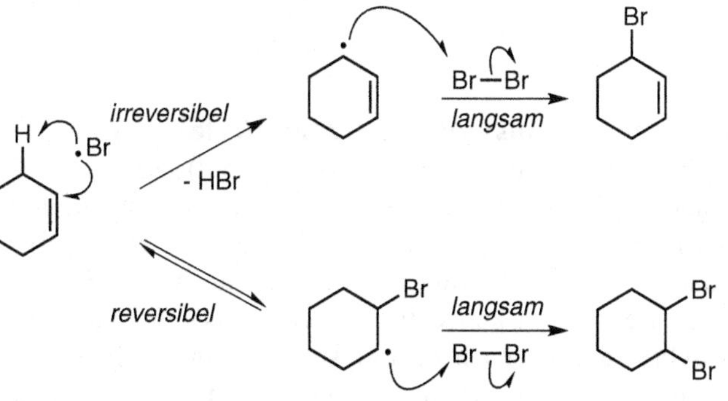

Abb. 3.22 Die Reversibilität der Bromradikaladdition an die C=C-Doppelbindung als Ursache für die selektive Halogenierung an der Allylstellung

und die Bromaddition unterdrückt die allylische Substitution. Netto erreicht man also durch den ionischen Zwischenschritt der Kettenreaktion eine genau gesteuerte, niedrige Bromkonzentration und dadurch eine selektive Funktionalisierung in der Allylposition statt der Bromaddition an die Doppelbindung.

3.5.1.4 Sulfochlorierung (Reed-Verfahren)

Die Chlorierung von Kohlenwasserstoffen in Anwesenheit von Schwefeldioxid führt selektiv zum Sulfonylchlorid (Abb. 3.23). Anwendungen sind die Synthesen von Mesylchlorid (MsCl; Methylsulfonylchlorid) oder langkettigen Sulfonylchloriden. Diese Säurechloride der Sulfonsäuren werden in der Synthese eingesetzt, um beispielsweise Alkohole in gute Abgangsgruppen für nucleophile Substitutionen zu überführen. Nach der Hydrolyse der Sulfonylchloride zu den entsprechenden Sulfonsäuren dienen die langkettigen Sulfonate als anionische Tenside und haben daher auch großtechnische Bedeutung.

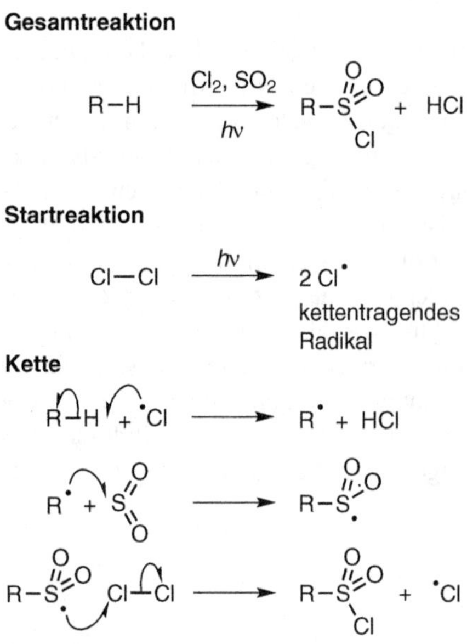

Abb. 3.23 Die Sulfochlorierung enthält einen zusätzlichen radikalischen Zwischenschritt, in dem das Alkylradikal zunächst mit Schwefeldioxid reagiert. Abbruchreaktionen sind wie immer Radikalrekombinationen und Disproportionierungen

3.5.1.5 Hock'sche Phenolsynthese (Cumol-Verfahren)

Beim Cumol-Verfahren wird Isopropylbenzol (Cumol) in Benzylstellung radikalisch mit Disauerstoff oxidiert. Das geht, weil Sauerstoff ein Diradikal ist, das im Grundzustand zwei energetisch entartete Elektronen mit gleichgerichteten Spins besitzt und damit im Triplett-Grundzustand vorliegt. An die radikalische Reaktion schließt sich ein durch konzentrierte Schwefelsäure katalysierter ionischer Umlagerungsschritt an, der nach Hydrolyse des Oxonium-Intermediats zu Phenol und Aceton führt. Beide Produkte können großtechnisch verwertet werden.

Das terminale Oxidans ist Luftsauerstoff, sodass dieser Prozess einen hohen Grad an Atomökonomie aufweist und kaum Sonderabfälle produziert.

Die erste, radikalische Reaktion läuft wie gewohnt ab (Abb. 3.24). Nach der Initiierung, die z. B. mit Dibenzoylperoxid erreicht werden kann, wird das

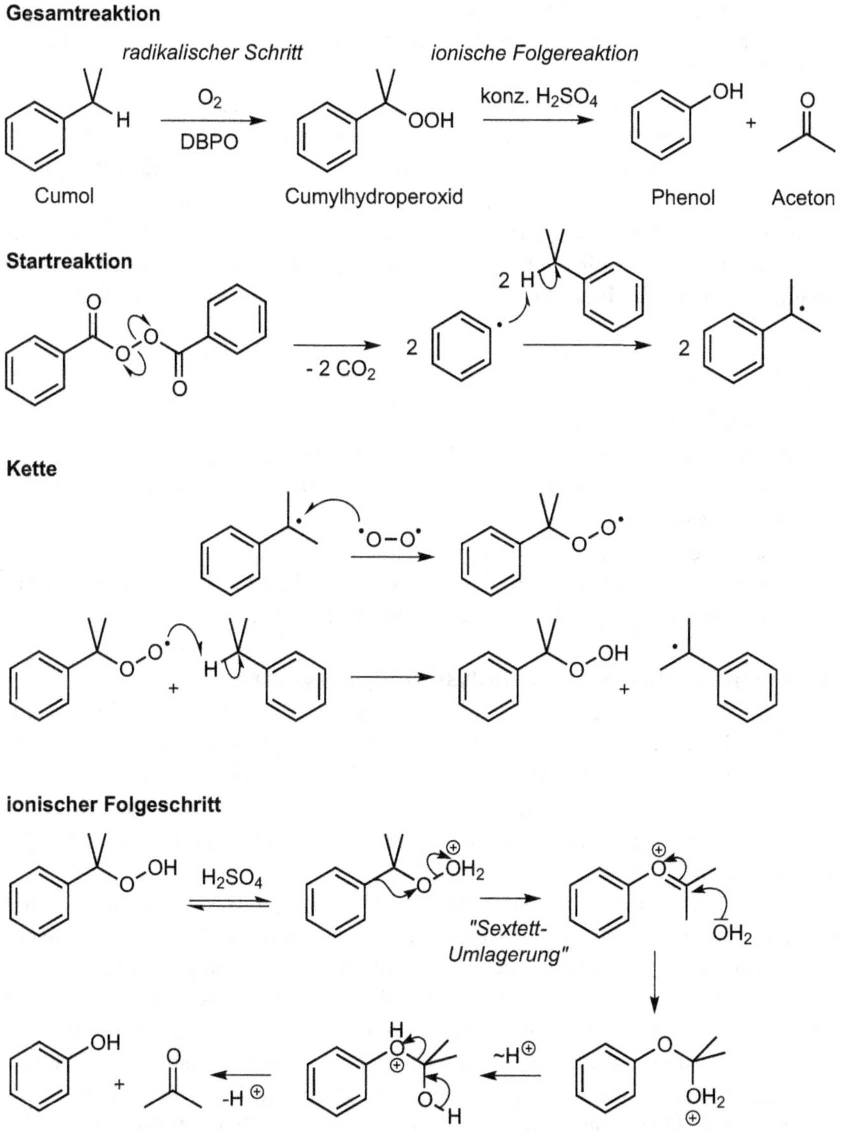

Gesamtreaktion

Startreaktion

Kette

ionischer Folgeschritt

Abb. 3.24 Das Cumolverfahren besteht aus einer radikalischen Oxidation von Cumol zum Cumylhydroperoxid, das in einem anschließenden zweiten Schritt über eine Sextett-Umlagerung zu Phenol und Aceton gespalten wird

kettentragende Cumylradikal gebildet. Die Benzylstellung ist besonders prädestiniert für die Abstraktion des H-Atoms, da das dabei gebildete Benzylradikal durch Konjugation mit dem aromatischen Ring gut stabilisiert ist. In der
Kettenreaktion erfolgt zunächst ein Schritt, in dem aus dem Cumylradikal und
Sauerstoff ein Peroxyradikal entsteht. Da die OH-Bindung deutlich stärker ist
als die benzylische CH-Bindung, reagiert anschließend das Peroxyradikal mit
einem weiteren Molekül Cumol unter Entstehung von Cumylhydroperoxid und
Rückbildung des kettentragenden Cumylradikals. Abbruchreaktionen sind auch
hier wieder Radikalrekombinationen und Disproportionierungen.

Nach der Isolierung des Cumylhydroperoxids folgt ein zweiter, ionischer
Schritt in stark saurem Medium. In einer Sextett-Umlagerung – ein Reaktionstyp,
den wir uns in Kap. 8 noch genauer ansehen werden – wandert der Phenylring
nach Protonierung des Peroxids unter Wasserabspaltung zum Sauerstoffatom. Die
Oxoniumion-Zwischenstufe wiederum wird durch das entstandene Wassermolekül
angegriffen. Es entsteht ein protoniertes Hemiacetal, das leicht im sauren Medium
gespalten wird. Beide Produkte, Phenol und Aceton, sind kommerziell gut ver-
wertbar.

Übung 3.9

a) Wiederholen Sie aus der OC-Grundlagenvorlesung die Autoxidation von
   Tetrahydrofuran, und vergleichen Sie sie mit dem radikalischen Schritt des
   Cumol-Verfahrens.
b) Diskutieren Sie die Gefahren, die wegen dieser Reaktion von Ethern ausgehen, die lange an Luft gelagert wurden, und geben Sie Maßnahmen an, mit
   denen Sie einen gefahrlosen Umgang mit Ethern gewährleisten.

3.5.1.6 Barton-Reaktion: Photolyse eines Alkylnitrits

Die Barton-Reaktion (Abb. 3.25) gehört zu den „ferngesteuerten Funktionalisierungen". Darunter versteht man die Einführung einer funktionellen Gruppe in
einer Position entlang einer Alkylkette, die nicht bereits durch eine funktionelle
Gruppe aktiviert ist. In einer solchen Reaktion wird also die Reaktionsträgheit, die
Alkane üblicherweise haben, überwunden, und das selektiv in einer von der steuernden funktionellen Gruppe entfernten Position.

Für die Barton-Reaktion ist zunächst vorbereitend die Herstellung eines
Nitritester (eines Alkylnitrits) aus einem Alkohol erforderlich. Dies kann durch
Reaktion mit salpetriger Säure oder auch durch Reaktion mit NOCl und einer
Base geschehen, die das entstehende HCl abfängt. Im zweiten Schritt wird bei
Bestrahlung des Alkylnitrits mit Licht geeigneter Wellenlänge die schwache
N–O-Bindung homolytisch gespalten. Während das relativ stabile NO-Radikal
im Lösemittelkäfig verbleibt, abstrahiert das O-zentrierte Radikal über einen
sechsgliedrigen Übergangszustand intramolekular ein Wasserstoffatom aus der
δ-Position. Triebkraft ist hierbei wieder die O–H-Bindung, die stärker ist als die

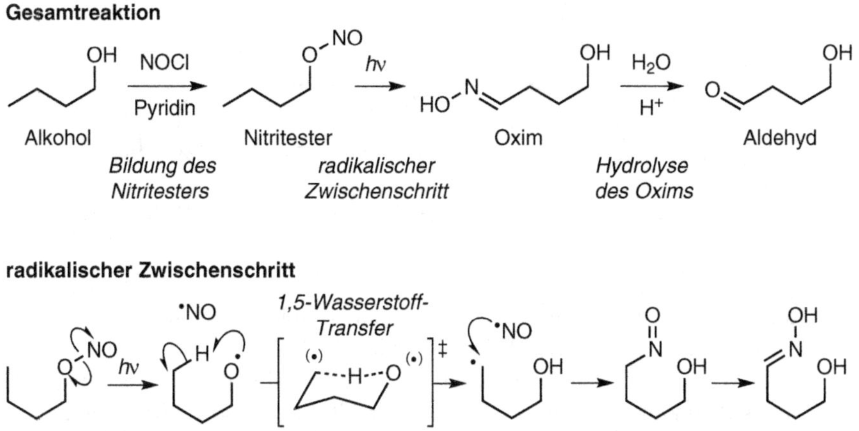

Gesamtreaktion

Alkohol	Nitritester	Oxim	Aldehyd
Bildung des Nitritesters	*radikalischer Zwischenschritt*	*Hydrolyse des Oxims*	

radikalischer Zwischenschritt

Abb. 3.25 Die Barton-Reaktion zur ferngesteuerten Funktionalisierung durch eine radikalische, über einen sechsgliedrigen Ring verlaufende intramolekulare H-Atomabstraktion

C–H-Bindung. Das entstehende kohlenstoffzentrierte Radikal reagiert anschließend mit dem zuvor entstandenen NO-Radikal zu einer Nitrosoverbindung, die in einer Keto-Enol-Tautomerie in das Oxim umlagert, das man abschließend noch zum Aldehyd hydrolysieren kann. Auf diese Weise gelingt also die δ-Funktionalisierung mithilfe der steuernden Alkoholfunktion. Die Barton-Reaktion ist ein Beispiel für eine Radikalreaktion, die nicht nach einem Radikalkettenmechanismus verläuft.

Übung 3.10

a) Schlagen Sie typische homolytische Bindungsdissoziationsenergien für O–H- und C–H-Bindungen nach. Berechnen Sie daraus, wie viel Triebkraft für den H-Atomtransferschritt in der Barton-Reaktion resultiert.

b) Schlagen Sie folgende Namensreaktionen nach und vergleichen Sie sie mit der Barton-Reaktion: Hofmann-Löffler-Freytag-Reaktion, Norrish-Typ-II-Reaktion und McLafferty-Umlagerung. Was sind die Gemeinsamkeiten, was die Unterschiede?

c) Die folgende Grafik zeigt links ein kompliziertes Ringgerüst. Wenden Sie in diesem Ringgerüst die Barton-Reaktion an und zeichnen Sie die einzelnen Schritte und das Produkt. An welcher Stelle wird funktionalisiert? Begründen Sie Ihre Wahl der Funktionalisierungsposition unter Berücksichtigung der räumlichen Struktur des Moleküls. Gibt es potenzielle Nebenreaktionen, bei denen die Funktionalisierung an anderer Stelle erfolgen könnte?

d) Rechts ist ein β-Lactam gezeigt. β-Lactame spielen als Antibiotika eine große Rolle. Schlagen Sie die Strukturen von Penicillin und Cephalosporin nach. Wenn Bakterien Resistenzen entwickeln, hilft oft eine Variation der Molekülstruktur. Im gezeigten Beispiel spielt die Barton-Reaktion eine entscheidende Rolle beim Aufbau des Sechsrings. Zeichnen Sie den Weg vom gezeigten Edukt zum Produkt unter Verwendung der Barton-Reaktion.

3.5.2 Umfunktionalisierungen

3.5.2.1 Sandmeyer-Reaktion

Bei der Sandmeyer-Reaktion (Abb. 3.26) wird ein Diazoniumion mittels Cu-Katalyse durch Ein-Elektronen-Reduktion und Stickstoffabspaltung in ein Phenylradikal überführt, das dann mit dem Radikal des Gegenions weiterreagiert. Zunächst muss also das Diazoniumion hergestellt werden. Dazu wird ein Anilinderivat durch Reaktion mit NO^+ diazotiert. Das NO^+ wiederum kann dabei einfach *in situ* aus $NaNO_2$ und HCl erhalten werden.

Cu(I)-Salze sind typische Ein-Elektronen-Transfer-Katalysatoren. Das Kupfersalz kann deswegen formal als Kettenträger einer Radikalkettenreaktion gesehen werden, auch wenn letztlich kein freies Radikal vorliegt. Eine Startreaktion ist nicht notwendig. Damit ergibt sich der gezeigte Mechanismus für die Sandmeyer-Reaktion. Im ersten Schritt wird das Cu(I) durch einen Ein-Elektronen-Transfer auf das Diazoniumion zu Cu(II) oxidiert, während das Diazoniumion reduziert wird und im zweiten Schritt sehr schnell ein thermodynamisch sehr stabiles Stickstoffmolekül abspaltet. Das Phenylradikal ist nicht mesomeriestabilisiert, da sich das Radikalelektron im σ-Gerüst, also nicht in Konjugation mit dem π-System des Aromaten befindet. Es ist daher sehr reaktionsfreudig und reagiert mit dem intermediär gebildeten Cu(II)-Salz unter Transfer eines Substituenten X und Rückbildung des Cu(I)-Salzes. Als X kommen Halogenide und sogenannte Pseudohalogenide wie Cyanid infrage.

3.5.2.2 Barton-Decarboxylierung

Ziel der Barton-Decarboxylierung ist es, durch Decarboxylierung eine Carbonsäure um ein Kohlenstoffatom abzubauen und anstelle der Carboxylgruppe einen Bromsubstituenten einzuführen, der dann in weiteren Reaktionen in andere

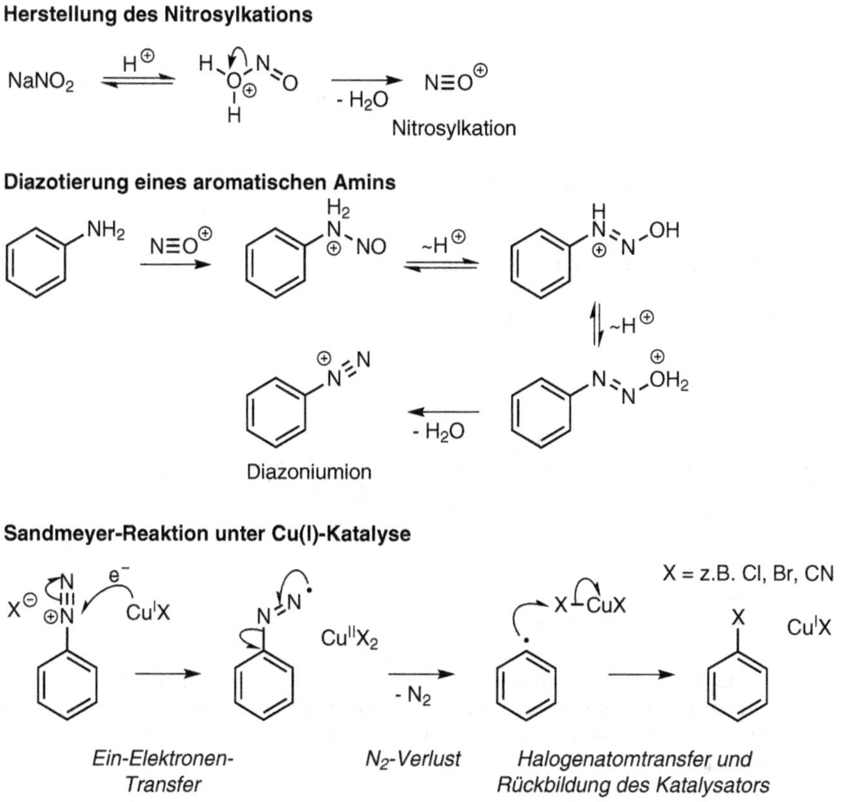

Herstellung des Nitrosylkations

Diazotierung eines aromatischen Amins

Diazoniumion

Sandmeyer-Reaktion unter Cu(I)-Katalyse

X = z.B. Cl, Br, CN

| Ein-Elektronen-Transfer | N_2-Verlust | Halogenatomtransfer und Rückbildung des Katalysators |

Abb. 3.26 Die einzelnen Schritte der Sandmeyer-Reaktion von der Bildung des Nitrosylkations über die Diazotierung eines aromatischen Amins bis zur eigentlichen Sandmeyer-Reaktion

funktionelle Gruppen umgewandelt werden kann. Die Reaktion beginnt mit der Umsetzung der Carbonsäure zum Barton-Ester. Dazu ist eine Aktivierung der Carbonsäure zum Säurechlorid erforderlich, das dann mit *N*-Hydroxy-2-thiopyridin umgesetzt wird (Abb. 3.27).

Man kann die Aktivierung der Carbonsäure auch mithilfe von Dicyclohexylcarbodiimid oder Aktivestern erreichen. Die Thiogruppe des Barton-Esters lässt sich leicht durch Radikale angreifen. In der Barton-Decarboxylierung wird als kettentragendes Radikal das Trichlormethylradikal $Cl_3C^{\bullet}$ verwendet.

In der Startreaktion wird zunächst photolytisch die schwächere C–Br-Bindung gespalten und so das kettentragende $Cl_3C^{\bullet}$-Radikal erzeugt. Die stärkeren C–Cl-Bindungen werden nicht gespalten.

In der Radikalkette wird die Thiocarbonylgruppe des Barton-Esters durch das Trichlormethylradikal angegriffen. Es entsteht ein mesomeriestabilisiertes Radikal im Pyridinring, das in einer α-Spaltung der labilen N–O-Bindung unter Verlust von CO_2 das kettenverkürzte Alkylradikal erzeugt. Im letzten Kettenschritt reagiert

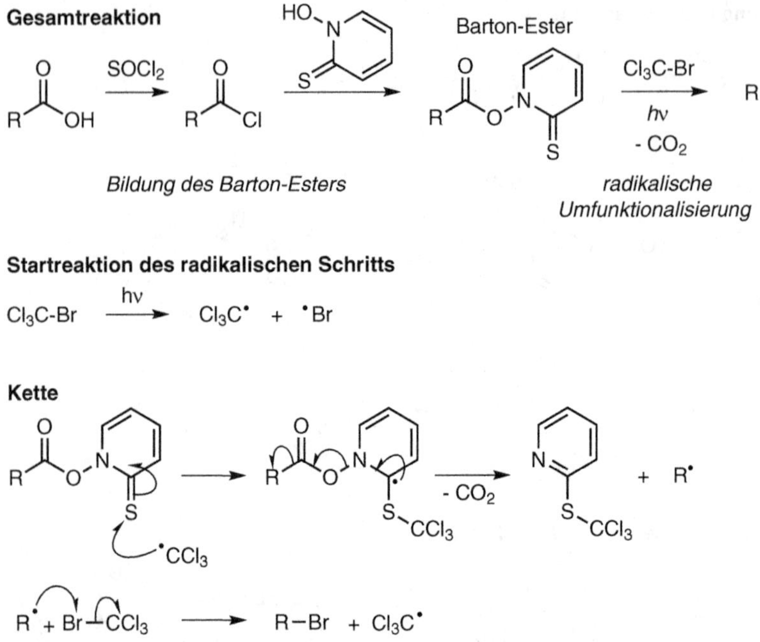

Gesamtreaktion   Barton-Ester

Bildung des Barton-Esters   *radikalische Umfunktionalisierung*

Startreaktion des radikalischen Schritts

$$Cl_3C-Br \xrightarrow{h\nu} Cl_3C^{\bullet} + {}^{\bullet}Br$$

Kette

$$R^{\bullet} + Br-CCl_3 \longrightarrow R-Br + Cl_3C^{\bullet}$$

Abb. 3.27 Die Barton-Decarboxylierung kann genutzt werden, um ausgehend vom Barton-Ester eine Carbonsäure zu decarboxylieren, so die C-Kette um ein C-Atom zu verkürzen und zugleich ein Bromatom an dieser Stelle einzubauen, das in weitere funktionelle Gruppen umgewandelt werden kann

dieses Alkylradikal mit einem weiteren Molekül Cl_3C-Br unter Rückbildung des kettentragenden $Cl_3C^{\bullet}$-Radikals. Abbruchreaktionen sind wie üblich Rekombinationen oder Disproportionierungen.

Es gibt einige Varianten der Barton-Decarboxylierung, die zu einer Defunktionalisierung führen und daher im nächsten Abschnitt behandelt werden.

3.5.3 Defunktionalisierungen

3.5.3.1 Barton-Decarboxylierung
Die gerade in einer Umfunktionalisierungsvariante gezeigte Barton-Decarboxylierung kann auch als Defunktionalisierung eingesetzt werden. In diesem Fall wird Tributylzinnhydrid anstelle des Cl_3C-Br eingesetzt. Die relativ schwache Sn–H-Bindung (BDE = 310 kJ mol^{-1}) wird durch Radikale leicht angegriffen und dient als H-Atomquelle. Daraus ergibt sich die in Abb. 3.28 gezeigte Variante, bei der sich an die Decarboxylierung, also ebenfalls eine Kettenverkürzung um ein C-Atom, eine H-Atomübertragung auf das Radikal anschließt. Die ersten Schritte zur Synthese des Barton-Esters sind die gleichen, die oben schon diskutiert wurden.

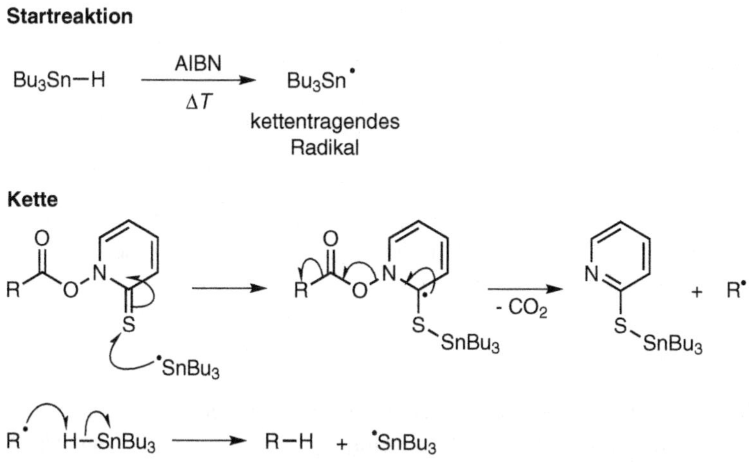

Startreaktion

$$Bu_3Sn-H \xrightarrow[\Delta T]{AIBN} Bu_3Sn^\bullet$$

kettentragendes
Radikal

Kette

Abb. 3.28 Die Barton-Decarboxylierung kann auch genutzt werden, um ausgehend vom Barton-Ester eine Carbonsäure zu decarboxylieren, so die C-Kette um ein C-Atom zu verkürzen und zugleich die Alkylkette mit einem H-Atom abzusättigen. Daher gehört diese Variante zu den Defunktionalisierungen

---

Übung 3.11

Tributylzinnhydrid ist eine giftige Verbindung mit einem Siedepunkt von 112 °C und einem entsprechend hohen Dampfdruck von 5 hPa bei 20 °C. Es greift in den Hormonhaushalt ein und kann zu Unfruchtbarkeit führen. Die Effekte sind irreversibel. Da es früher oft in Schiffsanstrichen enthalten war (seit 2008 verboten), wurden in Meeresgebieten mit hohem Schifffahrtsaufkommen entsprechende Veränderungen bei einer Reihe von Tierarten beobachtet. Dies betraf teils bis zu 90 % der Population, sodass einige Arten in diesen Gebieten vom Aussterben bedroht sind. Auch für den Laborchemiker ist diese Chemikalie daher mit Risiko behaftet, weshalb nach Ersatzstoffen gesucht wurde. Schlagen Sie nach, welche siliciumanalogen Ersatzstoffe heute eingesetzt werden und welche Vor- und Nachteile sie haben.

3.5.3.2 Dehalogenierung mit Tributylzinnhydrid

Es gibt einige weitere Reaktionen mit Zinnhydriden, die sich für radikalische Wasserstoffübertragungen wegen ihrer nahezu unpolaren, nicht sehr starken Sn–H-Bindung (Elektronegativitäten: Sn = 1,8, H = 2,1) besonders eignen. Die Sn–Hal-Bindung ist hingegen deutlich stärker, sodass radikalische Dehalogenierungen mit Zinnhydriden möglich sind. Vor allem Brom- und Iod-Substituenten können leicht chemoselektiv entfernt werden. Die Entfernung von Chlor bedarf drastischerer Reaktionsbedingungen.

$$R-Br \; + \; {}^{\bullet}SnBu_3 \quad \longrightarrow \quad R^{\bullet} \; + \; Br-SnBu_3$$

$$R^{\bullet} \; + \; H-SnBu_3 \quad \longrightarrow \quad R-H \; + \; {}^{\bullet}SnBu_3$$

Abb. 3.29 Die beiden Kettenschritte der Debromierung eines Bromalkans mit Tributyl-zinnhydrid

Das kettentragende Radikal ist wieder das $Bu_3Sn^{\bullet}$-Radikal, das sich, wie bereits in Abb. 3.28 gezeigt, mit AIBN als Initiator erzeugen lässt. Die beiden folgenden Kettenschritte sind in Abb. 3.29 gezeigt.

Übung 3.12

a) Welche anderen, auch nichtradikalischen Reaktionen kennen Sie, mit denen Sie Halogene aus aliphatischen Halogenalkanen entfernen können? Diskutieren Sie die Vor- und Nachteile der jeweiligen Reaktionen und grenzen Sie die jeweiligen Einsatzmöglichkeiten hinsichtlich der Anwesenheit anderer funktioneller Gruppen im Molekül ein. Wie drastisch sind die Reaktionsbedingungen, die Sie für die jeweilige Reaktion benötigen? Welche anderen im Molekül noch vorhandenen funktionellen Gruppen würden im Laufe der jeweiligen Reaktion angegriffen?

b) Es gibt einige weitere Reaktionen, in denen Tributylzinnhydrid eine Rolle spielt. Schlagen Sie die Barton-McCombie-Desoxygenierung nach und formulieren Sie den vollständigen Mechanismus, ausgehend von Cyclohexanol als Edukt über die Bildung des Xanthogenats bis hin zur eigentlichen radikalischen Desoxygenierung.

3.5.3.3 Intramolekulare Cyclisierung von 5-Hexenyl- und 6-Heptenylradikalen

Eine weitere Variante der Zinnhydridmethode nutzt aus, dass die intramolekulare Reaktion der intermediär gebildeten Radikale mit Doppelbindungen im geeigneten Abstand zum Radikalzentrum deutlich schneller verläuft als die intermolekulare Reaktion mit Tributylzinnhydrid (Abb. 3.30). Auf diese Weise lassen sich Ringschlussreaktionen realisieren, die regelmäßig zu Fünf- oder Sechsringen führen, wobei die Doppelbindung immer am näher zum Radikal liegenden Ende angegriffen wird. Man spricht hier von einem exocyclischen Ringschluss. Auch Kaskaden mehrerer solcher Ringschlüsse können nacheinander durchlaufen werden, bevor am Ende das verbleibende Radikal mit Tributylzinnhydrid reagiert.

Die Bildung drei- und viergliedriger Ringe ist enthalpisch wegen der inhärenten Ringspannung ungünstig; größere Ringe sind entropisch ungünstig, da sich die Enden der Kette nicht mehr so leicht finden und so die Reaktion des Radikals mit dem Tributylzinnhydrid wieder konkurrenzfähig wird.

Die synthetische Bedeutung dieser Cyclisierungsreaktionen liegt in der Möglichkeit des Aufbaus von komplexen oligocyclischen Kohlenstoffgerüsten in einem Schritt. Mit geeignet funktionalisierten Vorläufern können mehrere Ringschlüsse

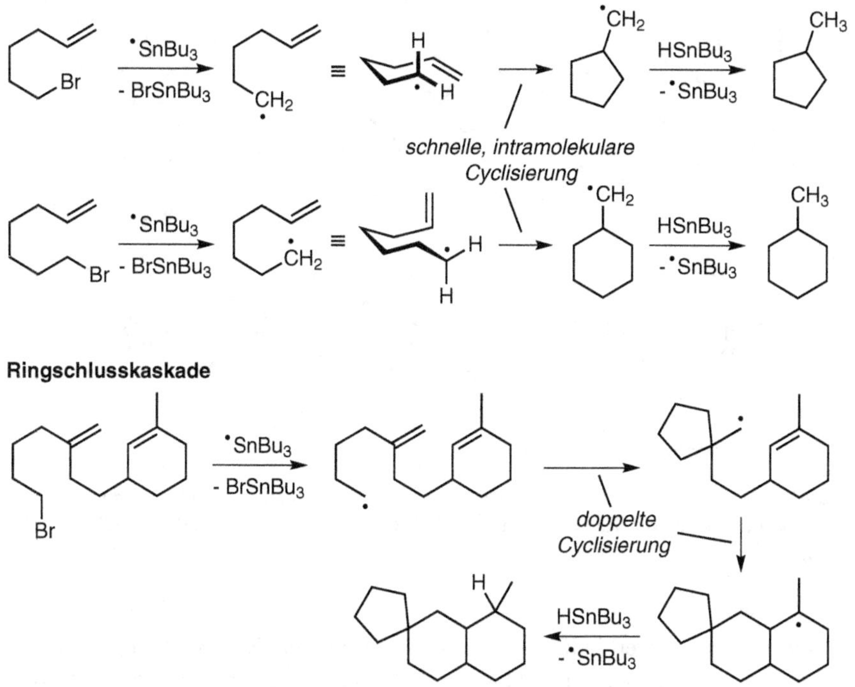

Ringschlusskaskade

Abb. 3.30 Oben: Je nach dem Abstand der Doppelbindung vom Radikalzentrum bilden sich durch eine schnelle intramolekulare Cyclisierung Fünf- oder Sechsringe, bevor das Radikalzentrum durch H-Atomtransfer vom Tributylzinnhydrid abgesättigt wird. **Unten:** Auch mehrere solche Cyclisierungsschritte sind in einer Reaktionskaskade möglich, sodass auch komplexere Ringsysteme aufgebaut werden können

kaskadenartig in einem Schritt erfolgen. Wie Sie im Beispiel in Abb. 3.30 (unten) sehen, ist mit dieser Reaktion auch der Aufbau von Spirozentren möglich.

Übung 3.13

Trainieren Sie diese Kaskadenreaktionen an selbst erdachten Ringsystemen vorwärts und rückwärts, um ein Gefühl dafür zu bekommen, welche Strukturvielfalt an Kohlenwasserstoffgerüsten hiermit herstellbar ist, und um die retrosynthetische Zerlegung solcher Gerüste zu üben.

3.5.3.4 Norrish-Young-Reaktion: photochemisch induzierte α-Spaltungen neben Carbonylgruppen

Diese Reaktion wird auch als Norrish-Typ-II-Reaktion bezeichnet. Bei der photochemischen Anregung einer Carbonylgruppe im UV-Bereich wird ein Elektron in ein nicht besetztes Orbital angehoben, sodass die Carbonylgruppe zu einem Diradikal wird. Das Radikal am Sauerstoffatom induziert α-Spaltungen von Bindungen zum Carbonyl-C-Atom. Diese Reaktion kann man sich zur Defunktionalisierung

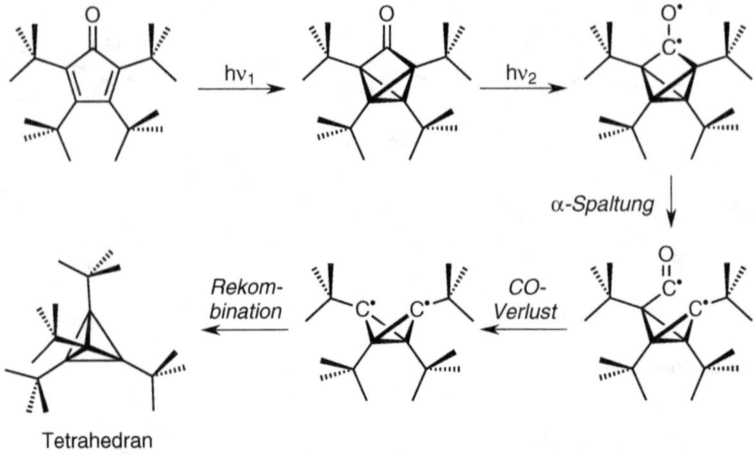

Tetrahedran

Abb. 3.31 Herstellung von hochsubstituiertem und hochgespanntem Tetrahedran durch photochemische Erzeugung von Radikalen an einer Carbonylgruppe und CO-Verlust durch doppelte α-Spaltung

cyclischer Carbonylverbindungen unter gleichzeitiger Ringverengung zunutze machen, da in einer zweiten Bindungsspaltung Kohlenmonoxid abgespalten werden kann. Das verbleibende Diradikal rekombiniert und schließt so den Cyclus wieder.

Ein bemerkenswertes Beispiel ist die Bildung von Tetrahedranen (Abb. 3.31), die allerdings wegen ihrer extremen Ringspannung nur in einer Matrix aus gefrorenem Edelgas und nur unter Verwendung raumerfüllender *t*-Butylgruppen äußerem Korsett (Abb. 3.31). Bei Raumtemperatur und ohne große Substituenten würde sich Tetrahedran zu Cyclobutadien umlagern, das dann wiederum mit einem zweiten Molekül Cyclobutadien eine Diels-Alder-Reaktion eingänge.

Übung 3.14

a) Welche Rolle spielen im gezeigten Beispiel die *t*-Butylgruppen? Warum reagiert das Diradikal nach dem CO-Verlust hier nicht zum Cyclobutadien?

b) Zeichnen Sie die Reaktionssequenz für das unsubstituierte Cyclopentadienon. Warum öffnet sich das Diradikal hier nach dem CO-Verlust zum Cyclobutadien?

3.6   Trainingsaufgaben

Aufgabe 3.1

Das Triphenylmethylradikal ist auch als Gomberg-Radikal bekannt und steht in Lösung mit seinem Dimer im Gleichgewicht. Zeichnen Sie alle mesomeren Grenzstrukturen für dieses Radikal. Das Dimer ist nicht Hexaphenylethan. Welche alternative Struktur könnte das Dimer haben?

Aufgabe 3.2

a) Zeichnen Sie die Potenzialenergiekurven für die beiden Schritte der folgenden Gesamtreaktion:

$$CH_4 + Cl_2 \rightarrow CH_3Cl + HCl$$

Tragen Sie dabei die Energie gegen die Reaktionskoordinate auf und ordnen Sie Edukte, Produkte, Zwischenprodukte und Übergangszustände zu.

b) Zeichnen Sie *vergleichend* die Potenzialenergiekurven für die folgenden drei Reaktionen in das gleiche Energie/Reaktionskoordinate-Schema ein!

$$CH_4 + F^\bullet \rightarrow CH_3^\bullet + HF$$
$$CH_4 + Cl^\bullet \rightarrow CH_3^\bullet + HCl$$
$$CH_4 + Br^\bullet \rightarrow CH_3^\bullet + HBr$$

Die erste Reaktion ist deutlich exotherm, die zweite annähernd thermoneutral, die dritte deutlich endotherm. Erklären Sie anhand dieser drei Reaktionen das Hammond-Postulat. Warum ist die Bromierung selektiver als die Fluorierung hinsichtlich des Substitutionsgrades an dem Kohlenstoffatom, an dem die radikalische Substitution stattfindet?

c) Formulieren Sie den vollständigen Mechanismus für die radikalische Bromierung von Methylcyclopentan am tertiären C-Atom.

d) Zeichnen Sie alle möglichen Monosubstitutionsprodukte von Methylcyclopentan unter Berücksichtigung der Stereochemie.

e) Die Selektivität der radikalischen Bromierung ist etwa 1:80:1600 für die Reaktion an primären, sekundären bzw. tertiären C-Atomen. Geben Sie die erwarteten relativen Häufigkeiten der Produkte für jedes Produkt an. Welches Produktverhältnis erwarten Sie stattdessen für die Chlorierung (prim. : sek. : tert. = 1:4:5,1)?

f) Eine interessante experimentelle Feststellung ist, dass direkt neben der Methylgruppe nicht die von Ihnen errechneten Häufigkeiten gefunden werden. Warum stimmen die in 2- und 5-Position gefundenen Werte nicht mit Ihrer Erwartung überein?

Aufgabe 3.3

a) Geben Sie die Hauptprodukte der folgenden Reaktionen an. Beachten Sie, wenn nötig, die Stereochemie und geben Sie alle möglichen stereoisomeren Produkte an.

mit NBS/AIBN   mit Br$_2$ mit NBS/AIBN   mit Br$_2$

mit NBS/AIBN   mit Br$_2$

alle fünf mit AIBN/Br$_2$

b) Formulieren Sie die Mechanismen der zugrunde liegenden Reaktionen und geben Sie an, über welche Zwischenstufen sie verlaufen.

c) Wie kann man erklären, dass bei niedriger Bromkonzentration die allylische Substitution bevorzugt abläuft, bei hoher Bromkonzentration aber die elektrophile Addition von Br$_2$ an die Doppelbindung?

d) Was passiert, wenn Sie die vier aromatischen Moleküle der untersten Reihe mit Br$_2$ und FeBr$_3$ umsetzen? Welches der vier Moleküle reagiert anders als die anderen drei?

Aufgabe 3.4

Steroide sind eine wichtige Naturstoffklasse, sodass Methoden zu ihrer synthetischen Modifikation von großem Interesse sind. Zeichnen Sie das in der folgenden Reaktionsgleichung gezeigte Edukt so, dass die räumliche Struktur direkt zu erkennen ist. Erläutern Sie anhand eines detaillierten Reaktionsmechanismus, wie die folgende Umsetzung ablaufen kann. Welche Nebenreaktion könnte auftreten?

Aufgabe 3.5

a) Entwickeln Sie für das im folgenden Schema gezeigte Molekül **A** eine Retrosynthese, die bei einem acyclischen Vorläufer endet. Wenn Sie es geschickt machen, brauchen Sie nur eine einzige Stufe von Ihrem acyclischen Edukt bis hierher. Mit welcher Reaktion können Sie sehr elegant fünfgliedrige Ringe aufbauen? Erläutern Sie den Mechanismus.

b) Welches Produkt erwarten Sie, wenn Sie das Edukt **B** mit Tributylzinnhydrid und AIBN umsetzen?

c) In der Reaktion von **C** mit Tributylzinnhydrid und AIBN werden die vier gezeigten Produkte beobachtet. Geben Sie plausible Mechanismen für die Bildung aller vier Produkte an.

d) Geben Sie den vollständigen Mechanismus der Reaktion von **D** an. Welche Radikalzwischenstufen werden durchlaufen? Zeichnen Sie alle diese Zwischenstufen und das Produkt der Reaktion.

Aufgabe 3.6

a) Die folgenden drei Umsetzungen stammen aus der Literatur der letzten Jahre und verwenden Triethylboran und Sauerstoff als milden Radikalstarter, der auch bei tiefer Temperatur hervorragende Umsetzungen mit hohen Ausbeuten erlaubt. Formulieren Sie einen Mechanismus für die Startreaktion mit Triethylboran und Sauerstoff.

b) Formulieren Sie für die drei gezeigten Umsetzungen jeweils einen detaillierten Mechanismus, der die Bildung der beobachteten Produkte erklärt. Sie können die drei Reaktionen auch in der Literatur nachschlagen und sich einmal ansehen, wie sie in umfangreichere und komplexere Totalsynthesen eingebettet sind: a) Ouyang J, Yan R, Mi X, Hong R (2015) Angew Chem Int Ed 54:10.940–10.943; b) Smith MW, Snyder SA (2013) J Am Chem Soc 135:12.964–12.967; c) Mukai K, Urabe D, Kasuya S, Aoki N, Inoue M (2013) Angew Chem Int Ed 52:5300–5304.

c) In der letzten der drei Reaktionen wird als Ersatz für das Zinnorganyl eine Siliciumverbindung verwendet. Erläutern Sie, warum dies insbesondere für die Synthese von Medikamenten sinnvoll ist. Warum ist die Einsatzbreite dieser Siliciumverbindungen im Vergleich zu den Zinnorganylen dennoch beschränkt?

Aufgabe 3.7
Zeichnen Sie den vollständigen Mechanismus des radikalischen Schritts der Barton-Decarboxylierung von 3-(Naphthalin-2-yl)propansäure. Welche Reaktionsschritte sind notwendig, bevor Sie die eigentliche Decarboxylierung vornehmen?

Aufgabe 3.8

Geben Sie die Produkte der folgenden Reaktionen an. Welche Zwischenstufen werden durchlaufen?

Aufgabe 3.9

Formulieren Sie den Mechanismus der Dehalogenierung von (2-(Brommethyl) cyclopropyl)benzol mit Tributylzinnhydrid und Dibenzoylperoxid. Warum erhalten Sie statt des erwarteten Produkts (But-3-en-1-yl)benzol?

Nucleophile Substitutionen

4

Im vierten Kapitel werden als erste Beispiele für polare Reaktionen die nucleophilen Substitutionen besprochen. Neben den Radikalreaktionen stellen die polaren Reaktionen eines Nucleophils mit einem Elektrophil die zweite große Klasse organischer Reaktionen dar.

- Sie können definieren, was ein Nucleophil und was ein Elektrophil ist, und sind in der Lage, Nucleophilie und Elektrophilie zumindest grob einzuschätzen.
- Nucleophilic und Elektrophilie sind kinetische Größen, während Acidität und Basizität verwandte thermodynamische Größen sind. Sie können die Beziehung zwischen kinetischen und thermodynamischen Größen und die charakteristischen Unterschiede anhand von Reaktionsprofilen konzeptionell erläutern.
- Nucleophile Substitutionen werden von einer Vielzahl verschiedener Faktoren beeinflusst. Sie lernen, wie diese Faktoren mit dem mechanistischen Verlauf nucleophiler Substitutionen zusammenhängen.
- Es gibt zwei verschiedene Mechanismen für nucleophile Substitutionen am Kohlenstoffatom, die unterschiedliche Konsequenzen haben, z. B. für die Reaktionskinetik und den stereochemischen Verlauf. Sie können die Reaktionsmechanismen mithilfe von Potenzialenergiekurven beschreiben und diese Konsequenzen erläutern.

4.1 Einführung

Unter polaren Reaktionen versteht man eine zweite sehr große Gruppe organischer Reaktionen, nämlich die eines Nucleophils mit einem Elektrophil. „Nucleophil" heißt wörtlich übersetzt „kernliebendes" Teilchen; es ist also eines, das ein freies

© Springer-Verlag GmbH Deutschland 2017
S. Leisering und C.A. Schalley, *Tutorium Reaktivität und Synthese*,
DOI 10.1007/978-3-662-53852-4_4

Elektronenpaar besitzt, mit dem es eine Bindung zu einem anderen Teilchen mit Elektronenpaarlücke eingehen kann. Nucleophile können neutral sein (Beispiel: NH_3), sind oft aber auch Anionen (Beispiel: HO^-). Ein Elektrophil ist umgekehrt ein „elektronenliebendes" Teilchen, das also über eine Elektronenpaarlücke verfügt und so mit einem Nucleophil reagieren kann. Elektrophile können ebenfalls neutral sein (Beispiel: BH_3), sind aber oft auch positiv geladen (Beispiel: CH_3^+). Im Unterschied zu den Radikalreaktionen, bei denen einzelne ungepaarte Elektronen entscheidend sind, geht es bei polaren Reaktionen immer um Elektronenpaare. Die polaren Reaktionen stellen deshalb einen eigenen Typ organischer Reaktionen dar.

Die nucleophile Substitution als einen Grundtyp polarer Reaktionen wollen wir nutzen, um einmal den typischen Weg vom Experiment zum Reaktionsmechanismus nachzuzeichnen. Daher werden wir die Diskussion mit einer Serie von einfachen, qualitativen Schauexperimenten beginnen, aus deren Ergebnissen wir anschließend Schlussfolgerungen über die Reaktionsmechanismen der nucleophilen Substitution ziehen.

Bei der nucleophilen Substitution wird, wie der Name bereits andeutet, eine funktionelle Gruppe in einem Molekül ersetzt. Die austretende Gruppe wird als Abgangs- oder Fluchtgruppe bezeichnet. Sie ist ebenfalls ein Nucleophil, in der Regel aber schwächer als das angreifende Nucleophil.

In den Experimenten vergleichen wir die beiden folgenden nucleophilen Reaktionen (Abb. 4.1) in Bezug auf die Einflüsse der Art der Abgangsgruppe, der Substratstruktur und Stellung der Abgangsgruppe und der Hybridisierung des Kohlenstoffatoms: Die erste Reaktion ist die Bildung eines Alkohols durch Reaktion des Halogenalkans mit Wasser unter Abfangen der Abgangsgruppe mithilfe von Silbernitrat. Als Lösungsvermittler wird etwas Ethanol zugesetzt. Die zweite Reaktion ist die Bildung eines Iodalkans aus Chlor- und Bromalkanen mit Natriumiodid in Aceton. NaCl und NaBr sind darin nur schwer löslich und fallen aus.

Schauen wir uns zuerst den Einfluss des Halogens im Halogenalkan an. Bei der ersten Reaktion wird dazu 1-Chlorbutan mit 1-Brombutan und 1-Iodbutan verglichen. Alle anderen Reaktionsbedingungen bleiben konstant. Während Chlorbutan keine sichtbare Reaktion zeigt, trübt sich die Lösung mit Brombutan nach mehreren Minuten langsam ein, während die Trübung bei Iodbutan bereits nach etwa 20 s deutlich zu sehen ist. Alle drei Silberhalogenide sind schwer lösliche Salze. Die Silberionen helfen daher mit, das Halogenidion aus dem Halogenalkan abzuspalten. Wasser reagiert als angreifendes Nucleophil und verdrängt das Halogenid aus dem Halogenalkan. Da als einzige Veränderung in der Reaktion das Halogenid variiert wurde, müssen die Unterschiede in der Reaktionsgeschwindigkeit auf die Qualität

$$H_2O \ + \ R\text{-Hal} \ + \ AgNO_3 \ \xrightarrow[\text{EtOH}]{H_2O} \ R\text{-OH} \ + \ AgHal \ + \ HNO_3$$

$$R\text{-Hal} \ + \ NaI \ \xrightarrow{\text{Aceton}} \ R\text{-I} \ + \ NaHal$$

Abb. 4.1 Zwei Reaktionen, die beide zur Substitution eines Halogenatoms durch eine andere funktionelle Gruppe in einem Halogenalkan führen

der Abgangsgruppe zurückzuführen sein. Die Abgangsgruppenqualität der Halogenide nimmt im Periodensystem also von oben nach unten zu.

Bei der zweiten Reaktion führt der entsprechende Versuch zu dem Ergebnis, dass 1-Chlorbutan im Vergleich zu Brombutan langsam reagiert; erst nach einiger Zeit wird eine leichte Trübung sichtbar. Der Trend der Abgangsgruppenqualität ist also analog zur ersten Reaktion.

Als Nächstes schauen wir uns an, wie sich die Stellung des Halogenatoms im Halogenalkan auf die Reaktionen auswirkt. Vergleicht man hier einmal 1-Brombutan (Brom an einem primären Kohlenstoffatom), 2-Brombutan (sekundäres C-Atom) und 2-Brom-2-methylpropan (tertiäres C-Atom), so stellt man in der ersten Reaktion mit Silbernitrat fest, dass die Reaktion schneller wird, je höher das Kohlenstoffatom substituiert ist, an dem das Bromatom gebunden ist. In der zweiten Reaktion mit NaI ist dies umgekehrt. Aus diesen umgekehrten Trends können wir bereits schließen, dass die beiden nucleophilen Substitutionsreaktionen nicht nach dem gleichen Mechanismus ablaufen können, aber ähnlich durch die Abgangsgruppenqualität beeinflusst werden.

Schließlich vergleichen wir einmal Chlortriphenylmethan, bei dem das Chloratom an ein sp^3-hybridisiertes C-Atom gebunden ist, mit Chlorbenzol, bei dem das chlorsubstituierte Atom im Ring sp^2-hybridisiert ist. Während beide Substitutionsreaktionen am Chlortriphenylmethan relativ schnell ablaufen, beobachtet man für keine der beiden eine Reaktion am Chlorbenzol. Nucleophile Substitutionen laufen an aromatischen Ringen mit sp^2-hybridisierten C-Atomen also nicht ab, wohl aber an Alkangerüsten, in denen die Reaktionszentren sp^3-hybridisiert sind.

Wenn Sie einen neuen Reaktionsmechanismus erforschen, also noch nicht wissen, wie eine Reaktion abläuft, sind sie als Wissenschaftler in der gleichen Situation wie wir jetzt: Daten und Beobachtungen sind verfügbar, oft auch quantitative Daten, nicht nur qualitative Beobachtungen, wie wir sie gerade gemacht haben. Aber eine stringente Interpretation fehlt noch. Man hat vielleicht erste Annahmen und Hypothesen im Kopf, muss sie aber noch belegen oder widerlegen.

Die erste sehr klare Beobachtung ist, dass die Trends hinsichtlich des Substitutionsgrades völlig verschieden sind, je nachdem, ob Sie die nucleophile Substitution mit Silbernitrat oder die Reaktion mit Natriumiodid betrachten. Wir hatten oben bereits gefolgert, dass es daher zwei Mechanismen geben muss. Üblicherweise stellt man nun Hypothesen auf, welche das sein könnten, und versucht dann, stringent und überzeugend zu begründen, wie die unterschiedlichen Befunde sich aus den Mechanismen erklären lassen.

Um eine Hypothese zu formulieren, vergleichen wir die beiden Reaktionen: In der Reaktion mit Silbernitrat ist das Nucleophil Wasser. Es ist ungeladen, hat aber freie Elektronenpaare. In der Reaktion mit Natriumiodid liegt mit dem Iodid ein geladenes Nucleophil vor. Man könnte also auf die Idee kommen, dass Wasser ein schlechteres Nucleophil ist als Iodid, was sich auch dadurch bestätigt, dass Wasser zur Reaktion der Mithilfe des Silbernitrats bedarf. Da wir in den Versuchen Veränderungen in der Reaktionsgeschwindigkeit untersucht haben, reden wir also immer über den langsamsten und damit geschwindigkeitsbestimmenden Schritt der Reaktionen. Die Geschwindigkeit wird durch Ag^+ deutlich erhöht, während dies bei Na^+ nicht der Fall ist. Also muss das Silberion im geschwindigkeitsbestimmenden Schritt der ersten Reaktion beteiligt sein. Eine erste Hypothese wäre demnach, dass in der Silbernitratreaktion im geschwindigkeitsbestimmenden Schritt AgX abgespalten wird. Das würde als Intermediat der Reaktion ein Carbeniumion erzeugen, das als positiv geladenes und damit hinreichend starkes Elektrophil in der Lage ist, das relativ schwache Nucleophil Wasser anzugreifen. Diese Annahme ist ebenfalls in guter Übereinstimmung mit der Beobachtung, dass ein höherer Substitutionsgrad am Reaktionszentrum – und damit am intermediären Carbeniumion – die Reaktion beschleunigt: Die Bildung der Kationen wird durch die hyperkonjugative Stabilisierung umso mehr erleichtert, je höher das reagierende C-Atom substituiert ist.

Umgekehrt bedeutet dies aber auch, dass ein solches Kation keine Rolle bei der Reaktion mit Iodid spielt, da wir in diesem Fall ja den genau umgekehrten Trend finden. Je niedriger der Substitutionsgrad ist, desto schneller verläuft die Reaktion. Diese Beobachtung spricht eher dafür, dass das Iodid konzertiert von der Abgangsgruppe abgewandten Rückseite unter gleichzeitigem Austritt der Abgangsgruppe angreift. Wäre dies der Fall, so müsste das Iodid sich seinen Weg zwischen den Substituenten hindurch zum Reaktionszentrum bahnen, und ein höherer Substitutionsgrad wäre hierfür hinderlich. Die Abgangsgruppenqualitäten sind mit den beiden Mechanismen ebenfalls kompatibel, da in beiden Mechanismen die Abgangsgruppen im geschwindigkeitsbestimmenden Schritt abgespalten werden.

Ebenfalls lässt sich die Beobachtung erklären, dass Doppelbindungen oder andere π-Systeme in Nachbarschaft zum Reaktionszentrum die Reaktion mit Silbernitrat beschleunigen (Chlortriphenylmethan), denn die hierbei gebildeten Carbeniumionen-Intermediate werden durch Konjugation mit dem benachbarten π-System noch stärker stabilisiert, als dies durch Hyperkonjugation mit benachbarten Substituenten geschieht. Auch wird verständlich, warum beide Reaktionen mit Chlorbenzol nicht ablaufen: Ein Rückseitenangriff müsste aus der Mitte des Benzolrings erfolgen, was aus sterischen Gründen, also mangels Platz für das Nucleophil, nicht möglich ist. Auch die Bildung eines Phenylkations ist energetisch viel ungünstiger als die eines Benzylkations oder gar des Triphenylmethylkations. Nun haben wir also eine Hypothese gefunden, die wir getrennt nach den beiden Typen nucleophiler Substitutionen genauer untersuchen müssen.

Übung 4.1

a) Zeichnen Sie alle mesomeren Grenzformeln des Triphenylmethylkations, um sich noch einmal klar zu machen, warum es so gut stabilisiert ist. Informieren Sie sich über den Verdrillungswinkel der drei Phenylringe. Warum ist das Molekül nicht planar?

b) Zeichnen Sie auch das Phenylkation und begründen Sie, warum es nicht analog stabilisiert ist, indem Sie sich überlegen, in welchem Orbital das Kation lokalisiert ist.

4.2   Unimolekulare und bimolekulare nucleophile Substitutionen

4.2.1   Die S_N1-Reaktion: nucleophile Substitutionen erster Ordnung

Abb. 4.2 stellt den Mechanismus der Silbernitratreaktion aus unseren Experimenten in generalisierter Form dar. In einem ersten langsamen und daher geschwindigkeitsbestimmenden Ladungstrennungsschritt wird zunächst die Abgangsgruppe abgespalten. Dabei entsteht ein planares Carbeniumion, das nun in einem zweiten Schritt von beiden Seiten gleichermaßen durch das Nucleophil angegriffen werden kann.

Dieser Mechanismus hat einige Konsequenzen über die bereits diskutierte Abhängigkeit vom Substitutionsgrad am Reaktionszentrum hinaus: Das Nucleophil ist nur am schnellen Folgeschritt beteiligt. Das bedeutet, dass weder die Konzentration noch die Stärke des Nucleophils auf die Reaktionsgeschwindigkeit einen Einfluss haben kann. Wir können daher das folgende Geschwindigkeitsgesetz für die Reaktion formulieren:

$$-\frac{d[RY]}{dt} = \frac{d[RX]}{dt} = k[RY]$$

Diese Formel drückt aus, dass die Konzentration des Edukts [RY] der Reaktion über die Zeit proportional zu seiner Konzentration abnimmt. Je mehr Edukt verbraucht ist, desto niedriger ist seine Konzentration, und desto langsamer wird die Reaktion, desto langsamer sinkt also die Eduktkonzentation [RY] oder steigt die Produktkonzentration [RX]. Die Proportionalitätskonstante k ist die sogenannte Geschwindigkeitskonstante. Diese Geschwindigkeitsgleichung beschreibt eine Reaktion 1. Ordnung. Die Reaktionsordnung ergibt sich aus der Summe der Exponenten der Konzentrationen auf der rechten Seite der Gleichung. Hier geht nur die Konzentration des Edukts ein, also ergibt sich für die Reaktionsordnung 1. Dies gibt der Reaktion ihren Namen: Das Kürzel S_N1 steht für „nucleophile Substitution 1. Ordnung". Man nennt eine solche Reaktion auch unimolekular. Bitte beachten Sie, dass die Exponenten der Konzentrationen im Geschwindigkeitsgesetz beschreiben, welche Teilchen wie oft am Übergangszustand des geschwindigkeitsbestimmenden Schritts beteiligt sind. Da das Nucleophil zwar für die Substitutionsreaktion ein wichtiges Edukt, aber im geschwindigkeitsbestimmenden Schritt unbeteiligt ist, taucht es in der Geschwindigkeitsgleichung nicht auf. Ein solches Geschwindigkeitsgesetz, das sich aus der Hypothese über den Reaktionsmechanismus ableiten lässt, kann experimentell quantitativ überprüft werden. Ergibt sich eine Übereinstimmung zwischen dem Geschwindigkeitsgesetz und den Messungen, hat sich der Mechanismus bewährt, ist aber streng genommen nicht bewiesen, da es andere Mechanismen geben könnte, die dem gleichen Gesetz gehorchen. Finden Sie hingegen Abweichungen – z. B. eine Abhängigkeit der Reaktionsgeschwindigkeit von der Nucleophilkonzentration – so muss die Hypothese, die dann

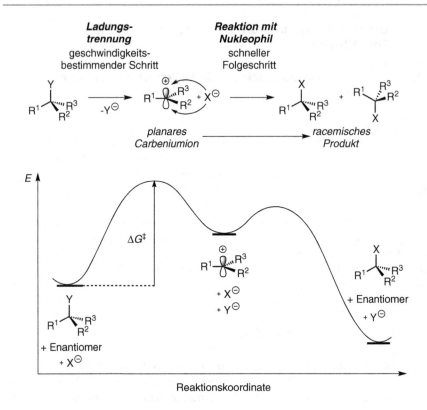

Abb. 4.2 Mechanismus (oben) und Potenzialenergiekurve (Mitte) der S_N1-Reaktion. X^- ist das angreifende Nucleophil, Y^- die Abgangsgruppe. Die Reaktion verläuft in zwei Schritten mit dem ersten Ladungstrennungsschritt als langsamem und damit geschwindigkeitsbestimmendem Schritt. Durch das planare Carbeniumion-Intermediat (lokales energetisches Minimum) erhält man ein racemisches Produkt, auch wenn das Edukt enantiomerenrein eingesetzt wurde. Unten: Die relativen Geschwindigkeiten der S_N1-Reaktion variieren in Abhängigkeit von Substratstruktur und korrelieren mit den Kationenstabilitäten

im Widerspruch zum Experiment steht, verworfen werden, und man muss einen neuen Mechanismus entwickeln.

Die zweite unmittelbare Konsequenz, die sich ebenfalls experimentell überprüfen lässt, ist der Verlust der Stereochemie. So sollte nach dem postulierten Mechanismus ein racemisches Produkt entstehen, unabhängig davon, mit welchem der enantiomerenreinen Edukte man beginnt, da das Carbeniumion planar und am zentralen Kohlenstoff sp^2-hybridisiert ist und so von beiden Seiten energiegleich und daher mit gleicher Wahrscheinlichkeit attackiert werden kann.

Übung 4.2

Zeichnen Sie die Potenzialenergiekurve der S_N1-Reaktion von 2-Brom-2-methyl-propan mit Ammoniak NH_3. Ordnen Sie die Minima und Maxima der Kurve Edukten, Übergangszuständen, Intermediaten und Produkten zu. Zeichnen Sie sie so, dass Sie ihre dreidimensionale Struktur eindeutig erkennen können. Wie stellen Sie sich die Geometrie der Übergangszustände vor? Bauen Sie die Moleküle mit Ihrem Molekülbaukasten und führen Sie die Reaktion am Modell durch.

4.2.2 Die S_N2-Reaktion: nucleophile Substitutionen zweiter Ordnung

Wenn wir beim zweiten Typ nucleophiler Substitutionen analog vorgehen, können wir aus dem postulierten konzertierten Mechanismus (Abb. 4.3) wieder ein Geschwindigkeitsgesetz ableiten. Da die Reaktion in einem Schritt verlaufen soll, muss dies der geschwindigkeitsbestimmende Schritt sein, an dem sowohl das Halogenalkan als auch das Nucleophil beteiligt ist. Es muss sich also um eine bimolekulare Reaktion, also eine Reaktion 2. Ordnung handeln, die folgendem Geschwindigkeitsgesetz gehorcht und ihr Namenskürzel „S_N2" (also „nucleophile Substitution 2. Ordnung") wieder aus ihrer Kinetik bezieht.

$$-\frac{d[RY]}{dt} = \frac{d[RX]}{dt} = k[RY][X^-]$$

Auch dieses Geschwindigkeitsgesetz kann experimentell überprüft werden. Findet man keine Abhängigkeit der Reaktionsgeschwindigkeit von der Konzentration des Nucleophils, kann die Hypothese, dass ein konzertierter Mechanismus vorliegt, ausgeschlossen werden. Findet man eine solche Abhängigkeit, sind Experiment und Hypothese in Einklang miteinander.

Auch die stereochemischen Konsequenzen unterscheiden diesen zweiten Mechanismus vom ersten: Da sich das Nucleophil als (partial) negativ geladenes Teilchen von der partial positiven Seite des C–Y-Dipols und damit von der von Y abgewandten Rückseite des Moleküls annähert, müssen sich die drei Substituenten am Reaktionszentrum wie ein Regenschirm umfalten. Das Nucleophil bindet also auf der einen Seite, während die Abgangsgruppe das Molekül auf der anderen verlässt. Hier kommt es also zu einer sogenannten Walden-Inversion der Chiralität im Gegensatz zur Racemisierung in S_N1-Reaktionen.

Das reagierende Kohlenstoffatom kann im Übergangszustand als sp^2-hybridisiert gedacht werden. Sowohl das angreifende Nucleophil als auch die Abgangsgruppe binden dann an das senkrecht auf der Ebene durch die drei herumschwingenden Substituenten stehende p-Orbital. Im Falle eines anionischen Nucleophils befindet sich die Ladung dann je etwa hälftig am Nucleophil und an der Abgangsgruppe.

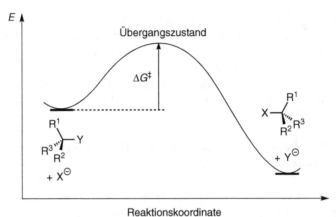

Sterische Effekte des Substrats auf die relativen Reaktionsgeschwindigkeiten

RCl	Me—Br	Me⌒Br	Me⌒⌒Br	Me₂CH⌒Br	Me₃C⌒Br
k_{rel}	17,6	1	0,28	0,03	4,2·10⁻⁶

Elektronische Effekte des Substrats auf die relativen Reaktionsgeschwindigkeiten

RCl	⌒⌒Cl	⌒⌒Cl (allyl)	Benzyl-Cl	Me-CO-CH₂Cl	Ph-CO-CH₂Cl
k_{rel}	1	79	197	35700	105000

Abb. 4.3 Mechanismus (oben) und Potenzialenergiekurve (Mitte) der S_N2-Reaktion. X^- ist das angreifende Nucleophil, Y^- die Abgangsgruppe. Die Reaktion verläuft in einem einzigen Schritt. Die in der Mitte gezeichnete Struktur ist ein Übergangszustand, kein Intermediat (gekennzeichnet durch die eckigen Klammern und das Doppelkreuz). Durch den Rückseitenangriff kommt es zu einer Walden-Inversion der Konfiguration. Unten: Relative Geschwindigkeitskonstanten in Abhängigkeit von den sterischen und elektronischen Effekten der Substratstruktur auf das Reaktionszentrum

Nach welchem der beiden Mechanismen nun ein gegebenes Edukt reagiert, hängt von mehreren Faktoren ab. Die wichtigsten sind die Substratstruktur, die Qualität der Abgangsgruppe, die Qualität des Nucleophils und die Solvatation durch das Lösemittel. Wir werden diese vier Aspekte nun der Reihe nach diskutieren.

Übung 4.3

a) Zeichnen Sie nun im Vergleich zur letzten Übung die Potenzialenergiekurve der S_N2-Reaktion von Iodmethan mit Ammoniak. Ordnen Sie die Minima und Maxima der Kurve Edukten, Übergangszuständen und Produkten zu. Zeichnen Sie sie so, dass Sie ihre dreidimensionale Struktur eindeutig erkennen können. Beschreiben Sie detailliert die Geometrie des Übergangszustands. Beschreiben Sie, wie man für diese bereits recht komplexe Reaktion die Reaktionskoordinate definieren könnte. Bauen Sie die Moleküle mit Ihrem Molekülbaukasten, und führen Sie die Reaktion am Model durch.

b) Erläutern Sie im Detail, welche Effekte sich in den relativen Geschwindigkeiten der S_N1- (Abb. 4.2, unten) und der S_N2-Reaktion (Abb. 4.3, unten) ausdrücken. Bauen Sie die verschiedenen Moleküle in Abb. 4.3 (unten) mithilfe Ihres Molekülbaukastens und analysieren Sie sie hinsichtlich der sterischen Effekte auf einen Rückseitenangriff durch ein Nucleophil.

4.3 Parameter mit Einfluss auf den mechanistischen Verlauf

4.3.1 Die Substratstruktur

Die Substratstruktur, d. h. der Substitutionsgrad am Reaktionszentrum, ist bereits oben ausführlich diskutiert worden und hatte uns Hinweise darauf gegeben, dass zwei verschiedene Mechanismen zur Beschreibung der nucleophilen Substitution benötigt werden. Wir können also hier kurz zusammenfassen: Günstig für den S_N1-Mechanismus ist ein möglichst gut stabilisiertes Carbeniumion, also ein hoher Substitutionsgrad (Hyperkonjugation) oder die Nachbarschaft zu Doppelbindungssystemen oder Heteroatomen mit freien Elektronenpaaren (Konjugation). Günstig für eine S_N2-Reaktion ist ein möglichst niedriger Substitutionsgrad, damit der Rückseitenangriff nicht durch die Substituenten behindert und somit energetisch ungünstig wird. Auch Verzweigungen am α-Kohlenstoffatom wirken sich sehr ungünstig aus. Hieraus lässt sich ableiten, dass CH_3Y (methylisch) und RCH_2Y (primär) fast immer nach dem S_N2-Mechanismus reagieren, R_2CHY (sekundär) für beide Reaktionen ungünstig substituiert ist und langsam reagiert, während R_3CY (tertiär) üblicherweise nach S_N1 schneller reagiert.

Steht der elektrophile Kohlenstoff in Konjugation mit Doppelbindungen, so kann das Nucleophil in S_N2-Reaktionen auch an der konjugierten Doppelbindung angreifen. Man nennt dies den S_N2'-Mechanismus. Konkurrieren beide Reaktions-

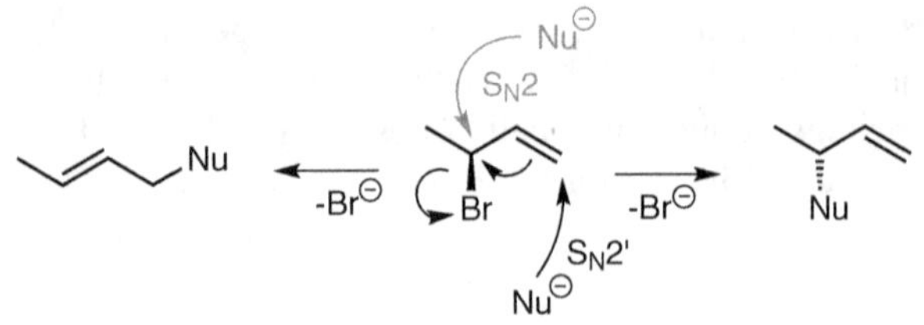

Abb. 4.4 Der S_N2'-Mechanismus (schwarze Pfeile) und seine Konkurrenz mit einer S_N2-Reaktion (grau)

verläufe nach S_N2 und S_N2' miteinander, kann es zu Produktmischungen kommen (Abb. 4.4). Wann in einem Allylsystem eine Reaktion nach S_N1 oder nach $S_N2/$ S_N2' abläuft, wird nicht allein durch die Substratstruktur, sondern ganz wesentlich durch andere Faktoren wie beispielsweise das Lösemittel mitbestimmt.

Übung 4.4

a) Zeichnen Sie für die Reaktion von *(R)*-3-Brom-1-hexen und *(E)*-1-Brom-2-hexen mit Methanolat alle (auch die stereoisomeren) nach dem S_N1-Mechanismus zu erwartenden Produkte und benennen Sie sie nach IUPAC.

b) Was würde sich ändern, wenn die Reaktion nach dem S_N2-Mechanismus oder dem S_N2'-Mechanismus verliefe? Geben Sie auch hier alle zu erwartenden Produkte mit ihren IUPAC-Namen an.

4.3.2 Qualität der Abgangsgruppe

Eine gute Abgangsgruppe Y kann eine negative Ladung gut stabilisieren. Da die Anionenstabilität sich auch auf die Säurestärke auswirkt und gut stabilisierte Anionen in der Regel mit starken Säuren korrespondieren, können wir uns näherungsweise an den pK_a-Werten orientieren und feststellen, dass Anionen starker Säuren meist gute Abgangsgruppen sind (Tab. 4.1). Bitte beachten Sie, dass nucleophile Substitutionen in der Regel kinetisch kontrolliert verlaufen – wir also immer die Reaktionsgeschwindigkeit diskutiert haben – während Säure/Base-Reaktionen thermodynamisch kontrolliert sind – wir es hier also mit Gleichgewichten zu tun haben. Kinetik und Thermodynamik sind nicht notwendigerweise voneinander abhängig, und man sollte sich über die Limitierung der hier getroffenen Annahmen klar sein. Die Korrelation von Abgangsgruppenqualität mit den Stärken der konjugaten Säuren ist nur eine Näherung.

Tab. 4.1 Empirisch bestimmte Abgangsgruppenqualität und pK_a-Werte der konjugaten Säuren

Qualität der Abgangsgruppe	I^-	>	Br^-	>	Cl^-	>	H_2O	>	F^-	>	OH^-
Konjugate Säure	HI		HBr		HCl		H_3O^+		HF		H_2O
pK_a Wert	-10	<	$-8,9$	<	$-6,2$	<	$-1,74$	<	$3,2$	<	$15,74$

OH^- ist eine sehr schlechte Abgangsgruppe, da die korrespondierende Säure H_2O eine schwache Säure ist. Alkohole lassen sich daher nur sehr schlecht direkt in einer S_N-Reaktion umsetzen. Nucleophile, die vielleicht stark genug wären, sind in der Regel zugleich starke Basen, die die OH-Gruppe dann deprotonieren und dabei ihren nucleophilen Charakter verlieren würden (Abb. 4.5a). S_N-Reaktionen an Alkoholen bedürfen daher der Aktivierung der Abgangsgruppe. Dies kann durch eine Protonierung erfolgen, durch die man Wasser als Abgangsgruppe vorbildet. Sie ist eine erheblich bessere Abgangsgruppe entsprechend dem deutlich niedrigeren pK_a-Werts der konjugaten Säure H_3O^+.

Abgangsgruppen, die aus dem Reaktionsgemisch entzogen werden können, beispielsweise als Gas oder Niederschlag, sind häufig ebenfalls gute Abgangsgruppen (Abb. 4.5c). Im Falle von Stickstoff ist dies außerdem durch die besondere Stabilität des N_2-Moleküls zu begründen.

Abb. 4.5 **a** OH^- ist als Abgangsgruppe schlecht geeignet, da ein Nucleophil, das stark genug wäre, sie aus dem Molekül zu verdrängen, in der Regel auch basisch genug ist, sie zu deprotonieren. **b** Vorherige Protonierung überführt die OH-Gruppe in eine gute Abgangsgruppe. **c** Eine sinnvolle Strategie kann auch sein, Abgangsgruppen zu verwenden, die z. B. als Gas oder durch Ausfällen eines Niederschlags der Reaktion entzogen werden

---

Übung 4.5

a) Eine Alternative zur Verbesserung der Abgangsgruppenqualität durch Protonierung von OH-Gruppen ist ihre Überführung in Sulfonate. Schlagen Sie nach, was Sulfonate sind (z. B. Tosylate, Triflate, Mesylate oder Nonaflate).

b) Wie können sie aus Alkoholen leicht hergestellt werden? Formulieren Sie auf der Basis Ihres Wissens aus der Grundvorlesung Organische Chemie den Mechanismus dieser Reaktion.

c) Schlagen Sie pK_a-Werte für p-Toluolsulfonsäure, Trifluormethansulfonsäure und Methansulfonsäure nach. Wie reihen sich die Sulfonate als Abgangsgruppen in die Serie in Tab. 4.1 ein?

4.3.3 Qualität des Nucleophils

Die Qualität eines Nucleophils hängt von mehreren Faktoren ab. Man kann wie bei der Abgangsgruppenqualität auch hier – allerdings ebenfalls nur grob – eine erste Abschätzung erhalten, wenn man die kinetische Größe Nucleophilie und die thermodynamische Größe Basizität korreliert. Ein gutes Nucleophil ist oft auch eine starke Base, korrespondiert also mit einer schwachen konjugaten Säure. So ist OH^- $(pK_a(H_2O) = 15,74)$ ein stärkeres Nucleophil als Ammoniak $(pK_a(NH_3) = 9{,}75)$ und Ammoniak wiederum besser als Wasser $(pK_a(H_3O^+) = -1{,}74)$.

Der zweite Aspekt ist die Polarisierbarkeit (ein Maß dafür, wie leicht sich ein Atom oder Molekül durch Wechselwirkung mit einem äußeren elektrischen Feld polarisieren lässt) des angreifenden nucleophilen Atoms. Da das Nucleophil für die Reaktion ein Elektronenpaar zur Verfügung stellen muss, sind leichter polarisierbare Nucleophile in der Regel auch stärker. Da die Polarisierbarkeit im Periodensystem von oben nach unten zunimmt, können wir hiermit z. B. erklären, warum Thiolate $R–S^-$ deutlich bessere Nucleophile sind als die entsprechenden Alkoholate $R–O^-$.

Die Nucleophilie kann über einen sehr weiten Bereich durch die Wechselwirkungen mit Lösemittelmolekülen moduliert werden. Solche Solvatationseffekte können alle anderen Effekte sogar überkompensieren, wie die Reihe der Halogenide eindrucksvoll zeigt. Verwendet man z. B. Dimethylsulfoxid (also $(CH_3)_2S{=}O$) als dipolar aprotisches Lösemittel, das Anionen nur in sehr geringem Maße solvatisiert, so erhält man die Rangfolge der Nucleophilien, wie man sie aus den pK_a-Werten der konjugaten Säuren erwarten würde ($F^- > Cl^- > Br^- > I^-$). Hier spielt die Solvatation nur eine untergeordnete Rolle, und die intrinsischen Eigenschaften der Halogenide treten daher in den Vordergrund. Führt man die gleichen Reaktionen in Wasser durch, kehrt sich die Abstufung der Nucleophilien der Halogenide sogar um: $I^- > Br^- > Cl^- > F^-$. Der Grund ist die Ausbildung einer starken Solvathülle (Abb. 4.6). Die Halogenidionen können in Wasser relativ

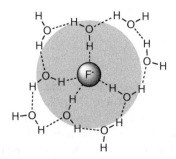

Abb. 4.6 Wassersolvathülle um ein Fluoridion (Kugel in der Mitte). Geht man davon aus, dass Fluorid vier Elektronenpaare besitzt und daher vier Wasserstoffbrückenbindungen zu Wassermolekülen eingehen kann, befinden sich in der 1. Solvathülle um das Fluoridion (grauer Kreis) vier direkt mit dem Fluorid wechselwirkende Wassermoleküle, die dann in der 2. Solvathülle wiederum mit weiteren Wassermolekülen wechselwirken

starke Wasserstoffbrücken mit den Wassermolekülen ausbilden. Für eine nucleophile Substitution muss diese Solvathülle durchbrochen werden, was energetisch anspruchsvoll ist. Je kleiner das Ion, desto stärker ist die Solvathülle, sodass das Fluorid in der Serie am stärksten solvatisiert ist und daher am schlechtesten in nucleophilen Substitutionen reagiert.

Zusätzlich kompliziert wird die Einschätzung der Nucleophilie bei Nucleophilen, die sterisch gut abgeschirmt sind und so das Reaktionszentrum nicht leicht erreichen können. Ein Beispiel ist Lithiumdiisopropylamid (LDA = $LiN(i-Pr)_2$): Diisopropylamin hat einen pK_a-Wert von etwa 35, ist also eine sehr schwache Säure. Entsprechend ist die konjugate Base, das Diisopropylamidanion eine sehr starke Base. Man würde also erwarten, dass es ganz analog zu NH_2^- auch ein starkes Nucleophil ist. Allerdings schirmen die Isopropylgruppen den Stickstoff so stark ab, dass er nicht am Reaktionszentrum angreifen kann. LDA ist daher eine sogenannte nichtnucleophile starke Base und lässt sich sehr gut in Reaktionen verwenden, die eine starke Base erfordern, in denen aber ein Reaktionspartner gegen nucleophile Angriffe empfindlich ist.

Die Qualität von Nucleophilen einzuschätzen, ist also nicht immer einfach, da sich die genannten Effekte gegenseitig teilweise kompensieren. Mit etwas Erfahrung wird Ihnen das aber immer besser gelingen. Auch sollte hier noch einmal angemerkt werden, dass bei S_N1-Reaktionen die Qualität des Nucleophils keine Rolle spielt, da es hier nicht am geschwindigkeitsbestimmenden Schritt der Reaktion beteiligt ist.

Übung 4.6

a) Schlagen Sie weitere starke nichtnucleophile Basen nach (z. B. die Hünig-Base, DBU, DBN und Schwesingers Phosphazenbasen). Zeichnen Sie für die protonierte Phophazenbase P_1 alle mesomeren Grenzformeln, die die Ladungsverteilung über das Molekül und damit die sehr gute Stabilisierung des Kations deutlich werden lassen. Begründen Sie hiermit die hohe Basizität.

b) *Zum Knobeln für Liebhaber von Herausforderungen:* Diskutieren Sie die folgende Frage ausführlich in Ihrer Lerngruppe. Sie haben oben gesehen, dass die Wechselwirkung der Halogenide mit Wasser die Reihenfolge der Nucleophilien gegenüber DMSO vollständig umkehrt. Dennoch haben wir zu Beginn dieses Kapitels aus den pK_a-Werten der Halogenwasserstoffsäuren, die ja in Wasser gemessen werden, die Reihenfolge der Nucleophilien hergeleitet, wie man sie in DMSO findet. Dies erscheint unlogisch: Wie kann man mit Säurestärken, die in Wasser gemessen werden, Nucleophilietrends begründen, die nur in aprotischen Lösemitteln gefunden werden, während sie in Wasser dem Trend der pK_a-Werte genau entgegenlaufen?

Diese Frage konsistent zu beantworten ist ziemlich schwierig. Daher zwei Hinweise: 1) Entfernt man komplett alle Lösemittel und misst die Säurestärken der Halogenwasserstoffsäuren in einem Hochvakuum, so findet man, dass HI saurer ist als HBr, das wiederum saurer ist als HCl. HF ist noch viel weniger sauer als HCl. 2) Sie müssen sehr sauber argumentieren hinsichtlich der kinetisch kontrollierten S_N-Reaktionen im Vergleich zu thermodynamisch kontrollierten Säure-Base-Reaktionen. Beide sind von verschiedenen Solvatationseffekten betroffen.

Anhand dieser Frage erkennen Sie, wie limitiert mitunter die Modelle der organischen Chemie sind. Die Vorteile solcher Modelle liegen auf der Hand: Sie sind einfach und im Laboralltag des Organikers sehr nützlich – aber leider oft inkorrekt und nur begrenzt anwendbar.

4.3.4 Weitere Lösemitteleffekte

Neben den Lösemitteleffekten, die die Güte des Nucleophils beeinflussen, gibt es weitere Solvatationseffekte: Im geschwindigkeitsbestimmenden Schritt der S_N1-Reaktion erfolgt eine Ladungstrennung. Für die S_N1-Reaktion sind daher Lösemittel günstig, die sowohl Kationen als auch Anionen stabilisieren können. Dabei soll die Wechselwirkung mit dem Carbeniumion-Intermediat natürlich nicht so stark sein, dass das im Überschuss vorhandene Lösemittel selbst als Nucleophil reagiert. Daher sind protische Lösemittel wie Alkohole oft vorteilhaft. Solange die OH-Gruppe nicht durch das Nucleophil deprotoniert wird, sind sie relativ schlechte Nucleophile, zugleich aber am Sauerstoffatom partiell negativ geladen. Eine Stabilisierung des Carbeniumions über Ion-Dipol-Wechselwirkungen ist also möglich. Noch stärker ist aber ihre Fähigkeit, über die Bildung von Wasserstoffbrücken Anionen zu stabilisieren und eine Solvathülle um die Abgangsgruppe zu bilden. Das erleichtert den ersten Schritt der S_N1-Reaktion.

S_N2-Reaktionen werden dagegen vor allem durch die bereits diskutierten Effekte auf die Güte des Nucleophils von dipolar aprotischen Lösemittel begünstigt. Solche Lösemittel sind z. B. Ketone (Aceton), Amide (Dimethylformamid, DMF), Nitrile (Acetonitril), Nitroverbindungen (Nitromethan) und das oben bereits genannte Dimethylsulfoxid (DMSO). Dipolar aprotische Lösemittel stabilisieren Kationen durch ihre Dipole gut. Anionen, die als Nucleophile reagieren sollen, liegen dagegen nur minimal solvatisiert vor und sind entsprechend viel reaktiver als in einem protischen Lösemittel, in dem sie durch Wasserstoffbrücken gut solvatisiert sind. Dies erlaubt die Verwendung von Nucleophilen in Form von Salzen (z. B. NaI).

Übung 4.7

Informieren Sie sich über die Strukturen der genannten dipolar aprotischen Lösemittel. Welche anderen protischen Lösemittel außer Wasser kennen Sie noch? Geben Sie schließlich drei Beispiele für typische Lösemittel mit geringer Polarität an.

4.3.5 Präparative Anwendung nucleophiler Substitutionen

Nucleophile Substitutionen gehören zum Standardrepertoire eines präparativ arbeitenden Chemikers und sind aus dem Labor nicht wegzudenken. Häufig werden

halogenierte Verbindungen als Edukte genutzt, da Halogenide gute Abgangsgruppen sind. Meist reichen Chlor- oder Bromverbindungen, aber für manche
Reaktionen benötigt man das Iodid als bessere Abgangsgruppe. Man bedient sich
dann häufig des folgenden kleinen Tricks: Natriumiodid ist in Aceton löslich,
während Natriumchlorid und Natriumbromid aus Aceton ausfallen. Gibt man
nun Natriumiodid zu einem Chlor- oder Bromalkan und löst beides in Aceton,
so kommt es zu einer nucleophilen Substitution von Chlor oder Brom durch Iod.
Die Rückreaktion wird dadurch verhindert, dass die Natriumsalze von Chlorid
und Bromid ausfallen und somit der Reaktion entzogen werden. Diese Reaktion
heißt Finkelstein-Reaktion.

Abb. 4.7 und 4.8 stellen typische nucleophile Substitutionen zusammen, die
synthetisch von Nutzen sind.

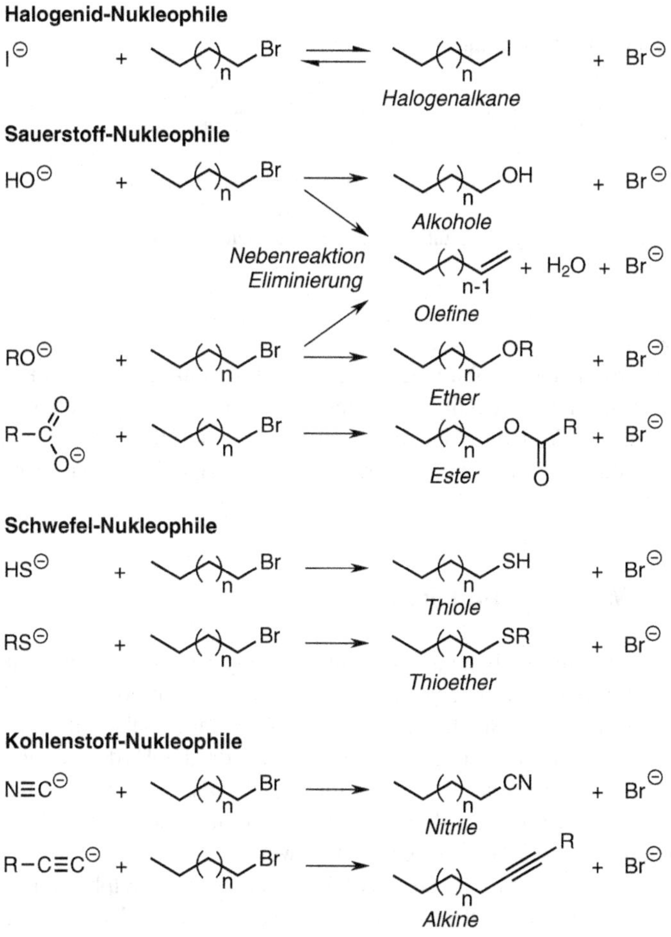

Abb. 4.7 Übersicht über nucleophile Substitutionen mit anionischen Nucleophilen

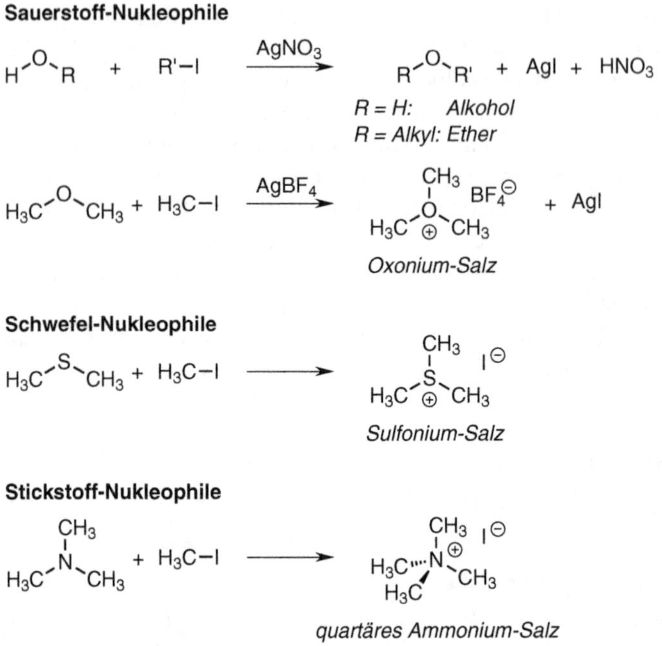

Sauerstoff-Nukleophile

$$R = H:\quad Alkohol$$
$$R = Alkyl:\quad Ether$$

Oxonium-Salz

Schwefel-Nukleophile

Sulfonium-Salz

Stickstoff-Nukleophile

quartäres Ammonium-Salz

Abb. 4.8 Einige nucleophile Substitutionen mit ungeladenen Nucleophilen

---

Übung 4.8

Gehen Sie die beiden Abbildungen Reaktion für Reaktion durch und analysieren Sie die gezeigten Reaktionen. Welches Teilchen ist das Nucleophil, welches
das Elektrophil? Welche Nucleophile stufen Sie eher als schwach ein, welche
als stark? Manche Nucleophile müssen erst erzeugt werden. Wie bewerkstelligen Sie das?

4.3.6 Die Mitsunobu-Reaktion

Eine synthetisch sehr nützliche und von ihrer Strategie zur Erzeugung von Nucleophil und Elektrophil her mechanistisch interessante Reaktion ist die Mitsunobu-Reaktion (Abb. 4.9). Sie hat zum Ziel, nucleophile Substitutionsreaktionen
an Alkoholen zu ermöglichen. Dies ist schwierig, da das Hydroxidion eine sehr
schlechte Abgangsgruppe ist. Wir haben dies weiter oben bereits diskutiert. In der
Mitsunobu-Reaktion wird zur Aktivierung die Kombination von Triphenylphosphin und Diethylazodicarboxylat (DEAD) verwendet.

Im ersten Schritt erfolgt eine Addition des Triphenylphosphins an die
N=N-Doppelbindung des DEAD. Durch die anschließende Deprotonierung von
H–Nu wird das eigentliche Nucleophil erzeugt. Dabei ist die N=N-Doppelbin-
dung zur Einfachbindung reduziert worden und ein Phosphoniumion entstanden.

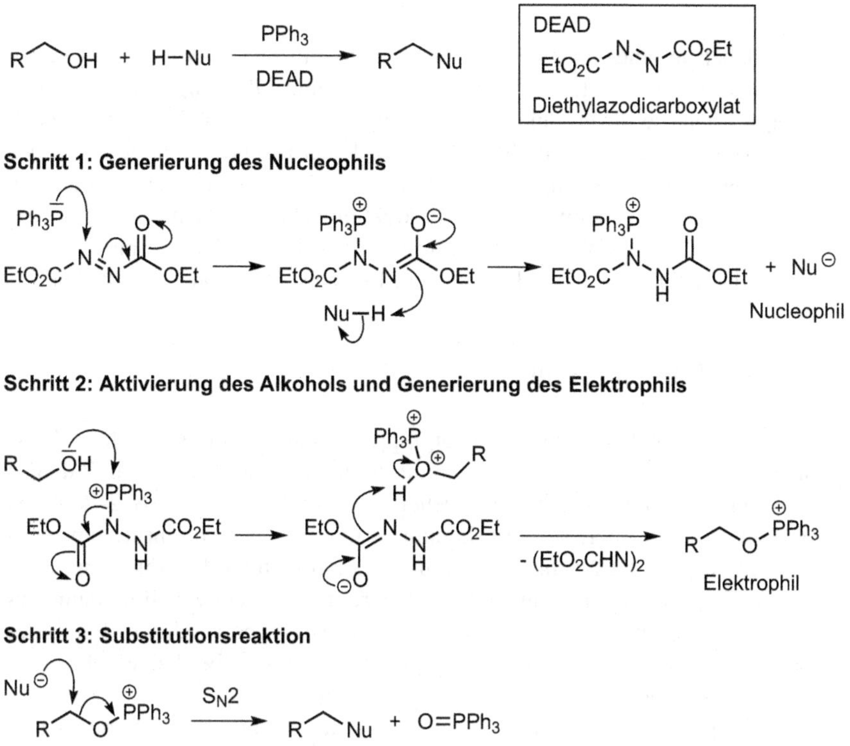

Schritt 1: Generierung des Nucleophils

Schritt 2: Aktivierung des Alkohols und Generierung des Elektrophils

Schritt 3: Substitutionsreaktion

Abb. 4.9 Die Mitsunobu-Reaktion

Im zweiten Schritt greift die OH-Gruppe des Alkohols das Phophoniumion an. Nach der folgenden Übertragung des OH-Protons auf den zweiten Stickstoff ist auch der aktivierte Alkohol hergestellt. Die hohe Oxophilie des Phosphors macht die Ph_3P^+O-Gruppe zu einer guten Abgangsgruppe. Als Nebenprodukt erhält man das reduzierte DEAD.

Schließlich erfolgt die eigentliche Substitution, die sehr gut abläuft, da sowohl das Elektrophil als auch das Nucleophil in den ersten beiden Schritten aktiviert wurden. Das Sauerstoffatom des Alkohols verbleibt am Ende der Reaktion am Phosphoratom. Das Triphenylphosphin ist damit zum Triphenylphosphinoxid oxidiert worden. Wenn man von den mechanistischen Details einmal etwas abstrahiert, stellt man fest, dass eine Reaktion möglich gemacht wird, die energetisch normalerweise nicht erreichbar ist, nämlich die nucleophile Substitution an einem Alkohol durch Ankoppeln an einen zweiten, deutlich exergonischeren Prozess, nämlich die Redoxreaktionen (Reduktion der N=N-Doppelbindung des DEAD und Oxidation des Phosphins).

Übung 4.9

a) Sie haben in einer langen Reaktionssequenz mit hohem Mittel- und Personaleinsatz einen Naturstoff hergestellt, der eine OH-Gruppe enthält. Nun vergleichen Sie Ihr Produkt mit einer natürlichen Probe und müssen feststellen, dass die Stereochemie Ihres Alkohols leider nicht die richtige ist. Geben Sie eine Reaktion an, mit der Sie mit hoher Selektivität in einem einzigen Schritt die Stereochemie in Ihrem Produkt umkehren können.

b) Ziehen Sie Schlussfolgerungen hieraus: Nach welchem Mechanismus wird die eigentliche Substitutionsreaktion in der Mitsunobu-Reaktion also ablaufen?

4.4   Nachbargruppeneffekte

Ist bei einer S_N2-Reaktion eine Nachbargruppe vorhanden, die selbst freie Elektronenpaare zur Verfügung stellen und somit intramolekular als Nucleophil dienen kann, können sogenannte Nachbargruppeneffekte auftreten. Da eine S_N2-Reaktion stereochemisch kontrolliert verläuft, kommt es in einem ersten Schritt zum intramolekularen Angriff der Nachbargruppe und zur Abspaltung der Abgangsgruppe. Bei dieser Cyclisierung tritt Inversion ein. Greift im zweiten Schritt dann das eigentliche Nucleophil an und verdrängt die Nachbargruppe wieder, so kommt es zu einer zweiten Inversion der Stereochemie. Das Ergebnis über beide Schritte ist also eine S_N2-Reaktion unter Erhalt der Stereochemie.

Zwei Beispiele sind in Abb. 4.10 gezeigt, in der die benachbarte Säuregruppe als Nachbargruppe in die Reaktion eingreift. Mit Stickstoff als sehr guter Abgangsgruppe entsteht zunächst intramolekular in einer ersten S_N2-Reaktion ein gespanntes Dreiringintermediat, das im zweiten Schritt wieder durch das Nucleophil geöffnet wird. Die doppelte Inversion führt insgesamt zur Retention der Konfiguration am chiralen Zentrum.

In Abb. 4.11 ist ein anderes Beispiel dargestellt, bei dem man sieht, dass Nachbargruppeneffekte in cyclischen Verbindungen mitunter recht komplexe stereochemische Einflüsse haben. Das enantiomerenreine *trans*-Isomer des gezeigten Tosylats reagiert in einer S_N2-Reaktion mit Essigsäure überraschenderweise nicht unter Inversion, sondern bildet wieder ausschließlich das *trans*-Produkt – dies jedoch in Form des Racemats beider Enantiomere. Im Gegensatz dazu bildet sich aus dem *cis*-Tosylat ausschließlich das entsprechende enantiomerenreine *trans*-Produkt. Im *trans*-Edukt kann die Acetylgruppe als Nachbargruppe fungieren und bildet dann intramolekular ein symmetrisches Fünfringintermediat. Die Essigsäure kann nun den Fünfring aus Symmetriegründen auf beiden Seiten über einen Rückseitenangriff öffnen. Dadurch erhält man durch doppelte Inversion wieder die *trans*-Verbindung. Dass sie racemisch gebildet wird, verrät aber, dass ein symmetrisches Intermediat durchlaufen worden ist, und belegt damit eindeutig den Nachbargruppeneffekt. Das *cis*-Isomer hingegen kann wegen der ungünstigen Anordnung der beiden funktionellen Gruppen zueinander nicht über einen Nachbargruppeneffekt reagieren. Daher erfolgt hier

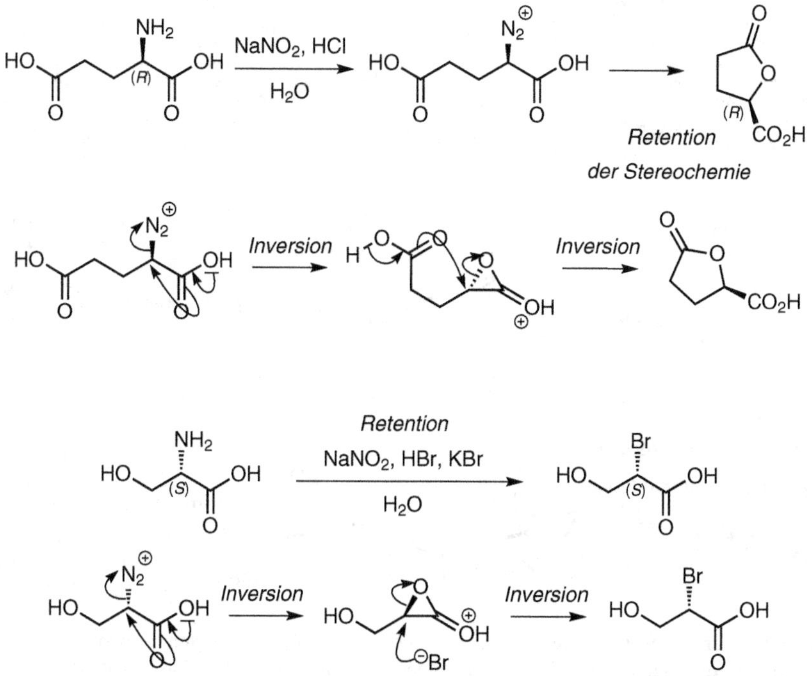

Abb. 4.10 Zwei Beispiele für Nachbargruppeneffekte. Zunächst wird die Aminogruppe in beiden Fällen in ein Diazoniumion überführt. Stickstoff ist eine exzellente Abgangsgruppe. Im ersten Schritt reagiert die benachbarte Carboxylgruppe intramolekular zum entsprechenden Dreiring (1. Inversion), der dann durch das eigentliche Nucleophil intramolekular (oben) oder intermolekular (unten) wieder geöffnet werden kann (2. Inversion). Insgesamt ergibt sich aus zwei Inversionen die Retention der Stereochemie

eine normale S_N2-Reaktion unter Inversion, und es bildet sich stereochemisch definiert das *trans*-Produkt.

Diese Reaktion ist auch noch aus einem anderen Grund interessant. Die Reaktion des *cis*-Tosylats verläuft unter identischen Bedingungen nämlich etwa 650-mal schneller ab als die des *trans*-Isomers. Man könnte versucht sein, diesen Unterschied in den Reaktionsgeschwindigkeiten dem Nachbargruppeneffekt zuzuschreiben. Das würde aber bedeuten, dass die Reaktion mit der Nachbargruppe langsamer wäre als die S_N2-Reaktion ohne Nachbargruppenbeteiligung. In dem Fall sollte das Ergebnis das Produkt der einfachen S_N2-Reaktion sein, also das unter Inversion der Stereochemie gebildete enantiomerenreine *cis*-Produkt. Der Nachbargruppeneffekt erklärt also nicht die Unterschiede in den Reaktionsgeschwindigkeiten. Ein zweiter Effekt muss daher eine Rolle spielen. Entscheidend sind hier die relativen Stabilitäten der Konformationen der beiden Sechsringe. Im *trans*-Tosylat ist der Sessel, in dem beide funktionellen Gruppen in äquatorialen Positionen vorliegen, deutlich stabiler als der Sessel, in dem beide in axialen Positionen sind. Das Gleichgewicht liegt also, wie in Abb. 4.11

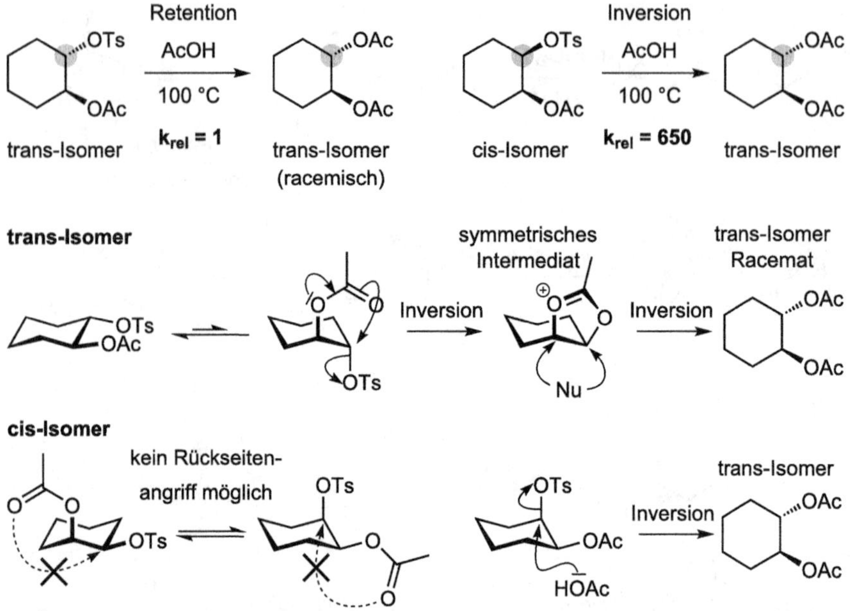

Abb. 4.11 Vergleicht man die Reaktionen der beiden oben gezeigten Stereoisomere des Tosylats mit Essigsäure bei 100 °C miteinander, stellt man fest, dass das enantiomerenreine *trans*-Isomer zum racemischen *trans*-Produkt (aber nicht zum *cis*-Produkt) umgewandelt wird, während das *cis*-Isomer stereochemisch kontrolliert in das *trans*-Produkt übergeht

angedeutet, weit auf der Seite des diäquatorialen Sessels. Ein Rückseitenangriff durch ein Nucleophil ist aber nur möglich, wenn die Abgangsgruppe, hier das Tosylat, axial steht. Eine Umfaltung des Sessels in die energetisch benachteiligte diaxiale Konformation ist hier also Voraussetzung für die klassische S_N2-Reaktion. Die Energieunterschiede zwischen den beiden möglichen Sesseln im *cis*-Edukt sind dagegen viel kleiner als im *trans*-Edukt, weil immer eine Gruppe axial und eine äquatorial steht. Dadurch ist eine S_N2-Reaktion leichter möglich. Die Schlussfolgerung aus diesen Überlegungen ist, dass die klassische S_N2-Reaktion im *cis*-Tosylat am schnellsten verläuft, die klassische Substitution im *trans*-Tosylat am langsamsten. Durch den Nachbargruppeneffekt wird sie also tatsächlich deutlich beschleunigt und liegt mit ihrer Reaktionsgeschwindigkeit zwischen den beiden klassischen S_N2-Reaktionen.

Übung 4.10

a) Wiederholen Sie die Konformationen der Cycloalkane, insbesondere die des Cyclohexans. Bauen Sie Cyclohexan mithilfe Ihres Molekülbaukastens und spielen Sie die verschiedenen Konformationen und ihre Übergänge ineinander

durch. Was sind lokale Minima auf der Potenzialenergiekurve, wie sehen die Übergangszustände aus?
b) Bringen Sie nun zwei ähnlich große Substituenten an. Spielen Sie dabei die verschiedenen Möglichkeiten durch (1,1; *cis*-1,2; *trans*-1,2; *cis*-1,3; *trans*-1,3; *cis*-1,4; *trans*-1,4), in denen Sie die beiden Substituenten zueinander anordnen können. Überlegen Sie, in welchen Fällen Sie eine eindeutige Gleichgewichtslage der beiden möglichen Sesselkonformationen erwarten und in welchen Fällen Sie nur geringe Energieunterschiede zwischen beiden Sesseln finden werden.
c) Spielen Sie das in Abb. 4.11 gezeigte Beispiel anhand des Molekülmodells durch.

Ein drittes Beispiel für Nachbargruppeneffekte (Abb. 4.12) zeigt, dass nicht nur funktionelle Gruppen mit Heteroatomen, die freie Elektronenpaare zur Verfügung stellen können, Nachbargruppeneffekte bewirken können. In diesem Fall findet man eine um etwa elf Größenordnungen schnellere S_N2-Reaktion,

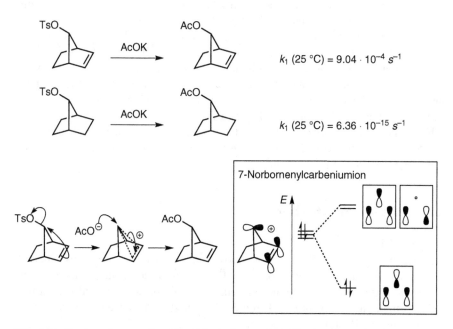

Abb. 4.12 Zwei analoge nucleophile Substitutionen einer Tosylatgruppe durch Acetat als Nucleophil. Eine Doppelbindung im Gerüst auf der Rückseite des Tosylats beschleunigt die Reaktion massiv, da die Doppelbindung als internes Nucleophil die Abspaltung der Tosylatgruppe bewirkt. Das intermediäre Kation stellt durch Überlappung der Orbitale (Kasten) ein cyclisch delokalisiertes Zweielektronensystem dar und profitiert daher von aromatischer Stabilisierung. Im gesättigten Norbornan-Analogon ist eine solche Stabilisierung nicht möglich. Daher tritt hier auch keine entsprechende Reaktionsgeschwindigkeitserhöhung ein

wenn die Tosylat-Abgangsgruppe an einem Norbornen-Gerüst mit Acetat als Nucleophil umgesetzt wird. Die analoge Reaktion am Norbornan-Gerüst, dem lediglich die Doppelbindung fehlt, ist sehr viel langsamer. Es ist hierbei wichtig, dass die Tosylatgruppe von der Doppelbindung des Norbornens weg zeigt. Verwendet man das andere Stereoisomer, in dem die Tosylatgruppe über der Doppelbindung steht, findet man keine solch hohe Reaktionsbeschleunigung.

Ganz offensichtlich ist also die Doppelbindung für die Reaktionsbeschleunigung verantwortlich. In Abb. 4.12 (unten) ist gezeigt, wie sie in den Reaktionsverlauf eingreift. Bei der Abspaltung des Tosylats entsteht durch gleichzeitigen Rückseitenangriff der π-Elektronen der Doppelbindung ein gut stabilisiertes 7-Norbornenylcarbeniumion. Man kann sich dies wie im Kasten gezeigt vorstellen: Das kationische C-Atom ist sp^2-hybridisiert und das p-Orbital an diesem C-Atom überlappt mit dem der Doppelbindung zugewandten Orbitallappen mit den π-Orbitalen der Doppelbindung. Das ergibt ein durch den Raum cyclisch delokalisiertes System mit zwei π-Elektronen und entspricht daher einem Zwei-Elektronen-Aromaten. Das Kation erfährt also eine aromatische Stabilisierung. Bei genauer Betrachtung könnte man hier natürlich argumentieren, dass es sich um einen Grenzfall zwischen S_N2- und S_N1-Reaktion handelt, weil ein intermediäres Kation analog zum Mechanismus der S_N1-Reaktion entsteht, das dann durch die Doppelbindung stabilisiert ist.

Diese Beispiele für Nachbargruppeneffekte zeigen sehr deutlich, dass man in der Syntheseplanung solche Effekte mit einbeziehen sollte. Man kann sie einerseits nutzen, um stereochemische Kontrolle auszuüben, andererseits können sie ausgenutzt werden, um eine bestimmte gewünschte Reaktion zu beschleunigen und damit effizienter zu machen. Umgekehrt können Nachbargruppeneffekte aber auch hinderlich sein, wenn sie z. B. zur Entstehung des falschen Stereoisomers führen. Hier ist es bereits wichtig, in der Syntheseplanung zu versuchen, solche Hindernisse zu umgehen, beispielsweise bei der Festlegung, in welcher Reihenfolge funktionelle Gruppen eingebaut werden.

4.5   Trainingsaufgaben

Aufgabe 4.1
Der Mechanismus der S_N2-Reaktion postuliert, dass der Angriff des Nucleophils von der Rückseite her erfolgt. Im Übergangszustand sind das angreifende Nucleophil, das Kohlenstoffatom, an dem die Reaktion abläuft, und die austretende Gruppe linear angeordnet. Um dies genauer zu untersuchen, hat Eschenmoser die folgende Reaktion durchgeführt:

Die CH_2-Gruppe neben der SO_2-Gruppe lässt sich recht leicht deprotonieren. Es entsteht dabei ein Carbanion, das als Nucleophil die Methylgruppe des Sulfonsäureesters angreifen kann. Das Sulfonat ist eine gute Abgangsgruppe, sodass die Methylgruppe schließlich auf das angreifende Nucleophil übertragen wird.

Allerdings muss die Reaktion nicht, wie gezeigt, intramolekular ablaufen, auch wenn der organische Chemiker in der Regel annimmt, dass Reaktionen über sechsgliedrige Übergangszustände günstig sind. Um einen intra- von einem intermolekularen Verlauf eindeutig zu unterscheiden, wurde ein sogenanntes Kreuzungsexperiment mit den beiden in der Abbildung unten gezeigten Edukten durchgeführt, von denen eines mit Deuteriumatomen sechsfach isotopenmarkiert und das andere unmarkiert ist.

a) Warum lässt sich die Methylengruppe so leicht deprotonieren? Zeichnen Sie alle sinnvollen mesomeren Grenzformeln des entsprechenden Anions.

b) Bestimmen Sie, welche Verteilung der Isotope Sie im Produkt erwarten, wenn die Reaktion streng intramolekular abläuft. Welche Verteilung erwartet man bei einem streng intermolekularen Verlauf?

c) Das experimentelle Ergebnis ist eine Isotopenverteilung von D_0: D_3: $D_6 = 1 : 2 : 1$. Die beiden möglichen D_3-markierten Isotopomere sind dabei zu einer Zahl zusammengefasst. Leiten Sie hieraus ab, ob die Reaktion intra- oder intermolekular verläuft.

d) Erklären Sie das Ergebnis im Hinblick auf die in diesem Kapitel diskutierten Mechanismen und begründen Sie es. Stellen Sie hierbei insbesondere Überlegungen zum Übergangszustand der Reaktion und der dabei erforderlichen Anordnung von Nucleophil, Reaktionszentrum und Abgangsgruppe an.

e) In der letzten Zeile der Abbildung sehen Sie eine ähnliche Reaktion. Analysieren Sie sie hinsichtlich ihres Reaktionsmechanismus. Das experimentell erhaltene Verhältnis der verschiedenen isotopologen Produkte ist in der Abbildung angegeben. Bestimmen Sie, welcher Anteil der Eduktmoleküle intra- und welcher Anteil intermolekular reagiert.

f) Schlagen Sie nach, was die Baldwin-Regeln über Ringschlussreaktionen aussagen. Ordnen Sie die hier vorliegenden Reaktionen entsprechend ein und entscheiden Sie, ob sie den Baldwin-Regeln folgen oder nicht.

Aufgabe 4.2

Senfgas (auch Schwefel-Lost oder S-Lost genannt) ist ein starkes Hautgift und wirkt krebserregend. Im Ersten Weltkrieg wurde es vor allem als Kampfgas eingesetzt. Großflächig verätzte Gliedmaßen waren oft nicht mehr zu retten und mussten daher amputiert werden. Einatmen führt zur Zerstörung der Bronchien.

a) Schlagen Sie nach, was Senfgas ist, wie es wirkt und wie seine Reaktion mit Nucleophilen im Körper ablaufen könnte. Finden Sie einen Nachbargruppeneffekt in dieser Reaktion?

b) Warum verläuft die Hydrolyse von 1,5-Dichlorpentan erheblich langsamer ab als die von Senfgas?

Aufgabe 4.3

In der folgenden Grafik sind zwei Stereoisomere des Norbornan-Brosylats gezeigt, die zum gleichen *exo*-Produkt reagieren, wenn sie mit Kaliumacetat in Essigsäure umgesetzt werden. Im Fall des *exo*-Edukts beobachtet man also eine Retention, im Fall des *endo*-Edukts eine Inversion der Stereochemie. Zugleich ist die obere der beiden gezeigten Reaktionen, die des *exo*-Brosylats, etwa 350-mal schneller als die des entsprechenden *endo*-Edukts.

a) Überlegen Sie, wie es in diesem Fall vielleicht zu einem Nachbargruppeneffekt kommen könnte, obwohl eigentlich keine Nachbargruppen im Molekül vorhanden sind. Könnten eventuell sogar σ-Bindungen einen solchen Effekt bewirken?

b) Dieser Fall ist in der chemischen Fachliteratur sehr berühmt geworden, weil er dazu führte, dass sogenannte nichtklassische Kationen postuliert wurden, deren Existenz lange diskutiert wurde. Schlagen Sie nach, was nichtklassische Kationen sind. Finden Sie insbesondere heraus, warum das 2-Norbornylkation ein nichtklassisches Kation sein sollte.

c) Warum sollte sich ein solches nichtklassisches Kation, in dem zwei Bindungselektronen cyclisch über drei C-Atome verteilt sind, überhaupt bilden? Gibt es in der nichtklassischen Struktur eine besondere Stabilisierung? Welche könnte dies sein?

d) Erst 2013 fand diese Diskussion einen (vorläufigen) Abschluss, als das Wissenschaftsmagazin Science eine Kristallstruktur des Norbornylkations veröffentlichte, die bestätigte, dass es sich um ein nichtklassisches Kation handelt (Scholz et al. (2013) Science 341:62–64). Schlagen Sie die Kristallstruktur nach und erläutern Sie, woran Sie in dieser Struktur erkennen können, dass es sich um ein nichtklassisches Kation handelt.

e) Versuchen Sie sich einmal an einer Beschreibung des Norbornylkations mithilfe geeigneter Orbitale. Nehmen Sie die Beschreibung in Abb. 4.12 als Anhaltspunkt, wie dies aussehen könnte.

Geben Sie für die folgenden beiden Reaktionen an, wie die jeweils gezeigten Produkte gebildet werden. Begründen Sie dies jeweils mit mechanistischen Überlegungen.

Aufgabe 4.4

Aufgabe 4.5

Dendrimere sind baumartig verzweigte Moleküle. In der Zeichnung sehen Sie ein sehr einfaches Beispiel. Vom sogenannten fokalen Punkt aus (die OH-Gruppe) verzweigt sich das Molekül zweimal, sodass es vier identische Endgruppen trägt.

a) Schlagen Sie nach, was Dendrimere und was Dendrons sind und wofür sie eingesetzt werden.
b) Entwickeln Sie für das gezeigte Dendron eine Retrosynthese. Wo kann das Molekül retrosynthetisch am besten geschnitten werden? Im Molekül wiederholen sich die gleichen Strukturelemente mehrfach. Nutzen Sie Symmetrien in Ihrer Retrosynthese aus und formulieren Sie eine Synthesestrategie, die immer wieder analoge Reaktionen nutzt, um die Struktur aufzubauen.

Aufgabe 4.6
a) Ordnen Sie Ethanolat, Wasser, Ammoniak und Ethylthiolat in der Reihenfolge abfallender Nucleophilie.
b) Zeichnen Sie für die nucleophilen Substitutionen von t-Butyliodid und Methyliodid mit Natriummethylthiolat die Potenzialenergiekurven. Geben Sie jeweils die Mechanismen so detailliert an, dass Rückschlüsse auf den stereochemischen Verlauf gezogen werden können. Welche Lösemittel würden Sie für die jeweilige Reaktion bevorzugen?
c) Bei der sauer katalysierten Umsetzung von (R)-6-Methylheptan-3-ol mit Natriumazid entstehen die beiden Produktenantiomere im Verhältnis 3:1. Offensichtlich steht dieser stereochemische Verlauf weder mit einem S_N1- noch mit einem S_N2-Mechanismus im Einklang. Was könnte hier passiert sein? Überlegen Sie dabei, welcher der beiden Substitutionsmechanismen welche Substratstruktur bevorzugt.

d) Informieren Sie sich, was man unter einem Lösemittelkäfig versteht und was ein Kontaktionenpaar ist. Gibt es eventuell eine zweite Erklärung für den überraschenden stereochemischen Verlauf der Reaktion, für die Sie keine Beteiligung eines S_N2-Mechanismus postulieren müssen?

Aufgabe 4.7
Epibatidin ist ein aus dem Hautdrüsensekret des Pfeilgiftfroschs gewonnenes Alkaloid, das die Wirkung von Morphium um das etwa 200-Fache übertrifft. Die Totalsynthese von Epibatidin wurde erstmals von der Gruppe des Nobelpreisträgers E. J. Corey vorgestellt. Ausgehend von dem gezeigten Edukt ist ein Schlüsselschritt

dieser Totalsynthese eine intramolekulare S_N2-Reaktion zu Molekül **B,** bei der die Brückenbildung zum Azabicycloheptanring erfolgt.

a) Zeichnen Sie das Edukt in der reaktiven Konformation (welche?) und verdeutlichen Sie den Mechanismus mit Pfeilen so, dass ersichtlich wird, wieso es hier nur eine Möglichkeit für den nucleophilen Angriff gibt.

b) Zeichnen Sie das Zwischenprodukt **A.**

c) Die Trifluoracetylgruppe ist hier keine Schutzgruppe. Wozu dient sie?

Elektrophile Additionen und Eliminierungen

5

Im fünften Kapitel besprechen wir mit der elektrophilen Addition an C–C-Doppel- und Dreifachbindungen und ihrer Umkehrung, der Eliminierung, weitere Beispiele für polare Reaktionen.

- Sie können die mechanistischen Alternativen der Addition und der Eliminierung unterscheiden und experimentelle Kriterien nennen, mit deren Hilfe man bei einer unbekannten Reaktion unterscheiden könnte, nach welchem der Mechanismen sie abläuft.
- Sie kennen stereochemische Besonderheiten der verschiedenen Additionen und Eliminierungen und sind in der Lage, in einem Ihnen unbekannten Fall Vorhersagen über den stereochemischen Verlauf der Reaktionen zu machen.
- Sie kennen die mechanistischen Gemeinsamkeiten und Unterschiede im Verhalten von Alkenen und Alkinen in Additions- und Eliminierungsreaktionen.

5.1 Einführung

Waren bei den Alkanen radikalische und bei den Halogenalkanen nucleophile Substitutionsreaktionen vorherrschend, spielen bei den Alkenen und Alkinen Additionsreaktionen eine dominante Rolle. Bei der Addition wird eine π-Bindung unter Bildung zweier Einfachbindungen zwischen den Doppel- oder Dreifachbindungskohlenstoffatomen und zwei neu ins Molekül eingeführten Gruppen aufgehoben. Die meisten Additionsreaktionen gehören in die große Gruppe der polaren Reaktionen und beginnen mit dem Angriff eines Elektrophils auf die elektronenreiche π-Bindung. Daher bezeichnet man diesen Reaktionstyp auch als elektrophile Addition im Gegensatz zur nucleophilen Addition an Carbonylverbindungen, die in Abschn. 7.3 besprochen werden.

© Springer-Verlag GmbH Deutschland 2017
S. Leisering und C.A. Schalley, *Tutorium Reaktivität und Synthese,*
DOI 10.1007/978-3-662-53852-4_5

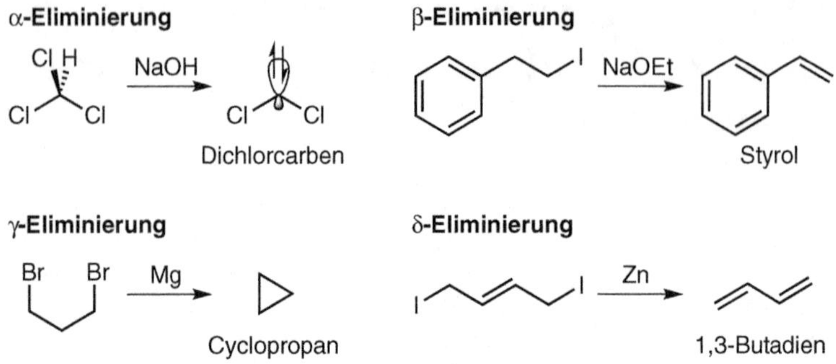

α-Eliminierung   **β-Eliminierung**

Dichlorcarben   Styrol

γ-Eliminierung   **δ-Eliminierung**

Cyclopropan   1,3-Butadien

Abb. 5.1 Beispiele für α-, β-, γ- und δ-Eliminierungen

Die Umkehr der Addition ist die β-Eliminierung, die zur Synthese von Alkenen und Alkinen dienen kann. Grundsätzlich gibt es aber auch andere Eliminierungen (Abb. 5.1). Bei allen Eliminierungen werden aus einem Molekül zwei Molekülfragmente X und Y entfernt. Es sind z. B. auch α-Eliminierungen bekannt, bei denen beide Fragmente geminal am gleichen Kohlenstoffatom gebunden sind. In diesen Reaktionen werden Carbene erzeugt. γ-Eliminierungen führen unter Ringschluss zu Dreiringen und δ-Eliminierungen unter Vermittlung einer zentralen Doppelbindung zu konjugierten 1,3-Dienen. Am häufigsten und synthetisch am wichtigsten sind jedoch die β-Eliminierungen, bei denen die beiden abzuspaltenden Fragmente vicinal zueinander stehen und die beiden frei werdenden Valenzen durch Ausbildung einer Mehrfachbindung gesättigt werden.

5.2   Additionsreaktionen an C–C-Mehrfachbindungen

5.2.1 Addition von Säuren und Wasser

Lässt man Alkene unter sauren Bedingungen mit Wasser reagieren, so erhält man Alkohole. Abb. 5.2a zeigt die Reaktion von *(E)*-2-Buten mit HCl und Wasser, bei der zunächst ein Proton als Elektrophil die Doppelbindung angreift. Dabei entsteht als Intermediat ein Carbeniumion, das mit Wasser über ein Oxoniumion zum Alkohol reagiert. Führt man diese Reaktion unter wasserfreien Bedingungen durch (Abb. 5.2b, c), so reagieren die entsprechenden Gegenionen der eingesetzten Säuren als Nucleophile.

Übung 5.1

a) Formulieren Sie die Reaktion in Abb. 5.2 mit *(Z)*-2-Buten als Edukt. Diskutieren Sie die Geometrie des Carbeniumions. Welche Aussagen lassen sich aus dem gezeigten Mechanismus bezüglich der Stereochemie der Produkte ableiten?

b) Wie viele Produkte erhalten Sie, wenn Sie *(E)*- oder *(Z)*-2-Penten einsetzen?
c) Welche Produkte erhalten Sie ausgehend von Cyclohexen?

Verwendet man in der sauer katalysierten Wasseraddition ein unsymmetrisch substituiertes Alken mit unterschiedlich hoch substituierten Doppelbindungskohlenstoffatomen als Edukt, im einfachsten Fall also z. B. Propen, so sind zwei

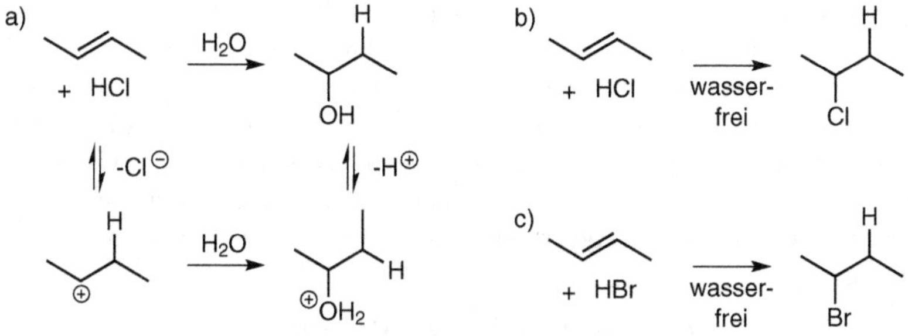

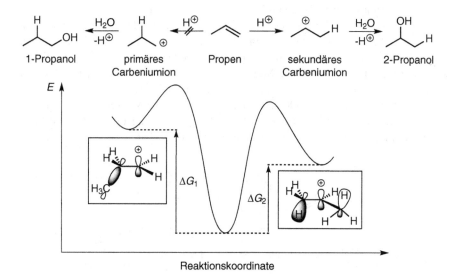

Abb. 5.2 a Wasseraddition an die Doppelbindung von *trans*-2-Buten. Im ersten Schritt erfolgt durch elektrophilen Angriff des Protons an die Doppelbindung die Bildung eines Carbeniumions, das in der Folge mit Wasser als Nucleophil zum Alkohol weiterreagiert. **b** Wird diese Reaktion in Abwesenheit von Wasser durchgeführt, steht nur das Chloridion als Nucleophil zur Verfügung, und es kommt zur HCl-Addition. **c** Analoge Reaktion mit HBr

Abb. 5.3 Oben: Die Stabilität der intermediär gebildeten Carbeniumionen bestimmt die Regioselektivität der HX-Additionen. Da sekundäre Carbeniumionen besser über Hyperkonjugation stabilisiert sind als die primären Analoga, entsteht aus Propen, wie gezeigt, nur 2-Propanol. **Unten:** Zugehörige Potenzialenergiekurve und die zur Stabilisierung der beiden Kationen beitragenden Hyperkonjugationseffekte als Orbitalschemata

verschiedene konstitutionsisomere Produkte denkbar: 1-Propanol und 2-Propanol. Eine Analyse der Reaktionsprodukte ergibt allerdings, dass als Hauptprodukt 2-Propanol und nicht 1-Propanol gebildet wird (Abb. 5.3).

Die Regel, dass stets das höher substituierte Reaktionsprodukt gebildet wird, heißt Markownikow-Regel, die 1869 von dem russischen Chemiker Wladimir Markownikow aufgestellt wurde. Sie besagt, dass bei der Addition einer Säure HX an ein Alken das Proton immer an das Kohlenstoffatom addiert wird, das bereits die meisten Wasserstoffatome trägt. Die funktionelle Gruppe X hingegen addiert an das höher substituierte Doppelbindungskohlenstoffatom.

War die Regel zu Markownikows Zeiten lediglich eine empirisch gefundene Regel, kann man die hohe Produktselektivität heute verstehen, wenn man die Stabilitäten der intermediären Carbeniumionen betrachtet. Höher substituierte Carbeniumionen profitieren wie Radikale von der Hyperkonjugation zwischen dem p_z-Orbital am sp^2-hybridisierten Carbenium-Kohlenstoff und den benachbarten C–H- und C–C-Bindungen. Hyperkonjugation führt zu der folgenden Stabilitätsreihenfolge:

$$CH_3^+ < R_2CH^+ < R_2CH^+ < R_3C^+$$

Die Protonierung der Doppelbindung im ersten Schritt der HX-Addition führt (fast) ausschließlich zum stabileren Kation. Daher ist das geladene Zentrum des Carbeniumions immer das höher substituierte, an das am Ende der Reaktion das Nucleophil X gebunden wird.

Diese Stabilitätsreihenfolge drückt sich auch in der Reaktionskinetik aus (Abb. 5.4). Führt man die schwefelsauer katalysierte Wasseraddition an verschieden hoch substituierte Alkene bei Raumtemperatur durch, erhält man die gezeigten relativen Geschwindigkeitskonstanten. Je höher der Substitutionsgrad am linken Doppelbindungskohlenstoffatom ist, desto schneller wird die Wasseraddition. Propen reagiert etwa 1,6 Mio. Mal schneller als Ethen; 2-Methylpropen, bei dem intermediär ein tertiäres Kation gebildet wird, addiert Wasser nochmals um einen Faktor von etwa 100.000 schneller als Propen. Die Wasseraddition an Styrol, bei der das Kation-Intermediat durch Konjugation zu einem aromatischen Ring stabilisiert wird, liegt zwischen Propen und 2-Methylpropen. Aus diesen

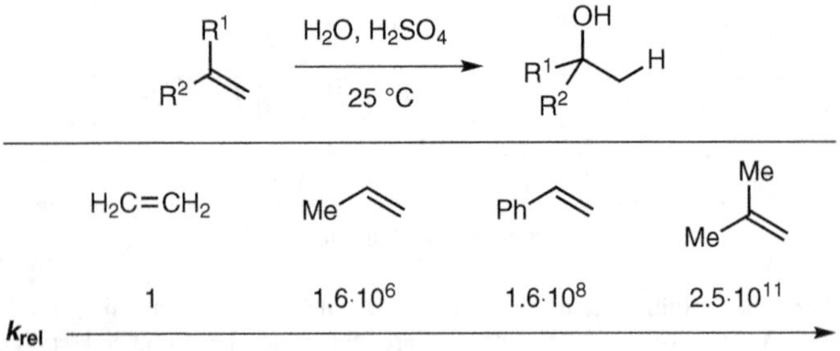

Abb. 5.4 Relative Reaktionsgeschwindigkeitskonstanten für die sauer katalysierte Wasseraddition an verschieden hoch substituierte Alkene

Daten kann eine wichtige mechanistische Schlussfolgerung gezogen werden: Die Protonierung der Doppelbindung, also der erste Schritt der Additionsreaktion, muss geschwindigkeitsbestimmend sein, auch wenn Protonierungsreaktionen in den meisten Fällen thermodynamisch kontrollierte Gleichgewichtsreaktionen sind. Wäre hingegen der zweite Schritt, also die Anlagerung von Wasser an das intermediäre Kation, geschwindigkeitsbestimmend, würde man den genau umgekehrten Trend erwarten. Je stabiler das Kation ist, desto weniger elektrophil ist es, und desto langsamer reagiert es mit Wasser als Nucleophil.

Übung 5.2

a) Zeichnen Sie alle mesomeren Grenzformeln für das Methyl-, Ethyl-, Isopropyl- und das *tert*-Butylkation. Beschreiben Sie den Hyperkonjugationseffekt auch mithilfe eines geeigneten MO-Schemas.

b) Neben der Hyperkonjugation können Carbeniumionen natürlich auch durch Konjugation mit einem benachbarten π-System stabilisiert werden. Formulieren Sie den Mechanismus der säurekatalysierten Wasseraddition an Styrol. Welche Regioselektivität erwarten Sie hier? Begründen Sie Ihre Erwartung mithilfe mesomerer Grenzstrukturen.

c) Welches Produkt erwarten Sie für die Wasseraddition an Divinylether? Warum könnte das Additionsprodukt unter sauren Bedingungen leicht zerfallen?

Wir haben gerade gesehen, dass die Addition von HX an Alkene regioselektiv ist. Im Gegensatz dazu ist sie aber nicht selektiv im Hinblick auf die Stereochemie. Addiert man z. B. Deuteriumbromid an Cyclohexen, so erhält man ein 1:1-Gemisch des *cis*- und des *trans*-Additionsprodukts. Das Carbeniumion ist planar und kann daher von beiden Seiten gleich gut mit dem Nucleophil reagieren (Abb. 5.5).

Die Addition von Säuren an Alkine verläuft mechanistisch analog zu der an Alkene ab. Durch die Addition von Säuren lassen sich unterschiedlich substituierte Monomere für die Alken-Polymerisation herstellen (z. B. Vinylchlorid für die PVC-Herstellung) (Abb. 5.6, oben).

Ein besonderer Fall ist die Addition von Wasser, da das zunächst entstehende Enol zum entsprechenden Aldehyd oder Keton umlagern kann (Abb. 5.6, unten). Diese sogenannte Keto-Enol-Tautomerie werden wir in Abschn. 7.4.1 besprechen. Aus den Alkinen entstehen über diesen Weg daher direkt die entsprechenden Carbonylverbindungen.

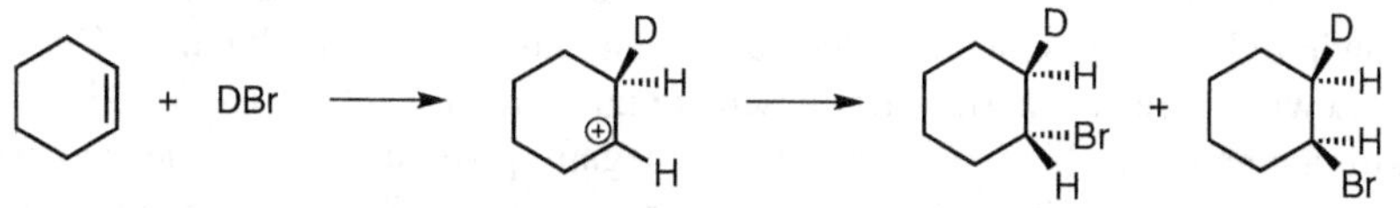

Abb. 5.5 Das planare Carbeniumion-Intermediat kann von beiden Seiten gleich gut durch das Nucleophil (hier Bromid) angegriffen werden. Daher verläuft die säurekatalysierte DBr-Addition nicht stereoselektiv

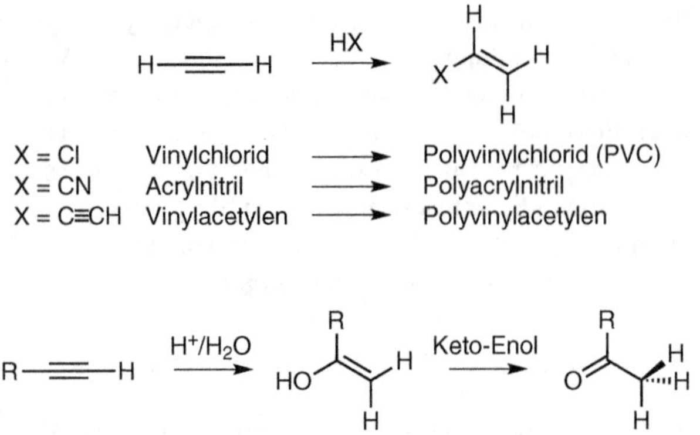

$$X = Cl \quad \text{Vinylchlorid} \longrightarrow \text{Polyvinylchlorid (PVC)}$$
$$X = CN \quad \text{Acrylnitril} \longrightarrow \text{Polyacrylnitril}$$
$$X = C\equiv CH \quad \text{Vinylacetylen} \longrightarrow \text{Polyvinylacetylen}$$

Abb. 5.6 Oben: Herstellung unterschiedlich substituierter Monomere für Polymerisationsreaktionen durch HX-Addition an Acetylen. **Unten:** Die Wasseraddition an ein Alkin mit nachfolgender Keto-Enol-Tautomerie führt zu den entsprechenden Carbonylverbindungen

---

Übung 5.3

a) Bei der Addition von HCl an Ethin zum Vinylchlorid wird ein Carbokation als Intermediat durchlaufen. Zeichnen Sie dieses Kation und überlegen Sie, ob und, wenn ja, wie es stabilisiert sein könnte. Wie sieht das für das analoge Kation bei der Addition von HCl an Propin aus?

b) Formulieren Sie den Mechanismus der Addition von HCl und H^+/H_2O an 1-Octin in allen Einzelschritten. Überlegen Sie hier schon einmal, wie die säurekatalysierte Keto-Enol-Tautomerie ablaufen könnte.

5.2.2 Addition von Halogenen

Elementares Brom addiert rasch an C=C-Doppelbindungen wie beispielsweise in Cyclohexen. Im ersten Schritt wird zunächst das Brommolekül durch die Doppelbindung polarisiert (Abb. 5.7). Die Doppelbindung greift nun als Nucleophil das positiv polarisierte Bromatom (ein Elektrophil) an. Dabei bildet sich ein Bromoniumion als Intermediat, das resonanzstabilisiert ist. Eine der möglichen Grenzformeln ist ein überbrücktes Carbeniumion. Das Brommolekül dissoziiert dabei. Im Bromoniumion wechselwirkt das leere p-Atomorbital des Bromatoms mit dem doppelt besetzten HOMO der Doppelbindung (Hinbindung). Zugleich kann auch ein besetztes, senkrecht zum leeren p-Orbital stehendes p-Orbital mit dem leeren LUMO der Doppelbindung wechselwirken (Rückbindung). Dieser Schritt ist der geschwindigkeitsbestimmende Schritt und kann, muss aber nicht durch die Zugabe einer Lewis-Säure wie z. B. $FeBr_3$ beschleunigt werden. Die Lewis-Säure ist eine Elektronenmangelverbindung, die mit dem negativ polarisierten, von der Doppelbindung abgewandten Bromatom wechselwirkt und so die Polarisierung und damit den partiell positiven Charakter des mit der Doppelbindung wechselwirkenden Bromatoms verstärkt.

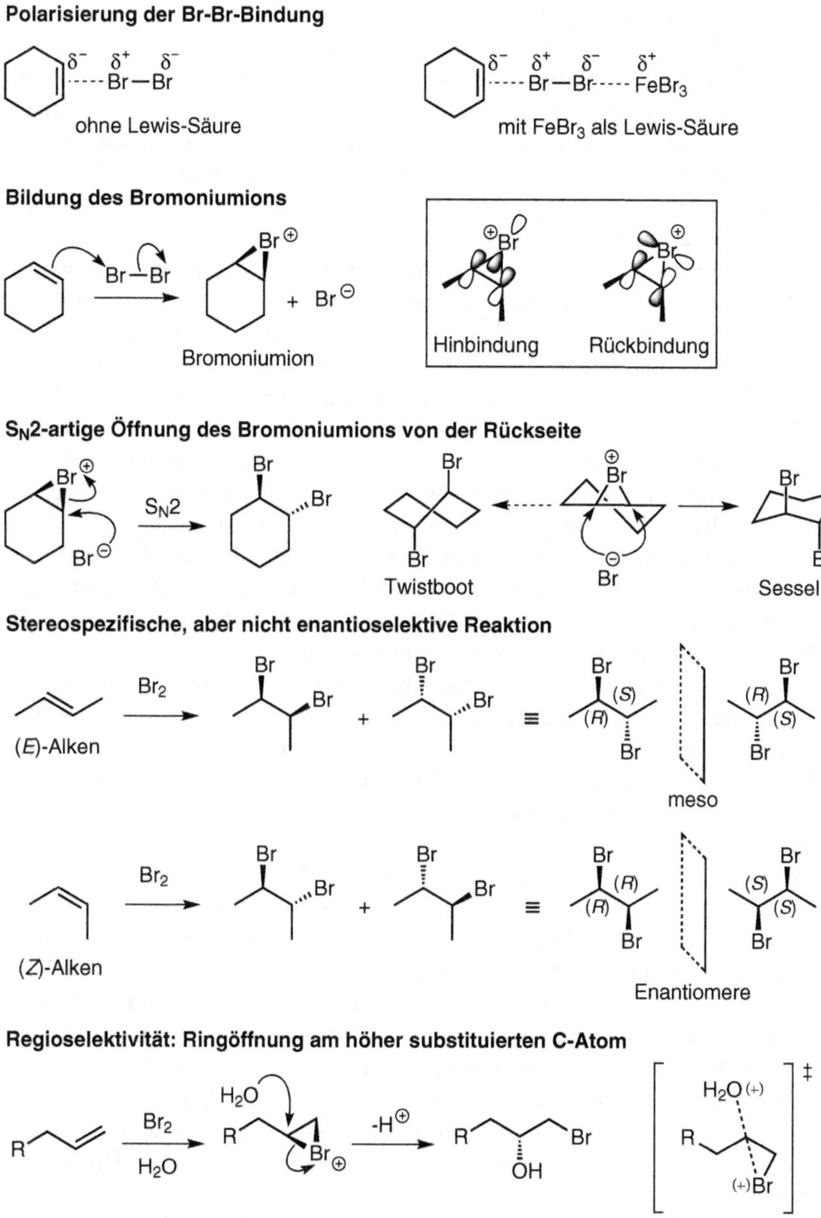

Polarisierung der Br-Br-Bindung

ohne Lewis-Säure   mit FeBr$_3$ als Lewis-Säure

Bildung des Bromoniumions

Bromoniumion   Hinbindung   Rückbindung

S$_N$2-artige Öffnung des Bromoniumions von der Rückseite

S$_N$2   Twistboot   Sessel

Stereospezifische, aber nicht enantioselektive Reaktion

(E)-Alken   meso

(Z)-Alken   Enantiomere

Regioselektivität: Ringöffnung am höher substituierten C-Atom

Abb. 5.7 Oben: Der Mechanismus der Bromaddition an Cyclohexen verläuft über die Polarisierung der Br-Br-Bindung zu einem Bromoniumion als erstem Intermediat und dann im zweiten
Schritt über eine Öffnung des Bromoniumions von der Rückseite aus durch S$_N$2-artigen Angriff
des Bromids. Das Ergebnis ist eine stereospezifische *trans*-Addition. **Unten:** Stereochemische und
regiochemische Aspekte. Ein symmetrisch substituiertes (E)-Alken reagiert über ein symmetrisches
Bromoniumion zu einem einheitlichen *meso*-Produkt, ein entsprechendes (Z)-Alken zu einem Enantiomerenpaar. Ist das Bromoniumion unsymmetrisch substituiert, erfolgt die Ringöffnung wegen der
dort höheren positiven Partialladung am höher substituierten Bromonium-Kohlenstoffatom

Das Bromoniumion ist auf der einen Seite durch das große Bromatom gut abgeschirmt. Daher kann es nun vom Bromid nucleophil nur von der Rückseite her angegriffen werden. Dadurch kommt es in einem S_N2-artigen zweiten Reaktionsschritt ausschließlich zur Bildung des *trans*-Produkts. Die Reaktion verläuft also im Gegensatz zur säurekatalysierten HX-Addition stereospezifisch. Im Fall des Cyclohexens wird das Bromoniumion so geöffnet, dass die Reaktion über einen sesselförmigen Übergangszustand verläuft. Bei substituierten Cyclohexenen ergeben sich energetisch bevorzugte Konformationen und so Regioselektivitäten für die Öffnung des Bromoniumions. Da die Edukte aber achiral waren, kann man keine Enantioselektivität erwarten. Vergleicht man die in Abb. 5.7 gezeigten *cis*- und *trans*-Isomere von 2-Buten hinsichtlich ihrer Reaktivität, erkennt man, dass der stereochemisch definierte Verlauf im *trans*-Fall zur Bildung des entsprechenden *meso*-Produkts führt, vom *cis*-Isomer ausgehend aber zum Racemat der beiden enantiomeren Produkte.

Auch die Regiochemie ist oft gut definiert, wenn unsymmetrische Alkene mit unterschiedlich hoch substituierten Doppelbindungskohlenstoffatomen eingesetzt werden. Da die Ladung im Bromoniumion nicht am Brom lokalisiert, sondern auch über die beiden Kohlenstoffe delokalisiert ist, kommt hier wieder ein Hyperkonjugationseffekt zum Tragen, durch den der höher substituierte Kohlenstoff die höhere Partialladung erhält. An dieser Stelle ist die Elektrophilie daher höher, und Nucleophile öffnen das Bromoniumion bevorzugt hier.

Die Halogenierung von Doppelbindungen ist allerdings nur mit Chlor und Brom gut durchführbar. Während die Bromierung über das Bromoniumion und damit stereochemisch kontrolliert verläuft, ist dies bei der Chlorierung oft nicht der Fall. Fluor ist zu reaktiv und führt nicht zu einheitlichen Produkten. Iod bildet zwar das Iodoniumion als Intermediat, Iodid ist dann aber ein zu schwaches Nucleophil, um den Ring zu öffnen.

Wird die Halogenierung in Anwesenheit anderer Nucleophile durchgeführt, so kann das Bromoniumion auch von ihnen geöffnet werden. Auch hier kommt es zu einer *trans*-Addition. Abb. 5.8 (oben) zeigt dies für den Angriff eines Wassermoleküls auf das Bromoniumion des Cyclohexens. Da das Bromoniumion symmetrisch ist, gibt es in diesem Fall zwei enantiomere *trans*-Additionsprodukte. Wichtig ist hier zu beachten, dass der erste Schritt, die Bildung des Bromoniumions, der geschwindigkeitsbestimmende Schritt ist, während der zweite Schritt, die Öffnung des Bromoniumions, zum produktbestimmenden wird. Immerhin liegen gleichzeitig sowohl Wasser als auch das im ersten Schritt entstandene Bromid in der Reaktionsmischung vor. Wasser gewinnt diese Konkurrenz, wenn es im Überschuss vorhanden ist.

Die in dieser Reaktion entstandenen *trans*-Additionsprodukte lassen sich sehr gut zur Synthese von Epoxiden einsetzen (Abb. 5.8, Mitte). Die Stereochemie der beiden funktionellen Gruppen ist bereits die richtige, und eine Deprotonierung der OH-Gruppe erzeugt ein gutes Nucleophil, das intramolekular eine S_N2-Reaktion unter Abspaltung des Bromids als Abgangsgruppe eingehen kann.

Wie oben bereits gesagt, ist Iodid nicht nucleophil genug, um ein Iodoniumion zu öffnen. Ist jedoch ein anderes gutes Nucleophil vorhanden, das stark genug zur

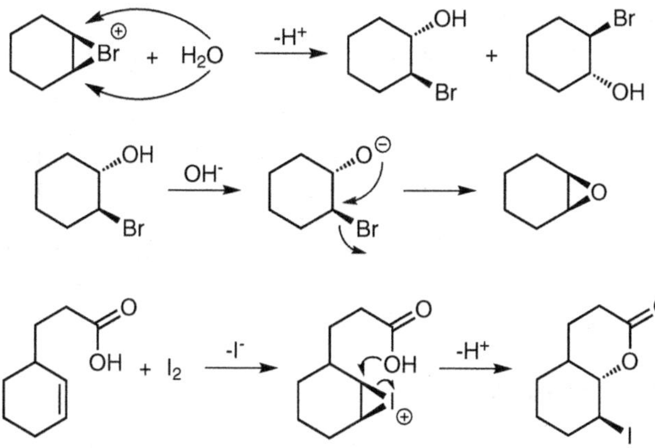

Abb. 5.8 Oben: Öffnung des Bromoniumions durch Wasser als Nucleophil. **Mitte:** Die Epoxidbildung ist eine Folgereaktion unter basischen Bedingungen. **Unten:** Iodlactonisierung

Öffnung des Iodoniumions ist, lässt sich zumindest einseitig auch Iod an einer Doppelbindung in das Molekül einführen. Ein schönes Beispiel (Abb. 5.8, unten) hierfür ist die als Iodlactonisierung bezeichnete Reaktion, bei der es zu einem intramolekularen Ringschluss kommt.

Übung 5.4

Bei der in der folgenden Abbildung gezeigten Bromaddition an die Doppelbindung von 4-Methylcyclohexen entstehen die beiden stereoisomeren *trans*-Produkte nicht in einer 1:1-Mischung. Erklären Sie diesen Befund. Zeichnen Sie die Konformationen von Edukt, Bromonium-Zwischenstufe und der möglichen Produkte und diskutieren Sie möglicherweise auftretende Stabilitätsunterschiede. Wie sieht das entsprechend für die Übergangszustände aus, die vom Bromoniumion zu den beiden Produkten führen?

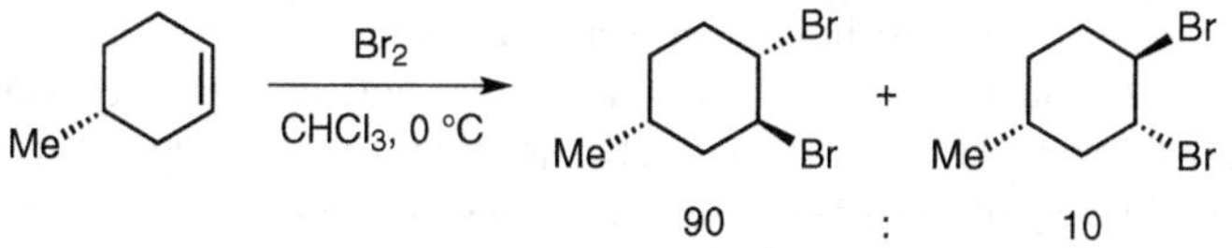

Die Addition von Halogenen X_2 an Alkine verläuft mechanistisch wieder analog zu den Alkenen, ist allerdings in der Regel stereochemisch nicht definiert, und es entstehen *(E/Z)*-Isomeren-Mischungen. Es ist auch nicht immer einfach, die Reaktion auf der Alkenstufe anzuhalten. Aus dem Produkt der vollständigen Halogenaddition kann wiederum ein Molekül HX eliminiert werden, sodass diese Reaktion den Zugang zu verschieden hoch halogensubstituierten Alkenen eröffnet (Abb. 5.9).

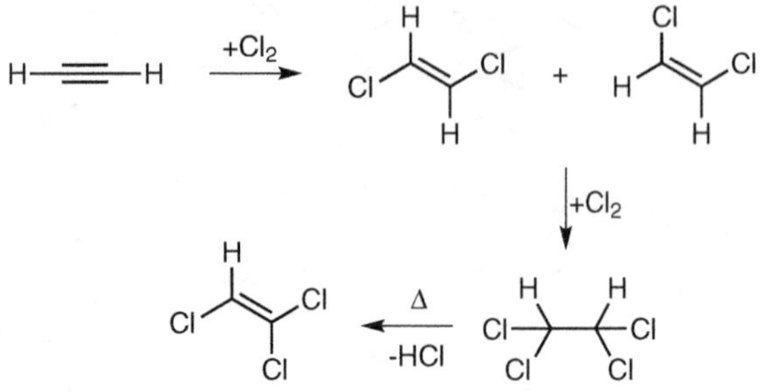

Abb. 5.9 Chloraddition an
Ethin und Folgereaktionen

5.2.3 Hydroborierung

Versetzt man Propen mit einer Wasserstoffsäure und Wasser, so erhält man 2-Propanol, also das Markownikow-Produkt. Um aus Propen stattdessen 1-Propanol zu erhalten, muss man daher notwendigerweise auf andere Reaktionen zurückgreifen. Eine Möglichkeit ist die Hydroborierung (Abb. 5.10), bei der Diboran (B_2H_6) mit dem Alken zur Reaktion gebracht wird. Diboran steht im Gleichgewicht mit Boran (BH_3), das eine Elektronenmangelverbindung mit einer Elektronenlücke am Boratom darstellt. Das Boratom ist also ein Elektrophil. Die Doppelbindung reagiert in dieser Hydroborierung genannten Reaktion wieder als Nucleophil mit dem elektrophilen Boratom. Dabei wird gleichzeitig in einer konzertierten Reaktion ein Hydrid an das zweite Doppelbindungskohlenstoffatom übertragen. Für die Regiochemie sind in dieser Reaktion also eher die Partialladungen entscheidend; geladene Zwischenstufen treten nicht auf. Da aber hier das Boratom das elektrophilere Teilchen darstellt, steht es nun an der weniger hoch substituierten Position. Jedes BH_3-Molekül kann auf diese Weise mit drei Alkenmolekülen reagieren.

Im folgenden Reaktionsschritt wird die dabei entstandene Organoborverbindung, wie gezeigt, mit Wasserstoffperoxid zum Borsäureester oxidiert. Wieder spielt der Elektronenmangel am Boratom die entscheidende Rolle, da ein HOO^--Anion angelagert werden kann und dann – unter Austritt von Hydroxid als Abgangsgruppe – einer der organischen Reste vom Bor zum Sauerstoffatom wandert. Der Borsäureester hydrolysiert zum Schluss mit NaOH-Lösung und wird in den Anti-Markownikow-Alkohol und Borsäure gespalten.

In Abb. 5.10 (unten) ist an einem Beispiel gezeigt, dass die Anti-Markownikow-Selektivität von BH_3 nicht immer gut ausgeprägt ist. Daher wird oft auch gern 9-Borabicyclo[3.3.1]nonan (9-BBN) als Boranreagenz verwendet, das durch seinen großen bicyclischen Rest zusätzlich über sterische Effekte die Selektivität steigert.

Übung 5.5

a) Wiederholen Sie, warum Boran dimerisiert und wie die elektronische Struktur des Diborans aussieht. Wie ist das Boratom im Boran hybridisiert? Zu welchem analogen kohlenstoffzentrierten Teilchen ist es isoelektronisch?

b) Die Hydrolyse des Borsäureesters erfolgt nach einem Additions-Eliminierungs-Mechanismus. Formulieren Sie die Einzelschritte der Hydrolyse im Detail.

Hydroborierung

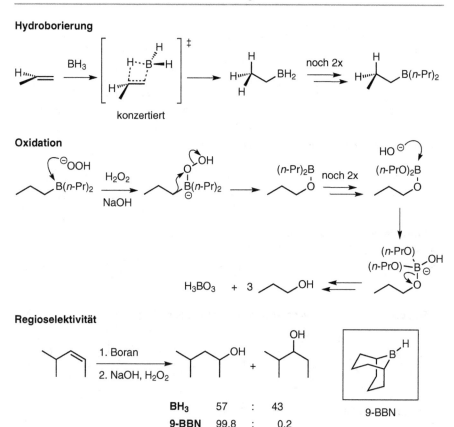

Oxidation

Regioselektivität

	BH₃	57	:	43
	9-BBN	99.8	:	0.2

Abb. 5.10 Oben: Ablauf der Hydroborierung und die Freisetzung der Anti-Markownikow-Alkohole durch Wasserstoffperoxid-Oxidation und anschließende Hydrolyse des dabei gebildeten Borsäureesters. **Unten:** Vergleich von BH₃ mit 9-BBN hinsichtlich der Markownikow/Anti-Markownikow-Selektivitäten

5.2.4 Epoxidierung

Mit der Hydroborierung haben wir eine erste Addition an Alkene kennengelernt, die konzertiert verläuft. Eine zweite ebenfalls konzertierte Additionsreaktion stellt eine Alternative zur zweistufigen Epoxidsynthese in Abb. 5.8 dar. Lässt man Peroxycarbonsäuren als elektrophile Sauerstoffübertragungsreagenzien auf Alkene einwirken, so erhält man ebenfalls Epoxide (Abb. 5.11). Alternativ kann man beispielsweise auch Dioxirane einsetzen.

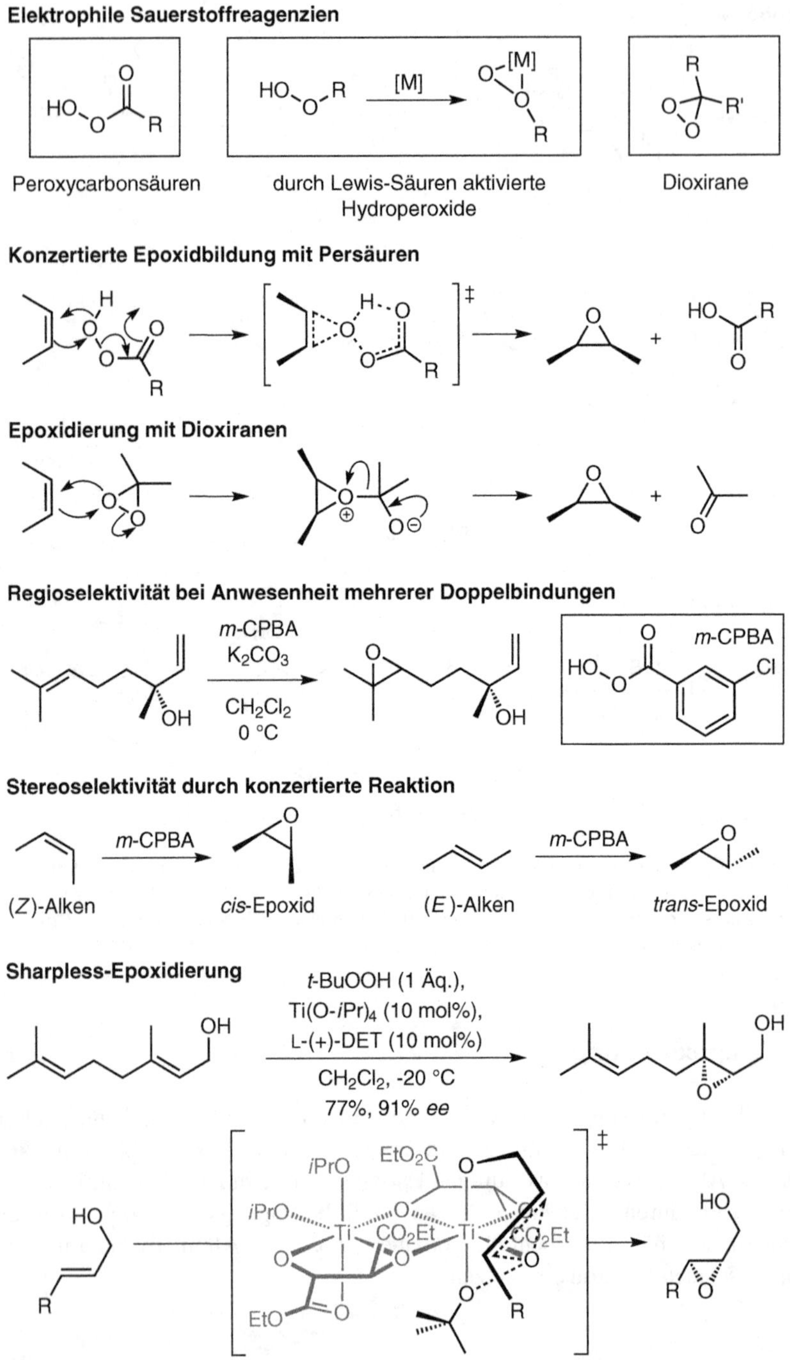

Elektrophile Sauerstoffreagenzien

Peroxycarbonsäuren   durch Lewis-Säuren aktivierte   Dioxirane
                              Hydroperoxide

Konzertierte Epoxidbildung mit Persäuren

Epoxidierung mit Dioxiranen

Regioselektivität bei Anwesenheit mehrerer Doppelbindungen

Stereoselektivität durch konzertierte Reaktion

(Z)-Alken   cis-Epoxid   (E)-Alken   trans-Epoxid

Sharpless-Epoxidierung   t-BuOOH (1 Äq.),
Ti(O-iPr)$_4$ (10 mol%),
L-(+)-DET (10 mol%)
CH$_2$Cl$_2$, -20 °C
77%, 91% ee

Abb. 5.11 Reagenzien für die Epoxidierung von Alkenen, die Mechanismen der Reaktion von Alkenen mit Peroxycarbonsäuren und Dioxiranen und regio- und stereochemische Aspekte der Epoxidierung. Die asymmetrisch verlaufende Sharpless-Epoxidierung ist regioselektiv für Allylalkohole

Eine sehr gängige Peroxycarbonsäure ist die *meta*-Chlorperbenzoesäure (*m*-CPBA), die gegenüber den meisten anderen sich recht leicht zersetzenden Persäuren den großen Vorzug hat, dass man sie nicht *in situ* während der Reaktion herstellen muss. Sie ist als Feststoff stabil genug, um im Kühlschrank lange lagerfähig und somit leichter handhabbar zu sein.

Die Bildung des Epoxids kann man sich am einfachsten vorstellen, wenn man sich klarmacht, dass das äußere Sauerstoffatom der Persäure einerseits deprotoniert werden kann, also als Nucleophil reagieren kann, andererseits aber auch eine Carboxylat-Abgangsgruppe trägt und damit auch elektrophilen Charakter hat. Die Reaktion verläuft jedoch konzertiert, also in einem einzigen Schritt, der in Abb. 5.11 als Übergangszustand gezeigt ist. Beide Bindungen zum Epoxid-Sauerstoffatom entstehen also gleichzeitig.

Auch diese Reaktion hat für die Synthese wichtige regio- und stereochemische Aspekte. Sind in einem Molekül mehrere Doppelbindungen vorhanden, reagiert die höher substituierte in der Regel deswegen schneller mit der Persäure, weil die π-Bindung hier elektronenreicher und damit ein besseres Nucleophil ist. Da die Reaktion konzertiert verläuft, ist sie auch stereospezifisch. Aus einem *(Z)*-Alken wird ein *cis*-, aus einem *(E)*-Alken ein *trans*-Epoxid.

Übung 5.6

Die Ringspannung im Dreiring der Epoxide unterstützt Ringöffnungen, die je nach den Reaktionsbedingungen nach dem S_N1- oder S_N2-Mechanismus ablaufen können.

a) Epoxidieren Sie 2-Methyl-2-buten mit *m*-CPBA und formulieren Sie den Epoxidierungsmechanismus noch einmal genau.
b) Öffnen Sie nun das Epoxid zunächst unter basischen Bedingungen mit Methanolat als Nucleophil. Nach welchem Mechanismus wird diese Reaktion verlaufen? Welche Stereochemie und welche Regiochemie erwarten Sie für die Produkte?
c) Alternativ können Sie das Epoxid auch unter sauren Bedingungen mit Methanol als Reagenz öffnen. Welcher Mechanismus kommt nun zum Tragen? Welche Stereochemie und welche Regiochemie erwarten Sie für die Produkte unter diesen Bedingungen?

Eine Möglichkeit zur enantioselektiven Epoxidierung bietet die Sharpless-Epoxidierung, die zugleich regioselektiv für Allylalkohole ist (Abb. 5.11, unten). Sie nutzt *tert*-Butylhydroperoxid als Reagenz für die Übertragung eines Sauerstoffatoms auf die C=C-Doppelbindung und verwendet einen Ti(IV)-Katalysator. Um die asymmetrische Induktion zu erreichen, gibt man in die Reaktionsmischung enantiomerenreine Weinsäurediester (Tartrate), die mit Titanisopropanolat (Ti(O*i*-Pr)$_4$) unter Ligandenaustausch koordinieren. Damit ist der Katalysator chiral modifiziert.

Genauere Untersuchungen des Mechanismus haben ergeben, dass der eigentlich aktive Katalysator ein Dimer ist. Zwei oktaedrisch koordinierte Ti(IV)-Zentren werden durch Alkoholate aus den Tartratliganden miteinander verbrückt. Die verbleibenden Isopropanolatliganden an einem der Zentren können dann gegen das Hydroperoxid und gegen den Allylalkohol ausgetauscht werden. Diese Ligandenaustauschprozesse sind Gleichgewichtsreaktionen. Auf diese Weise gelangen die beiden Reagenzien in eine derartige räumliche Anordnung zueinander, dass eines der Produktenantiomere deutlich schneller gebildet wird als das andere. Man erhält dadurch hohe Enantiomerenüberschüsse.

5.2.5 Dihydroxylierung

Die in der letzten Übung angesprochene Epoxidöffnung kann auch basisch mit Hydroxidionen oder sauer katalysiert mit Wasser durchgeführt werden und führt dann zu 1,2-Diolen. Unter basischen Bedingungen erhält man dabei glatt ein *trans*-Diol, bei dem der Ring auf der weniger hoch substituierten Seite S_N2-artig angegriffen wird, während unter sauren Bedingungen der Angriff durch das Nucleophil auf der höher substituierten Seite erfolgt und so zum entsprechend anderen möglichen *trans*-Produkt als Hauptprodukt führt. Da die Epoxidöffnung jedoch nicht selektiv zum *cis*-Diol gesteuert werden kann, wird eine alternative Methode benötigt, mit der dieses Ziel möglichst in einem einzigen Syntheseschritt zu erreicht wird. Dies ist tatsächlich durch Reaktion von Alkenen mit starken Oxidationsmitteln wie Kaliumpermanganat oder Osmiumtetroxid möglich. Dabei werden – wieder in einer konzertierten Reaktion – zwei Hydroxygruppen gleichzeitig *cis*-ständig an der Position der Doppelbindung eingeführt (Abb. 5.12).

Besonders geeignet zur Dihydroxylierung ist die Upjohn-Reaktion, bei der das sehr teure, giftige und wegen seiner hohen Flüchtigkeit schwierig zu handhabende Osmiumtetroxid nur in katalytischen Mengen verwendet wird. Im Verlauf der Reaktion wird es dann durch *N*-Methylmorpholin-*N*-oxid (NMO) wieder aufoxidiert und kann so erneut mit einem weiteren Alken reagieren.

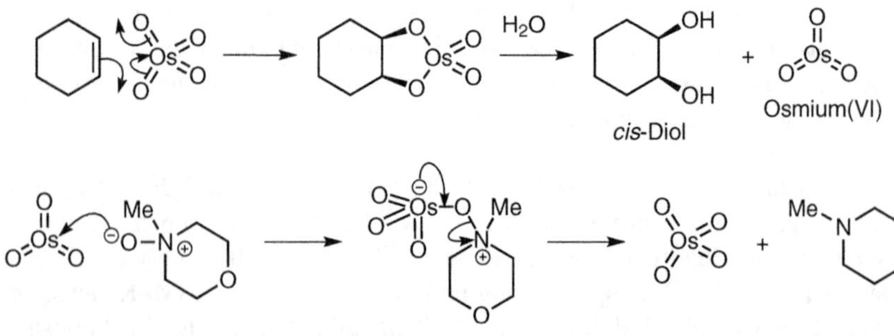

Abb. 5.12 Synthese von *cis*-Diolen durch Dihydroxylierung mit Osmiumtetroxid. Da das teure, giftige und leicht flüchtige OsO_4 nicht einfach zu handhaben ist, kann es auch katalytisch, also in viel geringeren Mengen, eingesetzt und mit NMO regeneriert werden. Eine analoge Reaktion ist auch mit einer stöchiometrischen Menge an $KMnO_4$ möglich

Auch wenn in dieser konzertierten Reaktion stereospezifisch *cis*-Diole gebildet werden, entstehen bei chiralen Produkten Racemate. Synthetisch besonders wichtig sind deshalb enantioselektive Varianten, wie sie von Sharpless entwickelt wurden. In Abb. 5.13 sind diese Reaktionen gezeigt. Voraussetzung für Enantioselektivität in einer asymmetrischen Synthese ist, dass eine Chiralitätsinformation

AD-mix-α: (DHQ)$_2$PHAL + K$_2$OsO$_2$(OH)$_4$ + K$_3$Fe(CN)$_6$ + K$_2$CO$_3$

AD-mix-β: (DHQD)$_2$PHAL + K$_2$OsO$_2$(OH)$_4$ + K$_3$Fe(CN)$_6$ + K$_2$CO$_3$

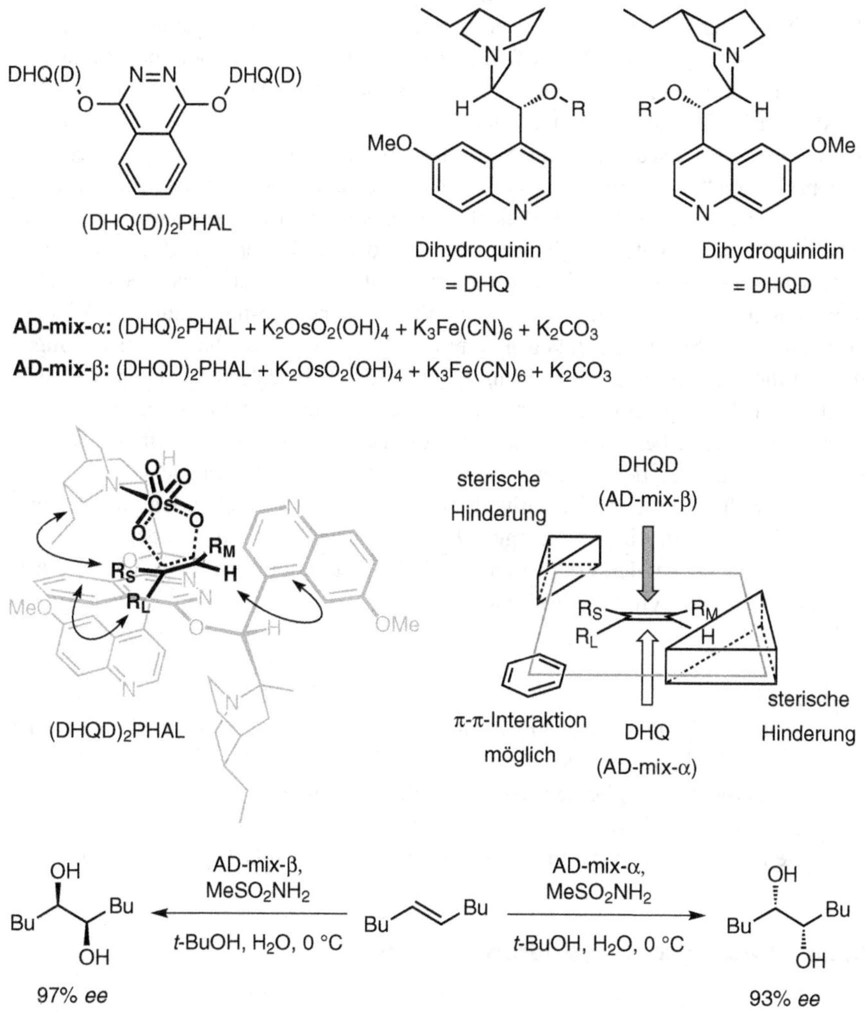

Abb. 5.13 Chirale Varianten der OsO$_4$-katalysierten Dihydroxylierungen. **Oben:** Die Liganden, die durch Koordination an das OsO$_4$ Chiralitätsinformation zur Verfügung stellen. **Mitte links:** Zeichnung der durch den Liganden aufgespannten Bindungstasche (grau) und des darin liegenden Übergangszustands der Dihydroxylierungsreaktion (schwarz). **Mitte rechts:** Vereinfachte schematische Darstellung der chiralen Steuerung. **Unten:** Ein einfaches Beispiel, das eindrucksvoll die hohen Enantiomerenüberschüsse zeigt, die mit dem einen oder dem anderen AD-Mix erreichbar sind

vorhanden ist. Dies kann prinzipiell durch Einbau eines Chiralitätselements in das Edukt geschehen, was aber ungünstig ist, da dieses sogenannte Auxiliar später wieder abgespalten werden muss. Daher wählte Sharpless den Weg, einen chiralen Liganden aus dem „chiral pool" der Natur zu verwenden, der an das Osmiumtetroxid koordiniert. Dadurch wird der Katalysator selbst chiral.

Um beide Enantiomere gezielt herstellen zu können, werden die beiden in Abb. 5.13 gezeigten Liganden Dihydroquinin (DHQ) und Dihydroquinidin (DHQD) verwendet, die als fertig vorbereitete Reagenzienmischungen, den sogenannten AD-Mix-α und AD-Mix-β, erhältlich sind. Je zwei Kopien dieser chiralen Liganden sind dabei kovalent an ein gemeinsames PHAL-Mittelstück gebunden.

Abb. 5.13 (Mitte) zeigt, wie man sich den Übergangszustand der Reaktion vorstellt. Ein mit vier unterschiedlich großen Substituenten versehenes Alken (R_L = großer Substituent – „large", R_M = mittlerer Substituent – „medium"; R_S = kleiner Substituent – „small" und ein Wasserstoffatom) liegt so in einer durch den Liganden am Osmiumtetroxid aufgespannten Bindungstasche, dass der große Substituent auf der freien Seite herauszeigt. Genauso zeigt der mittlere Substituent auf der anderen Seite in eine vom Liganden aufgespannte Lücke, während der kleine Substituent und das Wasserstoffatom in den Engstellen zu liegen kommen. Würde man das Alken hingegen umgekehrt in die Bindungstasche schieben, würde es deutlich schlechter passen, was sich durch eine Erhöhung der Aktivierungsbarriere der Reaktion bemerkbar machen würde. Dadurch ist vorgegeben, von welcher Seite die Doppelbindung angegriffen wird. Die Schemazeichnung auf der rechten Seite zeigt dies noch einmal vereinfacht.

Unten in der Abbildung ist schließlich gezeigt, wie sich die beiden unterschiedlichen AD-Mixe auf ein langkettiges (E)-Alken auswirken. Je nachdem, welchen AD-Mix man verwendet, erhält man mit hohen Enantiomerenüberschüssen eines der beiden dihydroxylierten Produkte.

Übung 5.7

a) Schlagen Sie nach, was eine asymmetrische Synthese ist und was man unter dem „chiral pool" versteht.

b) Wozu dient in den beiden AD-Mixen das Kaliumhexacyanoferrat(II)?

c) Die Dihydroxylierung von Alkenen ist eine Redoxreaktion. Formulieren Sie die Redoxgleichungen für die Dihydroxylierung mit OsO_4 und $KMnO_4$.

5.2.6 Katalytische Hydrierung

In den vorangegangenen Kapiteln haben wir elektrophile Additionen an Alkene kennengelernt, die schrittweise über einen Angriff eines Elektrophils und eine nachfolgende Reaktion mit einem Nucleophil ablaufen. Eine zweite Gruppe von Additionsreaktionen verläuft dagegen konzertiert. Zum Schluss wollen wir noch die zumeist heterogen katalysierte Hydrierung von Alkenen und Alkinen zu Alkanen betrachten.

Die Reaktion eines Alkens oder Alkins mit Wasserstoffmolekülen (Abb. 5.14) läuft nicht freiwillig ab, sondern benötigt einen Katalysator, der die Barriere der

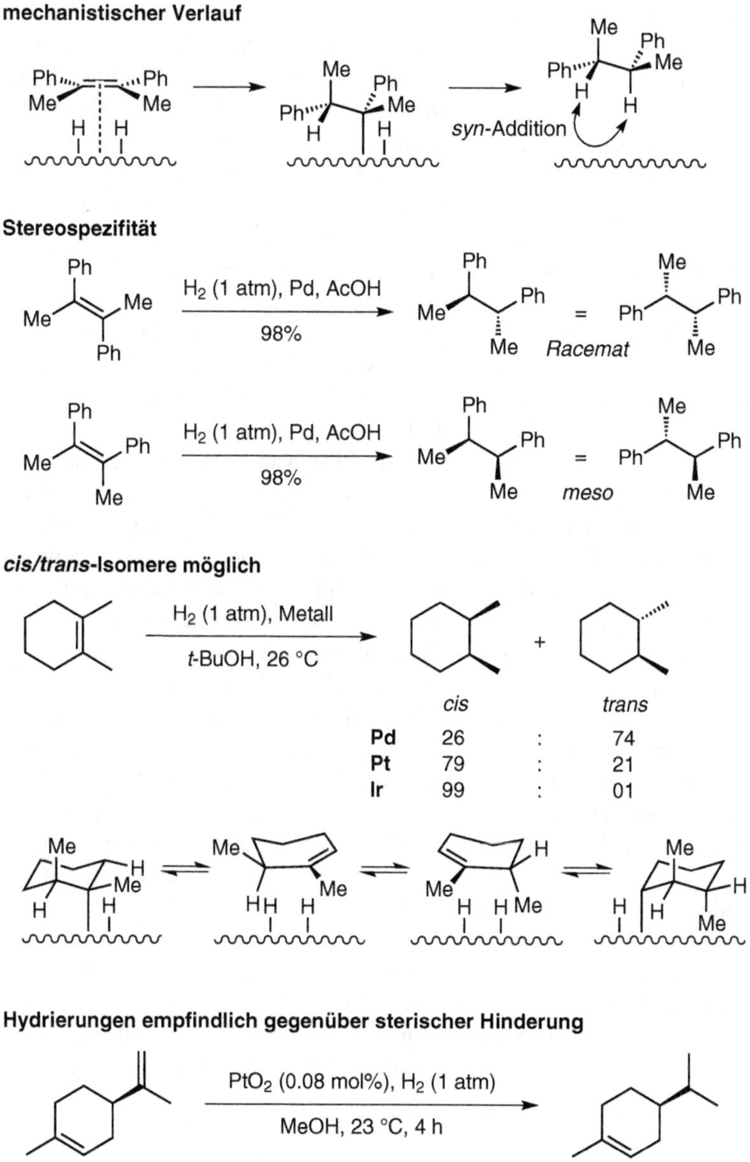

mechanistischer Verlauf

Stereospezifität

Racemat

meso

cis/trans-Isomere möglich

	cis		*trans*
Pd	26	:	74
Pt	79	:	21
Ir	99	:	01

Hydrierungen empfindlich gegenüber sterischer Hinderung

Abb. 5.14   Oben: Mechanismus der heterogen katalysierten Hydrierung eines Alkens über Palladium auf Aktivkohle. Nach der Aktivierung des Wasserstoffs an der Metalloberfläche werden die beiden Wasserstoffatome schrittweise auf die beiden Doppelbindungskohlenstoffe übertragen. **Darunter:** Diese Reaktion verläuft in der Regel stereospezifisch als *syn*-Addition. Mitunter werden aber auch *cis/trans*-Isomerisierungen beobachtet. Da die Hydrierung empfindlich gegen sterische Effekte ist, reagieren höher substituierte Doppelbindungen in der Regel langsamer

Reaktion absenkt, selbst aber am Ende der Reaktion unverändert wieder zurückgebildet wird und so einen neuen Katalysecyclus durchlaufen kann. Die katalytische Hydrierung kann heterogen mit zur Oberflächenvergrößerung möglichst fein verteilten Metallen wie Nickel, Palladium auf Aktivkohle, kolloidem Platinoxid, mit Legierungen wie Raney-Nickel (Nickel/Aluminium-Katalysator) oder auch homogen in Lösung mit Metallkomplexen wie beispielsweise dem Wilkinson-Katalysator ($RhCl(PPh_3)_3$) durchgeführt werden. Ein Beispiel für Hydrierungen ist die Fetthärtung von Pflanzenölen bei der Herstellung von Margarine. Dabei werden ungesättigte Fettsäuren hydriert, damit Margarine ihre Festigkeit erhält.

Die heterogen katalysierte Hydrierung an Metallen ist in der Regel stereospezifisch, da das Wasserstoffmolekül zunächst auf der Metalloberfläche aktiviert wird und beide Wasserstoffe von der gleichen Seite an die Doppelbindung addiert werden. Es gibt aber auch Ausnahmen, bei denen *cis*- und *trans*-Produkte beobachtet werden. Hier zeigen verschiedene Katalysatoren oft unterschiedliche Selektivitäten, sodass eine Optimierung durch geschickte Katalysatorwahl erreicht werden kann. Viele katalytische Hydrierungen sind empfindlich gegenüber sterischen Effekten. Daher reagiert eine höher substituierte Doppelbindung oft hinreichend langsam, um zunächst die weniger hoch substituierte Doppelbindung zu hydrieren. Umgekehrt ist es synthetisch schwierig, gezielt eine höher substituierte Doppelbindung in Anwesenheit einer weniger hoch substituierten zu hydrieren.

Die Hydrierung von Alkinen verläuft weitgehend analog zu der von Alkenen. Die meisten Katalysatoren setzen hierbei jedoch unselektiv beide π-Bindungen um, sodass es mit diesen Katalysatoren nicht möglich ist, selektiv nur ein H_2-Molekül zu addieren und das entsprechende Alken aus dem Alkin zu gewinnen. Einige spezielle Katalysatoren reagieren jedoch mit einem Alkin sehr viel schneller als mit einem Alken. Hier kann man die Reaktion dann nach dem Umsatz eines Äquivalents H_2 abbrechen und erhält selektiv das *(Z)*-Alken. Ein Beispiel für solch einen Katalysator ist der kommerziell erhältliche Lindlar-Katalysator. Er verwendet fein verteiltes Palladium als eigentlichen Katalysator. Als Träger dient aber nicht Aktivkohle, sondern Calciumcarbonat. Zusätzlich ist er mit Bleiacetat „vergiftet" und daher in seiner Reaktivität reduziert, um die Geschwindigkeit der Hydrierung des Alkens herabzusetzen. Eine andere laborpraktische Methode ist jedoch auch, einfach Pd/Aktivkohle-Katalysatoren durch Zugabe von etwas frisch destilliertem Chinolin so weit zu deaktivieren, dass die Reaktivität mit Doppelbindungen deutlich reduziert ist.

Übung 5.8

a) Schlagen Sie typische Bindungsdissoziationsenergien für die π-Bindungen von Alkenen und Alkinen und ebenso für die C–H-Bindungen in Alkenen und Alkanen nach. Berechnen Sie aus diesen Bindungsdissoziationsenergien die Hydrierungswärmen für beide Hydrierungsschritte des Alkins einzeln und für die Gesamtreaktion vom Alkin zum Alkan.

b) Wenn Sie die Hydrierung mit dem Lindlar-Katalysator auf der Alkenstufe anhalten wollen, müssen Sie die Reaktion nach Verbrauch von exakt einem

Äquivalent H_2 abbrechen, weil auch dieser Katalysator Alkene hydriert, dies allerdings viel langsamer als Alkine. Berechnen Sie, wie groß das Volumen an Wasserstoffgas (drucklos) ist, das Sie für die Hydrierung von einem Mol Alkin zum Alken verbrauchen.

c) Sie haben folgendes Material zur Verfügung: 1 Druckgasflasche mit Wasserstoffgas, 1 Chromatographiesäule ohne Fritte, aber mit Hahn, 1 Dreiwegehahn, 2 Schliffoliven mit Schlauchansatzstücken, 1 Scheidetrichter, Schläuche, 1 Stativ mit den benötigten Klemmen und Muffen und Ihren Reaktionskolben mit der Reaktionsmischung aus Alkin, Katalysator und einem geeigneten Lösemittel, darunter ein Magnetrührer. Bauen Sie hieraus eine Apparatur, mit deren Hilfe Sie genau bestimmen können, wann ein Äquivalent Wasserstoff in der Hydrierungsreaktion des Alkins verbraucht ist.

Abb. 5.15 zeigt einige typische Homogenkatalysatoren für katalytische Hydrierungen und den Katalysecyclus der katalytischen Hydrierung mit dem Wilkin-

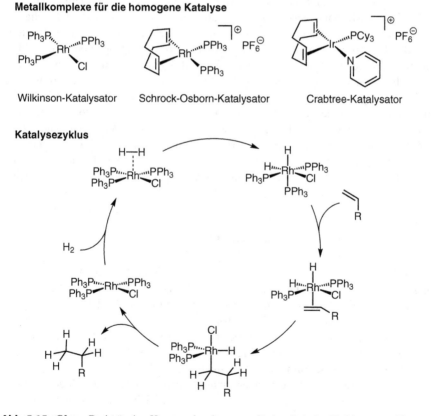

Metallkomplexe für die homogene Katalyse

Wilkinson-Katalysator   Schrock-Osborn-Katalysator   Crabtree-Katalysator

Katalysezyklus

Abb. 5.15 Oben: Drei gängige Homogenkatalysatoren für katalytische Hydrierungen. **Unten:** Katalysecyclus für eine Hydrierung mit Wilkinson-Katalysator

son-Katalysator. Zunächst wird ein H_2-Molekül angelagert und an den Katalysator addiert. Ein Alken wird an das Rhodiumatom unter Dissoziation eines der Triphenylphosphinliganden gebunden. Danach erfolgen die Übertragung der beiden Wasserstoffatome auf die Doppelbindung und unter Reassoziation des Triphenylphosphins die Abspaltung des Alkans. Der Katalysator wird unverändert zurückgebildet und kann den nächsten Katalysecyclus durchlaufen.

5.3   Eliminierungen

In diesem Kapitel beschränken wir uns auf die Diskussion der β-Eliminierungen als Umkehr der bereits besprochenen Additionsreaktionen. Zwei an benachbarten Kohlenstoffatomen gebundene Gruppen X und Y werden dabei aus dem Molekül unter Bildung einer C–C-Doppel- oder Dreifachbindung entfernt. Diese Eliminierungsreaktionen können in zwei Klassen eingeteilt werden: Eliminierungen, bei denen das Fragment Y ein Wasserstoffatom ist, und solche, bei denen Y eine Gruppe mit einem an eines der Kohlenstoffatome gebundenen Heteroatom (z. B. Phosphor oder Schwefel) ist. Bei den H,X-Eliminierungen unterscheidet man drei verschiedene Mechanismen. Im E1-Mechanismus entsteht, wie im S_N1-Mechanismus, durch Abspaltung einer guten Abgangsgruppe zunächst ein Carbeniumion, das durch Deprotonierung in der Nachbarposition eine Doppelbindung bildet. Beim E1cB-Mechanismus kehrt sich die Reihenfolge um. An einer aciden Position in Nachbarschaft zu einer weniger guten Abgangsgruppe wird zuerst deprotoniert und erst im zweiten Schritt die Abgangsgruppe abgespalten. Beim E2-Mechanismus geschehen beide Prozesse konzertiert. Diese Reaktion ist also einstufig und durchläuft keine weiteren Reaktionsintermediate auf dem Weg vom Edukt zum Produkt. Die Y,X-Eliminierungen verlaufen hingegen zum Teil über cyclische Intermediate und konzertierte Cycloreversion. Als prominentes Beispiel dient hier u. a. die Wittig-Reaktion. Im Folgenden werden zuerst die H,X-Eliminierungen und dann die X,Y-Eliminierungen besprochen.

5.3.1   H,X-β-Eliminierungen: der E1-Mechanismus

H,X-β-Eliminierungen verlaufen nach insgesamt drei unterschiedlichen Mechanismen. Beachten Sie dabei bitte, dass die drei Mechanismen idealisierte Vorstellungen sind, die Grenzfälle eines mechanistischen Kontinuums darstellen.

Bei der E1-Eliminierung (Abb. 5.16) wird zuerst die Bindung zur Abgangsgruppe heterolytisch gespalten. Charakteristisch ist dabei das Auftreten eines Carbeniumions als Intermediat, das durch Abspaltung eines Protons in benachbarter Position im zweiten Schritt in ein Alken übergeht.

Es handelt sich hierbei um einen unimolekularen zweistufigen Mechanismus nach einer Kinetik erster Ordnung, bei dem der erste Schritt, die Eliminierung der Abgangsgruppe mit der energetisch nicht sehr günstigen Ladungstrennung, geschwindigkeitsbestimmend ist. Entscheidend sind also die Qualität der Abgangsgruppe

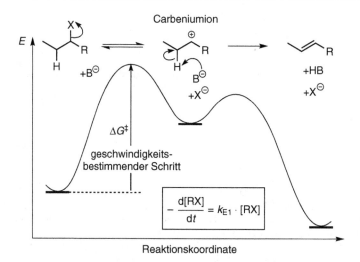

Abb. 5.16 Zwei-Stufen-Mechanismus der E1-Eliminierung mit zugehöriger Potenzialenergie-kurve. Der erste Schritt ist geschwindigkeitsbestimmend. Daher ist die Reaktion unimolekular

sowie das Vermögen der restlichen Substituenten, das intermediäre Carbeniumion zu stabilisieren. Die Base und ihre Konzentration sind hingegen für die Reaktionsgeschwindigkeit nicht von Belang, da sie im geschwindigkeitsbestimmenden Schritt keine Rolle spielen.

Bei einer Betrachtung des Mechanismus fällt auf, dass der erste Schritt identisch mit dem ersten Schritt der S_N1-Reaktion ist. In beiden Fällen ist dieser geschwindigkeitsbestimmende Schritt die Erzeugung eines Carbeniumions durch Dissoziation der Abgangsgruppe. E1- wie S_N1-Reaktionen sind daher Konkurrenzreaktionen.

Das Beispiel in Abb. 5.17 verdeutlicht noch einmal den Unterschied zwischen dem geschwindigkeits- und dem produktbestimmenden Schritt. In den beiden gezeigten Reaktionen ist lediglich die Abgangsgruppe verschieden. Chlorid ist dabei gegenüber Dimethylsulfid die schwächere Abgangsgruppe. Damit verändert sich die Reaktionsgeschwindigkeit, und die zweite Reaktion ist schneller ($k_{SMe2} > k_{Cl}$). In beiden Fällen verlaufen aber die E1- und die S_N1-Reaktion gleich schnell. Der zweite Schritt ist nun aber der produktbestimmende. Hier wirken sich die unterschiedlich hohen Barrieren aus, die zum Eliminierungs- oder Substitutionsprodukt führen. Da die Abgangsgruppe in diesem Schritt aber keine Rolle mehr spielt, ist das Verhältnis der Produkte unabhängig von der Abgangsgruppe.

Will man eine E1-Reaktion erreichen und die S_N1-Reaktion möglichst zurückdrängen, gibt es folgende Möglichkeiten zur Steuerung: Weder das Lösemittel noch eine eventuell zugesetzte Base sollten nucleophil sein, da dann eine S_N1-Reaktion bevorzugt ablaufen würde. Der Zusatz einer Base ist oft nicht notwendig und würde E2-Eliminierungen begünstigen. Ohne Base muss jedoch das Lösemittel in der Lage sein, das Proton abzufangen, um der Eliminierung gegenüber der Rückreaktion

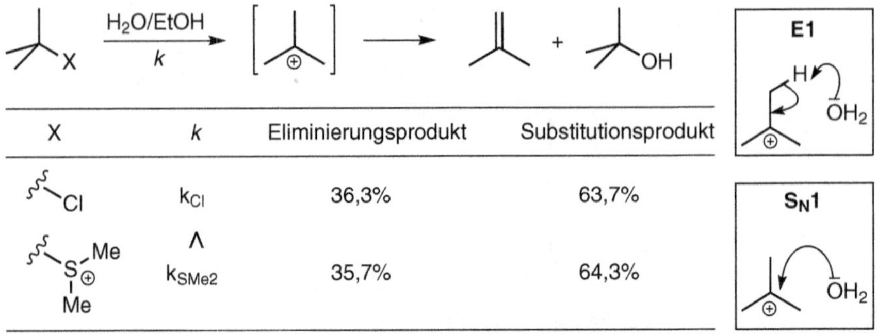

X	k	Eliminierungsprodukt	Substitutionsprodukt
Cl	k_{Cl}	36,3%	63,7%
$\text{S}^{\oplus}\text{Me}_2$	k_{SMe2}	35,7%	64,3%

Abb. 5.17 Die E1-Eliminierung und die S_N1-Reaktion durchlaufen das gleiche Carbenium-ion-Intermediat und sind daher Konkurrenzreaktionen. Da die Bildung des Carbeniumions geschwindigkeitsbestimmend ist, ist die Reaktionsgeschwindigkeit für beide Reaktionen gleich und hängt von der Abgangsgruppe ab ($k_{SME2} > k_{Cl}$). Der zweite Schritt ist jedoch der produktbe-stimmende und von der Abgangsgruppe unabhängig, sodass das Verhältnis von Eliminierung und Substitution für beide Reaktionen gleich ist

(Addition) Triebkraft zu verleihen. Zugleich sollte das Lösemittel – günstig sind z. B. Wasser oder Alkohole meist unter sauren Bedingungen – die Ladungstrennung im ersten Schritt begünstigen, da sonst sowohl die E1- als auch die S_N1-Reaktion langsam werden.

E1-Reaktionen sind stärker entropiebegünstigt, da die Anzahl der Teilchen im Gegensatz zu S_N-Reaktionen zunimmt. Der Entropieterm von E1-Reaktionen bekommt folglich bei höheren Temperaturen eine stärkere Gewichtung, wodurch die freie Reaktionsenthalpie ($\Delta G = \Delta H - T\Delta S$) in höherem Maße erniedrigt und so die gesamte Reaktion gegenüber S_N1-Reaktionen thermodynamisch bevorzugt wird. Daher ist eine zweite Möglichkeit zur Steuerung des E1/S_N1-Verhältnisses zugunsten der Eliminierung eine Temperaturerhöhung.

Häufig ist die Abgangsgruppe von mehreren nichtäquivalenten Wasserstoffato-men in direkter Nachbarschaft umgeben, sodass die Eliminierung entlang unter-schiedlicher C–C-Bindungen zu verschieden hoch substituierten Doppelbindungen verlaufen kann. Betrachten wir dazu die Dehydratisierung von 2-Methylbutan-2-ol mit Schwefelsäure (Abb. 5.18).

Zwei Regioisomere können als Produkte entstehen, wobei das höher substi-tuierte, also thermodynamisch stabilere Alken deutlich dominiert. Die Ausbil-dung der Doppelbindung geschieht wieder erst im zweiten produktbestimmenden Schritt, sodass die Selektivität aus den relativen Energien der beiden in Abb. 5.18 gezeigten Übergangszuständen resultieren muss. Die höher substituierte Dop-pelbindung ist durch Hyperkonjugation mit den sie umgebenden Substituenten stabilisiert. Dieser Effekt spielt bereits im Übergangszustand der Deprotonierung eine wesentliche Rolle, sodass die Aktivierungsbarriere für die Entstehung der höher substituierten kleiner ist als die Barriere zur weniger hoch substituierten Doppelbindung.

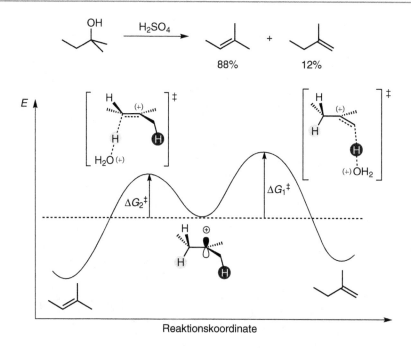

Abb. 5.18 Regiochemie der sauer katalysierten E1-Eliminierung von Wasser aus 2-Methyl-butan-2-ol: Die höher substituierte Doppelbindung ist durch Hyperkonjugationseffekte mit den umliegenden Substituenten besser stabilisiert. Dieser Effekt macht sich auch in den relativen Übergangszustandsenergien bemerkbar, sodass die Eliminierung zur höher substituierten Doppelbindung bevorzugt ist

---

Übung 5.9

a) Erläutern Sie, wie Hyperkonjugation zur Stabilität der höher substituierten Doppelbindung beiträgt.

b) Welche Orbitale sind hierbei involviert? Zeichnen Sie ein MO-Schema, das die Hyperkonjugation zeigt.

c) Ziehen Sie Vergleiche zur Stabilisierung von Radikalen und Kationen durch Hyperkonjugation.

5.3.2 H,X-β-Eliminierungen: der E1cB-Mechanismus

Der E1cB-Mechanismus steht quasi am anderen Ende des mechanistischen Kontinuums der möglichen Eliminierungsmechanismen. Im Gegensatz zum E1-Mechanismus wird hier das Proton zuerst in einem vorgelagerten Gleichgewicht durch eine Base entfernt, und es entsteht ein Carbanion. Die in einem zweiten Schritt anschließende Eliminierung der Abgangsgruppe führt zur Bildung einer Doppelbindung. Da als Intermediat ein Carbanion entsteht (die „conjugate base" = cB)

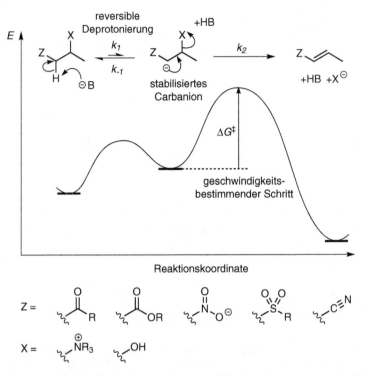

Abb. 5.19 Zwei-Stufen-Mechanismus der E1cB-Eliminierung mit zugehöriger Potenzial-energiekurve. Hier ist in der Regel der zweite Schritt geschwindigkeitsbestimmend. Unten sind typische Gruppen Z gezeigt, die Anionen am benachbarten Kohlenstoffatom stabilisieren. Als schlechte Abgangsgruppen kommen z. B. Ammonium- und OH-Gruppen infrage

und der in der Regel geschwindigkeitsbestimmende zweite Schritt unimolekular nur von der Konzentration des Carbanions abhängt, bezeichnet man diesen Mechanismus als E1cB (Abb. 5.19).

Allerdings ist die Kinetik hier nicht ganz so einfach, wie es sich zunächst anhört. Die Konzentration des Anions ist oft nämlich nicht bekannt. Daher wird ein Geschwindigkeitsgesetz benötigt, das die Zunahme des Produkts von den Konzentrationen des Substrats und der Base abhängig macht. Wir gehen zur Ableitung des Geschwindigkeitsgesetzes hier vom typischen Fall aus. Der erste Schritt ist eine schnelle reversible Deprotonierung, weshalb angenommen werden kann, dass das Carbanion sich so schnell bildet, dass seine Konzentration konstant ist und ein sogenanntes Fließgleichgewicht vorliegt. Die Bildung und der Verbrauch des Carbanions sind also gleich schnell.

Dann gilt (mit RX = Substrat, B⁻ = Base, HB = konjugate Säure, A⁻ = Carbanionintermediat und P = Produkt):

$$k_1[RX][B^-] = k_{-1}[A^-][HB] + k_2[A^-]$$

Löst man diese Gleichung nach der Carbanionkonzentration auf, erhält man:

$$[A^-] = \frac{k_1[RX][B^-]}{k_{-1}[HB] + k_2}$$

Für den zweiten Reaktionsschritt gilt folgendes Geschwindigkeitsgesetz:

$$-\frac{d[P]}{dt} = k_2[A^-] = \frac{k_1 k_2[RX][B^-]}{k_{-1}[HB] + k_2}$$

Diese Gleichung kann stark vereinfacht werden, wenn die konjugate Säure zugleich das Lösemittel ist. Dies wäre z. B. der Fall, wenn als Base Methanolat in Methanol zum Einsatz käme. In diesem Fall ist die Konzentration des Lösemittels so viel größer als die durch die Reaktion produzierte Menge an HB, dass man sie als konstant annehmen darf. Die Geschwindigkeitskonstanten im Zähler lassen sich dann mit dem Nenner in eine Konstante k_{obs} zusammenziehen, und die E1cB-Reaktion hat dann ein Geschwindigkeitsgesetz, das sowohl von der Substrat- als auch von der Basenkonzentration abhängt, also eine bimolekulare Reaktion nahelegen würde, auch wenn der zweite, geschwindigkeitsbestimmende Reaktionsschritt eigentlich ein unimolekularer ist. Man erhält also schließlich unter der genannten vereinfachenden Bedingung:

$$-\frac{d[P]}{dt} = k_{obs}[RX][B^-]$$

Es handelt sich bei der E1cB-Eliminierung also ebenfalls um einen zweistufigen Mechanismus, der jedoch einer Kinetik zweiter Ordnung gehorcht. Ebenso wie der E1-Mechanismus ist eine Eliminierung nach E1cB nur möglich, wenn das Intermediat, in diesem Fall das Carbanion, hinreichend stabilisiert ist. Vorzugsweise geschieht dies durch π-Akzeptor-Substituenten Z, also z. B. Carbonyl- oder Nitrogruppen in α-Position zum Proton. Schlechte Abgangsgruppen begünstigen den Mechanismus, indem sie die alternativen E1- und E2-Reaktionen benachteiligen. Ebenso wirken sich starke Basen günstig aus, da sie das Gleichgewicht auf die Seite des intermediären Carbanions verschieben.

Übung 5.10

Nicht immer ist der erste Schritt, die Deprotonierung, schnell. Es gibt auch E1cB-Eliminierungen, bei denen die Deprotonierung geschwindigkeitsbestimmend ist.

a) Zeichnen Sie für diesen Fall die Potenzialenergiekurve. Wie verändern sich Minima und Maxima?

b) Stellen Sie auch für diesen Fall ein Geschwindigkeitsgesetz auf und vergleichen Sie es mit dem oben erhaltenen.

c) Schlagen Sie nach, was ein primärer kinetischer Isotopeneffekt ist. Wie könnte man zeigen, welcher Schritt in einer bislang nicht genauer untersuchten E1cB -Eliminierung geschwindigkeitsbestimmend ist?

d) Vergleichen Sie die Geschwindigkeitsgesetze und die erwarteten Isotopeneffekte mit der E1-Eliminierung. Können Sie beide Mechanismen unterscheiden?

5.3.3   H,X-β-Eliminierungen: der E2-Mechanismus

Eliminierungen können auch konzertiert in einem einzigen Schritt verlaufen. Eine starke Base abstrahiert dabei das Proton in β-Position zur Abgangsgruppe, während diese gleichzeitig das Molekül verlässt (Abb. 5.20). Die in der Mitte des mechanistischen Kontinuums zwischen E1- und E1cB-Eliminierungen anzusiedelnde Reaktion ist einstufig und verläuft nach einer Kinetik zweiter Ordnung, da Base und Substrat beide am geschwindigkeitsbestimmenden Schritt beteiligt sind. Entscheidend sind also sowohl die Stärke der Base als auch die Qualität der Abgangsgruppe.

Übung 5.11

Vergleichen Sie die Geschwindigkeitsgesetze der E1cB- und E2-Eliminierung. Können Sie die beiden Mechanismen unterscheiden? Wie sieht es mit Isotopeneffekten aus? Helfen Sie bei einer Unterscheidung? Falls nein, entwickeln Sie Ideen, wie Sie die beiden Reaktionen dennoch auseinanderhalten können.

Die Orbitale der an der Reaktion beteiligten C–H- und der C–X-Bindung müssen koplanar zueinander stehen, also in der gleichen Ebene liegen, um einen konzertierten Verlauf der Reaktion möglich zu machen. Dies ist prinzipiell in zwei Konformationen möglich: in einer gestaffelten Konformation, in der die C–H- und

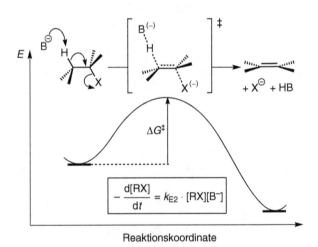

Abb. 5.20 Mechanismus der konzertiert verlaufenden bimolekularen E2-Eliminierung mit dazugehörigem Potenzialenergiediagramm und ihrem Geschwindigkeitsgesetz

die C–X-Bindung *anti* zueinander stehen (*anti*-periplanare Anordnung), und in einer ekliptischen Konformation, in der die beiden Bindungen direkt hintereinander stehen (*syn*-periplanare Anordnung). Je nach dem stereochemischen Verlauf unterscheidet man bei E2-Eliminierungen daher zwischen *syn*- und *anti*-Eliminierungen. Die beiden Reaktionsverläufe führen zu unterschiedlichen Stereoisomeren des Produkts (Abb. 5.21).

Syn-Eliminierungen würden jedoch aus einer energetisch ungünstigen Konformation heraus erfolgen, die bei Kohlenstoffketten mit frei drehbaren C–C-Bindungen genau genommen sogar einem Übergangszustand für die Rotation um die C–C-Bindung entspricht. Daher laufen E2-Eliminierungen in der Regel als *anti*-Eliminierungen ab, während *syn*-Eliminierungen nur dann konkurrieren können, wenn eine *anti*-periplanare Konformation nicht eingenommen werden kann oder die *syn*-periplanare Konformation in speziellen Fällen eine größere Stabilisierung des Übergangszustands erlaubt.

Genauso wie S_N1-Reaktionen mit der E1-Eliminierung konkurrieren, sind die S_N2- und die E2-Reaktionen Konkurrenzreaktionen. Beide Reaktionen verlaufen konzertiert (auch wenn die Übergangszustände verschieden sind) und unter ähnlichen Bedingungen ab. Für beide Reaktionen sind eine gute Abgangsgruppe und eine starke Base, die in der Regel auch ein starkes Nucleophil ist, vorteilhaft. Das Beispiel in Abb. 5.22 verdeutlicht dies. Aus den experimentellen Daten lässt sich eine direkte Abhängigkeit des Reaktionstyps vom sterischen Anspruch des Substrats erkennen. Je höher substituiert das Kohlenstoffatom ist, das die Abgangsgruppe trägt, desto schwieriger wird die S_N2-Reaktion, und desto höher ist die Ausbeute an Alken aus der konkurrierenden E2-Eliminierung. Letztere ist nicht analog durch die höhere Substitution gehindert, einerseits weil die Base am

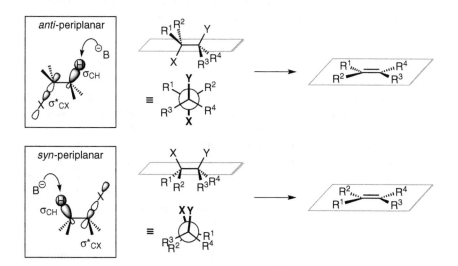

Abb. 5.21 *Anti*- und *syn*-Eliminierungen aus Konformationen mit *anti*- bzw. *syn*-periplanarer Anordnung der beiden austretenden Gruppen. Die Stereochemie der Produkte ist verschieden

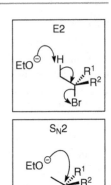

R	Alken	Anteil Alken [%]
R−Br $\xrightarrow[\text{EtOH}]{\text{NaOEt}}$ R−OEt + Alken + NaBr		

R	Alken	Anteil Alken [%]
(n-propyl)	(ethen)	1
(isopropyl)	(propen)	79
(tert-butyl)	(isobuten)	100

Abb. 5.22 Mit wachsendem Substitutionsgrad am Reaktionszentrum wird die S_N2-Reaktion immer ungünstiger. Die E2-Eliminierung kann dadurch immer besser konkurrieren, da die Wasserstoffatome an den benachbarten Kohlenstoffatomen für eine Deprotonierung weiterhin gut erreichbar sind

benachbarten, besser zugänglichen Kohlenstoffatom ein Proton abstrahiert, andererseits, weil Protonentransfers über größere Abstände energetisch eher möglich sind als der Angriff eines Nucleophils an einem elektrophilen C-Atom.

Häufig lässt uns das Substrat aber nicht die Wahl, ob das Zentrum, an dem die Eliminierung stattfinden soll, sterisch anspruchsvoll genug ist, um S_N2-Reaktionen auszuschließen. In solchen Fällen ist es sinnvoll, den sterischen Anspruch auf die zur Deprotonierung verwendete Base zu verlagern. Mithilfe sterisch anspruchsvoller nichtnucleophiler Basen lässt sich eine Eliminierung auch in Fällen erreichen, die anderweitig schwierig zu realisieren wären. Einige typische nichtnucleophile Basen finden sich in Abb. 5.23.

Übung 5.12

a) Warum ist Kalium-*t*-butanolat vor allem in dipolar aprotischen Lösemitteln eine starke Base? Warum nimmt die Basenstärke in protischen Lösemitteln drastisch ab? Erläutern Sie den Einfluss des Lösemittels.

b) Schwesingers Phosphazenbasen können wie in einem Baukastensystem erweitert werden. Zeichnen Sie analog zur P1- und P2-Base auch die P3- und P4-Basen. Je größer die Base, desto höher ist auch der pK_a-Wert. Zeichnen Sie für die protonierte P2-Base alle möglichen mesomeren Grenzformeln und erklären Sie daran, warum die Basen so stark, aber gleichzeitig nicht nucleophil sind.

Setzt man das in Abb. 5.24 gezeigte (2-Methylpent-3-yl)trimethylammoniumsalz mit Kalium-*para*-nitrophenolat ($pK_a = 7, 15$) um, erhält man ein anderes Hauptprodukt als mit Kalium-*tert*-butanolat ($pK_a = 18$). Im Fall der schwächeren und

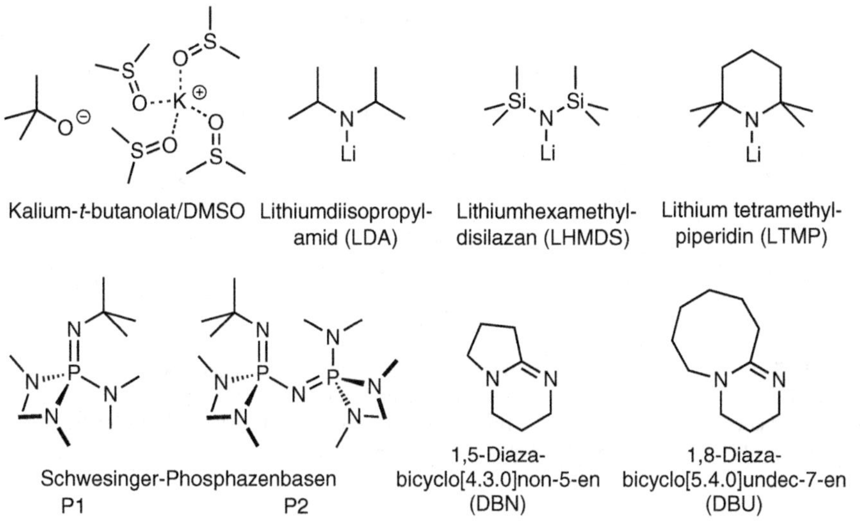
Kalium-t-butanolat/DMSO
Lithiumdiisopropyl-amid (LDA)
Lithiumhexamethyl-disilazan (LHMDS)
Lithium tetramethyl-piperidin (LTMP)
Schwesinger-Phosphazenbasen
P1
P2
1,5-Diaza-bicyclo[4.3.0]non-5-en (DBN)
1,8-Diaza-bicyclo[5.4.0]undec-7-en (DBU)

Abb. 5.23 Typische nichtnucleophile Basen: Kalium-*t*-butanolat ist insbesondere in polar aprotischen Lösemitteln eine starke Base mit geringer Nucleophilie. Die Basizität von LDA und seinen Derivaten lässt sich über die Substituenten variieren. Schwesingers Phosphazenbasen sind nicht nur sterisch anspruchsvoll, sondern stabilisieren die positive Ladung im protonierten Zustand durch Mesomerie über das ganze Molekül

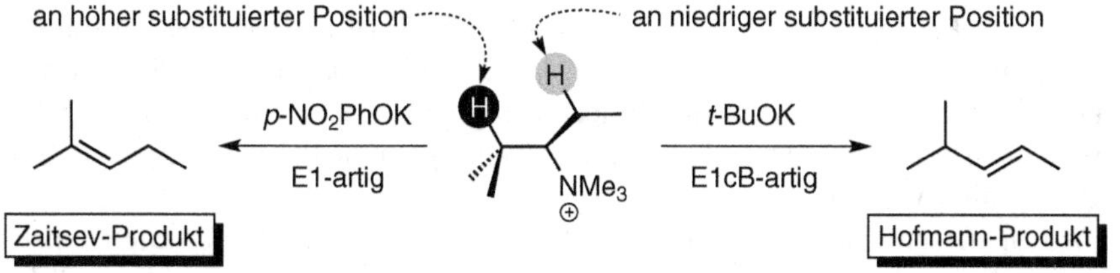
an höher substituierter Position
an niedriger substituierter Position
p-NO2PhOK
E1-artig
t-BuOK
E1cB-artig
NMe3
Zaitsev-Produkt
Hofmann-Produkt

Abb. 5.24 Regiochemische Aspekte der E2-Eliminierung: Sterisch anspruchsvolle Basen helfen, die E2-Eliminierung vom thermodynamisch günstigeren Zaitsev-Produkt, also der höher substituierten Doppelbindung, hin zum weniger günstigen Hofmann-Produkt, also der weniger hoch substituierten Doppelbindung, zu lenken

sterisch weniger anspruchsvollen Base wird das Proton am höher substituierten Kohlenstoff entfernt, und es entsteht das thermodynamisch stabilere Produkt (Zaitsev-Produkt), nämlich die höher substituierte Doppelbindung. Die stärkere und sterisch anspruchsvollere Base liefert hingegen das weniger hoch substituierte und somit kinetische Produkt (Hofmann-Produkt). Sterisch anspruchsvolle Basen helfen also auch mit, wenn es um regiochemische Aspekte der E2-Eliminierung geht.

Auch wenn die sterischen Argumente hier zu überzeugen scheinen, ist es jedoch nicht allein der räumliche Anspruch von Substrat und Base, der die Lenkungswirkung

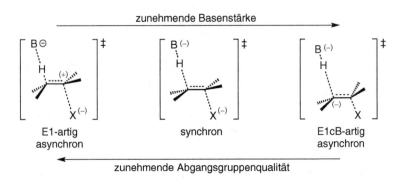

Abb. 5.25 Eine konzertierte einschrittige Reaktion kann synchron oder asynchron ablaufen. Bei der E2-Eliminierung gibt es je nach Basenstärke und Abgangsgruppenqualität eher E1-artige, konzertiert aber asynchron verlaufende (links), synchron verlaufende (Mitte) oder eher E1cB-artig konzertiert, aber asynchron verlaufende Mechanismen (rechts)

begründet. Hinzu kommt ein elektronischer Effekt, der mit der Basenstärke zusammenhängt (Abb. 5.25). Um dies zu verstehen, müssen wir uns zunächst vergegenwärtigen, dass ein konzertierter Verlauf der E2-Reaktion nicht unbedingt bedeutet, dass die Bindungsbrüche der beteiligten C–H- und C–X-Bindungen exakt gleich weit fortgeschritten sind. Man spricht dann von einer synchron verlaufenden Reaktion. In einer asynchronen Reaktion ist hingegen der Bruch einer der Bindungen weiter fortgeschritten als der der anderen. Eine synchrone E2-Eliminierung entspräche also dem mittleren der drei gezeigten Übergangszustände in Abb. 5.25. Ist hingegen der Austritt der Abgangsgruppe weiter fortgeschritten als die Deprotonierung (linker Übergangszustand), so ist die Reaktion zwar immer noch konzertiert, aber bereits eher E1-artig und asynchron. Ist das Gegenteil der Fall (rechter Übergangszustand), ist sie eher E1cB-artig und ebenfalls asynchron.

Wo in diesem mechanistischen Kontinuum eine bestimmte Reaktion einzuordnen ist, hängt ganz wesentlich vom Zusammenspiel der Basenstärke und der Abgangsgruppenqualität ab. Je besser die Abgangsgruppe ist, desto eher kommt ein E1-artiger asynchroner Verlauf zum Tragen. Je stärker die Base ist, desto eher befinden wir uns im Bereich der E1cB-artigen asynchronen Eliminierungen. Im E1-artigen Fall tritt die Base zunächst nur geringfügig in Wechselwirkung mit dem Proton, während die Abgangsgruppe bereits dabei ist, das Edukt zu verlassen. Im Übergangszustand entsteht eine positive Partialladung am C–X-Kohlenstoffatom. Im E1cB-artigen Fall ist die C–H-Bindung bereits deutlich verlängert, während der C–X-Bindungsbruch kaum vorangeschritten ist. Im Übergangszustand entsteht daher eine negative Partialladung am C–H-Kohlenstoffatom, die am weniger hoch substituierten Kohlenstoffatom besser stabilisiert ist. Die Stärke der Base und die Abgangsgruppenqualität nehmen also Einfluss auf die Ladungsverteilung im Übergangszustand und somit auf die Regioselektivität.

Die Regioselektivität der Eliminierung lässt sich also u. a. durch die Wahl der Base bestimmen. Nach unserer vorangegangenen Betrachtung würden wir demnach

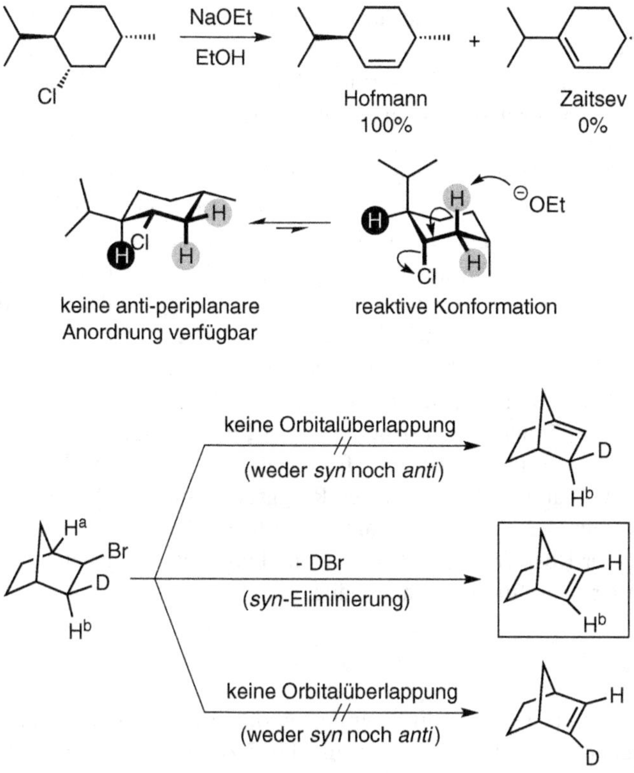

keine anti-periplanare reaktive Konformation
Anordnung verfügbar

Abb. 5.26 In Ringsystemen gibt es stereoelektronische Effekte, die die Reaktion zum energetisch günstigeren Zaitsev-Produkt unmöglich machen können. **Oben:** In der bevorzugten Sesselkonformation des Sechsrings ist keines der zur Chloridabgangsgruppe benachbarten Wasserstoffatome in einer *anti*- oder *syn*-periplanaren Position. In der einzig möglichen reaktiven Konformation führt die allein verbliebene Reaktionsmöglichkeit zum Hofmann-Produkt. **Unten:** Nach der Bredtschen Regel ist eine Eliminierung hin zu einem Brückenkopfatom in einem Bicyclus unmöglich. Auch dies lässt sich aus stereoelektronischen Effekten heraus verstehen

für das Beispiel in Abb. 5.26 (oben) eine Selektivität zugunsten des Zaitsev-Produkts erwarten, da Ethanolat sterisch nicht gehindert ist. Erstaunlicherweise ist genau das Gegenteil der Fall: Es bildet sich ausschließlich das Hofmann-Produkt. Um das zu verstehen, ist ein genauerer Blick auf die Konformationen des Cyclohexanrings sinnvoll. Der Isopropylrest ist aufgrund seiner Größe ein Konformationsanker, und in der energetisch stabilsten Konformation sind beide Alkylreste in äquatorialer Position. In dieser Konformation steht jedoch keines der Protonen *syn*- oder *anti*-periplanar zur Chloridabgangsgruppe. Eine E2-Eliminierung ist aus dieser Konformation heraus also unmöglich. Erst nach einer Ringinversion steht eines der beiden Protonen, deren Eliminierung zum Hofmann-Produkt führt (grau unterlegt), in einer *anti*-periplanaren Stellung, aus der heraus eine Eliminierung stattfinden kann. In keiner der beiden Konformationen ist das dunkel unterlegte Proton, das auf dem Weg zum Zaitsev-Produkt abstrahiert werden müsste, in einer *anti-* oder *syn*-periplanaren Anordnung. Das Zaitsev-Produkt kann also in einer E2-Eliminierung nicht entstehen. Aufgrund des geringen Anteils der reaktiven Konformation im Gleichgewicht können wir zudem davon ausgehen, dass die Reaktion insgesamt nur langsam verläuft.

In dem in Abb. 5.26 (unten) gezeigten Bicyclus ist das Bromatom von drei unterschiedlichen benachbarten Wasserstoffatomen umgeben, von denen eines durch ein Deuteriumatom ersetzt ist. Führt man an diesem Bicyclus eine E2-Eliminierung durch, findet man ausschließlich den Verlust von DBr, während HBr nicht gebildet wird. Auch die entstandene Doppelbindung ist demnach die weniger hoch substituierte; hier entsteht also ebenfalls das Hofmann-Produkt. In diesem Fall gibt es wegen der durch die bicyclische Struktur des Gerüsts fixierten Stereochemie kein Proton in einer *anti*-periplanaren Stellung zum Bromatom. Die einzige Reaktionsmöglichkeit ist daher eine *syn*-Eliminierung von DBr. Während man früher in Unkenntnis der Ursache für die Beobachtung, dass Eliminierungen hin zu Brückenkopfatomen bei zu kleinen Ringgrößen unmöglich sind, einfach nur als Bredtsche Regel bezeichnet hat, können wir heute durch mechanistische Überlegungen Struktur-Reaktivitäts-Beziehungen herleiten, die ein genaues Verständnis und sogar Vorhersagen für unbekannte Fälle erlauben.

Übung 5.13

Spielen Sie durch, welche Eliminierungsprodukte zu erwarten sind, wenn Sie die Stereochemie im oberen Beispiel in Abb. 5.26 an einem oder mehreren der Stereozentren des Edukts verändern. In welchen Fällen kann man das Zaitsev-Produkt als Hauptprodukt erwarten? Welchen Einfluss hat die Stellung der Methylgruppe?

Ringsysteme sind mitunter speziell, wie wir gerade gesehen haben. Aber auch in Ketten kann es stereochemische Besonderheiten geben. Sind an dem zur Abgangsgruppe benachbarten C-Atom zwei Protonen vorhanden, gibt es grundsätzlich zwei *anti*-periplanare Konformationen, aus denen heraus eliminiert werden kann. In einem solchen Fall sind zwei konfigurationsisomere Doppelbindungen als Produkte möglich (Abb. 5.27, oben).

Die energetisch günstigere Konformation ist die, in der beide Reste am weitesten entfernt voneinander stehen, also *anti*-ständig und nicht *gauche* zueinander. Im Übergangszustand haben sich die vier an der künftigen Doppelbindung gebundenen Reste schon in Richtung auf die Doppelbindungsebene verschoben, und die Bindungswinkel sind teilweise eingeebnet. Dadurch verstärken sich ungünstige *gauche*-Wechselwirkungen. Folglich ist der Übergangszustand energetisch am günstigsten, der zum *(E)*-Alken führt. Mit wachsender Größe der Reste R^1 und R^2 (Abb. 5.27, unten) erhöht sich die Differenz $\Delta\Delta G^{\ddagger}$ der beiden freien Aktivierungsenthalpien und damit auch die Selektivität der Reaktion zugunsten des *(E)*-Alkens.

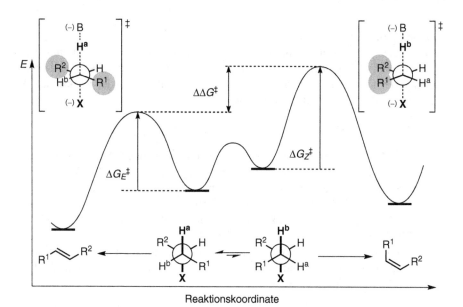

Abb. 5.27 Oben: Sind zwei zur Abgangsgruppe benachbarte Wasserstoffatome vorhanden, können zwei diastereomere Alkene gebildet werden. **Mitte:** Beispiel, in dem neben dem Hofmann-Produkt auch zwei verschieden konfigurierte Zaitsev-Produkte gebildet werden. Das *(E)*-Alken ist das Hauptprodukt. **Unten:** Potenzialenergiediagramm zur Illustration der unterschiedlich hohen Aktivierungsbarrieren für die Bildung von *(E)*- und *(Z)*-Alken aus den beiden möglichen *anti*-periplanaren Anordnungen im Edukt

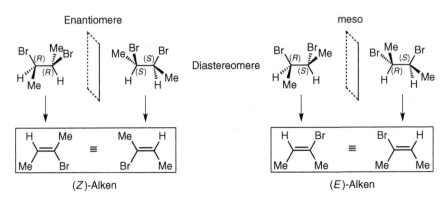

Abb. 5.28 Je nach der Konfiguration des Edukts ergeben sich unterschiedlich konfigurierte Alkene. Aus den beiden *(R,R)*- und *(S,S)*-Enantiomeren entsteht im gezeigten Beispiel das *(Z)*-Alken, aus der *meso*-Form das *(E)*-Alken

---

Übung 5.14

Die freie Aktivierungsenthalpie einer Reaktion hängt wie folgt mit der Geschwindigkeitskonstante zusammen. Daraus ergibt sich, dass der Unterschied der freien Aktivierungsenthalpien zweier konkurrierender Reaktionen **A** und **B** das Produktverhältnis bestimmt.

$$\Delta G^{\neq} \sim -RT\ln k \quad \rightarrow \quad \Delta\Delta G^{\neq} = -RT\ln\frac{k_A}{k_B}$$

a) Lösen Sie die letzte Gleichung so auf, dass Sie einen Ausdruck für das Produktverhältnis erhalten. Berechnen Sie dann die Produktverhältnisse für die Reaktion bei Raumtemperatur unter der Annahme, dass $\Delta\Delta G^{\ddagger} = 5, 10, 15, 20$ oder 50 kJ mol^{-1} beträgt.

b) Wie ändert sich das Produktverhältnis mit der Temperatur von $-78\,°C$ bis $100\,°C$, wenn $\Delta\Delta G^{\ddagger} = 5$ kJ mol^{-1} ist?

c) Nehmen Sie das Produktverhältnis der beiden Zaitsev-Produkte aus dem Beispiel in Abb. 5.27 und berechnen Sie $\Delta\Delta G^{\ddagger}$ für diese Reaktion, die bei $80\,°C$ durchgeführt wurde.

E2-Eliminierungen können auch stereospezifisch sein. Dies ist der Fall, wenn nur ein Proton in der zur Abgangsgruppe benachbarten Position vorhanden ist. Hier gibt nur einen möglichen *anti*-periplanaren Übergangszustand. Abb. 5.28 zeigt anhand eines Beispiels die stereochemischen Zusammenhänge.

5.3.4 H,X-β-Eliminierungen: einige synthetisch wichtige Reaktionen

5.3.4.1 Hofmann-Eliminierung

Die Hofmann-Eliminierung (Abb. 5.29) ist von historischer Bedeutung für die Strukturaufklärung von Alkaloiden, also stickstoffhaltigen Naturstoffen. In dieser

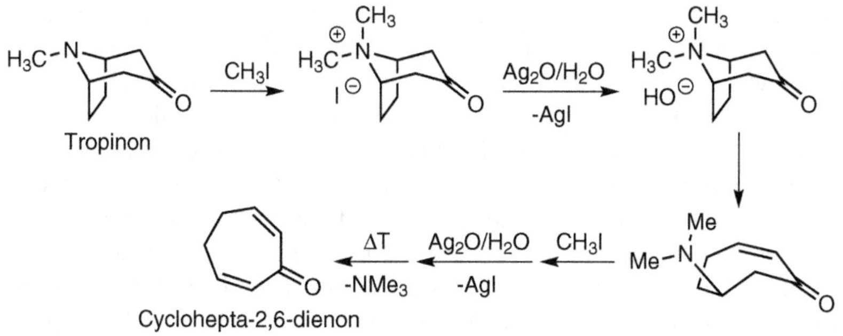

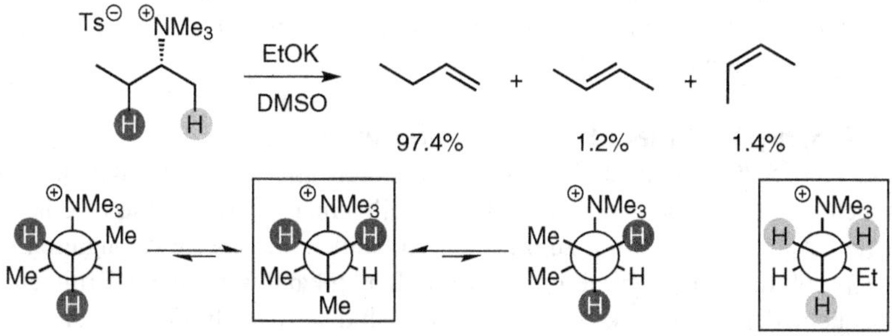

Abb. 5.29 Oben: Willstädters berühmtes Beispiel für die Aufklärung der Tropinonstruktur mittels doppelten Hofmann-Abbaus. **Unten:** Die Hofmann-Eliminierung ist nahezu vollständig selektiv für das Hofmann-Produkt. Mechanistische Überlegungen zur Reaktivität der verschiedenen möglichen Konformationen können dies erklären

Reaktion wird das Amin zunächst mit Methyliodid erschöpfend – d. h. bis zum quartären Ammoniumion – methyliert, dann mit feuchtem Silberoxid das Iodid-Gegenion gegen OH⁻ als Base ausgetauscht und zum Schluss durch Erhitzen die eigentliche Eliminierungsreaktion eingeleitet.

Als man noch keine Spektroskopie zur Strukturaufklärung zur Verfügung hatte, war ein gängiger Weg zur Strukturaufklärung, den zu bestimmenden Naturstoff über verlässliche Abbaureaktionen auf kleinere und bereits bekannte Moleküle zurückzuführen. Ein berühmtes Beispiel ist in Abb. 5.29 (oben) gezeigt. Nach einer etwa 15 Jahre während Debatte zwischen Merling, Ladenburg und Willstädter über die Tropinonstruktur konnte Willstädter 1898 endlich die korrekte Struktur präsentieren. Er hatte dazu das Tropinon zweimal nacheinander mit Hofmann-Eliminierungen abgebaut und das zu der Zeit bereits bekannte Cyclohepta-2,6-dienon als Produkt erhalten. Damit war die Struktur geklärt.

Synthetisch interessant ist, dass die Hofmann-Eliminierung fast vollständig selektiv das Hofmann-Produkt, also die energetisch weniger günstige, niedriger substituierte Doppelbindung liefert – daher auch der Name „Hofmann-Produkt" im Gegensatz zum „Zaitsev-Produkt". Abb. 5.29 (unten) zeigt ein Beispiel hierfür und liefert auch die Erklärung. Schauen wir zunächst entlang der mittleren

C–C-Bindung, erkennen wir, dass die günstigste Konformation die ist, in der beide Wasserstoffatome der Methylengruppe *gauche* zur sterisch anspruchsvollen Trimethylammoniumgruppe stehen. So wird eine ungünstige Wechselwirkung zwischen der Methyl- und der Trimethylammoniumgruppe vermieden. In dieser Konformation kann es aber keine E2-Eliminierung geben. Um zum Zaitsev-Produkt zu gelangen, muss das Molekül daher erst in eine energetisch ungünstige Konformation rotieren. Im Gegensatz dazu sind alle drei gestaffelten Konformationen zur terminalen Methylgruppe energetisch gleich, und jede dieser Konformationen hat ein Wasserstoffatom in *anti*-periplanarer Stellung. Zudem gibt es hier keine ungünstigen *gauche*-Wechselwirkungen. Die Eliminierung zum Hofmann-Produkt dominiert, weil die Ammoniumgruppe zwei Eigenschaften in sich vereint: Zum einen ist sie keine sehr gute Abgangsgruppe und steuert daher den Eliminierungsmechanismus in Richtung E2. Zum anderen ist sie sterisch anspruchsvoll und erzeugt damit eine hohe Regioselektivität.

5.3.4.2 *Syn*-periplanare H,X-β-Eliminierungen

Die in Abb. 5.30 gezeigten Reaktionen verlaufen alle intramolekular über fünf- und sechsgliedrige Übergangszustände. Anstelle einer externen Base ist eine funktionelle Gruppe in β-Position zum Proton vorhanden, die als Base fungieren kann. Diese pyrolytischen Eliminierungen verlaufen unkatalysiert beim Erhitzen. Als Konsequenz des intramolekularen Charakters sind sie *syn*-Eliminierungen, die entsprechend stereospezifisch verlaufen.

Die Pyrolyse von Estern erfordert in der Regel sehr hohe Temperaturen. Viele andere funktionelle Gruppen sind bei diesen drastischen Bedingungen nicht stabil, sodass die Anwendungsbreite der Esterpyrolyse eingeschränkt ist. Alternativ lassen sich Alkohole auch in die entsprechenden Xanthogenate überführen. Diese als Chugaev-Eliminierung bekannte Reaktion verläuft analog zur Esterpyrolyse über einen sechsgliedrigen Übergangszustand, erfordert aber deutlich geringere Temperaturen. Als Triebkraft dienen der energetische Gewinn durch Ausbildung einer starken C=O-Doppelbindung auf Kosten der Thiocarbonylgruppe und der weitere Zerfall des Dithiokohlensäure-Nebenprodukts in Methanthiol und gasförmiges Carbonylsulfid, dessen Entfernung aus der Reaktionsmischung die Reaktion irreversibel macht.

Bei den bisherigen Beispielen sind wir von Alkoholen und den daraus generierbaren (Xanthogenat-)Estern ausgegangen. Aber auch Amine mit Protonen in der β-Position lassen sich stereospezifisch in einer *syn*-Eliminierung in Doppelbindungen überführen. Dazu muss man zunächst mit einem geeigneten Oxidationsmittel wie z. B. einer Peroxocarbonsäure die entsprechenden *N*-Oxide herstellen, die dann in einer Cope-Umlagerung über einen fünfgliedrigen Übergangszustand zum Alken eliminieren. Analog verläuft unter sehr milden Bedingungen die Selenoxid-Eliminierung. Die Selenoxide werden oft durch Oxidation bei tiefen Temperaturen *in situ* hergestellt. Die anschließende Eliminierung läuft häufig bereits bei Raumtemperatur ab und erfolgt meist spontan während des Erwärmens.

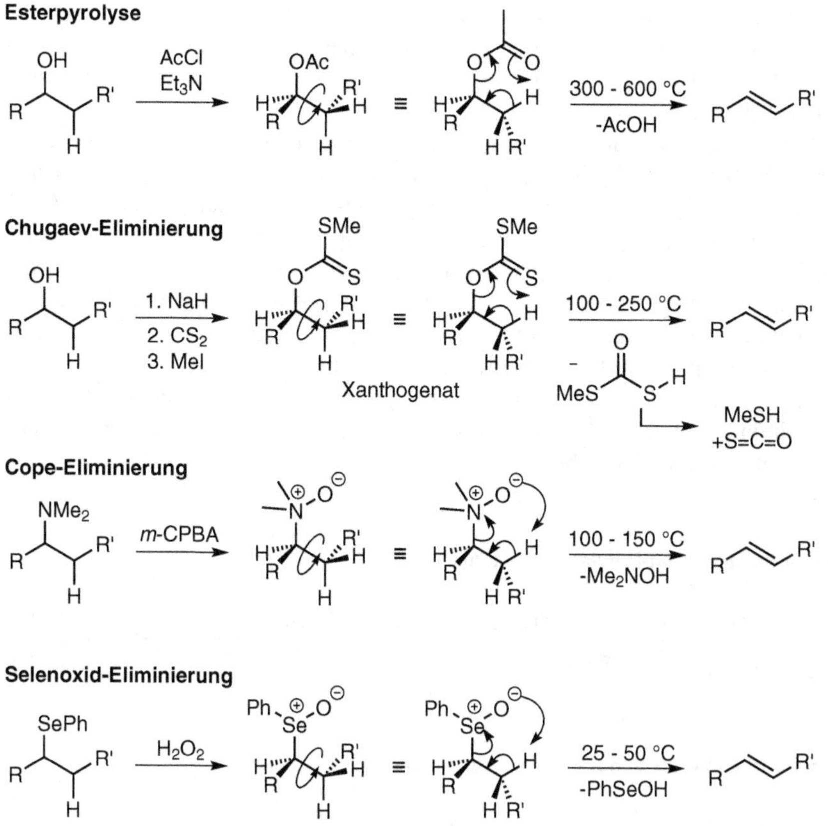

Esterpyrolyse

Chugaev-Eliminierung

Xanthogenat

Cope-Eliminierung

Selenoxid-Eliminierung

Abb. 5.30 Vier intramolekulare, aus *syn*-periplanaren Anordnungen von H und X heraus ablaufende Eliminierungsreaktionen

5.3.4.3 Eliminierungsreaktionen in der Schutzgruppenchemie

Bei aufwendigeren Synthesen von Molekülen mit mehreren verschiedenen funktionellen Gruppen ist es oft erforderlich, Gruppen, die im folgenden Syntheseschritt nicht stabil wären, vorübergehend zu schützen. Eine Vielzahl verschiedener Schutzgruppen für mehr oder weniger alle funktionellen Gruppen steht inzwischen zur Verfügung. Um gezielt nur eine gewünschte Schutzgruppe abzuspalten, nicht aber eine andere, die ebenfalls noch im Molekül eingebaut ist, ist die Orthogonalisierung von Schutzgruppen, d. h. ihre gezielte Abspaltung unter deutlich verschiedenen Bedingungen, erforderlich. Das Konzept orthogonaler Schutzgruppen ist daher ein wichtiges Thema sowohl in der Totalsynthese von Naturstoffen, aber insbesondere auch in der automatisierten Peptidsynthese. Im Rahmen des vorliegenden Buches können wir keinen kompletten Überblick geben und beschränken uns daher hier auf einige wenige Beispiele von Schutzgruppen für die Amino- und die Carbonsäuregruppe, die entweder sauer oder basisch abgespalten werden können und daher orthogonal zueinander sind. Wir werden sehen, dass hierbei verschiedene Eliminierungsmechanismen eine Rolle spielen. Das soll noch einmal verdeutlichen, warum mechanistisches Wissen in der Syntheseplanung eine nicht zu unterschätzende Rolle spielt.

Betrachten wir zunächst zwei Schutzgruppen, deren Abspaltung unter sauren Bedingungen nach einem E1-Mechanismus verläuft: die *t*-Butylester-Schutzgruppe für Carbonsäuren und die *t*-Butyloxycarbonyl-Schutzgruppe (BOC) für Amine. In beiden Fällen erschwert der sperrige *t*-Butylrest einen Angriff von Nucleophilen in einer basischen Verseifung, die deswegen nicht abläuft. Die Spaltung des *t*-Butylesters im sauren Milieu ist dagegen möglich, verläuft aber nicht wie bei der sauer katalysierten Esterhydrolyse unter Angriff eines Wassermoleküls an der zuvor protonierten Carbonylgruppe. Stattdessen erzeugt die Protonierung der Carbonylgruppe eine gute Abgangsgruppe. Die freie Carbonsäure tritt in einer E1-Eliminierung aus; das intermediär gebildete *t*-Butylkation wird zu Isobuten deprotoniert (Abb. 5.31, oben).

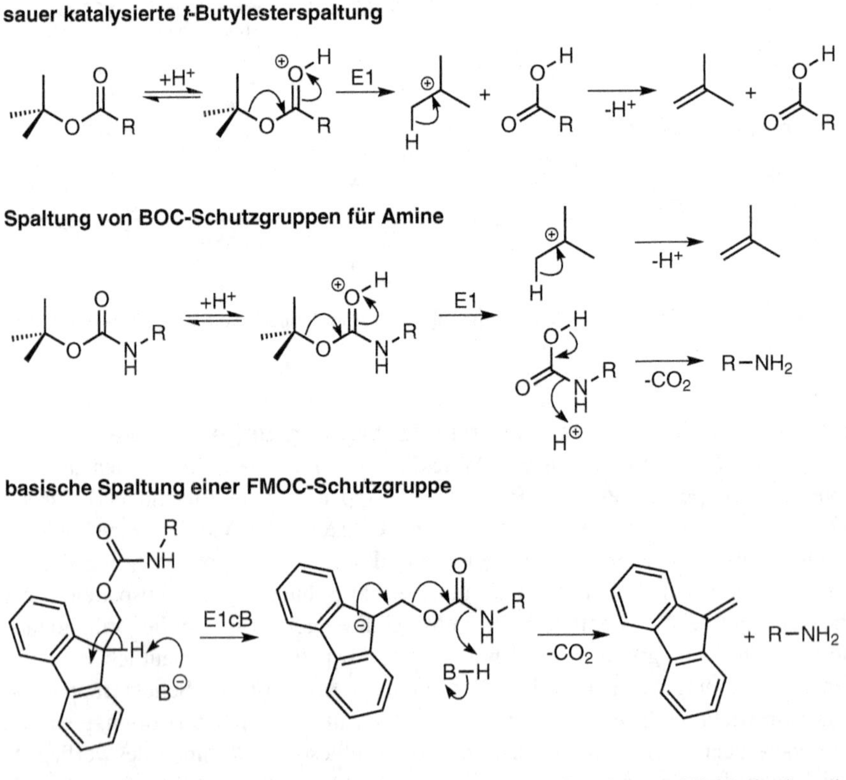

sauer katalysierte *t*-Butylesterspaltung

Spaltung von BOC-Schutzgruppen für Amine

basische Spaltung einer FMOC-Schutzgruppe

Abb. 5.31 Oben: Die sauer katalysierte Spaltung eines *t*-Butylesters (E1-Mechanismus). **Mitte:** Sauer katalysierte BOC-Entschützung (E1-Mechanismus). Die zunächst generierte Carbaminsäure decarboxyliert schnell. **Unten:** Basisch katalysierte FMOC-Entschützung (E1cB-Mechanismus)

Ganz analog verläuft die Entschützung einer BOC-geschützten Aminogruppe. Im Laufe der Reaktion bildet sich dabei die Carbaminsäure, die dann eine beim Ester nicht mögliche Folgereaktion eingeht, nämlich die Decarboxylierung zum entsprechenden Amin (Abb. 5.31, Mitte).

Eine zur BOC-Schutzgruppe orthogonale Schutzgruppe für ein Amin müsste saure Bedingungen unzersetzt überstehen. Um sie dennoch leicht abspalten zu können, wäre eine basenlabile Schutzgruppe vorteilhaft, zumal die BOC-Schutzgruppe unter basischen Bedingungen nicht zerfällt. Ein Beispiel für eine solche Schutzgruppe ist die Fluorenylmethyloxycarbonyl-Schutzgruppe (FMOC; Abb. 5.31, unten). Ein E1-Mechanismus scheidet hier aus, weil dabei ein ungünstiges primäres Carbeniumion gebildet würde. Eine Deprotonierung im Fünfring der Fluorenylgruppe ist jedoch günstig, weil sich ein durch Aromatizität stabilisiertes Dibenzocyclopentadienylanion bildet. Die Deprotonierung ist zugleich der erste Schritt einer Eliminierung nach einem E1cB-Mechanismus, der nun zum Carbamat, dem Anion der Carbaminsäure, führt, das wiederum unter Decarboxylierung das Amin freisetzt.

5.3.5 X,Y-β-Eliminierungen

Die bisher diskutierten Eliminierungen hatten neben einer Abgangsgruppe X einen Wasserstoff H in β-Position, der durch eine Base abstrahiert wurde. Analog können auch andere Fragmente Y an Eliminierungen beteiligt sein. Typisch ist dabei das Auftreten cyclischer Intermediate, die in konzertierten Cycloreversionen, also Ringöffnungsreaktionen, zum Alken zerfallen. Der Vorteil gegenüber H,X-Eliminierungen ist die Regiospezifität, die durch die Position des Fragments Y vorgegeben wird. Es ist deutlich seltener der Fall, dass zwei gleiche Fragmente Y an verschiedenen zur Abgangsgruppe benachbarten Kohlenstoffatomen gebunden sind, als dies für Wasserstoffatome gilt.

5.3.5.1 Wittig-Reaktion

Eine der bekanntesten und auch wichtigsten Reaktionen zur Synthese von Alkenen ist die Wittig-Reaktion (Abb. 5.32). Wir besprechen sie hier nur kurz, da sie wegen der in dieser Reaktion durchlaufenen Ylid-Intermediate in Kap. 9 noch einmal genau besprochen wird. Die Wittig-Reaktion geht von einer Carbonylverbindung

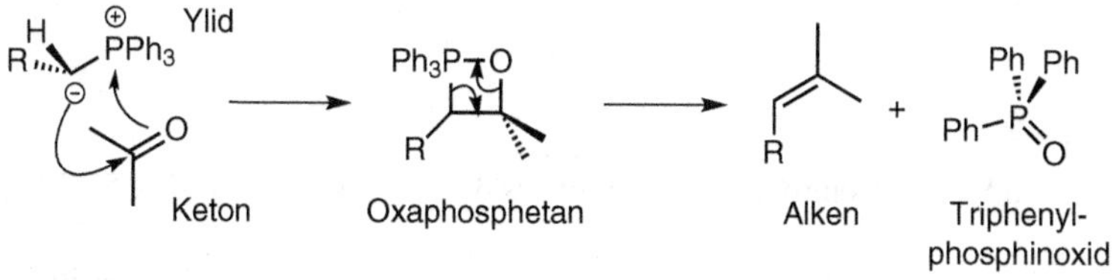

Abb. 5.32 Mechanismus der Wittig-Reaktion

und einem Phosphor-Ylid aus, also einer zwitterionischen Spezies mit positiver und negativer Formalladung an zwei benachbarten Atomen. Das Ylid ist also auf der einen Seite nucleophil und greift die C=O-Doppelbindung an. Es kommt zusätzlich zur Bildung einer Carbonyl-O–P-Bindung, und es entsteht der viergliedrige Oxaphosphetanring. Anschließend zerfällt das Oxaphosphetan in einer Cycloreversion zum Alken und zum Phosphinoxid. Die Triebkraft hierfür ist die hohe Oxophilie des Phosphors. Die Stereoselektivität der Reaktion ist von einer Reihe von Faktoren abhängig, insbesondere von der Natur des Phosphor-Ylids, was synthetisch mitunter von Nachteil sein kann.

5.3.5.2 Peterson-Olefinierung

Die Peterson-Olefinierung bietet dagegen eine stereospezifische Methode zur Darstellung von Alkenen. Ausgangsverbindung für die Peterson-Olefinierung sind β-Hydroxysilane. Auch das Siliciumatom hat eine hohe Oxophilie, die wir ausnutzen können, um eine Eliminierungsreaktion anzutreiben. Unter sauren Bedingungen, unter denen die Hydroxylgruppe in β-Position durch Protonierung in eine gute Abgangsgruppe überführt wird, kann eine E2-Eliminierung induziert werden (Abb. 5.33). Die Reaktion verläuft dann stereospezifisch ausgehend von einer *anti*-periplanaren Konformation analog zu den bereits diskutierten H,X-E2-Eliminierungen an chiralen Substraten.

Bei der Verwendung von nichtnucleophilen Basen lässt sich ebenfalls eine Eliminierungsreaktion einleiten; dabei entsteht jedoch aus dem gleichen Stereoisomer des β-Hydroxysilans das andere Konfigurationsisomer des Alkens. Der Grund hierfür ist eine *syn*-Eliminierung, die durch Deprotonierung der OH-Gruppe eingeleitet wird. Es entsteht ein Alkoxid, das als intramolekulares Nucleophil das Siliciumatom angreift. Dafür müssen beide Gruppen nun aber auf der gleichen Seite des Moleküls liegen, woraus sich das entsprechend andere Alken ergibt. Das Intermediat dieser Reaktion ist ein sogenanntes Oxasiletanid, ein viergliedriger Ring, der dem Oxaphosphetan der Wittig-Reaktion sehr ähnlich ist und ebenfalls in einer Cycloreversion zerfällt. Die Reaktion bietet somit eine sehr effiziente Methode zur spezifischen Darstellung von *(E)*- oder *(Z)*-Alkenen, da wir aus jedem β-Hydroxysilan-Diastereomer durch Wahl der Reaktionsbedingungen beide Alken-Isomere generieren können.

Ein Problem hierbei ist jedoch die Herstellung des gewünschten β-Hydroxysilans in diastereomerenreiner Form. β-Hydroxysilane lassen sich allgemein aus nucleophilen Angriffen von α-Silylcarbanionen an Carbonylgruppen synthetisieren (Abb. 5.33, unten). Die Addition ergibt jedoch in der Regel ein Gemisch aus Diastereomeren, die anschließend mittels Säulenchromatografie voneinander getrennt werden müssen.

Übung 5.15

Betrachten Sie noch einmal die Synthese des β-Hydroxysilans in Abb. 5.33 (unten).

a) Warum kann das Proton in der zur Silylgruppe benachbarten Position mithilfe von Butyllithium deprotoniert werden? Schlagen Sie zur Beantwortung dieser Frage nach, was der sogenannte α-Effekt ist, den Hauptgruppenelemente aus der dritten Periode ausüben (synthetisch bedeutsam insbesondere: Si, P, S). Erklären Sie diesen Effekt mithilfe von mesomeren Grenzformeln und mithilfe von Orbitalbetrachtungen. Übertragen Sie das hier Gelernte auf das Phosphor-Ylid der Wittig-Reaktion.

b) Zeichnen Sie alle möglichen Stereoisomere des β-Hydroxysilans und die daraus herstellbaren Eliminierungsprodukte. In welcher stereochemischen Beziehung stehen die Isomere zu einander?

c) Was würde passieren, wenn man den Additionsschritt nicht bei −78 °C durchführt?

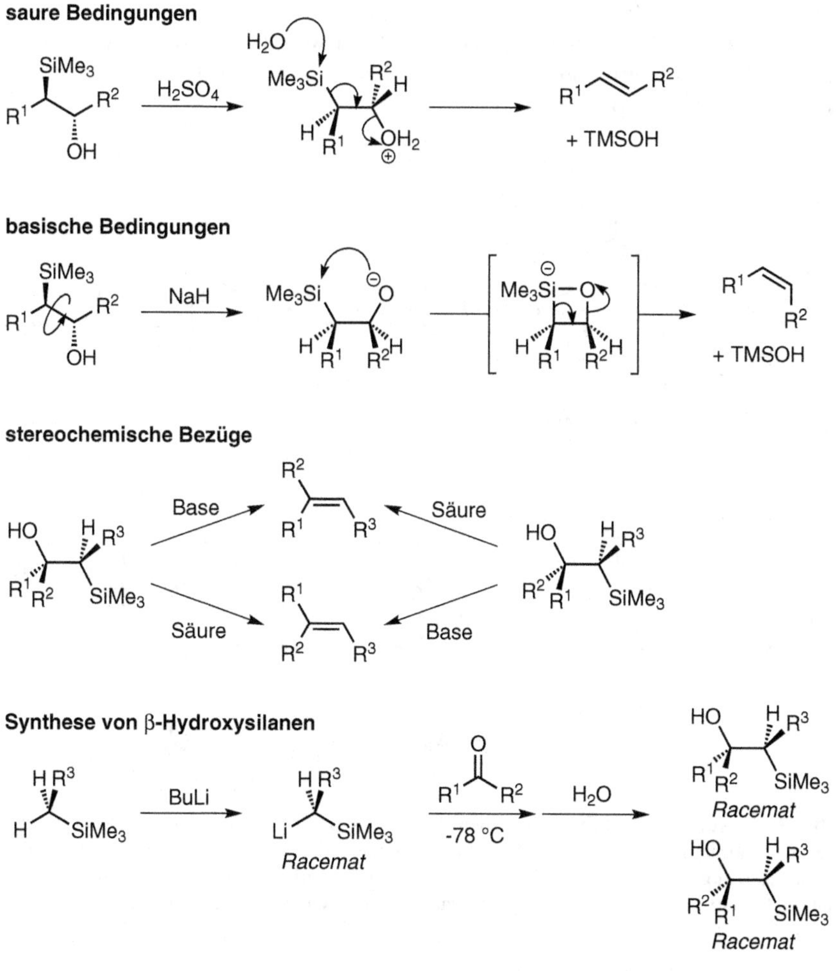

saure Bedingungen

basische Bedingungen

stereochemische Bezüge

Synthese von β-Hydroxysilanen

Abb. 5.33 Peterson-Olefinierung durch Eliminierung von Silanolen aus β-Hydroxysilanen

5.3.5.3 Corey-Winter-Olefinierung

Eine weitere stereospezifische Eliminierungsreaktion ist die Corey-Winter-Olefinierung (Abb. 5.34). Sie geht von 1,2-Diolen aus, die zunächst mit Thiocarbonyldiimidazol in das entsprechende cyclische Thiocarbonat überführt werden. Die anschließende Umsetzung mit einem Überschuss an Trialkylphosphiten induziert eine *syn*-Eliminierung. Als Triebkraft dienen hier die Ausbildung der P=S-Bindung und die Entstehung von Kohlendioxid, das als Gas entweicht.

Der Mechanismus des eigentlichen Eliminierungsschritts verläuft vermutlich über den Angriff des nucleophilen Trialkylphosphits auf den Schwefel. Dabei entsteht ein Carben-Intermediat, das in einer Cycloreversion in Kohlendioxid und ein Alken zerfällt. Der Überschuss an Trialkylphosphit ist erforderlich, da es nicht nur in stöchiometrischen Mengen zur Bindung des Schwefelatoms erforderlich ist, sondern zudem den Zerfall des Carbens katalysiert.

Die Corey-Winter-Olefinierung ist synthetisch wertvoll, da sie sogar die Synthese hoch substituierter und gespannter Olefine wie *trans*-Cyclohepten (nicht aber *trans*-Cyclohexen) ermöglicht.

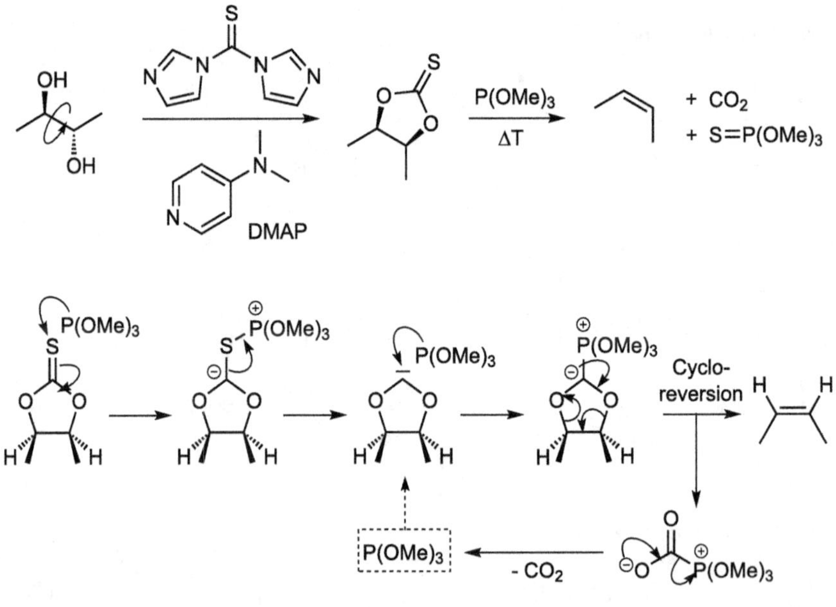

Abb. 5.34 Corey-Winter-Olefinierung. **Oben:** Herstellung des Thiocarbonats durch Reaktion eines Diols mit Thiocarbonyldiimidazol und *N,N*-Dimethylaminopyridin (DMAP) als Base. Im Folgeschritt zerfällt das Thiocarbonat in einer Cycloreversion unter Einwirkung von Trialkylphosphiten beim Erhitzen. **Unten:** Mechanismus dieser durch Trialkylphosphit katalysierten Eliminierung

5.3.6 Alkin-Synthesen durch doppelte Eliminierungen

Wenn eine Eliminierung zum Alken führt, dann sollte eine zweite das entsprechende Alkin generieren. Auf diese Weise können z. B. Alkene über eine Bromierung und anschließende doppelte Eliminierung in Alkine überführt werden (Abb. 5.35). Die erste Eliminierung ist *anti*-periplanar und führt selektiv zum *(E)*-Alken. Als Konsequenz muss die zweite Eliminierung *syn*-periplanar verlaufen und ist dementsprechend langsamer.

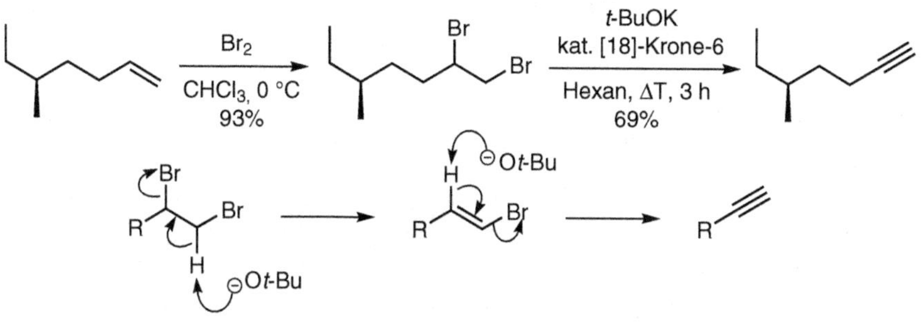

Abb. 5.35 Umwandlung eines Alkens in ein Alkin durch Bromierung und doppelte Eliminierung

Alkine sind auch über Reaktionen herstellbar, die über Y,X-Eliminierungen verlaufen. Zwei Reaktionen, die Corey-Fuchs-Reaktion und die Seyferth-Gilbert-Homologisierung, seien hierfür beispielhaft diskutiert. Sie verwenden beide einen Aldehyd als Ausgangsverbindung. Die aktiven Reagenzien beider Reaktionen besitzen eine Phosphor-Ylid-Struktur für den ersten Wittig-analogen Eliminierungsschritt zum Alken. Eine zusätzliche Abgangsgruppe, die mit auf das Alken transferiert wird, sorgt anschließend für eine weitere Eliminierung und somit für die Umwandlung des intermediären Alkens zum Alkin.

5.3.6.1 Corey-Fuchs-Reaktion
Die Corey-Fuchs-Reaktion lässt sich in drei Schritte einteilen (Abb. 5.36). Im ersten Schritt wird ein Phosphor-Ylid aus Triphenylphosphin und Tetrabrommethan erzeugt. Darauf folgt die Reaktion des Phosphor-Ylids mit dem Aldehyd in einer Wittig-Olefinierung zum geminalen Dibromalken. Im letzten Schritt erfolgt dann die Eliminierung der beiden Bromatome mit zwei Äquivalenten *n*-Butyllithium (*n*-BuLi). Das erste Bromatom wird dabei in einer Halogen-Metall-Austauschreaktion entfernt; das zweite in einer E2-Eliminierung von HBr unter Bildung der C–C-Dreifachbindung. Das intermediäre Lithiumacetylid kann entweder wässrig zum terminalen Alkin aufgearbeitet oder mit Elektrophilen weiter umgesetzt werden.

5.3.6.2 Seyferth-Gilbert-Homologisierung
Einen sehr ähnlichen Verlauf über drei Schritte nimmt auch die Seyferth-Gilbert-Homologisierung. Zunächst wird wieder das aktive Phosphor-Ylid gebildet. Häufig dient hierbei das Bestmann-Ohira-Reagenz als Ausgangsverbindung. Der zweite Schritt umfasst die Reaktion des Ylids mit dem Aldehyd ebenfalls in

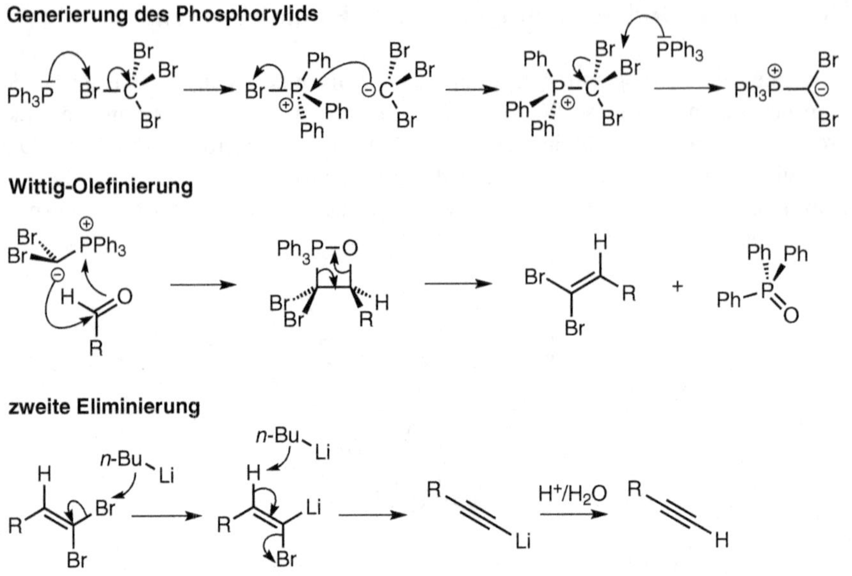

Generierung des Phosphorylids

Wittig-Olefinierung

zweite Eliminierung

Abb. 5.36 Die drei Schritte der Corey-Fuchs-Reaktion: Die Erzeugung eines Phosphor-Ylids wird gefolgt von einer Wittig-Olefinierung zum bromierten Alken, aus dem im dritten Schritt mit Butyllithium ein HBr-Molekül eliminiert wird. Das Alkin entsteht zunächst in Form des Lithium-acetylids und wird bei der wässrigen Aufarbeitung protoniert

einer Wittig-artigen Eliminierung zum wenig stabilen Diazoalken. Im letzten Schritt wird nun molekularer Stickstoff abgespalten. Dabei entsteht zunächst ein Alkylidencarben, das in einer schnellen [1,2]-Umlagerung zum terminalen Alkin reagiert.

Übung 5.16

a) Der Text behauptet, im ersten Schritt der Seyferth-Gilbert-Homologisierung werde ein Ylid gebildet. In Abb. 5.37 (oben) ist aber kein Zwitterion zu sehen. Wo versteckt sich das Ylid? Schreiben Sie entsprechende mesomere Grenzformeln.

b) Schlagen Sie nach, wie das Bestmann-Ohira-Reagenz hergestellt werden kann.

c) Informieren Sie sich über Alkylidencarbene. Der letzte Schritt könnte auch in einer konzertierten Reaktion bestehen, bei der die N_2-Abgangsgruppe zeitgleich mit der 1,2-Verschiebung des Substituenten erfolgt. Wie können Sie eine Carben-Zwischenstufe nachweisen, um zu belegen, dass die Reaktion nicht konzertiert verläuft?

d) Wie sind die relativen Wanderungstendenzen von Me-, Et-, i-Pr-, t-Bu- und Ph-Substituenten in der 1,2-Verschiebung?

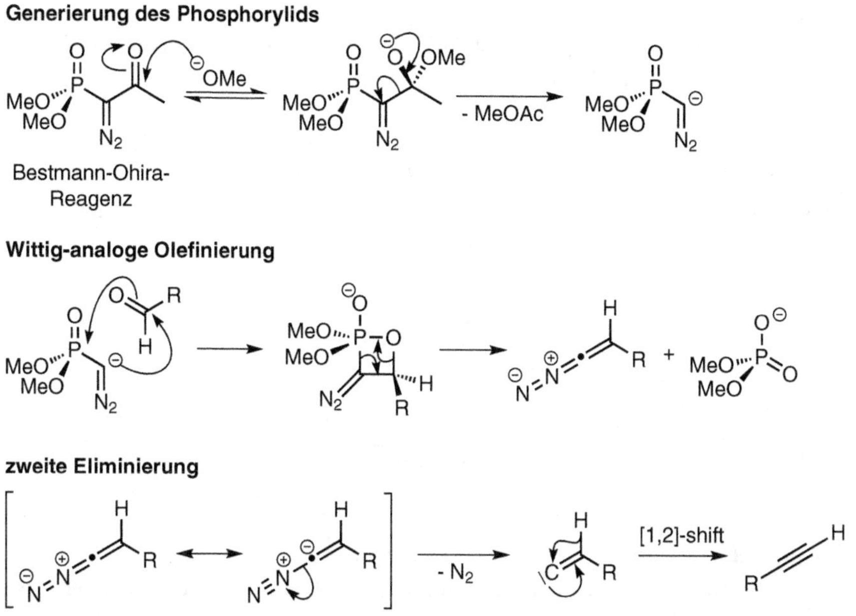

Generierung des Phosphorylids

Bestmann-Ohira-
Reagenz

Wittig-analoge Olefinierung

zweite Eliminierung

Abb. 5.37 Die drei Schritte der Seyferth-Gilbert-Homologisierung: Die Erzeugung eines Phosphor-Ylids wird gefolgt von einer Wittig-analogen Olefinierung. Verlust der N_2-Abgangsgruppe erzeugt schließlich ein Alkylidencarben, das in einer 1,2-Verschiebung eines der beiden Substituenten das Alkin erzeugt

---

5.4   Trainingsaufgaben

Aufgabe 5.1

Definieren Sie die folgenden Begriffe unter Verwendung geeigneter Zeichnungen: ekliptisch, gestaffelt, *syn*-periplanar, *anti*-periplanar, *gauche,* axial, äquatorial, *cis, trans.*

Aufgabe 5.2

a) Formulieren Sie den vollständigen Mechanismus für die Addition von Brom an *trans*-2-Buten. Wie viele mögliche Isomere erhalten Sie, wenn Sie die Stereochemie berücksichtigen?

b) Benennen Sie das/die Additionsprodukt/e korrekt und vollständig nach der IUPAC-Nomenklatur. Erläutern Sie anhand des oben formulierten Mechanismus den stereochemischen Verlauf der Reaktion. Welche/s Produkt/e entsteht/en demnach, wenn *cis*-2-Buten als Edukt eingesetzt wird?

c) Geben Sie je einen Weg an, wie mithilfe einer Additionsreaktion 1-Butanol und 2-Butanol aus 1-Buten hergestellt werden können. Nach welchen Mechanismen verlaufen diese Reaktionen?

d) Ihnen stehen 1-Octin und 2-Octin zur Verfügung, um 2-Octanon herzustellen. Wie gehen Sie vor? Welches ist synthesestrategisch das günstigere Edukt? Geben Sie den Grund dafür an.

Aufgabe 5.3

Formulieren Sie für die beiden folgenden Reaktionen die genauen Mechanismen in allen Einzelschritten.

Aufgabe 5.4

Diskutieren Sie, nach welchen Eliminierungsmechanismen die folgenden drei Reaktionen ablaufen. Welche Zwischenstufen werden dabei durchlaufen? Zeichnen Sie sie, und begründen Sie Ihre Mechanismuswahl für jede Reaktion.

Aufgabe 5.5

Die beiden folgenden Paare von Eliminierungen verlaufen nach dem E2-Mechanismus.

a) Zwei dieser Reaktionen verlaufen *anti*-, zwei *syn*-periplanar. Ordnen Sie zu, welche der Reaktionen wie verläuft.

b) Zeichnen Sie von allen vier oben gezeigten Edukten die Newman-Projektionen (entlang der C(2)-C(3)-Bindung) von allen möglichen Konformationen, aus denen eine Eliminierung ablaufen kann. Entscheiden Sie, welche Konformation jeweils die günstigste ist.

c) Welche Doppelbindungsstereochemie erwarten Sie auf der Basis dieser Analyse jeweils?

d) Nennen Sie weitere Reaktionen, die nach einem *syn*-Eliminierungsmechanismus ablaufen, und zeichnen Sie deren Mechanismus.

Aufgabe 5.6

Methano[10]annulen **A** hat als 10-π-Elektronen-Aromat bei der Untersuchung von Aromatizität eine wichtige Rolle gespielt. Dieses Molekül steht mit seinem nichtaromatischen Gegenstück **B** im Gleichgewicht, wobei das Gleichgewicht wegen der aromatischen Stabilisierung ganz auf der Seite von **A** liegt. In einem ersten Syntheseversuch konnten Sie bereits das Intermediat **C** erreichen.

a) Entwickeln Sie eine Retrosynthese, die von **A** zurück nach **C** führt. Geben Sie dann an, wie Sie die Synthese durchführen würden (Reagenzien und Zwischenprodukte inklusive der Stereochemie).

b) Formulieren Sie die Mechanismen der beteiligten Reaktionen im Detail. Beachten Sie dabei auch die Stereochemie.

Aufgabe 5.7

Die Regioselektivität der folgenden Eliminierung ist von der Oxidationsstufe der benachbarten Sauerstofffunktionalität abhängig. Versuchen Sie diesen Zusammenhang zwischen Struktur und Reaktivität zu erklären. Hinweis: Betrachten Sie die jeweiligen Übergangszustände unter Berücksichtigung des Ringsystems.

Aufgabe 5.8

a) Die Struktur des folgenden Moleküls, von dem Sie annehmen, dass es ein ungesättigtes Derivat des Coniins (Schierlingsbecher) sein könnte, soll geklärt werden. Spektroskopische Methoden stehen Ihnen leider nicht zur Verfügung. Welche Reaktion können Sie einsetzen?

b) Welche Produkte entstehen? Die Reaktion wird zweimal in gleicher Weise wiederholt. Welches Endprodukt erhalten Sie? Welchen Namen hat die Reaktion?

c) Wie ist die Regiochemie derselben Reaktion, wenn Sie sie an 2-Aminobutan durchführen? Geben Sie eine Erklärung, warum Sie das weniger stabile Produkt erhalten. Wie nennt man diese Orientierung der Doppelbindung, wie die nicht realisierte, aber stabilere Form?

Aufgabe 5.9

a) Geben Sie an, welche Produkte Sie unter E2-Bedingungen aus den in der ersten Zeile der folgenden Abbildung gezeigten Edukten erhalten.

b) Darunter sehen Sie drei Paare verwandter Moleküle. Welches Molekül ist jeweils das leichter zu eliminierende? Welches reagiert hingegen langsamer? Begründen Sie Ihre Wahl.

c) Erklären Sie schließlich die auf den ersten Blick vielleicht erstaunlichen Selektivitäten, die Sie für die beiden Eliminierungen in der letzten Zeile beobachten. Warum hängen die relativen Ausbeuten der beiden Produkte so drastisch von der Konfiguration an dem Stereozentrum ab, das das Aminoxid trägt? Welche Namensreaktion wird hier offensichtlich verwendet?

Aufgabe 5.10

Informieren Sie sich über die Biosynthese von Lanosterin. Sie beginnt mit Squalen. Es erfolgt zunächst die enzymatische Epoxidierung an der Doppelbindung zwischen C(2) und C(3), dann wird das Epoxid sauer geöffnet, und das Steroid-ringsystem schließt sich in zwei „reißverschlussartigen" Reaktionsschritten. Zeichnen Sie das Epoxid des Squalens und die beiden folgenden Schritte jeweils so, dass die räumliche Anordnung („Sessel-Wanne-Sessel") eindeutig erkennbar ist.

Aufgabe 5.11

In der unter basischen Bedingungen durchgeführten HBr-Eliminierung aus 2-Brom-2-Methylbutan erhalten Sie folgende Zaitsev-/Hofmann-Produkt-Verhältnisse, je nachdem, welche Base eingesetzt wird:

Kaliumethanolat: 69 % : 31 %

Kaliumtertbutanolat: 28 % : 72 %

Kalium(3-ethylpentan-3-olat): 12 % : 88 %

a) Erläutern Sie, warum sich die Produktverhältnisse mit der Base wie gezeigt verändern.
b) Zeichnen Sie die Übergangszustände der drei Eliminierungsreaktionen.

Aufgabe 5.12

In der folgenden Abbildung sehen Sie eine Eliminierungsreaktion, die einen deutlichen kinetischen Solvens-Isotopeneffekt zeigt. Es handelt sich um einen inversen KIE. Die Reaktion in H_2O verläuft also langsamer als die Reaktion in D_2O.

a) Leiten Sie aus der Abgangsgruppe und der Substratstruktur ab, nach welchem der drei Eliminierungsmechanismen die Reaktion abläuft.
b) Geben Sie auf der Grundlage Ihrer mechanistischen Überlegungen eine Begründung für den überraschend deutlichen Solvens-Isotopeneffekt.

Aufgabe 5.13

Geben Sie jeweils die Hauptprodukte und Intermediate der folgenden Reaktionssequenzen an. Beachten Sie dabei die Stereochemie. Formulieren Sie jeweils den
Mechanismus der Eliminierung.

Aromaten

In diesem Kapitel werden Reaktionen aromatischer Moleküle besprochen. Am prominentesten ist dabei sicherlich die elektrophile aromatische Substitution, aber auch nucleophile Substitutionen an elektronenarmen Aromaten sind bekannt, ebenso Mechanismen mit sogenannten Arinen als Intermediaten.

- Sie wissen, welche Kriterien aromatische Moleküle auszeichnen, und können kritisch die Grenzen dieser Kriterien diskutieren.
- Sie kennen die verschiedenen Mechanismen, nach denen Substituenten am aromatischen Kern eingeführt werden können, und sind in der Lage, mechanistische Unterschiede zu anderen Substitutionsreaktionen fachgerecht zu erläutern.
- Sie können die Effekte von Substituenten auf die elektrophile aromatische Zweitsubstitution einschätzen, sowohl hinsichtlich ihrer aktivierenden oder deaktivierenden Wirkung als auch hinsichtlich ihrer dirigierenden Effekte.
- Davon hängt oft ab, welche Syntheserouten günstig und welche eher ungünstig sind. Mithilfe Ihrer Kenntnis der Substituenteneffekte können Sie Retrosynthesen für vielfältige Substitutionsmuster am Aromaten entwickeln.

6.1 Einleitung

Aromaten sind Moleküle mit besonderen Eigenschaften, die aus der cyclischen Delokalisierung der π-Elektronen resultieren. Aus der Grundvorlesung werden Sie die meisten Kriterien, anhand derer man aromatische Moleküle identifizieren kann, bereits kennen. Allerdings hat die Mehrzahl dieser Kriterien Grenzen, und es gibt Ausnahmen, die wir hier zumindest beispielhaft kurz diskutieren wollen.

© Springer-Verlag GmbH Deutschland 2017
S. Leisering und C.A. Schalley, *Tutorium Reaktivität und Synthese*,
DOI 10.1007/978-3-662-53852-4_6

In der Regel wird angenommen, dass Aromaten planar sind und ein vollständig delokalisiertes π-System aufweisen. Für alle Aromaten gilt die Hückel-Regel, die sich aus den bereits in Kap. 1 eingeführten MO-Schemata für cyclisch konjugierte π-Systeme zwanglos ableiten lässt. Es müssen 4n+2 cyclisch delokalisierte Elektronen vorhanden sein. Die Planarität ist jedoch kein strenges Kriterium, wie das recht stark gewinkelte Methano[10]annulen in Abb. 6.1 zeigt. π-Systeme können sogar durch eine sp³-hybridisierte CH$_2$-Gruppe unterbrochen sein – wie beim Homotropyliumkation. Solange es eine hinreichende Überlappung der Orbitale des π-Systems gibt, die eine cyclische Delokalisierung erlauben, ist auch ein solches System aromatisch. Man nennt das dann Homoaromatizität. Für Aromatizität müssen die delokalisierten Elektronen nicht einmal zwingend π-Elektronen sein, wie das überraschend stabile Pagodan-Dikation zeigt. Wird der zentrale Vierring doppelt oxidiert, erhält man einen Ring, in dem die verbleibenden sechs Elektronen im σ-Gerüst delokalisiert sind. Die resultierende aromatische Stabilisierung erklärt den Befund, dass dieses Kation erheblich besser stabilisiert ist, als ursprünglich angenommen wurde. Schließlich ist sogar dreidimensionale Aromatizität bekannt. Dies ist z. B. im Adamantan-Dikationdiradikal der Fall, dem an allen Brückenkopfatomen die Wasserstoffatome fehlen. Die beiden Elektronen sind über den in Abb. 6.1 gestrichelt gezeigten Tetraeder räumlich delokalisiert, und so erfährt auch dieses Teilchen eine aromatische Stabilisierung.

Ein anderes Kriterium für Aromaten ist die besonders hohe Resonanzenergie. Für das Benzol kann man die Hydrierungswärmen vom Cyclohexen über das Cyclohexa-1,3-dien zu einem hypothetischen Cyclohexa-1,3,5-trien extrapolieren. In der hypothetischen Hydrierwärme des Cyclohexatriens von -336 kJ mol^{-1} ist dabei bereits die Konjugation über die drei Einfachbindungen hinweg berücksichtigt, die man aus dem Vergleich von Cyclohexadien mit Cyclohexen ermitteln kann. Dennoch liegt die Hydrierwärme des Benzols noch erheblich niedriger. Ein zusätzlicher Betrag von -128 kJ mol^{-1} kommt durch die besonderen Eigenschaften des Aromaten zustande (Abb. 6.1, Mitte).

Aus dieser deutlichen aromatischen Stabilisierung ergibt sich auch, dass Aromaten eine andere Reaktivität zeigen als nichtaromatische Doppelbindungssysteme. Wie wir sehen werden, reagiert Benzol nicht durch elektrophile Addition, sondern durch elektrophile aromatische Substitution. Dies lässt sich verstehen, wenn man sich vergegenwärtigt, dass im Laufe einer Addition das aromatische System mit seiner besonderen Stabilisierung aufgehoben wird und so die besondere Stabilisierung durch Aromatizität verloren geht, während dies bei der Substitution nicht der Fall ist. Am Ende der Reaktion ist zwar ein Wasserstoffatom am Aromaten durch einen Substituenten ersetzt, das aromatische System geht dabei aber nicht verloren. Doch auch das Resonanzenergie-Kriterium hat Grenzen, wie das [18]Annulen, ein 18-Elektronen-Aromat, eindrucksvoll zeigt, das mit Brom Additionen eingeht.

Schließlich sind die magnetischen Eigenschaften der Aromaten ein wichtiges Kriterium. In einem starken externen Magnetfeld gibt es sogenannte Ringstromeffekte. Die delokalisierten Elektronen des π-Systems bewegen sich um den Perimeter des aromatischen Rings und erzeugen dabei ein lokales Magnetfeld. Dies

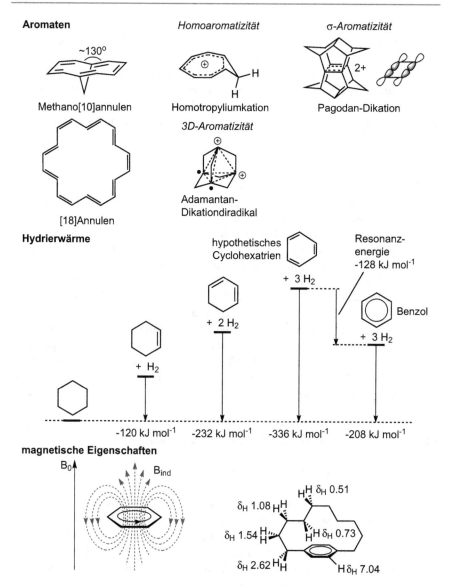

Abb. 6.1 Oben: Einige Moleküle, die die Grenzen der gängigen Kriterien zur Identifikation aromatischer Moleküle aufzeigen. **Mitte:** Vergleich der Hydrierwärmen eines hypothetischen Cyclohexatriens mit der Hydrierwärme des Benzols, der die aromatische Stabilisierung offensichtlich macht. **Unten:** Ringstromeffekt in einem äußeren Magnetfeld, der sich insbesondere bei den chemischen Verschiebungen in NMR-Spektren bemerkbar macht

macht sich beispielsweise in den ^{1}H-Kernresonanzspektren deutlich bemerkbar. Protonen, die auf der Außenseite des aromatischen Rings gebunden sind, erscheinen in den NMR-Spektren bei deutlich tieferem Feld, also höheren chemischen Verschiebungen. In dem in Abb. 6.1 (unten) gezeigten Cyclophan sieht man das an der Verschiebung des aromatischen Protons auf 7,04 ppm, also zu deutlich höheren Werten, als dies bei Doppelbindungen sonst der Fall ist (5–6 ppm). Die Protonen der Brücke, die sich dagegen direkt über dem aromatischen Ring befinden, erfahren eine genau entgegengesetzte Verschiebung zu Werten unter 1 ppm. Die besonderen magnetischen Eigenschaften von Aromaten lassen sich nicht nur in den NMR-Spektren beobachten. Auch mithilfe einer Magnetwaage misst man besondere Effekte: Aromatische Verbindungen besitzen eine sehr starke diamagnetische Suszeptibilität.

Übung 6.1

a) Schlagen Sie nach, was eine Magnetwaage ist, wie sie funktioniert und was genau passiert, wenn man entweder eine diamagnetische oder eine paramagnetische Verbindung damit untersucht.

b) Warum findet man die Signale der Kohlenstoffatome im ^{13}C-NMR-Spektrum des Benzols inmitten des Bereichs, in dem man auch Doppelbindungskohlenstoffatome erwartet? Erklären Sie, warum es im ^{13}C-NMR-Spektrum keine besonderen Effekte aus dem Ringstrom gibt.

c) Die Kerne welcher Elemente sind NMR-aktiv?

d) Zum Knobeln: Entwickeln Sie Ideen, wie Sie mithilfe von NMR-Spektren messen könnten, ob C_{60}-Fulleren aromatisch ist. Wie Sie oben gesehen haben, reicht es nicht, ein ^{13}C-NMR-Spektrum zu messen. Außen Substituenten als Sonden anzubauen, ist leider auch nicht möglich, weil das das π-System zwangsläufig stören würde.

6.2   Elektrophile aromatische Substitution

6.2.1   Mechanistische Überlegungen

Benzol ist also kein normales Alken, und das spiegelt sich in seinem Reaktionsverhalten wider. So reagiert es mit Brom nicht in einer elektrophilen Addition, sondern erst nach Aktivierung durch eine Lewis-Säure wie z. B. $FeBr_3$ in einer elektrophilen aromatischen Substitution, abgekürzt mit S_EAr (Abb. 6.2). Der erste Schritt entspricht dem der elektrophilen Addition. Allerdings ist Benzol durch die aromatische Stabilisierung weniger reaktiv, sodass das angreifende Elektrophil oft erst aktiviert werden muss. Der wesentliche Unterschied zur elektrophilen Addition liegt im Folgeschritt. Das intermediäre Kation wird nicht durch ein Nucleophil abgefangen. Die energetisch bessere Alternative ist die Deprotonierung unter Wiederherstellung des aromatischen Systems.

Das in dieser zweistufigen Reaktion auftretende Intermediat ist ein durch Mesomerie stabilisiertes, aber nichtaromatisches Kation, der sogenannte σ-Komplex, bei dem die positive Ladung über drei Kohlenstoffatome delokalisiert ist. Solche Intermediate lassen sich z. B. durch die Protonierung von Benzol mit starken Säuren in Anwesenheit nichtbasischer Lösemittel und Gegenionen nachweisen.

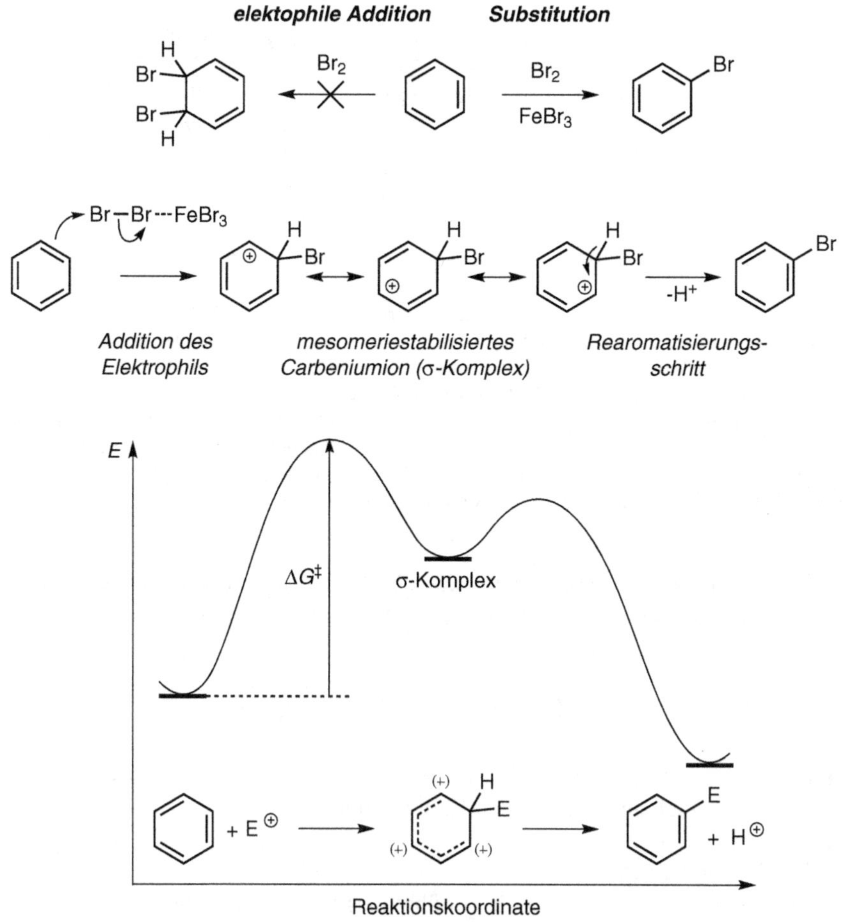

Abb. 6.2 Oben: Die mechanistischen Alternativen der Bromierung von Benzol – elektrophile Addition vs. elektrophile aromatische Substitution S_EAr. **Mitte:** Zweistufiger Mechanismus der S_EAr mit dem mesomeriestabilisierten, aber nichtaromatischen σ-Komplex als Intermediat am Beispiel der Bromierung. **Unten:** Verallgemeinerter Mechanismus und Potenzialenergiekurve für die S_EAr. Der erste Schritt ist in den meisten Fällen der geschwindigkeitsbestimmende

Die Signallagen im ^{13}C-NMR-Spektrum zeigen, dass sich die Ladung hauptsächlich in den Positionen 2, 4 und 6 befindet, die deutlich tieffeldverschoben bei 178,1 und 186,6 ppm zu finden sind, während die Kohlenstoffatome an den Positionen 3 und 5 bei 136,9 ppm erscheinen (Abb. 6.3).

Der generelle Additions-Eliminierungs-Mechanismus, der in Abb. 6.2 gezeigt ist, kann auf alle elektrophilen aromatischen Substitutionen angewandt werden. Sie unterscheiden sich daher im Wesentlichen durch die Art und Herstellung des angreifenden Elektrophils. Bei einigen S_EAr-Reaktionen sind beide Schritte reversibel. Sie verlaufen daher nicht wie die meisten anderen unter kinetischer, sondern

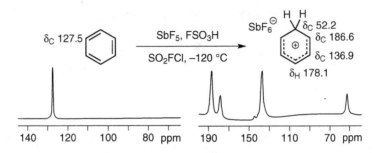

Abb. 6.3 Protonierung von Benzol mit einer Supersäure. Das sehr stabile SbF_6^--Anion ist so wenig nucleophil und zugleich so wenig basisch, dass es mit dem σ-Komplex weder im Sinne einer elektrophilen Addition noch einer elektrophilen aromatischen Substitution weiterreagiert. Daher kann man das gezeigte ^{13}C-NMR-Spektrum des Kations tatsächlich messen. Die vier symmetrisch nicht äquivalenten Kohlenstoffkerne sind klar voneinander getrennt zu sehen. Die Signalverbreiterung ist einer (bei −120 °C nicht mehr sehr schnellen) Wanderung des Protons um den Ring geschuldet. Die NMR-Spektren sind mit Genehmigung der American Chemical Society reproduziert aus: Olah, GA et al. (1978) J Am Chem Soc 100, 6299

unter thermodynamischer Kontrolle, was einige Besonderheiten nach sich zieht. Im Folgenden werden wir eine Reihe von S_EAr-Reaktionen besprechen.

6.2.2 Einführung von Heteroatom-Elektrophilen

Die erste Gruppe besteht aus Reaktionen, die Heteroatome wie Halogene, Stickstoff oder Schwefel am aromatischen Kern einführen.

6.2.2.1 Halogenierung

Die Bromierung ist oben bereits als einführendes Beispiel diskutiert worden. Analog lassen sich Aromaten auch chlorieren. Während bei der Bromierung oft $FeBr_3$, das auch *in situ* aus Eisenspänen und Brom hergestellt werden kann, als Lewis-Säure dient, ist dies im Fall der Chlorierung in der Regel $AlCl_3$. Der Mechanismus verläuft analog. Die Fluorierung kann auf eine solche Weise nicht geschehen, da elementares Fluor zu reaktiv ist und den Aromaten zerstört. Die Iodierung ist ebenfalls nicht analog möglich, da Iod selbst unter Lewis-Säure-Einfluss nicht reaktiv genug ist.

Übung 6.2

a) Formulieren Sie den genauen Mechanismus der Chlorierung von Benzol mit elementarem Chlor und Aluminiumtrichlorid. Zeichnen Sie auch sinnvolle mesomere Grenzstrukturen für das Intermediat.

b) Welcher Schritt ist geschwindigkeitsbestimmend? Formulieren Sie entsprechend ein Geschwindigkeitsgesetz.

c) Schlagen Sie nach, wie die Schiemann-Reaktion verläuft, und diskutieren Sie, wie Sie Aromaten fluorieren können. Schlagen Sie ebenfalls nach, was die Sandmeyer-Reaktion ist. Welche Substituenten können Sie mit ihrer Hilfe am aromatischen Ring einführen? Was ist das Gemeinsame an der Schiemann- und der Sandmeyer-Reaktion? Worin unterscheiden sie sich?

6.2.2.2 Nitrierung

Das Elektrophil bei der elektrophilen aromatischen Nitrierung ist das Nitroniumion NO_2^+. Es entsteht (Abb. 6.4) im Gleichgewicht durch sauer katalysierte Wasserabspaltung aus Salpetersäure. Da konzentrierte Schwefelsäure zugleich eine Wasserentziehende Wirkung hat, verwendet man daher in der Regel eine als

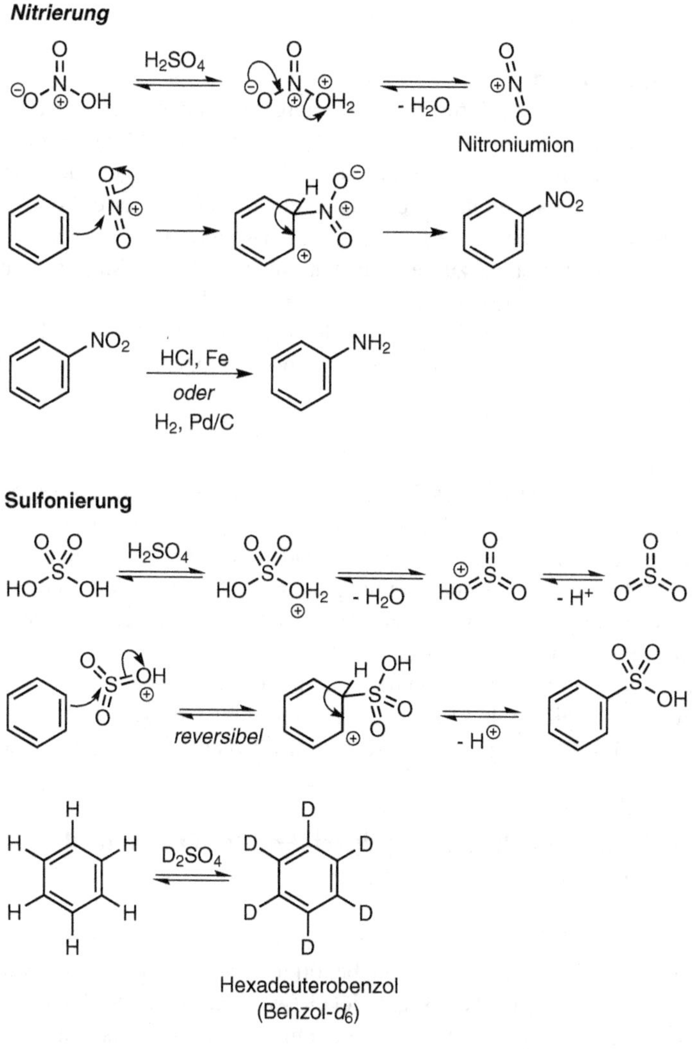

Abb. 6.4 Mechanismen und Besonderheiten der Nitrierung und der Sulfonierung

Nitriersäure bezeichnete Mischung von konzentrierter Salpetersäure (HNO_3) und konzentrierter Schwefelsäure (H_2SO_4) für die Nitrierung. Lediglich bei besonders reaktiven Aromaten wie Phenol kann auf die Schwefelsäure verzichtet werden. Das Nitroniumkation bildet sich in geringen Mengen auch durch Selbstprotonierung von Salpetersäure und nachfolgende Wasserabspaltung.

Die Nitrierung ist synthetisch wertvoll, weil mit ihr nicht nur Nitrogruppen am Aromaten eingeführt (Abb. 6.4), sondern durch Reduktion der Nitrogruppe auch aromatische Amine hergestellt werden können. Typische Reduktionsmittel sind Fe/HCl, $SnCl_2$ oder auch H_2/Pd/C. Die direkte Einführung einer Aminogruppe durch elektrophile aromatische Substitution ist praktisch nicht erreichbar. Daher ist der Umweg über die leicht einzubauende Nitrogruppe und deren Reduktion ein gängiger Weg zu Anilinen.

6.2.2.3 Sulfonierung

Benzol reagiert mit konzentrierter Schwefelsäure ganz analog zur Nitrierung unter Bildung von Benzolsulfonsäure. Hier wird wieder durch (Auto-)Protolyse ein hoch reaktives Elektrophil, ein protoniertes Schwefeltrioxid, gebildet (Abb. 6.4). Alternativ wird häufig auch Oleum, ein Gemisch aus konzentrierter Schwefelsäure und Schwefeltrioxid, als Sulfonierungsreagenz verwendet.

Ein wichtiger Unterschied zu den meisten anderen elektrophilen aromatischen Substitutionen ist, dass Sulfonierungen reversibel sind. Dies kann sehr leicht nachgewiesen werden: Setzt man Benzol mit deuterierter Schwefelsäure D_2SO_4 um, werden mit der Zeit alle Wasserstoffe durch Deuterium ersetzt.

Übung 6.3

a) Wie viele Wasserstoffe des Benzols mit deuterierter Schwefelsäure ausgetauscht werden können, hängt auch vom Deuterierungsgrad der Schwefelsäure ab. Berechnen Sie ausgehend von der Annahme, dass Ihre Schwefelsäure einen Deuterierungsgrad von 95 % hat, den Deuterierungsgrad des Benzols, wenn es einmalig mit drei Äquivalenten deuterierter Schwefelsäure umgesetzt wird.

b) Für welche Anwendung wurden aromatische Sulfonsäuren bis in die 1960er-Jahre hinein industriell in großer Menge hergestellt? Warum sind diese Sulfonsäuren inzwischen aber durch Alkylsulfonsäuren ersetzt worden?

6.2.3   C–C-Bindungsknüpfung durch Friedel-Crafts- und Formylierungsreaktionen

Für eine C–C-Bindungsknüpfung zu einem aromatischen Ring wird ein C-Elektrophil, also ein Carbeniumion benötigt. Es gibt eine ganze Reihe von Reaktionen, die zu diesem Zweck entwickelt wurden. Die erste davon, die Friedel-Crafts-Alkylierung, generiert ein Carbeniumion entweder aus Halogenalkanen und Lewis-Säuren wie AlCl$_3$, durch Protonierung eines Alkens oder durch sauer katalysierte Wasserabspaltung aus einem Alkohol (Abb. 6.5, oben).

Friedel-Crafts-Alkylierungen sind ebenso wie Sulfonierungen reversibel und zeigen einige Besonderheiten. Die erste Besonderheit betrifft die Regiochemie (Abb. 6.5, Mitte). Setzt man 1-Chlorpropan mit Benzol unter Einwirkung von AlCl$_3$ um, so erhält man ein Produktgemisch. Die Lewis-Säure greift hier das Chlorpropan an. Das Chlorid wird jedoch nicht vollständig entfernt, sodass es zwei Reaktionsmöglichkeiten gibt. Benzol kann in einem (auf das Chlorpropan-C-Atom bezogen) S$_N$2-artigen Reaktionsverlauf die 1-Position angreifen, wobei [AlCl$_4$]$^-$ als Abgangsgruppe austritt. Diese Reaktion führt zum n-Propylbenzol, das als Nebenprodukt gebildet wird. Entsteht jedoch zunächst durch Abspaltung von [AlCl$_4$]$^-$ zuerst das Carbeniumion, so wird nicht das weniger stabile primäre Kation gebildet, sondern in einer schnellen Wagner-Meerwein-Umlagerung das stabilere sekundäre Kation (gestrichelte Pfeile). Reagiert nun das

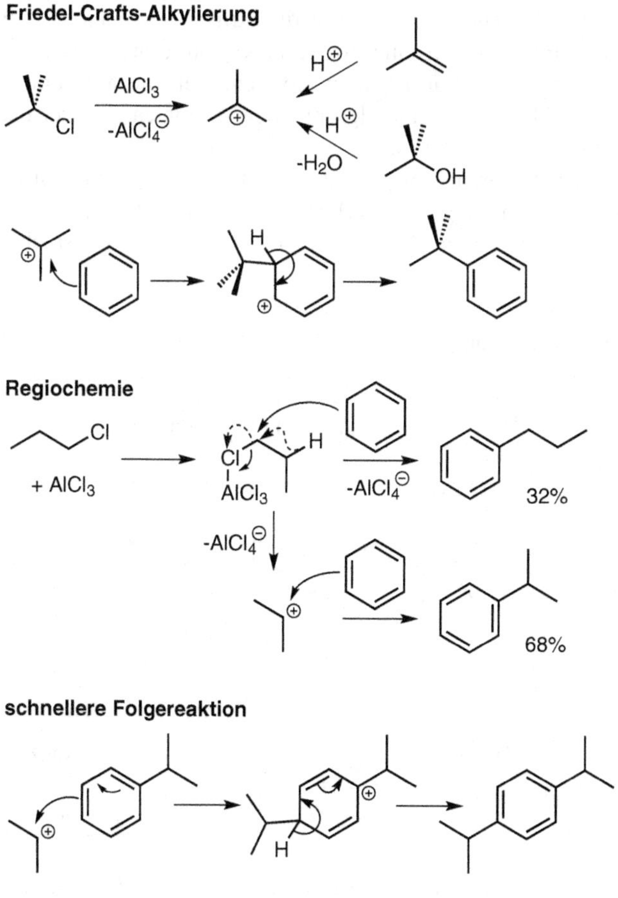

Abb. 6.5 Mechanismus und Besonderheiten der Friedel-Crafts-Alkylierung

2-Propylkation als Elektrophil, bildet sich in einer eher S_N1-artigen Reaktion *i*-Propylbenzol als Hauptprodukt. Man erhält dadurch oft unerwünschte Produktgemische.

Ein weiteres Problem ist, dass ein über eine Friedel-Crafts-Alkylierung eingeführter Alkylrest den Aromaten zusätzlich aktiviert. In Abb. 6.5 (unten) ist die Konsequenz hieraus gezeigt: Da der bereits im Molekül befindliche Alkylrest das intermediär gebildete Carbeniumion durch Hyperkonjugation stabilisiert, verläuft die zweite Alkylierung schneller als die erste. Es ist also oft schwierig, eine Überalkylierung zu vermeiden.

Eine Lösung für beide Probleme ist die Friedel-Crafts-Acylierung (Abb. 6.6). In dieser Reaktion werden statt der Halogenalkane Säurechloride verwendet. Bei der Umsetzung mit Lewis-Säuren wie $AlCl_3$ entsteht aus den Säurechloriden das entsprechende mesomeriestabilisierte Acyliumion, das als Elektrophil den Aromaten angreift und nach der Deprotonierung des σ-Komplexes ein aromatisches Keton liefert. Im Acyliumion kommt es wegen der Stabilisierung des Kations durch die Mesomerie mit einem der freien Elektronenpaare des Carbonyl-Sauerstoffatoms nicht zu Umlagerungen, sodass die Struktur des Säurechlorids das Produkt eindeutig definiert. Auch eine zweite elektrophile aromatische Substitution durch ein weiteres Acyliumion ist nicht möglich, weil die mit dem Aromaten in Konjugation stehende erste Carbonylgruppe den Aromaten weniger reaktiv macht und so den zweiten Angriff erschwert.

Die Friedel-Crafts-Acylierung hat aber auch Nachteile. So wird die Lewis-Säure durch Komplexierung der Carbonylgruppe des Produkts gebunden. Die Lewis-Säure muss daher im Gegensatz zur Alkylierung in stöchiometrischer

Friedel-Crafts-Acylierung

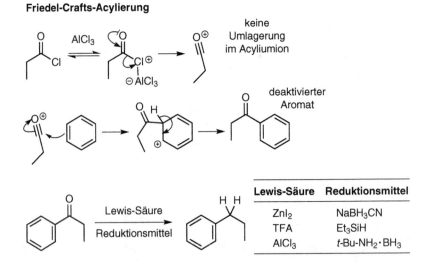

	Lewis-Säure	Reduktionsmittel
	ZnI_2	$NaBH_3CN$
	TFA	Et_3SiH
	$AlCl_3$	t-Bu-NH$_2$·BH$_3$

Abb. 6.6 Oben: Mechanismus und Besonderheiten der Friedel-Crafts-Acylierung. **Unten:** Reduktion des Ketons zur Alkylgruppe durch Lewis-Säuren und geeignete Reduktionsmittel

Menge eingesetzt werden und reagiert nicht als Katalysator. Will man ein Alkyl-
benzol herstellen, ist ein zweiter Nachteil der Friedel-Crafts-Acylierung, dass man
das Keton in einer zweiten Reaktion dann noch zur Alkylgruppe reduzieren muss.
Hierzu können Methoden wie die Wolff-Kischner- oder Clemmensen-Reduktion
genutzt werden. Da die Carbonylgruppe sich in der benzylischen Position befindet, sind aber auch mildere Reduktionen unter Verwendung von Lewis-Säuren und
geeigneten Reduktionsmitteln wie Natriumcyanoborhydrid, Silanen oder Boranen
möglich (Abb. 6.6, unten).

Übung 6.4

a) Schlagen Sie nach, was die Wolff-Kischner- und was die Clemmensen-Reduktion bewirken. Nach welchen Mechanismen laufen sie ab?

b) Wenn Sie die Reduktionsmittel in Abb. 6.6 (unten) einmal vergleichen,
dann scheinen sie auf den ersten Blick sehr verschieden zu sein. Was ist das
Gemeinsame aller drei gezeigten Reduktionsmittel?

c) Wie läuft die Reduktion der Carbonylgruppe ab? Versuchen Sie sich an der
Formulierung eines überzeugenden Mechanismus für die Lewis-Säure-katalysierte Reduktion von Acetophenon mit ZnI_2 und $NaBH_3CN$.

Ein spezieller Fall der Acylierung ist die *Formylierung* (Abb. 6.7). Zerlegt man
das gewünschte aromatische Aldehyd retrosynthetisch im Sinne einer Friedel-Crafts-Acylierung, so ergibt sich Ameisensäurechlorid als benötigtes Reagenz.
Das Ameisensäurechlorid ist aber nicht stabil und würde, wenn man es denn in die
Hand bekäme, in HCl und CO dissoziieren. Daher muss man das Formylkation,
also das eigentlich in der elektrophilen aromatischen Substitution benötigte Elektrophil, auf einem anderen Weg erzeugen. Eine mögliche Variante wäre die direkte
Protonierung von Kohlenstoffmonoxid. Dieser Schritt ist jedoch endergonisch und
läuft nicht freiwillig ab. Mehrere Wege zur Lösung dieser Schwierigkeiten wurden entwickelt. Bei der Gattermann-Koch-Reaktion wird die Protonierung von CO
durch eine Erhöhung der effektiven Konzentration des Kohlenmonoxids in Lösung
entweder durch hohe Drücke oder durch Cokatalysatoren erreicht, die reversibel
Carbonylkomplexe bilden. Hierdurch verschiebt sich das Gleichgewicht entsprechend auf die Seite des Formylkations, und die Formylierung ist möglich.

In der Gattermann-Reaktion (Abb. 6.7, Mitte) wird statt Kohlenmonoxid Blau-
säure verwendet. Setzt man HCN mit $ZnCl_2$ und HCl um, so entsteht das zum
Formyl- bzw. Acyliumion isoelektronische HC=NH-Kation, das nun als Elektrophil in der elektrophilen aromatischen Substitution mit dem Aromaten reagiert.
Nach dem Ende der Substitutionsreaktion wird mit wässriger Säure aufgearbeitet.
Dabei hydrolysiert das entstandene Imin/Iminiumion schnell zum gewünschten
Aldehyd. Für die Gattermann- und die Gattermann-Koch-Reaktion gilt einschrän-
kend wie bei der Friedel-Crafts-Acylierung, dass sie bei elektronenarmen und
damit unreaktiveren Aromaten nicht funktionieren.

Sehr ähnlich ist auch der Ansatz der Vilsmeyer-Haack-Reaktion (Abb. 6.7, unten).
Auch hier ist die grundlegende Idee, ein zum Ameisensäurechlorid äquivalentes

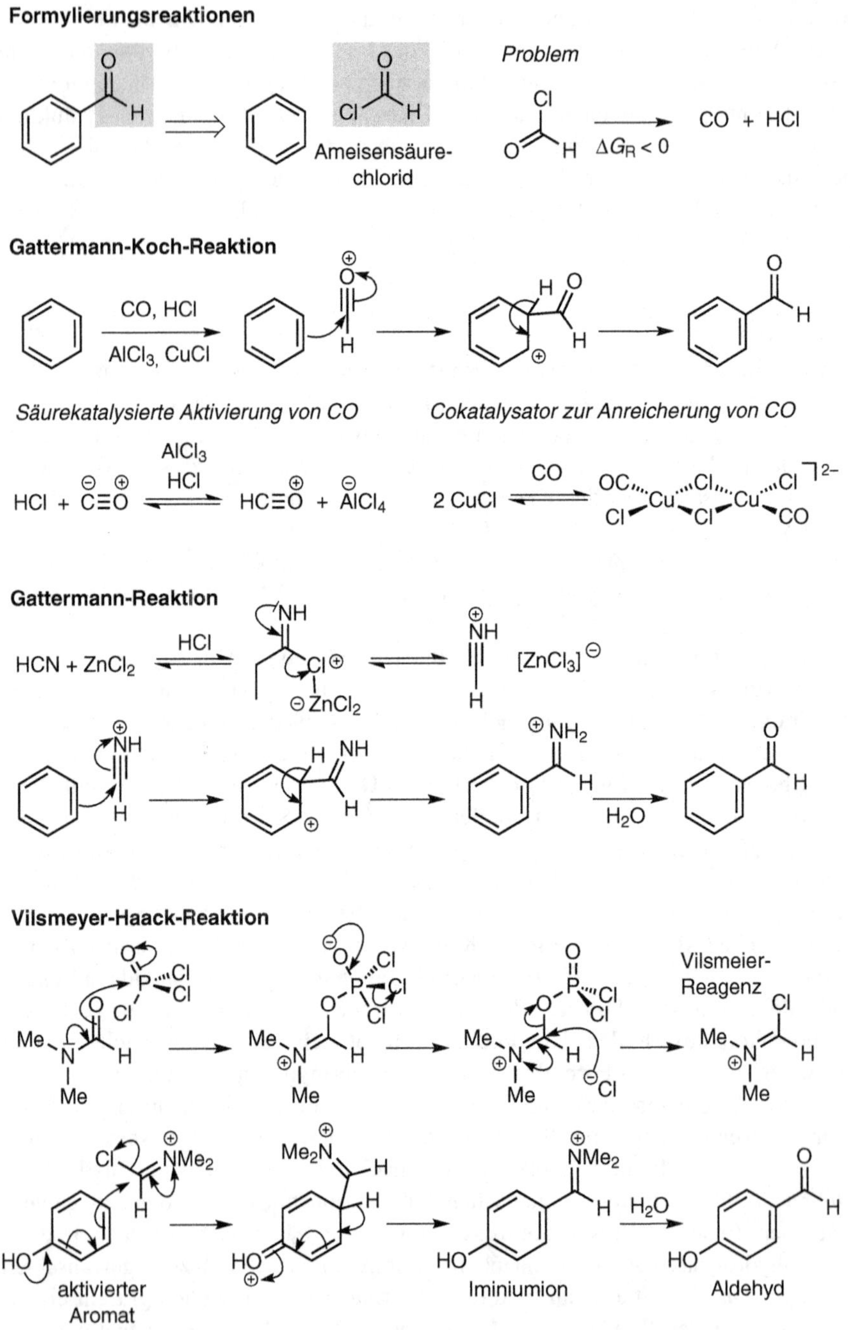

Formylierungsreaktionen

Problem

$$\Delta G_R < 0 \quad\rightarrow\quad CO + HCl$$

Ameisensäure-
chlorid

Gattermann-Koch-Reaktion

CO, HCl
AlCl₃, CuCl

Säurekatalysierte Aktivierung von CO

Cokatalysator zur Anreicherung von CO

AlCl₃

$$HCl + \overset{\ominus}{C}\!\equiv\!\overset{\oplus}{O} \;\underset{HCl}{\overset{}{\rightleftharpoons}}\; HC\!\equiv\!\overset{\oplus}{O} + \overset{\ominus}{AlCl_4}$$

Gattermann-Reaktion

$$HCN + ZnCl_2 \;\rightleftharpoons\;$$

H₂O

Vilsmeyer-Haack-Reaktion

Vilsmeier-
Reagenz

aktivierter
Aromat

Iminiumion

Aldehyd

Abb. 6.7 Mechanismen und Besonderheiten einiger Formylierungsreaktionen

Elektrophil zu erzeugen. Chloriminiumionen wie das Vilsmeyer-Reagenz haben am reagierenden Kohlenstoffatom die gleiche Oxidationsstufe wie die entsprechenden Säurechloride und stellen somit eine geeignete Alternative dar. Das Elektrophil kann dabei in Abwesenheit starker Lewis-Säuren recht einfach aus Dimethylformamid (DMF) und Phosphorylchlorid gewonnen werden. Da das Vilsmeyer-Reagenz ein eher schwaches Elektrophil ist, funktioniert diese Reaktion nur mit Aromaten am reaktiveren Ende der Skala. Aufgrund der Abwesenheit von Lewis-Säuren ist die Formylierung Lewis-basischer Aromaten wie Phenol und Anilin – im Gegensatz zur Gattermann-Koch-Formylierung – kein Problem.

Übung 6.5

a) Gehen Sie alle in diesem Kapitel besprochenen Reaktionen noch einmal durch. Vergleichen Sie dabei die Elektrophile, bestimmen Sie Oxidationszahlen und bestimmen Sie, welche der Elektrophile isoelektronisch zueinander sind. Leiten Sie hieraus Gemeinsamkeiten der Reaktionen und Unterschiede ab.

b) Die Vilsmeyer-Haack-Reaktion benötigt elektronenreiche Aromaten. Warum sind Phenole und Aniline elektronenreich? Warum sind Acetophenon, Benzonitril und Nitrobenzol elektronenarm? Begründen Sie dies anhand von mesomeren Grenzformeln.

c) Warum nimmt man für die Herstellung des Vilsmeyer-Reagenzes Phosphorylchlorid? Was ist die Triebkraft für die Bildung des Vilsmeyer-Reagenzes?

Wenn Sie noch einmal rekapitulieren, welche Heteroatome wir bereits am Aromaten eingeführt haben, so sehen Sie, dass darunter der Sauerstoff bislang gefehlt hat. Während es für die Einführung von Stickstoff mit dem Nitroniumion ein geeignetes Elektrophil gibt und durch die Reduktion der Nitrierungsprodukte auch Aniline erhältlich sind, ist die direkte Knüpfung von C–O-Bindungen am Aromaten mangels geeigneter O-Elektrophile nur über Umwege möglich. Mit der Friedel-Crafts-Acylierung haben wir jedoch hier eine Handhabe. Neben der Reduktion des in der Friedel-Crafts-Acylierung gebildeten Ketons zur entsprechenden Alkylgruppe ist nämlich auch eine Baeyer-Villiger-Oxidation zu einem Arylester möglich (Abb. 6.8). Formal wird in dieser Reaktion mit einer Persäure – zumeist die leicht handhabbare

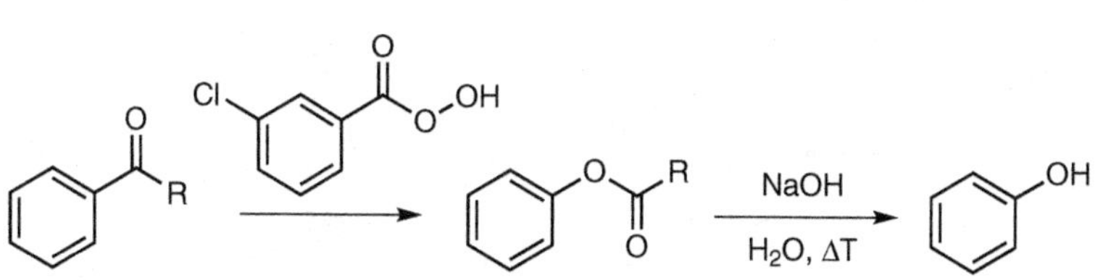

Abb. 6.8 Herstellung O-substituierter Aromaten durch Friedel-Crafts-Acylierung und nachfolgende Baeyer-Villiger-Oxidation des Esters zum entsprechenden Arylester, der zur freien OH-Gruppe verseift werden kann

m-Chlorperbenzoesäure – ein Sauerstoffatom zwischen dem Aromaten und der Carbonylgruppe eingeschoben. Wir werden in Abschn. 8.4.1 sehen, wie diese Reaktion mechanistisch verläuft. Hier sei sie nur kurz angesprochen, um den synthetischen Wert der Friedel-Crafts-Acylierung noch einmal an diesem Beispiel zu belegen.

6.2.4 Die Fries-Umlagerung

Eine besondere Variante der Friedel-Crafts-Acylierung ist die Fries-Umlagerung. Aus Phenylestern können Hydroxyarylketone hergestellt werden, wenn die Ausgangsverbindungen unter Lewis-Säure-Einwirkung umgelagert werden (Abb. 6.9). Der Mechanismus dieser Reaktion ist nicht abschließend geklärt. Postuliert wird, dass das Acyliumion mithilfe der Lewis-Säure aus dem Ester freigesetzt wird und dann als Elektrophil in einer S_EAr-Reaktion den aromatischen Ring angreift. Diese Reaktion ist von großtechnischer Bedeutung, da mit ihrer Hilfe eine Reihe von Arzneistoffen mit dem Hydroxyarylketon-Motiv hergestellt wird, z. B. Paracetamol.

Die Fries-Umlagerung läuft weder streng intramolekular noch ausschließlich intermolekular ab, sodass der Reaktionsverlauf vermutlich komplexer ist, als hier gezeigt. Wo das Acyliumion angreift, kann man jedoch über die Polarität des Lösemittels und die Temperatur steuern.

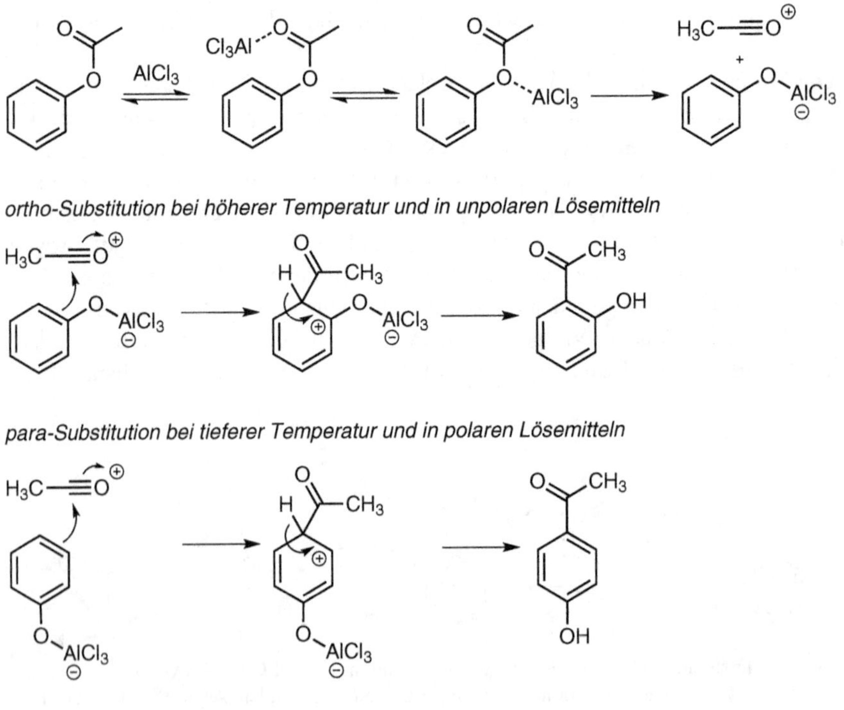

Abb. 6.9 Die Fries-Umlagerung

6.2.5 C–C-Bindungsknüpfung durch Halogen-, Hydroxy- und Aminoalkylierung

In diesem Kapitel geht es nochmals um C–C-Bindungsknüpfungsreaktionen am Aromaten durch elektrophile aromatische Substitution. Im Unterschied zur Friedel-Crafts-Alkylierung und zur Formylierung entstehen hierbei aber Produkte, deren benzylisches C-Atom die Oxidationsstufe eines Alkohols hat. In diesen Halogen-, Hydroxy- und Aminoalkylierungsreaktionen (Abb. 6.9) wird also durchgehend jeweils eine CH_2–X-Gruppe (X = Cl, Br, OH, NH_2) am aromatischen Ring angebaut.

Eine effiziente Methode zur Einführung von Kohlenstoffsubstituenten auf der Oxidationsstufe eines Alkohols ist die Umsetzung des Aromaten mit einem Aldehyd und Salzsäure in Gegenwart von Zinkchlorid, die auch Blanc-Reaktion genannte Chloralkylierung (Abb. 6.10). Die Lewis-Säure unterstützt dabei die Bildung des elektrophilen Oxoniumions.

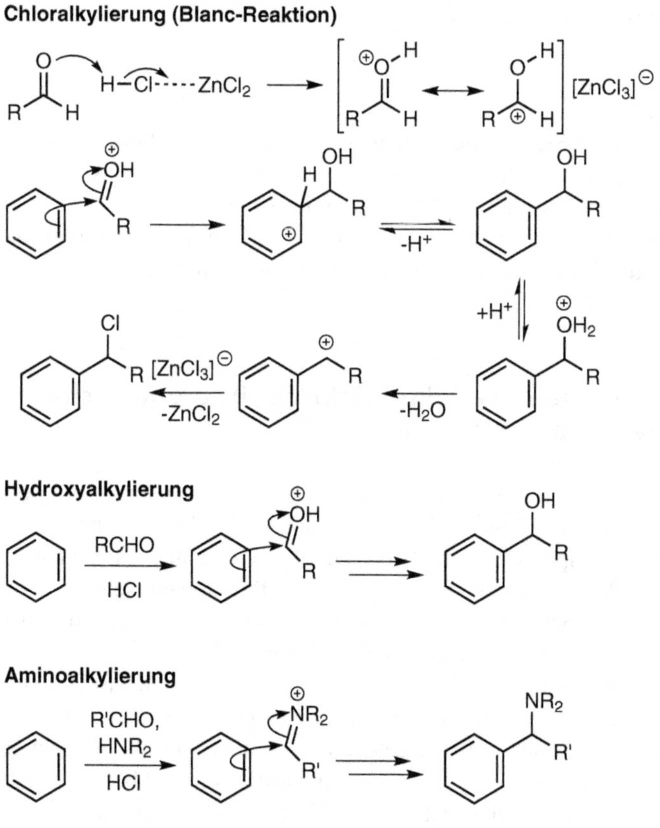

Chloralkylierung (Blanc-Reaktion)

Hydroxyalkylierung

Aminoalkylierung

Abb. 6.10 Mechanismus der Chloralkylierung (oben) und verwandte Reaktionen

Die elektrophile aromatische Substitution führt dann zu einem Benzylalkohol als Intermediat, der unter den Bedingungen der Blanc-Reaktion als Folgereaktion in einer S_N1-Reaktion unter Wasserabspaltung zum entsprechenden Benzylchlorid weiterreagiert. Das Benzylchlorid ist ein wertvolles Syntheseintermediat, da es in nucleophilen Substitutionen weiter zu einer ganzen Reihe von Produkten umgesetzt werden kann. In diesen Reaktionen ist das Benzylchlorid das Elektrophil; es kann aber auch in einer Grignard-Reaktion mit Magnesium-Metall in ein Nucleophil umgesetzt werden. Hier öffnen sich dann viele weitere Reaktionsmöglichkeiten.

Ganz ähnlich funktionieren die Hydroxyalkylierung und die Aminoalkylierung. In beiden Reaktionen ist wieder ein Aldehyd der Ausgangsstoff, aus dem das Elektrophil für die S_EAr-Reaktion erzeugt wird. Im Fall der Hydroxyalkylierung wird der Aldehyd wieder durch eine Säure protoniert, allerdings wählt man die Bedingungen nun so, dass die in der Blanc-Reaktion vorherrschende Folgereaktion zum Benzylchlorid nicht nennenswert abläuft. Die Hydroxyalkylierung bleibt also auf der Stufe des Benzylalkohols stehen. Bei der Aminoalkylierung ist noch ein Schritt vorgeschaltet. Unter sauren Bedingungen bildet sich aus dem Aldehyd und einem Amin zunächst schnell das entsprechende Iminiumion, das ebenfalls als Elektrophil in einer S_EAr-Reaktion mit Aromaten reagiert und als Produkt das entsprechende Benzylamin liefert.

Übung 6.6

a) Formulieren Sie die Mechanismen der Hydroxyalkylierung und der Aminoalkylierung detailliert. Beschreiben Sie die Gemeinsamkeiten und Unterschiede im Vergleich zur Blanc-Reaktion.

b) Weisen Sie den als Elektrophil reagierenden Kohlenstoffatomen in den drei Reaktionen wieder Oxidationsstufen zu und vergleichen Sie die drei Reaktionen.

6.3 Substituenteneffekte: elektrophile aromatische Zweitsubstitutionen

Vergleicht man die Nitrierung von Toluol in 68 % Schwefelsäure mit der von Benzol, so stellt man fest, dass die Reaktion am Toluol 17,2-mal schneller abläuft. Da mit der Methylgruppe des Toluols die anderen Positionen im aromatischen Ring nicht mehr alle äquivalent sind, kann es zu Produktgemischen kommen. Man unterscheidet hierbei die *ortho-, meta-* und *para*-Position. Abb. 6.11 (oben) gibt die Produktverteilung wieder, die im Experiment gefunden wird.

Anhand der Produktverteilung lässt sich eine deutliche Selektivität für die *ortho-* und *para*-Positionen erkennen. Die Methylgruppe übt somit einen dirigierenden Effekt aus. Solche Effekte lassen sich mithilfe partieller Geschwindigkeitskonstanten für die einzelnen Positionen quantifizieren (Abb. 6.11, Mitte). Dabei wird die Geschwindigkeitskonstante für die Gesamtreaktion mit der von Benzol ins Verhältnis gesetzt, durch Multiplikation des jeweiligen Produktanteils für die

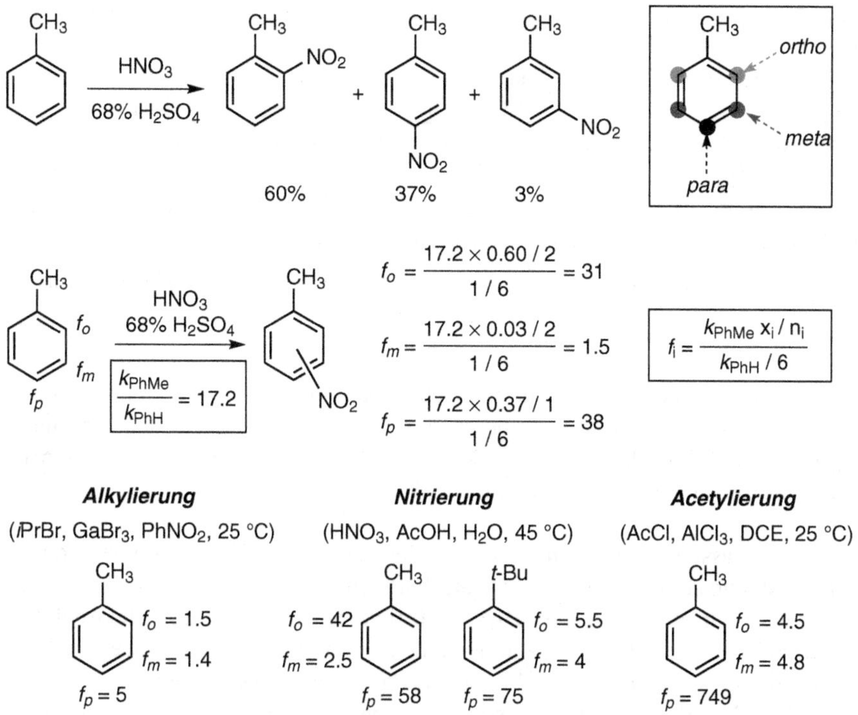

Oben: Reaktionsschema der Nitrierung von Toluol.

$$f_o = \frac{17.2 \times 0.60 / 2}{1 / 6} = 31$$

$$f_m = \frac{17.2 \times 0.03 / 2}{1 / 6} = 1.5$$

$$f_p = \frac{17.2 \times 0.37 / 1}{1 / 6} = 38$$

$$f_i = \frac{k_{PhMe}\, x_i / n_i}{k_{PhH} / 6}$$

$$\frac{k_{PhMe}}{k_{PhH}} = 17.2$$

Alkylierung
(*i*PrBr, GaBr$_3$, PhNO$_2$, 25 °C)

$f_o = 1.5$
$f_m = 1.4$
$f_p = 5$

Nitrierung
(HNO$_3$, AcOH, H$_2$O, 45 °C)

$f_o = 42$
$f_m = 2.5$
$f_p = 58$

$f_o = 5.5$
$f_m = 4$
$f_p = 75$

Acetylierung
(AcCl, AlCl$_3$, DCE, 25 °C)

$f_o = 4.5$
$f_m = 4.8$
$f_p = 749$

Abb. 6.11 Oben: Produktverteilung der Nitrierung von Toluol. **Mitte:** Berechnung relativer Geschwindigkeitskonstanten, bezogen auf die Reaktionsgeschwindigkeit des Benzols. **Unten:** Relative Geschwindigkeiten anderer elektrophiler aromatischer Substitutionen

verschiedenen Positionen aufgeteilt und mit einem statistischen Faktor aus der relativen Anzahl an verfügbaren Positionen korrigiert. Dieser statistische Faktor ist 1 für die *para*-Substitution, 2 für die Reaktionen in *ortho*- und *meta*-Stellung und 6 für Benzol mit seinen sechs äquivalenten Positionen, an denen eine Substitution erfolgen kann. Das Beispiel zeigt, dass die Nitrierungen in der *ortho*- und in der *para*-Position ungefähr gleich schnell sind, während das *meta*-Produkt deutlich langsamer gebildet wird. Selbst in *meta*-Position ist die Nitrierung von Toluol aber immer noch etwas schneller als die von Benzol. Die Methylgruppe hat also nicht nur eine dirigierende, sondern auch eine aktivierende Wirkung.

In Abb. 6.11 (unten) sind einige andere S$_E$Ar-Reaktionen an Toluol mit ihren relativen Geschwindigkeiten gezeigt. Während die Alkylierung durch die bereits vorhandene Methylgruppe, also den Erstsubstituenten, nur unwesentlich beschleunigt wird und dies vor allem in der *para*-Position, ist die Reaktionsgeschwindigkeitserhöhung bei der Acetylierung deutlich ausgeprägt. Vergleicht man zudem Toluol mit *t*-Butylbenzol, so sieht man einen deutlichen Effekt der *t*-Butylgruppe in der *ortho*-Stellung. Während die relativen Geschwindigkeiten für die Nitrierung von Toluol an der o- und p-Position nicht sehr unterschiedlich sind, wird die o-Nitrierung von *t*-Butylbenzol offensichtlich durch die große *t*-Butylgruppe erheblich behindert.

Tab. 6.1 Einfluss bereits vorhandener Substituenten am aromatischen Kern auf die elektrophile aromatische Zweitsubstitution

Typ	Beispiele für Substituenten	Induktive & mesomere Effekte	Dirigierende Wirkung	(De)aktivierende Wirkung
I	$-NH_2$, $-NHR$, $-NR_2$, $-OH$, $-OR$	$-I$, $+M$ mit $-I < +M$	*ortho/para*	stark aktivierend
II	$-Alkyl$	$+I$, $+M$	*ortho/para*	schwach aktivierend
III	$-F$, $-Cl$, $-Br$, $-I$	$-I$, $+M$ mit $-I > +M$	*ortho/para*	deaktivierend
IV	$-CHO$, $-COR$, $-COOR$, $-NO_2$, $-SO_3H$	$-I$, $-M$	*meta*	stark deaktivierend

Führt man solche Versuche mit unterschiedlichen Erstsubstituenten durch, stellt man fest, dass sich alle Erstsubstituenten hinsichtlich ihrer dirigierenden und ihrer (de)aktivierenden Wirkung auf die elektrophile aromatische Zweitsubstitution in vier Gruppen einteilen lassen (Tab. 6.1):

- Typ I umfasst Substituenten mit einem elektronegativen Heteroatom mit freiem Elektronenpaar in direkter Nachbarschaft zum Aromaten, also z. B. Amine, Hydroxygruppen oder Ether. Diese Substituenten dirigieren den elektrophilen Angriff in *o-/p*-Stellung und aktivieren den Aromaten deutlich, erhöhen also die Reaktionsgeschwindigkeit im Vergleich zum unsubstituierten Benzol.
- Im Typ II sind alle Alkylgruppen zusammengefasst, die *o-/p*-dirigierend sind, aber nur noch relativ schwach aktivierend wirken.
- Die Halogene bilden den Typ III. Sie dirigieren zwar auch in die *o-/p*-Stellung, deaktivieren aber im Gegensatz zu den Substituenten des Typs I die Zweitsubstitution, die also langsamer verläuft als am Benzol.
- Aldehyde, Ketone, Carbonsäurederivate, Nitrogruppen oder Sulfonyl- und Sulfonsäuregruppen schließlich gehören zum Typ IV. Sie wirken stark deaktivierend und dirigieren im Unterschied zu allen anderen Substituenten in die *m*-Position.

Um die Gründe zu verstehen, warum die Substituenten eine solch deutliche Wirkung auf die Zweitsubstitution haben, ist es wichtig, zwei Substituenteneffekte zu betrachten. Zum einen gibt es die sogenannten induktiven Effekte. Damit ist gemeint, dass z. B. ein Heteroatom, das eine höhere Elektronegativität als Kohlenstoff hat, Elektronendichte aus dem aromatischen Kern abzieht, indem es die Bindungselektronen zu sich heranzieht. Sinkt die Elektronendichte im aromatischen Kern, wird eine Reaktion des π-Systems mit einem Elektrophil ungünstig beeinflusst. Man spricht hier von einem $-I$-Effekt. Auch das Umgekehrte ist möglich: Alkylgruppen sind recht gut polarisierbar. Entsteht während einer Reaktion ein Intermediat mit positiver Ladung, wie dies bei der elektrophilen aromatischen Substitution im σ-Komplex der Fall ist, so können die C–H- und C–C-Bindungselektronen in der Alkylgruppe auf die Ladung hin polarisiert werden. Alkylgruppen stellen somit mehr Elektronendichte im aromatischen Kern zur Verfügung, der damit besser mit einem Elektrophil reagieren kann. Man spricht hier von einem +I-Effekt.

Überlagert werden die induktiven von den mesomeren Effekten. Ein +M-Effekt liegt vor, wenn ein an den Aromaten gebundenes Heteroatom ein freies Elektronenpaar hat, das über Konjugation Elektronendichte zum aromatischen Ring hin verschieben kann. Umgekehrt haben Substituenten einen −M-Effekt, wenn sie durch Konjugation Elektronendichte aus dem Aromaten abziehen. Die mesomeren Effekte lassen sich über mesomere Grenzstrukturen ausdrücken.

Übung 6.7

a) Schlagen Sie die Elektronegativitäten von Kohlenstoff, Sauerstoff, Stickstoff, Fluor und Chlor nach und begründen Sie, warum $-OH$, $-OR$, $-NR_2$, $-F$ und $-Cl$ ungünstige $-I$-Effekte verursachen.

b) Zeichnen Sie Nitrobenzol und Benzoesäuremethylester mit allen sinnvollen mesomeren Grenzstrukturen. Zeichnen Sie dabei die Nitro- und die Estergruppe vollständig mit allen Elektronenpaaren aus und begründen Sie, warum diese beiden Gruppen einen $-M$-Effekt und einen $-I$-Effekt aufweisen.

c) Zeigen Sie anhand mesomerer Grenzstrukturen, warum in Anilin und Fluorbenzol die Substituenten +M-Effekte haben.

d) Das dem Aromaten benachbarte C-Atom in einer Methylgruppe besitzt kein freies Elektronenpaar. Warum hat eine Methylgruppe dennoch einen (wenn auch kleinen) +M-Effekt?

Wenn Sie nun noch einen Blick in die Tab. 6.1 werfen, sehen Sie, dass die vier Typen von Substituenten sich aus den jeweils besonderen Kombinationen aus I- und M-Effekten ergeben. Generell kann man sagen: Die mesomeren Effekte bestimmen ganz wesentlich, in welche Positionen ein Substituent die folgende Zweitsubstitution lenkt: Substituenten mit +M-Effekten dirigieren in *ortho*- und *para*-Position, während Substituenten mit −M-Effekten in die *meta*-Position dirigieren. Ob ein Substituent die Reaktion beschleunigt oder bremst, hängt dagegen von der Kombination beider Effekte ab. Substituenten mit +I- und +M-Effekten (Typ II) sind aktivierend, Substituenten mit −I- und −M-Effekten (Typ IV) sind eindeutig deaktivierend. Typ-I- und Typ-III-Substituenten haben beide gegenläufige −I- und +M-Effekte. Hier hängt die Zuordnung zu den Kategorien davon ab, ob der induktive oder der mesomere Effekt betragsmäßig überwiegt. Überwiegt der +M-Effekt, ist der Substituent aktivierend (Typ I). Ist der −I-Effekt stärker, wirkt der Substituent deaktivierend (Typ III).

Die Regioselektivität erklärt sich am besten über die Betrachtung der jeweiligen mesomeren Grenzstrukturen. Die Position der Zweitsubstitution wird dabei bestimmt durch die Stabilisierung (bei +M-Effekt) oder Destabilisierung (bei −M-Effekt) der entsprechenden σ-Komplex-Zwischenstufe. Machen wir uns das für alle vier Typen anhand von mesomeren Grenzstrukturen der bei der Zweitsubstitution durchlaufenen σ-Komplexe klar:

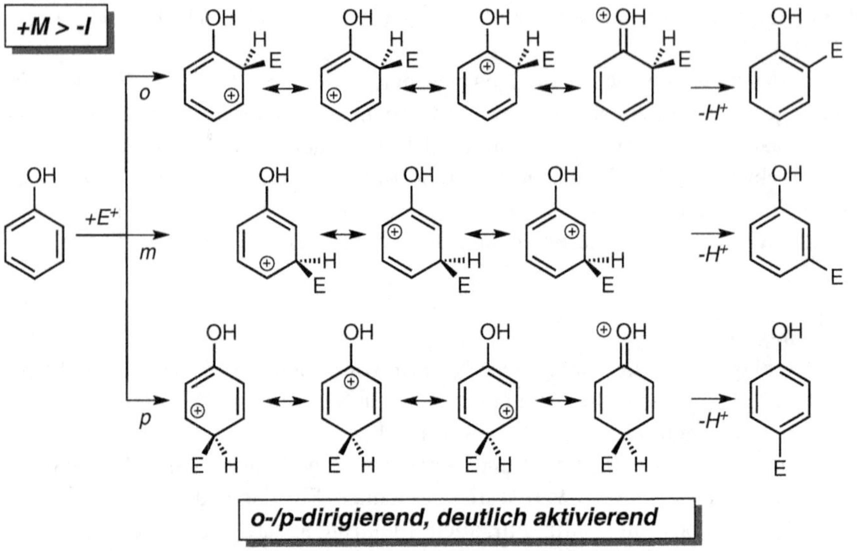

Abb. 6.12 S_EAr an Phenol als Beispiel für einen Aromaten mit einem Typ-I-Erstsubstituenten

- Typ I: Im Falle der Zweitsubstitution an Phenol (Abb. 6.12) existiert für die Zwischenstufe bei einem Angriff in *ortho-* und *para*-Position jeweils eine mesomere Grenzformel mehr, als bei einem Angriff in *meta*-Position. Hierin drückt sich die zusätzliche Stabilisierung der *o-/p*-Zwischenstufen durch die Konjugation zum freien Elektronenpaar des phenolischen Sauerstoffatoms aus. Damit sind die σ-Komplexe im Falle des *o-* und *p*-Angriffs besser stabilisiert als bei einem Angriff in der *m*-Position. Dies gilt nicht nur für den σ-Komplex, sondern auch entsprechend für den Übergangszustand des geschwindigkeitsbestimmenden ersten Schritts (Angriff des Elektrophils). Die Reaktion in *o-/p*-Stellung ist also schneller als die in der *m*-Position.
- Bei der Zweitsubstitution am Toluol (Abb. 6.13) als Beispiel für einen Substituenten des zweiten Typs sieht dies ganz analog aus. Der einzige Unterschied ist, dass hier keine Konjugation mit einem freien Elektronenpaar, sondern Hyperkonjugation mit einer zum aromatischen Ring benachbarten C–H-Bindung der entscheidende Effekt ist.
- Auch für die Zweitsubstitution am Fluorbenzol (Typ III) werden analoge Grenzstrukturen erhalten. Der +M-Effekt sorgt hier für eine Substitution in *o-/p*-Position, auch wenn der −I-Effekt betragsmäßig größer ist als der +M-Effekt (Abb. 6.14).
- Etwas anders sieht dies aus bei der Zweitsubstitution an Nitrobenzol (Typ IV, Abb. 6.15): Hier ist die Zahl der Grenzstrukturen unabhängig von der Position des Angriffs. Ein Angriff in *ortho-* oder *para*-Position führt jedoch zur Ausbildung von ungünstigen Grenzstrukturen mit direkt benachbarten positiven Formalladungen. Daher erfolgt die Zweitsubstitution hier bevorzugt in *meta*-Stellung.

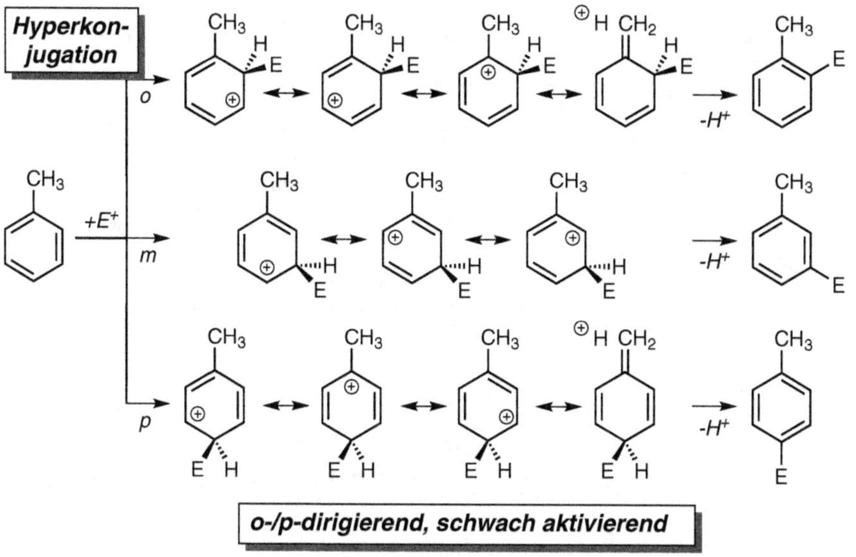

Abb. 6.13 S_EAr an Toluol als Beispiel für einen Aromaten mit einem Typ-II-Erstsubstituenten

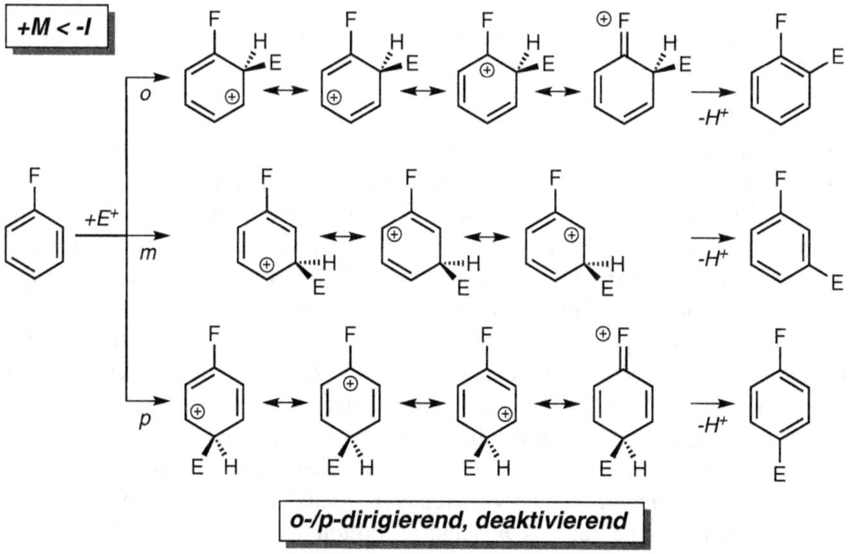

Abb. 6.14 S_EAr an Fluorbenzol als Beispiel für einen Aromaten mit einem Typ-III-Erstsubstituenten

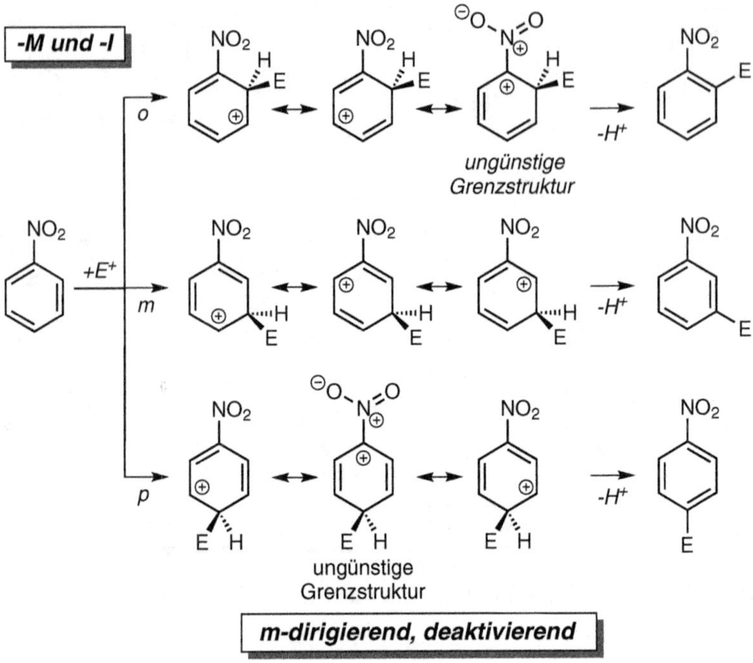

Abb. 6.15 S_EAr an Nitrobenzol als Beispiel für einen Aromaten mit einem Typ-IV-Erstsubstituenten

Wenn bereits zwei Substituenten am aromatischen Kern gebunden sind und ein dritter durch S_EAr-Reaktion eingeführt werden soll, so kann es sein, dass die beiden vorhandenen Substituenten unterschiedliche dirigierende Wirkungen haben. In einem solchen Fall entscheidet der stärker aktivierende Substituent. So greift in *o*-Chloranilin das Elektrophil bevorzugt in *o*-/*p*-Position relativ zur Aminogruppe an, auch wenn diese Position dann *meta*-ständig zum Chlor ist.

Es gibt weitere experimentelle Befunde, die im Einklang mit diesen Überlegungen zu den Substituenteneffekten stehen. So zeigt sich in den chemischen Verschiebungen der ^{1}H-NMR-Signale relativ zum Benzol ein paralleler Trend (Abb. 6.16, oben). Die Elektronendichte im Aromaten steigt vom Benzol über das Toluol und das Phenol bis zum Anilin an. Dadurch verschieben sich die ^{1}H-NMR-Signale immer weiter zu kleineren ppm-Werten. Allerdings ist dieser Effekt beim Signal für das *m*-ständige Proton klein (7,26 → 7,21 →7,14 →7,00 ppm), während die Unterschiede in der *o*-Position (7,26 →7,17 →6,70 →6,52 ppm) und der *p*-Position (7,26 →7,17 →6,81 →6,61 ppm) weitaus größer sind.

Die deutliche Aktivierung durch die phenolische OH-Gruppe kann man auch daran erkennen, dass Phenol auch mit elementarem Brom reagiert, ohne dass eine Lewis-Säure eingesetzt wird, wie das beim Benzol erforderlich ist. Auch wenn nur ein Äquivalent Brom und keine Lewis-Säure verwendet wird, entsteht zudem ein

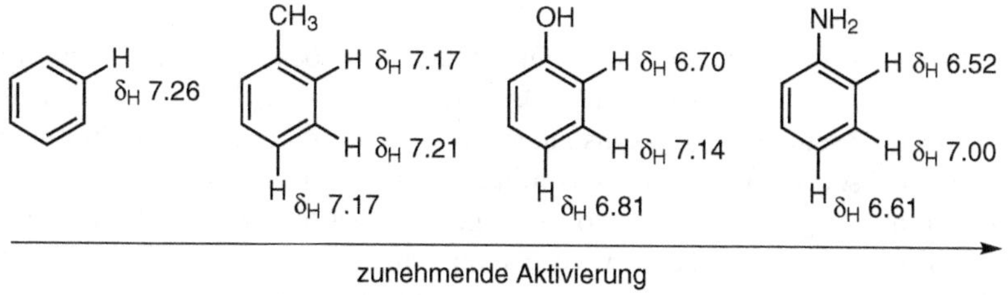

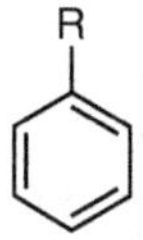

zunehmende Aktivierung

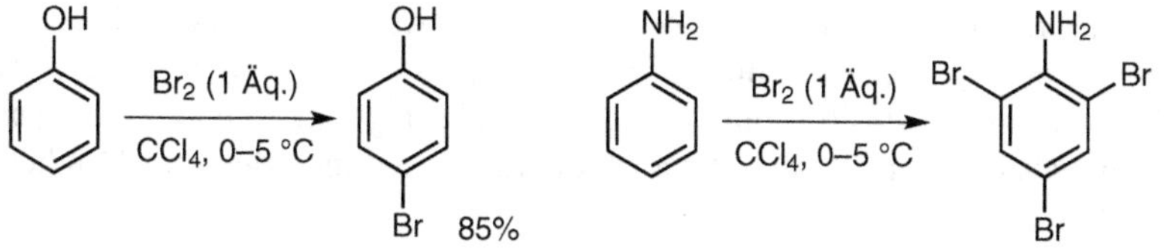

zunehmende Deaktivierung

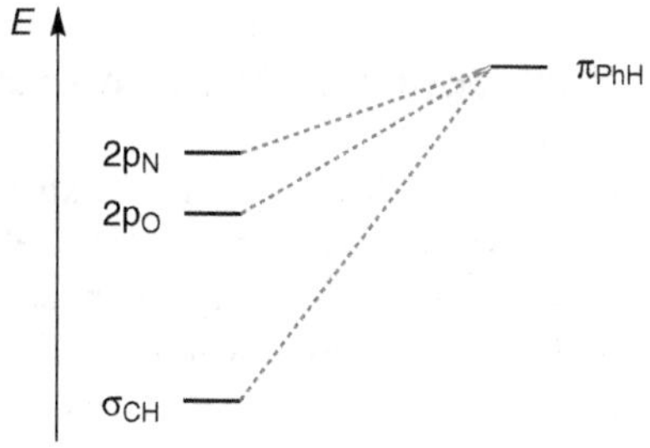

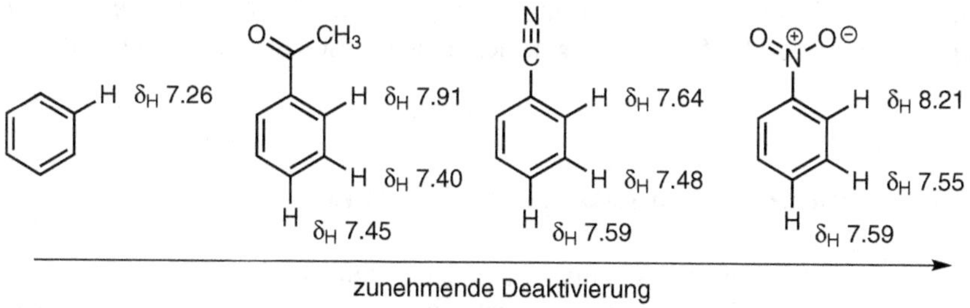

Abb. 6.16 Oben: Mit wachsender Elektronendichte im Aromaten verschieben sich die ^{1}H-NMR-Signale zu kleineren ppm-Werten. Dabei zeigt sich auch der dirigierende Effekt deutlich. **Mitte:** Vergleich der Reaktivität von Phenol und Anilin und relative Orbitalenergien. **Unten:** Der umgekehrte Trend in den NMR-Verschiebungen ergibt sich, wenn Substituenten mit $-$M-Effekt vorhanden sind

Gemisch aus tri-, di- und monobromierten Produkten neben nicht umgesetztem Phenol. Das zeigt, dass selbst das bereits einfach bromierte Phenol noch reaktiv genug ist, um mit Phenol um das Reagenz zu konkurrieren. Noch deutlich reaktiver als Phenole sind Aniline. Stickstoff ist weniger elektronegativ. Dadurch ist zum einen der $-$I-Effekt kleiner. Zum anderen liegt das Orbital, welches das freie

Elektronenpaar enthält, energetisch höher und damit energetisch näher an den Orbitalen des π-Systems. Der +M-Effekt ist durch die bessere Orbitalwechselwirkung also größer (Abb. 6.16, Mitte). Dass diese Effekte nicht klein sind, zeigen die relativen Geschwindigkeitskonstanten. Das Phenol reagiert in der Bromierung etwa 10^{11}-mal schneller als Benzol, Anilin etwa 10^{16}-mal.

Die Bromierung von Nitrobenzol ist dagegen etwa hunderttausendmal langsamer als die von Benzol. Zudem wird fast ausschließlich das *meta*-Produkt gebildet. Auch für das Nitrobenzol kann man die Reaktivität mit der Elektronendichte im aromatischen Ring und den ^{1}H-NMR-Verschiebungen der Signale der aromatischen Protonen gegenüber Benzol korrelieren (Abb. 6.16, unten). Elektronenziehende Substituenten verschieben die Signale zu höheren ppm-Werten. Dieser Effekt ist in der *m*-Position am wenigsten ausgeprägt, die damit zwar weniger reaktiv ist als das Benzol, aber dennoch die reaktivste unter den drei Möglichkeiten darstellt.

6.4   Nucleophile aromatische Substitution

Wir haben oben gesehen, dass die elektrophile aromatische Substitution insbesondere bei elektronenreichen Aromaten effizient und schnell verläuft, während elektronenziehende Substituenten den aromatischen Ring eher elektronenarm machen und dadurch diese Reaktion behindern. Nun könnte man auf die Idee kommen, dass sehr elektronenarme Aromaten umgekehrt gut mit Nucleophilen reagieren sollten. In der Tat ist dies auch so. Für die nucleophile aromatische Substitution S_NAr gibt es mehrere mechanistische Möglichkeiten, die wir uns nun ansehen wollen. In allen diesen Reaktionen gilt natürlich auch wieder, dass am Ende das aromatische System wegen der hohen Resonanzenergie wiederhergestellt wird.

6.4.1   Additions-Eliminierungs-Mechanismus

Voraussetzung für eine nucleophile aromatische Substitution nach einem Additions-Eliminierungs-Mechanismus ist nicht nur, dass der Aromat elektronenarm sein muss, um den Angriff des Nucleophils zu erleichtern. Darüber hinaus sollte auch noch eine gute Abgangsgruppe vorhanden sein, da ein Hydrid im Gegensatz zum Proton bei der elektrophilen aromatischen Substitution nur sehr schwer zu entfernen ist. Abb. 6.17 (oben) zeigt den Additions-Eliminierungs-Mechanismus, der analog zur S_EAr zweistufig verläuft. Zunächst greift im langsamen geschwindigkeitsbestimmenden Schritt das Nucleophil an der Stelle an, an der die Abgangsgruppe gebunden ist. Das Intermediat, der sogenannte Meisenheimer-Komplex, ist wie der σ-Komplex bei der S_EAr nicht aromatisch, aber mesomeriestabilisiert. Im schnellen Folgeschritt wird dann die Abgangsgruppe abgespalten und die Aromatizität wiederhergestellt.

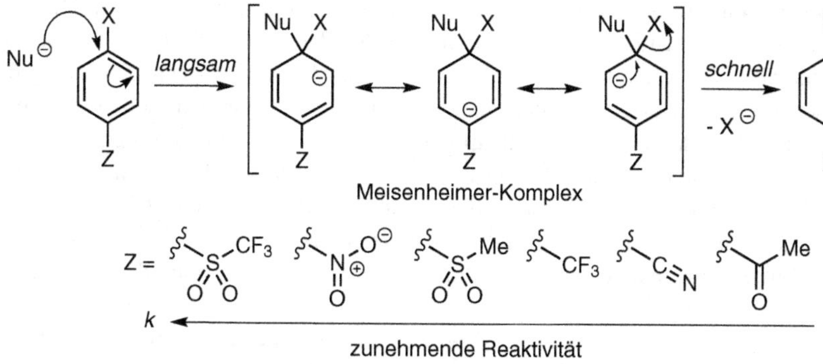

Meisenheimer-Komplex

$Z =$ (Strukturen) $\;\underset{\overset{\displaystyle\longleftarrow}{k}}{}$

zunehmende Reaktivität

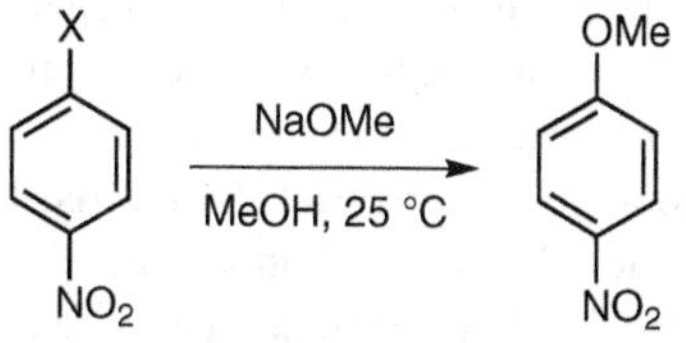

X	=	F	Cl	Br	I
k_{rel}	=	1300	3	2	1

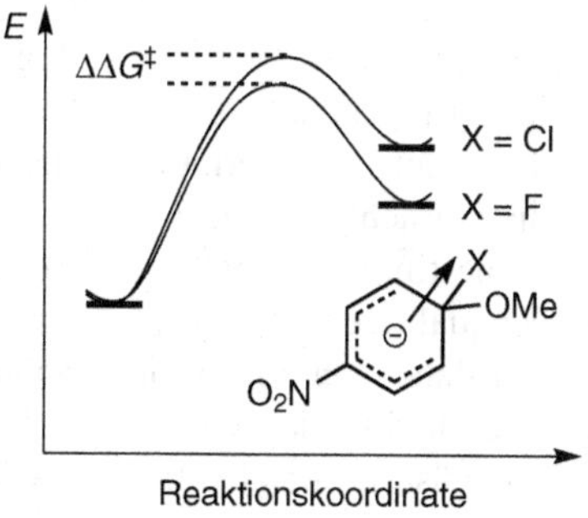

Abb. 6.17 Oben: Zweistufiger Additions-Eliminierungs-Mechanismus der nucleophilen aromatischen Substitution und Einfluss der elektronenziehenden Substituenten Z auf die Reaktivität. **Unten:** Abhängigkeit der Reaktionsgeschwindigkeit von der Abgangsgruppe

Übung 6.8

a) Zeichnen Sie für die nucleophile aromatische Substitution nach dem Additions-Eliminierungs-Mechanismus eine Potenzialenergiekurve. Wie sind die relativen energetischen Lagen der Übergangszustände, des Intermediats und des Produkts verglichen mit dem Edukt?

b) Überlegen Sie einmal, wie die Geometrie und die Ladungsverteilung in den beiden Übergangszuständen aussehen müssten. Übertragen Sie diese Überlegungen analog auf die elektrophile aromatische Substitution.

c) Formulieren Sie für den in Abb. 6.17 (oben) gezeigten Mechanismus das Geschwindigkeitsgesetz.

d) Zeichnen Sie für die Umsetzung von 1-Fluor-2,4-dinitrobenzol mit Ethanolat alle mesomeren Grenzformeln des Meisenheimer-Komplexes. Wie sieht das analog für 1-Fluor-3,5-dinitrobenzol aus?

Für die Reaktionsgeschwindigkeit ist vor allem die Stabilisierung des anionischen Intermediats über elektronenziehende Substituenten Z am aromatischen Ring wichtig.

Die mesomeren Grenzstrukturen des Meisenheimer-Komplexes zeigen eine Delokalisierung der negativen Ladung über die drei sp^2-Kohlenstoffatome in den Positionen *ortho* und *para* zur Abgangsgruppe. Elektronenziehende Substituenten haben folglich in diesen Positionen den größten Effekt, weil sie nur hier ihren mesomeren Effekt ($-M$) wirklich entfalten können. Elektronenziehende Substituenten in den *meta*-Positionen hingegen haben nur sehr viel kleinere $-I$-Effekte und beschleunigen daher die nucleophile aromatische Substitution nur unwesentlich. Auch wirken sich unterschiedliche Substituenten Z aufgrund ihrer unterschiedlichen $-I$- und $-M$-Effekte natürlich auch verschieden aus. Die Reaktivitätsabstufung ist für eine Serie von Substituenten Z in Abb. 6.17 gezeigt.

Aber nicht nur die Substituenten Z wirken sich auf die Reaktionsgeschwindigkeit aus. Auch die Abgangsgruppe X spielt eine Rolle. In Abb. 6.17 (unten) sind relative Reaktionsgeschwindigkeiten für die Serie der Halogene gezeigt. Scheinbar gegen jede Intuition ist die Reaktion mit Fluorid als Abgangsgruppe erheblich schneller als die der anderen Halogenide. Iodid ist die langsamste. Wenn wir die Abgangsgruppenqualitäten aus der nucleophilen Substitution (S_N2) in Kap. 4 heranziehen, hätte man vermutlich das umgekehrte Ergebnis erwartet. Man muss hier aber in Betracht ziehen, dass der erste Schritt der S_NAr-Reaktion der geschwindigkeitsbestimmende ist. Die aus den S_N2-Reaktionen abgeleiteten Abgangsgruppenqualitäten beziehen sich auf die Stabilität des austretenden Anions und könnten daher nur im zweiten Schritt der S_NAr zum Tragen kommen, der aber nicht geschwindigkeitsbestimmend und damit für die Kinetik nicht wesentlich ist. Wir müssen uns also fragen, welcher Effekt der Abgangsgruppe sich auf den ersten Schritt auswirken könnte. Das Fluoratom sticht aus der Serie der Halogene wegen seiner hohen Elektronegativität heraus. Es ist dadurch in der Lage, über einen sehr starken $-I$-Effekt zur Stabilisierung des Meisenheimer-Komplexes beizutragen. Auch wenn die Abgangsgruppe am sp^3-hybridisierten Kohlenstoffatom des Meisenheimer-Komplexes gebunden ist und dadurch mesomere Effekte keine Rolle spielen, wirkt sich der induktive Effekt hier selbstverständlich günstig aus. Diese Stabilisierung des Meisenheimer-Komplexes wirkt analog auch bereits im Übergangszustand des geschwindigkeitsbestimmenden Schritts. Die Reaktion wird schneller.

Oben wurde gesagt, dass Hydrid eine sehr schlechte Abgangsgruppe sei. Das stimmt auch, es gibt aber dennoch Reaktionen, bei denen die S_NAr-Reaktion nach einem Additions-Eliminierungs-Mechanismus verläuft, bei dem im zweiten Schritt Hydrid als Abgangsgruppe austritt. Die in Abb. 6.18 gezeigte Tschitschibabin-Reaktion ist ein Beispiel hierfür. Der elektronenarme Aromat ist hier der Pyridinring. In diesem Fall ist es nicht eine elektronenziehende Gruppe am Ring, sondern das Stickstoffatom im Ring, was den Aromaten elektronenarm werden lässt. Setzt man Pyridin mit Lithiumamid ($LiNH_2$) in flüssigem Ammoniak um, so kommt es zur Bildung von 2-Aminopyridin. Das Amidanion greift nucleophil in der *ortho*-Position des Pyridins an, und ein Meisenheimer-Komplex bildet sich. Das Hydrid, das nun zur Wiederherstellung des aromatischen Systems abgespalten werden muss, deprotoniert ein Ammoniakmolekül. Es entstehen H_2, das als Gas die Reaktion verlässt, der substituierte Aromat und ein Amidanion, das wiederum mit dem

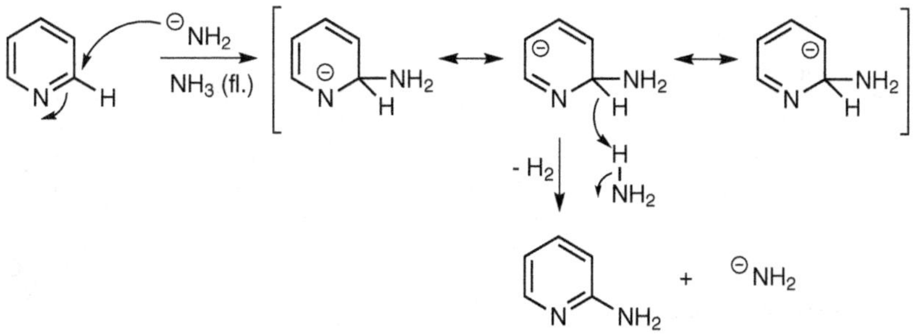

Abb. 6.18 Die Tschitschibabin-Reaktion, eine nucleophile aromatische Substitution mit Hydrid als Abgangsgruppe

nächsten Pyridin reagieren kann. Das Lithiumamid wird also nur in katalytischer Menge benötigt, da es am Ende der Reaktion aus dem Ammoniak, der auch als Lösemittel dient, regeneriert wird.

6.4.2 Eliminierungs-Additions-Mechanismus

Bei einer klassischen S_N2-Reaktion greift das Nucleophil in einem Rückseitenangriff das die Abgangsgruppe tragende Kohlenstoffatom an. Ein solcher Rückseitenangriff ist an einem aromatischen Ring selbstverständlich unmöglich, müsste doch das Nucleophil dann aus der Ringmitte heraus angreifen. Aber man könnte darüber nachdenken, ob eine S_N1-artige Substitution an Aromaten möglich sein könnte, die dann nach einem Eliminierungs-Additions-Mechanismus verlaufen müsste. Dabei wird zunächst ein Phenylkation durch Abspaltung der Abgangsgruppe gebildet. Im Folgeschritt reagiert das Phenylkation mit dem Nucleophil. Prinzipiell ist dies möglich. Allerdings ist das Phenylkation, bei dem das leere Orbital des Carbeniumions nicht in Konjugation zum π-System des Aromaten steht, energetisch sehr ungünstig. Daher wird eine extrem gute Abgangsgruppe benötigt, um eine solche Eliminierungs-Additions-Reaktion zu realisieren.

Eine leicht herzustellende Abgangsgruppe für diesen Zweck ist die Diazoniumgruppe, die in Form des thermodynamisch sehr stabilen N_2-Moleküls vom aromatischen Kern abgespalten werden kann. Um sie zu erzeugen, wird ein primäres Amin diazotiert (Abb. 6.19, oben). *In situ* kann aus Natriumnitrit ($NaNO_2$) und Salzsäure (HCl) das Nitrosylkation hergestellt werden. Der Mechanismus ist weitgehend analog zur in Nitriersäure ablaufenden Bildung des Nitroniumkations. Lediglich die Oxidationsstufe ist eine andere. Ein primäres Amin greift dann als Nucleophil das NO^+-Kation am Stickstoffatom an. Nach einigen Protonenwanderungen wird schließlich Wasser abgespalten, und das Diazoniumion entsteht.

Setzt man das aromatische Diazoniumsalz dann in der Wärme und in Gegenwart eines Nucleophils um, kann ein Eliminierungs-Additions-Mechanismus realisiert werden. Zwei Beispiele für diese Reaktion sind in Abb. 6.19 (unten) gezeigt.

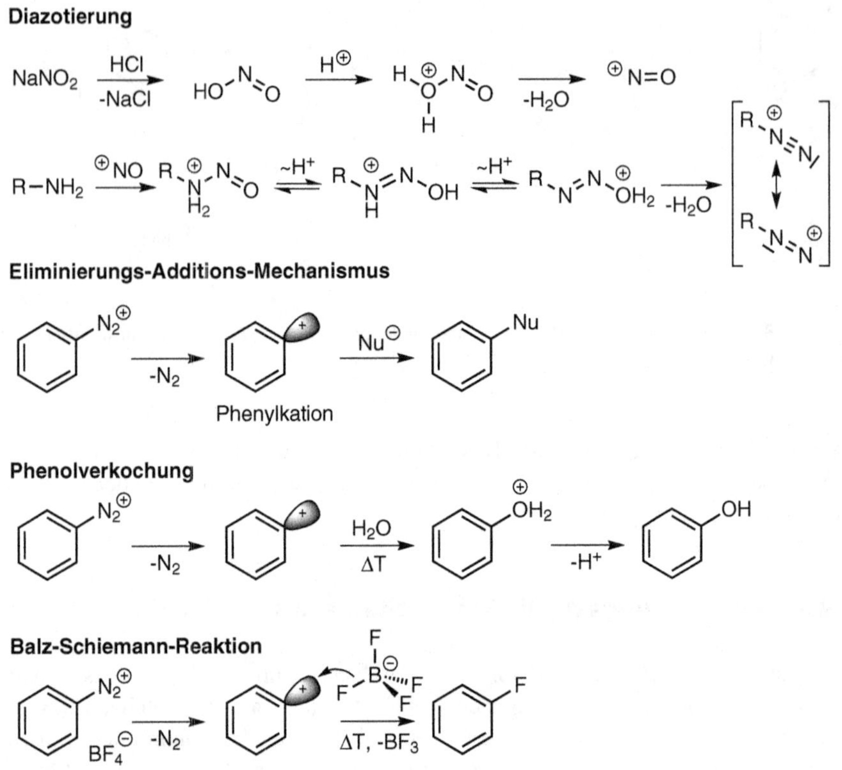

Diazotierung

Eliminierungs-Additions-Mechanismus

Phenylkation

Phenolverkochung

Balz-Schiemann-Reaktion

Abb. 6.19 Oben: Die Bildung von Diazoniumionen aus aromatischen Aminen (R = Aryl) und dem Nitrosylkation. **Mitte:** Genereller Eliminierungs-Additions-Mechanismus. **Unten:** Zwei Beispiele für Reaktionen, die nach dem Eliminierungsmechanismus ablaufen

Bei der Phenolverkochung übernimmt Wasser die Rolle des Nucleophils, und aus dem ursprünglichen Anilin wird ein Phenol. In der Balz-Schiemann-Reaktion kann auf diese Weise ein Fluorid am Aromaten eingeführt werden, wenn man das Diazoniumtetrafluorborat erwärmt. Das Phenylkation ist elektrophil genug, um dem Tetrafluorborat ein Fluorid zu entreißen.

Übung 6.9

a) Aromatische Diazoniumionen sind stabiler als aliphatische. Was passiert, wenn man 2-Octanamin mit verdünnter wässriger Salzsäure und Natriumnitrit bei Raumtemperatur umsetzt?

b) Was passiert, wenn Sie ein sekundäres oder ein tertiäres Amin zu diazotieren versuchen? Die kanzerogenen Produkte der Diazotierung sekundärer Amine bilden sich auch im Magen, wenn Sie mit Nitritpökelsalz behandelte Wurst essen. Warum ist dennoch der Zusatz von Nitritpökelsalz zu Wurstwaren nicht nur erlaubt, sondern sogar gesetzlich vorgeschrieben?

c) Zeichnen Sie auch für den Eliminierungs-Additions-Mechanismus eine Potenzialenergiekurve. Gehen Sie davon aus, dass die Abspaltung des N_2-Moleküls der geschwindigkeitsbestimmende Schritt ist und geben Sie das Geschwindigkeitsgesetz der Reaktion an. Vergleichen Sie es mit den Geschwindigkeitsgesetzen für die S_N1-Reaktion.

6.4.3 Der Arin-Mechanismus

Setzt man Chlorbenzol mit Natronlauge um und erhitzt auf 300 °C, erhält man in fast quantitativen Mengen Phenol. Ganz ähnlich, aber bei deutlich tieferer Temperatur verläuft die Reaktion von Chlorbenzol mit Kaliumamid in flüssigem Ammoniak, die zum Anilin führt (Abb. 6.20, oben). Dieses Ergebnis ist insofern erstaunlich, als das aromatische System keine elektronenziehenden Substituenten in *ortho*- oder *para*-Position besitzt, um ein dem Meisenheimer-Komplex entsprechendes intermediäres Arylanion zu stabilisieren. Ein zweites erstaunliches experimentelles Ergebnis erhält man, wenn man ein ^{14}C-Isotop anstelle des häufiger vorkommenden ^{12}C-Kohlenstoffatoms einbaut, das den Chlorsubstituenten trägt. Nach den bisher besprochenen Mechanismen würde man erwarten, dass ausschließlich das Anilin gebildet wird, in dem die NH_2-Gruppe direkt an das ^{14}C-Atom gebunden ist. Stattdessen findet man

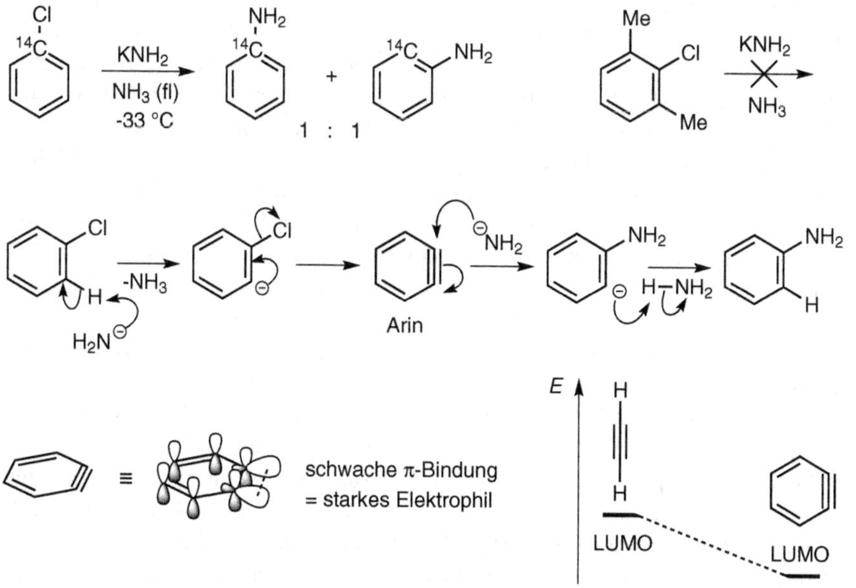

Abb. 6.20 Oben: Experimentelle Befunde, die nahelegen, dass ein dritter Mechanismus für die nucleophile aromatische Substitution existiert. **Mitte:** Der Arin-Mechanismus im Detail. **Unten:** Seitliche Überlappung der sp^2-Orbitale an den beiden Arin-Kohlenstoffatomen führt zur Ausbildung der dritten Bindung. Ein tief liegendes LUMO erlaubt Nucleophilen einen leichten Angriff

aber die Isotopenmarkierung sowohl direkt an der NH_2-Gruppe als auch in der Nachbarposition, und das im statistischen Verhältnis von 1:1. Es muss also einen dritten Mechanismus für die nucleophile aromatische Substitution geben.

Man kann diesem Mechanismus auf die Spur kommen, wenn man sich überlegt, dass die Verteilung der NH_2-Gruppe über zwei verschiedene Positionen nahelegt, dass ein quasisymmetrisches Intermediat durchlaufen wurde, bei dem lediglich die Isotopenmarkierung die Symmetrie durchbricht und das daher an zwei benachbarten Positionen gleich gut angegriffen werden kann. Neben der Eigenschaft, als Nucleophil zu fungieren, sind Amidanionen auch starke Basen. Man könnte also postulieren, dass es zu einer 1,2-Eliminierung von HCl kommt. Diese Reaktion beträfe die beiden benachbarten Positionen und würde ein symmetrisches Intermediat erzeugen – das zugegebenermaßen als Benzolring mit einer zumindest formalen Dreifachbindung etwas ungewöhnlich aussähe. Im Folgeschritt addiert dann ein Ammoniakmolekül an dieses Intermediat, und man erhält Anilin als Produkt. Für einen solchen Mechanismus spricht auch, dass man keine Reaktion beobachtet, wenn beide Nachbarpositionen durch Methylgruppen blockiert sind und so keine 1,2-Eliminierung mehr möglich ist (Abb. 6.20, oben).

Tatsächlich ist der erste Schritt des Mechanismus (Abb. 6.20, Mitte) die Deprotonierung des Protons in *ortho*-Stellung zur Abgangsgruppe. Diese Position ist aufgrund des elektronenziehenden Effekts des Chlorsubstituenten die acideste Position. Es folgt die Abspaltung der Abgangsgruppe zum sogenannten Arin, dem symmetrischen Intermediat. Die Dreifachbindung des Arins ist nur formal eine Dreifachbindung. Da keine lineare Anordnung der beiden Dreifachbindungskohlenstoffatome mit ihren beiden nächsten Nachbarn möglich ist, sind die beiden Dreifachbindungskohlenstoffatome nach wie vor sp^2-hybridisiert. Die dritte Bindung kommt also durch seitliche Überlappung zweier sp^2-Orbitale zustande, die zusätzlich noch leicht divergieren. Man kann Arine daher auch als 1,2-Diradikale betrachten. Arine sind sehr reaktive Intermediate, die ein tief liegendes LUMO besitzen und so leicht von Nucleophilen angegriffen werden können (Abb. 6.20, unten). Dieser Angriff kann nun aber an beiden Arin-Kohlenstoffatomen erfolgen, sodass die oben diskutierte 1:1-Produktverteilung leicht zu erklären ist. Der gesamte Mechanismus setzt sich also aus einer Eliminierungs-Additions-Sequenz zusammen.

Arine lassen sich auf vielfältige Weise herstellen (Abb. 6.21), was allerdings wegen ihrer hohen Reaktivität *in situ* geschieht. So sind 2-Aminobenzoesäuren gute Vorläufer, weil die Überführung in das entsprechende Diazoniumsalz zwei thermodynamisch sehr günstige Moleküle vorbildet. Neben dem N_2 aus der Diazoniumgruppe ist auch CO_2 aus der Nachbarposition eine sehr günstige austretende Gruppe, sodass die Bildung des Arins mit einer hohen Triebkraft geschieht. Ebenso kommt die thermische oder lichtinduzierte Peroxidspaltung im Benzo[1,2]dioxine-1,4-dion infrage. Nach der homolytischen Spaltung der schwachen O–O-Bindung folgt die Abspaltung zweier CO_2-Moleküle zum Arin.

Arine reagieren nicht nur mit Nucleophilen, sondern sind auch exzellente Dienophile in Diels-Alder-Reaktionen. So reagiert beispielsweise Furan mit Arinen zu dem in Abb. 6.21 (unten) gezeigten tricyclischen Produkt.

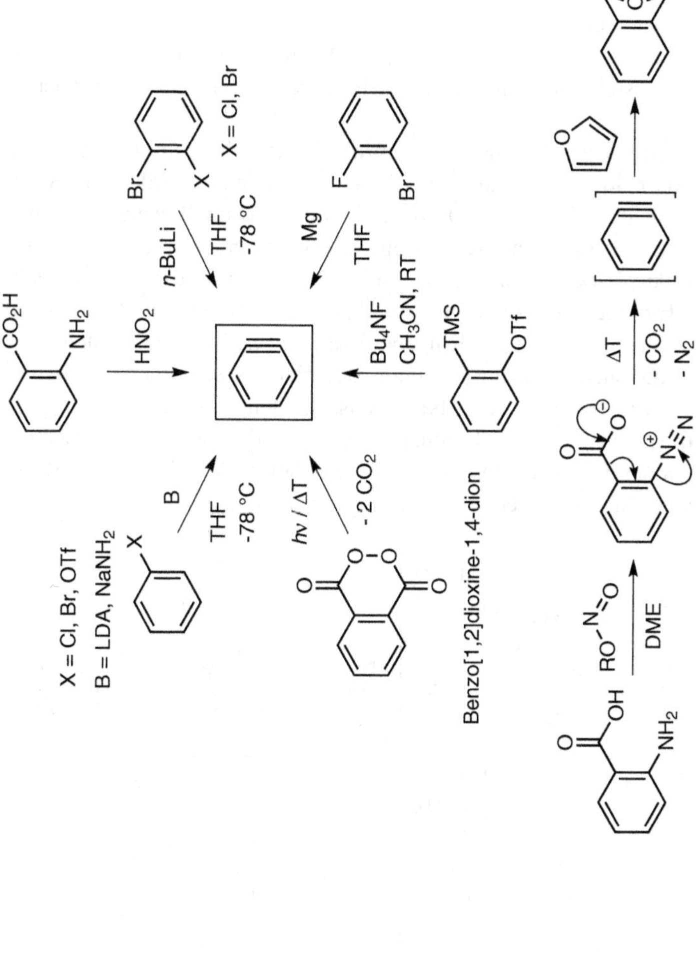

Abb. 6.21 Oben: Verschiedene Methoden zur Erzeugung von Arinen. **Unten:** Mechanismus der Arinbildung aus dem Diazoniumsalz der Benzoesäure. Arine sind sehr gute Dienophile und reagieren gut in Diels-Alder-Reaktionen

Übung 6.10

a) Formulieren Sie für alle in Abb. 6.21 gezeigten Arinerzeugungsreaktionen Reaktionsmechanismen und beschreiben Sie Gemeinsamkeiten und Unterschiede.

b) Reaktionsintermediate können – hinreichend lange Lebensdauern vorausgesetzt – oft durch Abfangreagenzien nachgewiesen werden. Zeichnen Sie das Reaktionsprodukt, das Sie erhalten, wenn Sie ein Arin in Gegenwart von Anthracen erzeugen. Erläutern Sie, wieso dieses Produkt Ihnen die Bildung eines Arins nahelegt.

c) Kennen Sie andere experimentelle Methoden, mit denen ein Arin nachgewiesen werden könnte?

d) Was geschieht, wenn Sie ein Arin unter Bedingungen erzeugen, die Nucleophile und Diene ausschließen, also in Abwesenheit geeigneter Reaktionspartner?

Wie wir oben bereits gesehen haben, kann die Dreifachbindung des Arins durch Nucleophile von beiden Seiten angegriffen werden. Wichtig wird dieser Sachverhalt, wenn die beiden Enden der Dreifachbindung wie im Beispiel in Abb. 6.22 unterschiedlich substituiert sind. Hier können regioisomere Produkte gebildet werden. Zwei Effekte haben einen Einfluss auf die Regioselektivität: elektronische und sterische. Ein nucleophiler Angriff am Arin ist relativ empfindlich gegenüber sterischer Hinderung, da er in der Ringebene mit den anderen Substituenten stattfinden muss. Untersucht man im gezeigten Beispiel das *ortho/meta*-Verhältnis in Abhängigkeit vom Metallion des Alkaliamids, stellt man fest, dass mit steigendem Ionenradius weniger *ortho*-Produkt gebildet wird. Dabei ist wahrscheinlich der Ionenradius des Kations selbst nicht der entscheidende Faktor, sondern die in Abhängigkeit vom Kation unterschiedlich große Solvathülle.

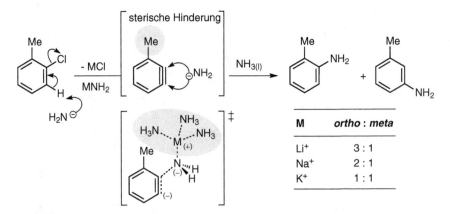

M	*ortho : meta*
Li$^+$	3 : 1
Na$^+$	2 : 1
K$^+$	1 : 1

Abb. 6.22 Die Regioselektivität wird wesentlich durch sterische Effekte mit beeinflusst. Je nach Wahl des Kations des Amidreagenzes ergeben sich unterschiedlich große Solvathüllen, die sterisch mit der Methylgruppe wechselwirken. Das Produktverhältnis ändert sich. Dennoch spielen auch elektronische Effekte eine Rolle, wie die Tatsache zeigt, dass die sterisch höher belastete Position dennoch mit dem Hauptprodukt korrespondiert

Allein sterische Effekte können aber nicht maßgeblich sein, da man dann erwarten müsste, dass das *ortho*-Produkt das Nebenprodukt ist. Im gezeigten Beispiel ist dies aber nicht der Fall. Elektronisch können mesomere Effekte keine wesentliche Rolle spielen, da die dritte Bindung des Arins im σ-Gerüst des Aromaten liegt und daher nicht mit dem π-System wechselwirkt. Induktive Effekte nehmen stark mit steigendem Abstand ab, d. h., sie sind am stärksten in *ortho*- und am schwächsten in *para*-Position. Der +I-Effekt der Methylgruppe begünstigt daher die Bildung des Anions nach dem Angriff des Nucleophils in der *meta*-Position.

6.5 Synthese von Aromaten mit bestimmten Substitutionsmustern

Die *o-/p*- oder *m*-dirigierende Wirkung eines Erstsubstituenten in der elektrophilen aromatischen Substitution limitiert die synthetischen Möglichkeiten zur Erzeugung gewünschter Substitutionsmuster. So ist beispielsweise 1-Chlor-3-nitrobenzol nicht über eine Nitrierung von Chlorbenzol herstellbar. Auch in 3-Aminophenol oder 1-Amino-3-brombenzol liegt ein problematisches Substitutionsmuster vor, da weder die Amino- noch die Hydroxygruppe oder der Bromsubstituent *m*-dirigierend sind und so unabhängig davon, welche zuerst eingeführt wurde, eine 1,3-Substitution nicht erreichbar ist. Nebenbei stellt sich hier allerdings auch noch die Frage, wie man eine Aminogruppe überhaupt einführen kann und welches Elektrophil – formal müsste es ein NR_2^+-Kation sein – dafür taugen könnte.

Es gibt einige Ansätze, wie man diese Limitierungen überwinden kann. Zunächst sollte man versuchen, die Reihenfolge, in der Substituenten eingeführt werden, zu optimieren. Oft lassen sich bereits so geeignete Reaktionssequenzen finden, die zum gewünschten Produkt führen. Für 1-Chlor-3-nitrobenzol würde man also die Sequenz umkehren und zunächst Benzol mit Nitriersäure nitrieren und dann das Nitrobenzol mit Cl_2/$AlCl_3$ chlorieren.

Die zweite Strategie nutzt eine Umwandlung einer z. B. *m*-dirigierenden funktionellen Gruppe in eine *o-/p*-dirigierende Gruppe aus. Die Reaktionssequenz zu einem *m*-disubstituierten Produkt ist dann eine dreischrittige: Zuerst wird die *m*-dirigierende Gruppe eingeführt, anschließend der zweite Substituent in *m*-Position. Erst danach wird die erste funktionelle Gruppe in die gewünschte *o-/p*-dirigierende Gruppe überführt. Für 1-Amino-3-brombenzol bedeutet dies, zuerst Benzol zu nitrieren, dann das Nitrobenzol in *m*-Position mit Br_2/$FeBr_3$ zu bromieren und im abschließenden Schritt die Nitrogruppe z. B. mit H_2 und Pd/C als Katalysator zur Aminogruppe zu reduzieren.

Ein weiteres Beispiel haben wir oben bereits angedeutet. Eine OH-Gruppe am Aromaten einzuführen, ist direkt nicht ohne weiteres möglich. Daher hatten wir eine Friedel-Crafts-Acylierung verwendet, anschließend das Arylketon mit einer Persäure in einer Baeyer-Villiger-Oxidation in den Phenylester überführt und diesen dann verseift. Da die Carbonylgruppe des hier zuerst gebildeten Arylketons im Gegensatz zur phenolischen OH-Gruppe *m*-dirigierend ist, kann diese Strategie natürlich auch zur Synthese von *m*-substituierten Phenolen eingesetzt werden. Dann muss vor der Baeyer-Villiger-Oxidation zunächst der zweite Substituent eingeführt werden.

Übung 6.11

a) Schlagen Sie ausgehend von Benzol geeignete Synthesewege für folgende
   Verbindungen vor.
   1,3-Diamino-5-chlorbenzol
   3-Bromacetophenon
   4-Acetylphenol
   1-Ethyl-3,5-dinitrobenzol

b) Trainieren Sie die Synthese unterschiedlicher Substitutionsmuster systematisch, indem Sie zwei funktionelle Gruppen wählen und dann alle relativen
   Positionierungen am Benzolring durchgehen. Spielen Sie dies mit mehreren
   Paaren funktioneller Gruppen durch, bis Sie ein gutes Gefühl für einfach und
   schwer realisierbare Substitutionsmuster entwickelt haben.

c) Stellen Sie für Ihre Beispiele anhand eines Chemikalienkatalogs fest, ob die
   Preise für ihre Verbindungen mit dem Syntheseaufwand korrelieren.

Die Nitrierung mit anschließender Reduktion der Nitro- zur Aminogruppe ist aber
nicht nur deswegen synthetisch hoch interessant, weil so entweder die *m*-dirigie-
rende Wirkung der Nitrogruppe oder die *o-/p*-dirigierende Wirkung der Aminogruppe gezielt ausgenutzt werden kann. Sie bietet zusätzlich die Möglichkeit, die
Aminogruppe durch Diazotierung, wie oben gezeigt, in ein Diazoniumsalz zu
überführen. Diazoniumsalze besitzen eine sehr vielfältige Reaktivität (Abb. 6.23).

Mit elektronenreichen Aromaten wie Phenolen, Naphtholen oder Anilinen
gehen sie bei tiefer Temperatur elektrophile aromatische Substitutionen ein, bei
denen die Diazogruppe erhalten bleibt. Diese Reaktion ist wichtig zur Herstellung
von Azofarbstoffen, die in nahezu allen Bereichen des Lebens vom Lebensmittel-
farbstoff bis zur Färbung von Textilien und zur Lackherstellung eine Rolle spielen.

Auch Reaktionen über radikalische Intermediate sind bekannt, die teilweise nach
recht komplizierten Reaktionsmechanismen ablaufen. So kann eine Diazogruppe
reduktiv entfernt werden, beispielsweise mit hypophosphoriger Säure als Reduktionsmittel. Auch die über eine elektrophile aromatische Substitution schwierige
Iodierung gelingt durch eine radikalische Kettenreaktion des Diazoniumsalzes mit
Kaliumiodid. Besonders hervorzuheben ist sicherlich die Sandmeyer-Reaktion, mit
deren Hilfe Halogen- und Pseudohalogensubstituenten eingeführt werden können.
Diese Reaktion verläuft unter Cu(I)-Katalyse, wobei das Anion des Kupfersalzes
dem einzuführenden Substituenten entsprechen sollte. Eine Ein-Elektronen-Über-
tragung vom Kupfer zum Aromaten führt zur Abspaltung von Stickstoff und zur
Bildung des entsprechenden Phenylradikals. Das Phenylradikal wiederum greift
nun das Anion des ebenfalls in der Ein-Elektronen-Übertragung gebildeten Cu(I-
I)-Salzes an und bildet nicht nur den substituierten Aromaten, sondern auch wieder
Cu(I) zurück, das entsprechend nur katalytisch eingesetzt werden muss.

Schließlich bilden sich aus den Diazoniumionen bei höherer Temperatur auch
Phenylkationen unter Abspaltung von Stickstoff, die mit Nucleophilen abreagieren
können. Wasser als Nucleophil führt zum Phenol. Man nennt diese Reaktion Phenolverkochung. Mit ihr haben Sie neben der Baeyer-Villiger-Oxidation von Arylke-
tonen eine weitere Möglichkeit, eine OH-Gruppe in den Aromaten einzuführen. Ist

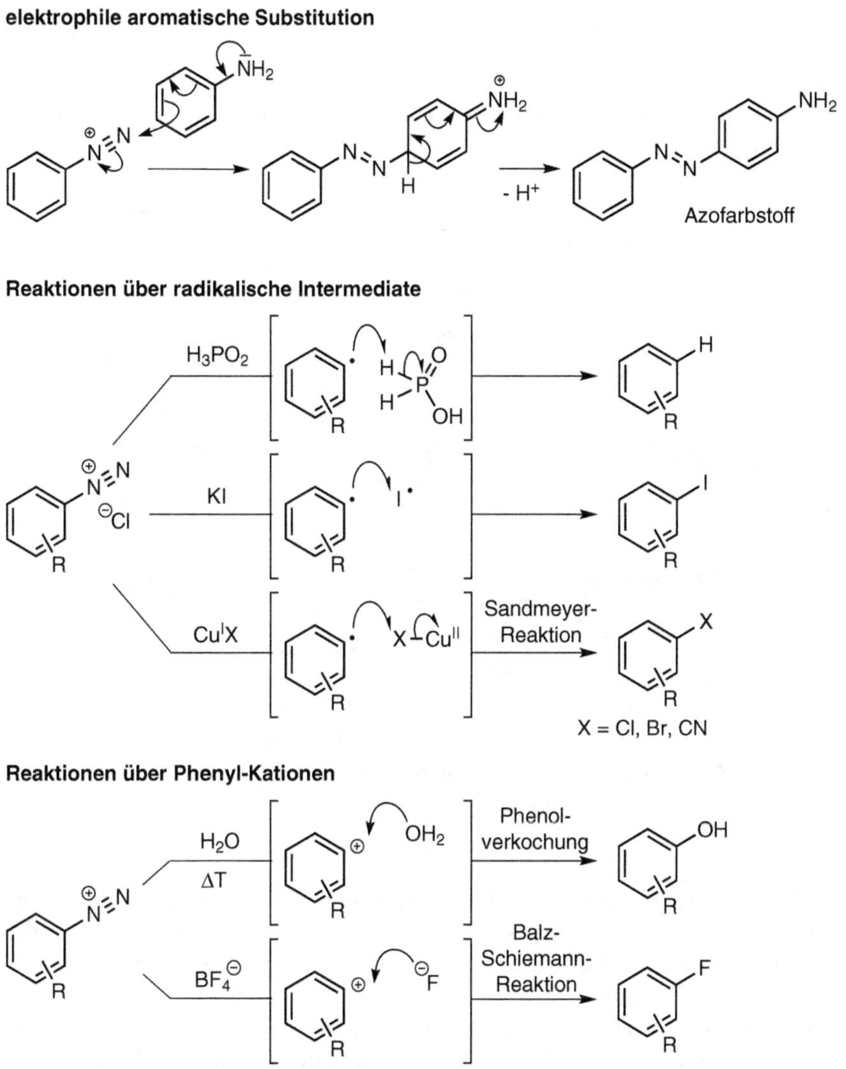

elektrophile aromatische Substitution

Reaktionen über radikalische Intermediate

$X = Cl, Br, CN$

Reaktionen über Phenyl-Kationen

Abb. 6.23 Die vielfältigen Reaktionsmöglichkeiten der Diazoniumsalze

das Gegenion des Diazoniumkations ein Tetrafluorborat (BF_4^-) und ist beim Erhitzen des Diazoniumsalzes kein weiteres Nucleophil vorhanden, reagiert das Phenylkation mit dem BF_4^--Anion unter Abstraktion eines Fluorids. Diese sogenannte Balz-Schiemann-Reaktion ist also eine gute Möglichkeit, fluorierte Aromaten herzustellen – eine Reaktion, die wie oben geschildert, ebenfalls nicht mit einer einfachen elektrophilen aromatischen Substitution zu bewerkstelligen ist.

6.6   Trainingsaufgaben

Aufgabe 6.1

a) Wiederholen Sie die Kriterien für Aromatizität. Welche der folgenden Moleküle sind aromatisch?

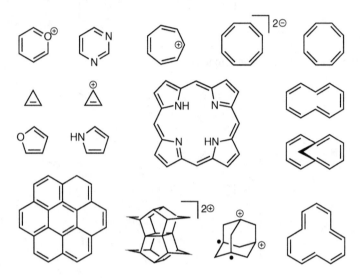

b) Geben Sie weitere Beispiele für aromatische Moleküle an.
c) Cyclobutadien ist als isolierte Verbindung nur unterhalb von 35 K stabil. Wie reagiert es bei höherer Temperatur?

Aufgabe 6.2

a) Gehen Sie die Reaktionen in diesem Kapitel noch einmal durch und analysieren Sie die Produkte retrosynthetisch. Formulieren Sie die entsprechenden Synthons und listen Sie in einer Tabelle die Synthons mit den jeweiligen Syntheseäquivalenten auf.
b) Formulieren Sie auch Strukturen für Retrons, die Ihnen helfen sollen, in einem gegebenen Zielmolekül gute retrosynthetische Zerlegungen zu finden.

Aufgabe 6.3

Paracetamol ist ein Schmerzmittel, das in hoher Dosis Leberschäden verursachen kann. Da es in Hustensäften, Fiebersenkern und Schmerzmitteln enthalten sein kann, kann es – vor allem bei Kindern – zu einer Überdosierung kommen. Dennoch ist das Präparat ohne Rezept erhältlich. Der Name leitet sich aus dem systematischen Verbindungsnamen ab: **Par**a-(**Acetylam**ino)phen**ol.**

a) Zeichnen Sie die Strukturformel des Moleküls.
b) Entwickeln Sie eine Retrosynthese zurück bis zum Phenol als Ausgangsstoff.

c) Großtechnisch gibt es mehrere Verfahren zur Herstellung von Paracetamol. Schlagen Sie nach, wie es hergestellt wird. Eines der Verfahren enthält eine Fries-Umlagerung. Zeichnen Sie die Synthese über die Fries-Umlagerung auf und diskutieren Sie die Mechanismen der beteiligten Reaktionen im Detail.

Aufgabe 6.4

a) Welches Hauptprodukt wird bei den folgenden acht Reaktionen jeweils gebildet? Begründen Sie Ihre Entscheidungen.

b) Geben Sie zwei mögliche Retrosynthesen für das zweite Edukt links, 4-Methylphenol, mit Synthons und Syntheseäquivalenten an und diskutieren Sie die jeweiligen Vorzüge und Nachteile.

c) Wenn Sie 4-Methylphenol mit Brom umsetzen, ohne FeBr$_3$ als Katalysator hinzuzufügen, erhalten Sie ein anderes Produkt als Hauptprodukt. Welches?

d) Warum benötigen Sie zwei Äquivalente Acetylchlorid, um 4-Methylphenol (links unten) in einer der beiden infrage kommenden Positionen am aromatischen Ring zu acetylieren? Gibt es eine weitere acetylierbare Position?

e) Warum trägt das 4-Methylanilin rechts oben nach der erfolgreichen Alkylierung (Name der Reaktion?) eine Isopropylgruppe? Warum reagiert das 1-Fluor-4-nitrobenzol nicht?

f) Erläutern Sie, warum bei den letzten beiden Reaktionen rechts unten einmal unter Zusatz von konzentrierter Schwefelsäure bei erhöhter Temperatur gearbeitet werden muss, bei der anderen Reaktion aber nicht. Welche Rolle spielt die Schwefelsäure?

Aufgabe 6.5

Wenn Sie Benzol mit t-Butylchlorid und AlCl$_3$ (beides im Überschuss) umsetzen, erhalten Sie vielleicht etwas überraschend 1,3,5-Tri-t-butylbenzol als überwiegendes Hauptprodukt.

a) Welche Reaktion haben Sie hier durchgeführt? Was ist besonders an dieser
   Reaktion? Erklären Sie kurz, was man unter kinetischer und was man unter
   thermodynamisch kontrollierten Reaktionen versteht.
b) Entwickeln Sie vor diesem Hintergrund eine Erklärung, warum 1,4-Di-*t*-bu-
   tylbenzol ein in sehr geringen Mengen entstehendes Nebenprodukt ist.
   Wenn die *t*-Butylgruppe *o/p*-dirigierend ist, warum entsteht dennoch kein
   1,2-Di-*t*-Butylbenzol?
c) Mithilfe dieser Überlegungen sollten Sie in der Lage sein, eine Retrosynthese
   für 3,5-Di-*t*-butylphenol zu entwerfen. Wie führen Sie die OH-Gruppe am
   besten ein?

Aufgabe 6.6
Entwickeln Sie Retrosynthesen für die folgenden Verbindungen. Geben Sie für
jeden Retrosyntheseschritt die Synthons und die passenden Syntheseäquivalente
an. Versuchen Sie möglichst, Ihre Retrosynthesen durch Variationen in der Reihenfolge der Einführung der funktionellen Gruppen zu optimieren. Sie dürfen jeweils
mit einem einfach substituierten Aromaten beginnen.

4-Amino-2,6-dibromphenol	3,5-Dibrom-4-fluoranilin
1,2-Dimethoxy-4-methylbenzol	2-Methoxy-5-methylbenzaldehyd
3-Aminophenol	3-(*N,N*-Dimethylamino)acetophenon
Propyl-4-butoxybenzoat	1-(4-Brom-2-(dimethylamino))acetophenon

Aufgabe 6.7
Zeichnen Sie zunächst in ein Diagramm die Potenzialenergiekurve für die Nitrierung von Benzol. In Abb. 6.11 sind die relativen Geschwindigkeitskonstanten für
die Nitrierung von Toluol angegeben. Zeichnen Sie in dasselbe Diagramm relativ
zueinander und relativ zum Reaktionsprofil von Benzol korrekt die Potenzialenergiekurven für diese Reaktion in den *o*-, *m*- und *p*-Positionen ein. Wo liegen energetisch die Übergangszustände?

Aufgabe 6.8
Entwickeln Sie für das folgende Molekül eine Retrosynthese. Wie können Sie
retrosynthetische Schnitte so legen, dass Sie einerseits die Symmetrie des Moleküls ausnutzen, zugleich aber auch eine Zerlegung erreichen, die unter Beachtung
der Reaktivität der Bausteine günstig ist?

Aufgabe 6.9
Zum Knobeln: Setzen Sie Benzo[21]krone-7 mit zwei Äquivalenten Butanal und 82-prozentiger Schwefelsäure unter Erhitzen um. Welches Produkt erhalten Sie, wenn Sie berücksichtigen, dass die Schwefelsäure nicht nur eine Säure, sondern auch ein mildes Oxidationsmittel ist? Formulieren Sie den genauen Mechanismus dieser Reaktionssequenz von der Krone bis zum Endprodukt.

Aufgabe 6.10
a) Begründen Sie, warum Pyridin eher nucleophile aromatische Substitutionen eingeht. Welches Produkt erhalten Sie bevorzugt, wenn Sie Pyridin mit NaNH$_2$, einem starken Nucleophil umsetzen? Erläutern Sie, warum katalytische Mengen NaNH$_2$ reichen, wenn Sie die Reaktion in flüssigem Ammoniak bei −33 °C durchführen. Welches Nebenprodukt bildet sich noch? Die Reaktion ist eine Namensreaktion. Wie heißt sie?
b) Nucleophile aromatische Substitutionen sind auch am Benzolkern möglich, wenn er hinreichend elektronenarm ist. Das Sanger-Reagenz (1-Fluor-2,4-dinitrobenzol) ist ein solch elektronenarmes Derivat und hat eine wichtige Rolle in der Sequenzierung von Peptiden gespielt. Man markiert mit diesem Reagenz die N-terminale Aminosäure in der Peptidkette, um sie nach der vollständigen Hydrolyse des Peptids identifizieren zu können. Skizzieren Sie den Mechanismus der Reaktion von Alanylglycinmethylester mit dem Sanger-Reagenz.

Aufgabe 6.11
Die gesamte deutsche chemische Industrie hat ihren Anfang in der Farbstoffherstellung: Aus den Elberfelder Farbenfabriken ging die spätere Bayer AG hervor; die Badische Anilin- und Sodafabrik (BASF) trägt eines der Hauptedukte, das Anilin, im Namen; die Farbwerke Hoechst AG waren der dritte große Player in diesem Feld. Alle drei Firmen gingen 1925 mit mehreren anderen in der Interessengemeinschaft Farben (IG Farben) auf, dem seinerzeit größten Chemiekonzern der Welt. In der Zeit des Nationalsozialismus spielte die IG Farben eine mehr als zweifelhafte Rolle. Ihre Aktivitäten reichten von der Wahlkampfunterstützung der NSDAP 1933 mit großen Spenden über die günstige Übernahme jüdischen Besitzes im Rahmen sogenannter „Arisierungen" bis hin zur Ausbeutung von Zwangsarbeitern und zur Herstellung des in den Konzentrationslagern eingesetzten Giftgases Zyklon B. Daher wurde die IG Farben nach dem Zweiten Weltkrieg entflochten und befand sich jahrzehntelang bis 2012 in Abwicklung.

Die Grundlage dieser chemiehistorischen Gegebenheiten sind vor allem Azofarbstoffe. Schlagen Sie die Strukturen der folgenden Azofarbstoffe nach und entwickeln Sie Retrosynthesen für Methylorange, Pararot, Kongorot und Sudan III.

Aufgabe 6.12

Die Synthese des Antibiotikums Norfloxacin beginnt mit 3-Chlor-4-fluoranilin als
Ausgangsstoff. Im letzten Schritt wird das Piperazin eingeführt.

a) Wie stellen Sie das Ausgangsmaterial 3-Chlor-4-fluoranilin her?
b) Zerlegen Sie das Norfloxacin retrosynthetisch und geben Sie das neben Piperazin im letzten Schritt noch zu verwendende Edukt an. Welcher Reaktionstyp
   kommt hier zum Tragen? Formulieren Sie den Mechanismus im Detail.

Aufgabe 6.13

Heterocyclische Aromaten spielen eine große Rolle in einer breiten Vielfalt von
Naturstoffen. Der Einbau eines Stickstoffatoms statt einer C–H-Gruppe im Benzol
ergibt Pyridin, einen ebenfalls aromatischen Heterocyclus. Analog kann man im
Cyclopentadienylanion ein Stickstoffatom statt einer C–H-Einheit einbauen und
kommt dann zum Pyrrol.

a) Zeichnen Sie die Strukturen beider Verbindungen und entscheiden Sie, ob das
   freie Elektronenpaar am Stickstoffatom zum aromatischen π-System gehört
   oder nicht. Nehmen Sie weitere Ersetzungen vor und prüfen Sie die daraus entstehenden Heterocyclen entsprechend.
b) Pyridin ist eine Base, Pyrrol nicht. Schlagen Sie die pK_a-Werte beider Verbindungen nach. Wo wird Pyridin protoniert? Wo wird Pyrrol unter stark sauren
   Bedingungen protoniert? Begründen Sie die von Ihnen identifizierten Positionen durch Zeichnen mesomerer Grenzstrukturen.
c) Pyridin ist ein elektronenarmer Aromat. Begründen Sie diese Aussage. Er
   reagiert daher nicht in elektrophilen, sondern eher in nucleophilen aromatischen Substitutionen. Geben Sie an, warum dies bevorzugt in den Positionen
   ortho und *para* zum Pyridinstickstoff geschieht.
d) Pyrrol ist eher ein elektronenreicher Aromat. Warum? Wo würde Pyrrol bevorzugt in einer elektrophilen aromatischen Substitution angegriffen?

Aufgabe 6.14

a) Wenn Sie Anilin in der 1-Position direkt an der Aminogruppe mit einem ^{13}C-Atom
   isotopenmarkieren, die Verbindung durch Diazotierung in das entsprechende

Diazoniumion überführen und anschließend phenolverkochen, erhalten Sie ausschließlich in der 1-Position ^{13}C-markiertes Phenol. Formulieren Sie die Mechanismen dieser Reaktionen und verfolgen Sie die Markierung.

b) Wenn Sie stattdessen 2-Aminobenzoesäure als Ausgangsstoff verwenden, die wiederum direkt neben der Aminogruppe ^{13}C-markiert ist, und die gleiche Reaktionssequenz durchführen, erhalten Sie eine Mischung aus Phenolen, die die Markierung in der 1- und der 2-Position tragen. Was hat sich hier geändert? Formulieren Sie auch für diese Reaktionssequenz die Mechanismen und verfolgen Sie die Isotopenmarkierung. Welche Rolle spielt die Carbonsäuregruppe?

Carbonylchemie

Thema des siebten Kapitels ist die Chemie der Carbonylgruppe. Carbonylverbindungen sind wegen ihrer vielfältigen Reaktivität Drehscheiben in der
organischen Synthese und daher sehr wertvolle Syntheseintermediate.

- Sie verstehen die elektronische Struktur der Carbonylgruppe und können
  daraus ableiten, wie sie reagiert.
- Sie kennen dementsprechend insbesondere die Redoxchemie, die nucleophile Addition an Carbonylgruppen, Acylierungsreaktionen zur Umwandlung von Carbonsäurederivaten, die α-Acidität von Carbonylgruppen mit
  der daraus resultierenden Folgechemie und vinyloge 1,4-Additionen an
  α,β-ungesättigte Carbonylverbindungen.
- Sie lernen neue Synthesekonzepte, insbesondere das Prinzip der Reaktivitätsumpolung, und Beispielreaktionen hierfür kennen.
- Sie finden aus den Abständen funktioneller Gruppen zueinander Ansatz-
  punkte für Retrosynthesen und kennen sowohl Synthons als auch Retrons,
  die mit der Carbonylchemie verbunden sind.

7.1 Einleitung

Die Carbonylgruppe ist für den Synthetiker eine der vielseitigsten funktionellen
Gruppen. Dies hängt damit zusammen, dass die Carbonylgruppe nicht nur selbst,
beispielsweise durch Nucleophile, angegriffen werden kann, sondern dass sie auch
in ihrer Nachbarschaft befindliche Kohlenstoffatome aktiviert und so auch Reaktionen an Stellen im Molekül ermöglicht, die einen bestimmten Abstand zur Carbonylgruppe haben. Mithilfe von Carbonylverbindungen können difunktionelle
Moleküle erzeugt werden, bei denen der Abstand zwischen den beiden funktionellen Gruppen zwischen 1,2- und 1,6-Abständen nahezu beliebig eingestellt werden

© Springer-Verlag GmbH Deutschland 2017
S. Leisering und C.A. Schalley, *Tutorium Reaktivität und Synthese*,
DOI 10.1007/978-3-662-53852-4_7

kann. Eine solche Flexibilität ist synthetisch von hohem Wert, insbesondere weil es sich hierbei um C–C-Knüpfungsreaktionen handelt und nicht nur um die Umwandlung funktioneller Gruppen ineinander.

Als Basis für diese Überlegungen ist es wichtig, die elektronische Struktur der Carbonylgruppe und ihre besonderen Eigenschaften zu betrachten. Die einfache Lewis-Formel einer Carbonylgruppe (Abb. 7.1) erscheint zunächst einmal analog zu einer C=C-Doppelbindung in einem Alken. Das Sauerstoffatom und eine CH_2-Gruppe sind isoelektronisch zueinander, und meist folgert man daraus, dass die jeweiligen Moleküle sich in ihrer Reaktivität auch analog verhalten. Analog zur C=C-Doppelbindung sind in der Carbonylgruppe sowohl das Sauerstoff- als auch das Kohlenstoffatom sp^2-hybridisiert. Dadurch liegen die Carbonylgruppe, die beiden an das Carbonyl-C-Atom gebundenen Atome und die freien Elektronenpaare am Sauerstoff in einer Ebene. Während beim Ethen aus der nicht rotationssymmetrischen π-Bindung eine Rotationsbarriere resultiert, spielt dies bei der Carbonylgruppe nur eine untergeordnete Rolle, da nur am einen Ende Substituenten gebunden sind. Würden wir statt der C=O- aber eine C=N-Doppelbindung betrachten, würden wir auch hier eine signifikante Rotationsbarriere bemerken.

Ein entscheidender Unterschied zur C=C-Doppelbindung ist aber, dass das O- und das C-Atom der Carbonylgruppe deutlich unterschiedlich elektronegativ sind. Die Carbonylgruppe besitzt also ein deutlich ausgeprägtes Dipolmoment. Das Carbonyl-Kohlenstoffatom ist partiell positiv geladen, das Sauerstoffatom partiell negativ, wie es auch in der zweiten mesomeren Grenzformel zum Ausdruck kommt. Zusätzlich zum kovalenten Anteil an der C=O-Doppelbindung tritt also ein ionischer hinzu, der die C=O-Doppelbindung deutlich verstärkt. Vergleicht man die Bindungsenergien der σ- und der π-Bindung in der Carbonylgruppe mit

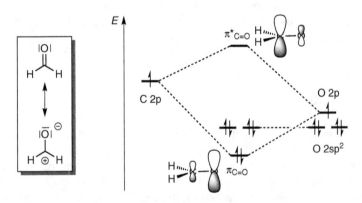

Abb. 7.1 Links: Lewis-Schreibweise der beiden mesomeren Grenzformeln der Carbonylgruppe. **Rechts:** MO-Schema der C=O-π-Bindung und der beiden freien Elektronenpaare am Sauerstoffatom. Während das LUMO, wie bei der C=C-Doppelbindung, das π*-Orbital ist, liegen die beiden Orbitale, die die freien Elektronenpaare enthalten, energetisch höher als das π-Orbital und sind somit die höchsten besetzten Orbitale

denen der C=C-Doppelbindung, so erkennt man sofort den entscheidenden Unterschied. Die π-Bindung der Carbonylgruppe ist sogar stärker als die σ-Bindung. Im Alken ist dies umgekehrt. Diese Tatsache wirkt sich natürlich auf die Reaktivität der Carbonylgruppe aus.

$$\mathrm{BDE}(\sigma_{C=C}) = 350\,\mathrm{kJ\,mol}^{-1} \quad \mathrm{BDE}(\sigma_{C=O}) = 360\,\mathrm{kJ\,mol}^{-1}$$

$$\mathrm{BDE}(\pi_{C=C}) = 270\,\mathrm{kJ\,mol}^{-1} \quad \mathrm{BDE}(\pi_{C=O}) = 385\,\mathrm{kJ\,mol}^{-1}$$

Aber auch die Orbitalenergien der C-2p- und O-2p-Atomorbitale sind verschieden, wie Abb. 7.1 zeigt. Dies wirkt sich auch auf das Aussehen der Molekülorbitale des π-Systems aus. Das p-Atomorbital des Sauerstoffs liegt energetisch näher am π-Molekülorbital der C=O-Doppelbindung und trägt daher mit einen deutlich größeren Anteil zum π-Orbital bei als das des Carbonyl-Kohlenstoffatoms. Das Orbital des O-Atoms hat hier also in der Linearkombination der Atomorbitale den größeren Orbitalkoeffizienten. Im antibindenden π*-Orbital ist dies genau umkehrt. Hier hat das p-Atomorbital des Kohlenstoffs das größere Gewicht. Das Carbonyl-O-Atom besitzt noch zwei freie Elektronenpaare. Stellt man sich das Sauerstoffatom sp²-hybridisiert vor, sind diese Elektronenpaare in zwei sp²-Orbitalen untergebracht. Sie liegen energetisch über dem π-Orbital der C=O-Doppelbindung und entsprechen daher den höchsten besetzten Orbitalen im Molekül.

Die Orbitalbetrachtung passt gut zum Dipolmoment: Die Elektronen in den besetzten sp²-Orbitalen des Sauerstoffs befinden sich am partiell negativ geladenen Sauerstoffatom. Dazu geht das p-Atomorbital des Carbonyl-Sauerstoffatoms mit dem größeren Orbitalkoeffizienten in das π-Molekülorbital ein. Greift ein Elektrophil an, so wird es also am Sauerstoffatom binden, wo die Elektronendichte und damit die Nucleophilie am höchsten sind. Greift ein Nucleophil die Carbonylgruppe an, ist hingegen ein leeres Orbital erforderlich, da das Nucleophil ja schon die beiden künftigen Bindungselektronen mitbringt. Es wird daher am Carbonyl-C-Atom angreifen, an dem im LUMO die beste Orbitalüberlappung gewährleistet ist.

Aus der elektronischen Struktur der Carbonylgruppe kann man ableiten, welche Reaktivität zu erwarten ist (Abb. 7.2). Durch das deutlich elektrophile Carbonyl-C-Atom sind dort Angriffe mit einem Nucleophil möglich. Im Anschluss wird das Carbonyl-Sauerstoffatom in der Regel mit H^+ protoniert, und insgesamt wurde in einer 1,2-Addition ein HNu-Molekül an die Carbonylgruppe addiert. Die beiden Schritte können auch in umgekehrter Reihenfolge ablaufen. Zunächst wird dann der Sauerstoff protoniert, und anschließend greift das Nucleophil das durch die Protonierung der Carbonylgruppe aktivierte Carbonyl-C-Atom an. Beides wird unter dem Begriff „nucleophile Addition" subsumiert. Nach diesen Mechanismen läuft eine große Zahl von Reaktionen an der Carbonylgruppe ab. Vergleicht man die nucleophile Addition an die Carbonylgruppe mit der elektrophilen Addition an C=C-Doppelbindungen, so werden die durch die Polarität der Carbonylgruppe verursachten Unterschiede deutlich.

Immer dann, wenn die Carbonylgruppe mit einer C=C-Doppelbindung in Konjugation steht, ist eine zweite große Gruppe von nucleophilen Additionen möglich.

Man spricht bei solchen Molekülen von α,β-ungesättigten Carbonylverbindungen oder oft auch von Michael-Systemen. Durch Konjugation der C=C- mit der
C=O-Doppelbindung werden die Eigenschaften des Carbonyl-C-Atoms an das
Kohlenstoffatom „vererbt", das sich in der Kette zwei Atome weiter befindet. Wie
das Schema zeigt, kann ein Nucleophil nun nicht mehr nur am Carbonyl-C-Atom
angreifen, sondern auch an C-3 der Kette. Dieses Prinzip nennt man Vinylogie-Prinzip, weil eine Vinylgruppe eingeschoben wird und dadurch ganz ähnliche
Eigenschaften um zwei C-Atome versetzt wieder aufzufinden sind. Wenn Sie die
gezeigte Addition von H-Nu genauer ansehen, erkennen Sie, dass die Protonierung
im zweiten Schritt vorzugsweise nicht am Carbonyl-O-Atom abläuft. Netto erhält
man eine nucleophile Addition an die C=C-Doppelbindung. Dennoch spricht man
hier wegen des 1,4-Abstands vom Carbonyl-O-Atom zu dem C-Atom, an dem
das Nucleophil angreift, von 1,4-Additionen oder – nach ihrem Entdecker – von
Michael-Additionen.

Die dritte große Gruppe von Reaktionen an der Carbonylgruppe basiert auf der
sogenannten α-Acidität des direkt zur Carbonylgruppe benachbarten C-Atoms (bei
der Beschreibung des Abstands zwischen zwei Atomen mit griechischen Buchstaben zählt das Carbonyl-Kohlenstoffatom selbst nicht mit). Diese Position ist mit
pK_a-Werten von 19–20 für Ketone und ca. 16 für Aldehyde deutlich acider als die
C–H-Bindungen in Alkanen ($pK_a = 50$). Dieser Effekt ist leicht mit der Konjugation des nach der Deprotonierung erhaltenen Anions mit der Carbonylgruppe zu
erklären und lässt sich durch die gezeigten mesomeren Grenzstrukturen beschreiben. Gemäß der Struktur eines Alkoholats mit C=C-Doppelbindung nennt man
ein solches Anion auch Enolat. Da alle drei am π-System beteiligten Atome
sp^2-hybridisiert vorliegen, ist das Enolat planar. Als Anion reagiert das Enolat
selbst als (bidentates) Nucleophil und kann mit Elektrophilen sowohl am Sauerstoffatom als auch am α-C-Atom reagieren.

Diese drei großen Typen der Reaktivität von Carbonylverbindungen – nucleophile Addition, Additionen an α,β-ungesättigte Carbonyle und Reaktionen α-acider
Verbindungen – werden wir im Folgenden etwas genauer beleuchten. Da Carbonylverbindungen zudem auch in Redoxreaktionen reagieren können, beginnen wir
mit der Redoxchemie der Carbonylgruppe.

Übung 7.1

Abb. 7.2 gibt einen Überblick über die Reaktivität von Aldehyden und
Ketonen. Die nucleophile 1,2-Addition führt dann zu Alkoholen, wenn das
Carbonyl-O-Atom im Verlauf der Reaktion protoniert wird. Wie verläuft
wohl eine nucleophile Addition an ein Carbonsäurederivat? Formulieren Sie
einmal die Reaktion von Essigsäurechlorid mit Wasser. Wie verändert die
mit dem Chlorid im Molekül vorhandene Abgangsgruppe die nucleophile
Addition?

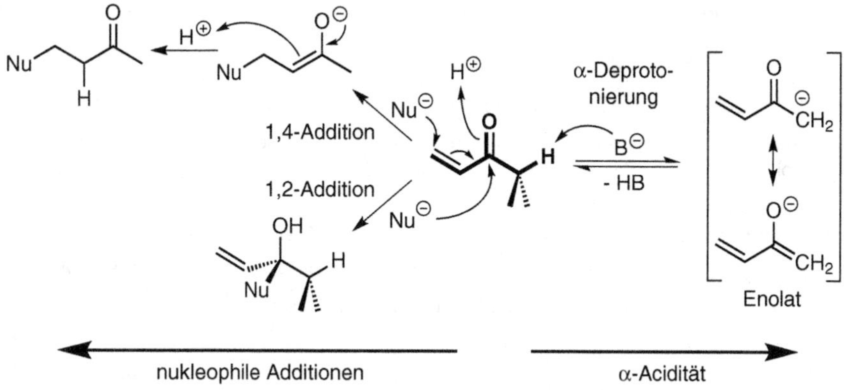

Abb. 7.2 Überblick über die Reaktionsmöglichkeiten der Carbonylgruppe. **Links:** Zwei Varianten der nucleophilen Addition. Greift das Nucleophil direkt am Carbonyl-C-Atom an, spricht man von einer 1,2-Addition. Besitzt die Carbonylverbindung eine mit der Carbonylgruppe konjugierte C=C-Doppelbindung, besteht zusätzlich die Möglichkeit, mit einem Nucleophil die C=C-Doppelbindung anzugreifen. **Rechts:** Die Deprotonierung in der zur Carbonylgruppe benachbarten α-Stellung führt zu einem mesomeriestabilisierten Enolat

7.2 Die Redoxchemie von Carbonylverbindungen

Carbonylverbindungen können am Carbonyl-Kohlenstoffatom verschiedene Oxidationsstufen aufweisen. Aldehyde (Oxidationsstufe +I; Formaldehyd 0) und Ketone (Oxidationsstufe +II) zeigen dabei ein verwandtes Reaktionsverhalten. Ebenso reagieren Carbonsäurederivate (Oxidationsstufe +III, CO_2 und Kohlensäurederivate +IV) in verwandten Reaktionen. Die verschiedenen Carbonylverbindungen und die entsprechenden Alkohole verbinden Redoxbeziehungen, die sowohl in der Synthese als auch zur Umwandlung von Carbonylverbindungen angewandt werden können (Abb. 7.3).

Aldehyde können durch Redoxreaktionen im Prinzip auf zwei verschiedenen Wegen hergestellt werden: zum einen durch die Oxidation primärer Alkohole, zum anderen durch die Reduktion von Carbonsäuren oder ihren Derivaten wie z. B. Carbonsäureestern. Da Aldehyde meist leichter zum Alkohol zu reduzieren sind als die Carbonsäurederivate zum Aldehyd, findet hier in der Regel die weitere Reduktion zum Alkohol statt, ohne dass die Reaktion auf der Aldehydstufe angehalten werden kann. Umgekehrt ist das Problem nicht so ausgeprägt, und es gibt eine Reihe von Oxidationsreaktionen, die auf der Stufe des Aldehyds angehalten werden können. Hierbei hilft die Verwendung elektrophiler Oxidationsmittel, von denen einige mit den zugehörigen Namensreaktionen in Abb. 7.3 zusammengestellt sind. Gelangt man zum Aldehyd, ist die Weiteroxidation mit nucleophilen Oxidationsmitteln leichter zu bewerkstelligen als mit elektrophilen. Wenn jedoch Wasser in der Reaktionsmischung vorhanden ist, kann sich ein Hydrat des Aldehyds bilden, das wiederum leicht durch elektrophile Oxidationsmittel weiter

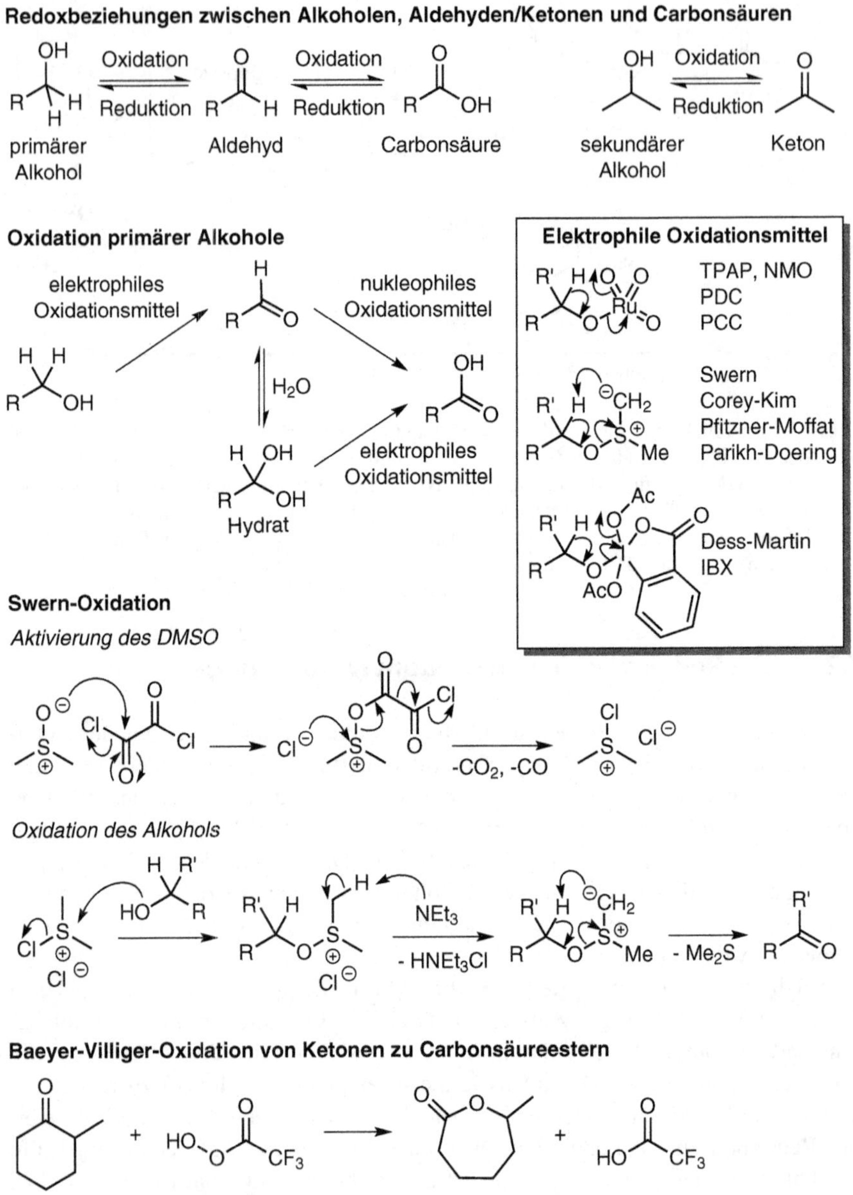

Redoxbeziehungen zwischen Alkoholen, Aldehyden/Ketonen und Carbonsäuren
Oxidation
Reduktion
primärer Alkohol
Aldehyd
Carbonsäure
sekundärer Alkohol
Keton
Oxidation primärer Alkohole
elektrophiles Oxidationsmittel
nukleophiles Oxidationsmittel
H2O
Hydrat
Elektrophile Oxidationsmittel
TPAP, NMO
PDC
PCC
Swern
Corey-Kim
Pfitzner-Moffat
Parikh-Doering
Dess-Martin
IBX
Swern-Oxidation
Aktivierung des DMSO
-CO2, -CO
Oxidation des Alkohols
NEt3
- HNEt3Cl
- Me2S
Baeyer-Villiger-Oxidation von Ketonen zu Carbonsäureestern

Abb. 7.3 Überblick über einige Aspekte der Redoxchemie von Carbonylverbindungen

oxidiert werden kann. Wichtig ist also, möglichst die Hydratbildung durch Wasserausschluss zu unterdrücken.

Ein schönes Beispiel für eine Oxidation zum Aldehyd ist die Oxidation primärer Alkohole mittels Swern-Oxidation. Als Reagenzien dienen Dimethylsulfoxid

(DMSO) und Oxalylchlorid, die bei $-78\,°C$ unter Abspaltung von CO und CO_2 (gut sichtbare Gasentwicklung) zu einem reaktiven Chlordimethylsulfoniumchlorid reagieren. Gibt man nach der Bildung dieses Reagenzes den Alkohol zu, bildet sich durch eine nucleophile Substitution am Schwefelatom unter Abspaltung von HCl der in Form eines Sulfoniumsalzes aktivierte Alkohol. Das Sulfoniumsalz fällt als farbloser Niederschlag aus. Schließlich wird eine Base zugegeben, z. B. Triethylamin, die eine der Methylgruppen am Schwefelatom deprotoniert. Es entsteht ein Schwefel-Ylid, also ein Zwitterion mit den beiden Formalladungen an benachbarten Atomen. Dieses Ylid kann in einem fünfgliedrigen Übergangszustand die Alkohol-CH_2-Gruppe deprotonieren. Dimethylsulfid, das als gute Abgangsgruppe dient, wird dabei abgespalten, und es entsteht der Aldehyd, der seinerseits nicht mehr weiterreagieren kann.

Auch für die Reduktion von Carbonsäurederivaten gibt es Reaktionen, die sich auf der Aldehydstufe anhalten lassen. Sie sind jedoch oft nicht sehr zuverlässig. Daher ist es meistens die bessere Strategie, statt einer direkten Reduktion einer Carbonsäure oder eines Esters zum Aldehyd zunächst eine vollständige Reduktion zum Alkohol und dann eine Swern-Oxidation zum Aldehyd vorzunehmen.

Übung 7.2

a) Sie können die in Abb. 7.3 gezeigten Oxidationen von primären und sekundären Alkoholen mit Kaliumpermanganat durchführen, wobei in saurem Medium Mn^{2+} und in basischem Medium MnO_2 als Nebenprodukte entstehen. Stellen Sie die Redoxgleichungen auf.

b) Informieren Sie sich über die Details der mit ihren Namen in Abb. 7.3 angegebenen Oxidationsreaktionen und vergleichen Sie sie untereinander. Was sind Gemeinsamkeiten, was Unterschiede? Wofür stehen die Abkürzungen TPAP, NMO, PDC, PCC?

c) Als Reagenz zur Reduktion von Carbonsäuren, Carbonsäureestern und Ketonen zu den entsprechenden primären und sekundären Alkoholen wird oft Lithiumaluminiumhydrid (Lithiumalanat) verwendet. Formulieren Sie die Redoxgleichungen für die Reduktion von Carbonsäuren, Carbonsäureestern und Ketonen. Wie viele Äquivalente $LiAlH_4$ benötigen Sie jeweils, um die angegebenen Substrate vollständig zum Alkohol zu reduzieren?

d) Dass Aldehyde sehr leicht oxidierbar sind, erkennt man auch daran, dass sie durch Luftsauerstoff in Autoxidationsreaktionen zur Carbonsäure oxidiert werden. Diese Reaktion wird durch Licht initiiert. Formulieren Sie für die Autoxidation von Ethanal zur Essigsäure den Mechanismus in allen Einzelschritten.

Ketone können aus sekundären Alkoholen durch Oxidation gebildet werden und sind in der Regel gegen weitere Oxidation stabil. Daher kann hier eine breite Auswahl von Oxidationsmitteln verwendet werden. Die Reduktion führt dann vom Keton wieder zum sekundären Alkohol. Einige Oxidationsmittel vermögen Ketone weiter zu oxidieren. Eine solche Reaktion, die Baeyer-Villiger-Oxidation, ist in

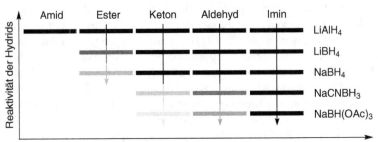

Reaktivität der Carbonylverbindung

Reduktion von Aldehyden und Ketonen

Reduktion von Estern zu Alkoholen

Reduktion von Amiden zu Aminen

Reduktion von Estern zu Aldehyden

Reduktion von Nitrilen zu Aldehyden

Abb. 7.4 Reduktionen von Carbonylverbindungen mit komplexen Hydriden

Abb. 7.3 gezeigt. Ein Keton wird dabei durch Reaktion mit einer Percarbonsäure, z. B. Trifluorperessigsäure, zu einem Ester weiter oxidiert. Da diese Reaktion in Abschn. 8.4.1 noch einmal ausführlich besprochen wird, gehen wir hier nicht auf die mechanistischen Details ein.

Reduktionen durch die sogenannten komplexen Hydride werden in der Synthese häufig angewandt. Lithiumaluminiumhydrid ist eines der reaktivsten komplexen Hydride und vermag eine breite Vielfalt von Carbonylverbindungen zu reduzieren, darunter Aldehyde und Ketone genauso wie Carbonsäuren, Carbonsäureester und sogar die eher reaktionsträgen Carbonsäureamide. Es gibt eine ganze Reihe weiterer komplexer Hydride (Abb. 7.4), z. B. Lithium- oder Natriumborhydrid, Natriumcyanoborhydrid oder Diisobutylaluminiumhydrid (DIBAL). Sie alle haben abgestufte Reaktivitäten. Verwendet man jeweils ein zur Reaktivität der Carbonylverbindung passendes Reagenz, lassen sich oft reaktivere Carbonylgruppen selektiv in Gegenwart weniger reaktiver reduzieren. Die Mechanismen für einige dieser Reduktionsreaktionen sind in Abb. 7.4 skizziert.

Übung 7.3

Gehen Sie die in Abb. 7.4 gezeigten Mechanismen im Detail durch und analysieren Sie Gemeinsamkeiten und Unterschiede.

7.3 Nucleophile Additionen an die Carbonylgruppe

7.3.1 Nucleophile Addition an Aldehyde und Ketone

Grundsätzlich gibt es zwei verschiedene generelle Mechanismen für die nucleophile Addition (Abb. 7.5). Welcher davon abläuft, hängt wesentlich von den gewählten Reaktionsbedingungen ab. Unter sauren Bedingungen wird das Carbonyl-O-Atom protoniert, was zugleich die positive Partialladung und damit die Elektrophilie am Carbonyl-C-Atom erhöht, wie die mesomeren Grenzformeln zeigen. So reagieren auch recht schwache Nucleophile wie Wasser mit der aktivierten Carbonylgruppe. Unter basischen Bedingungen hingegen liegen viele Nucleophile deprotoniert vor, was ihren nucleophilen Charakter verstärkt. Sie sind damit reaktiv genug, um auch eine nicht durch Protonierung aktivierte Carbonylgruppe anzugreifen. Nach dem Angriff des Nucleophils auf das Carbonyl-Kohlenstoffatom wird dann die vormalige Carbonylgruppe am Sauerstoffatom protoniert. Viele, aber nicht alle dieser nucleophilen Additionen sind Gleichgewichtsreaktionen.

Schaut man sich die am Angriff des Nucleophils beteiligten Orbitale an, also das HOMO des Nucleophils, das mit dem LUMO der Carbonylgruppe wechselwirkt, so ist die beste Orbitalwechselwirkung gegeben, wenn der O=C···Nu-Einflugswinkel etwa 107° beträgt. Diese Angriffsrichtung wird auch als *Bürgi-Dunitz-Trajektorie* bezeichnet. Muss das Nucleophil beispielsweise wegen sterischer Hinderungen in dieser Trajektorie vom optimalen Winkel abweichen, wächst die Barriere für die nucleophile Addition rasch an.

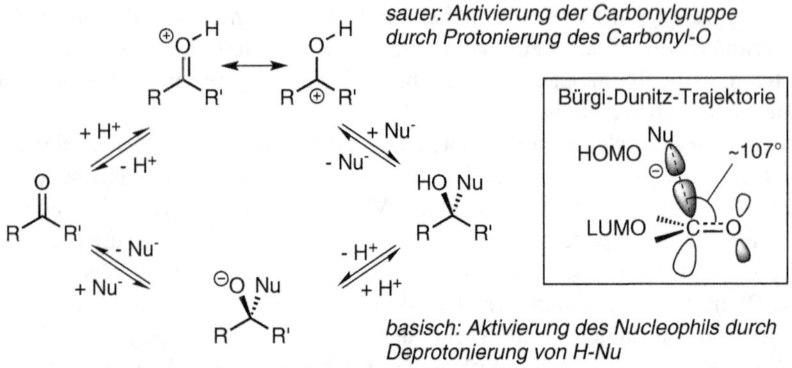

sauer: Aktivierung der Carbonylgruppe durch Protonierung des Carbonyl-O

Bürgi-Dunitz-Trajektorie

HOMO ~107°

LUMO

basisch: Aktivierung des Nucleophils durch Deprotonierung von H-Nu

Abb. 7.5 Die beiden generellen Mechanismen der nucleophilen Addition. **Oben:** Aktivierung des Elektrophils durch Protonierung des Carbonyl-O-Atoms. **Unten:** Aktivierung des Nucleophils durch Deprotonierung. **Kasten:** Das Nucleophil nähert sich dem elektrophilen Carbonyl-C-Atom im Bürgi-Dunitz-Winkel von ca. 107°. In dieser Richtung ist die Orbitalüberlappung optimal

Übung 7.4

Sie haben bereits ein anderes Beispiel gesehen, in dem eine Abweichung von der optimalen Angriffsrichtung zu unüberwindbar hohen Barrieren führt. Wiederholen Sie noch einmal Aufgabe 4.1 und vergleichen Sie die S_N2-Reaktion mit der nucleophilen Addition an die Carbonylgruppe hinsichtlich der erforderlichen Trajektorien für den Angriff des Nucleophils.

7.3.1.1 O-Nucleophile: Hydratbildung

Im Folgenden wird eine Reihe von Beispielen für den Angriff von O-, N- und C-Nucleophilen diskutiert. Wir beginnen mit der sogenannten Hydratbildung. Aldehyde und Ketone stehen in wässriger Lösung im Gleichgewicht mit dem entsprechenden Hydrat, in dem die Carbonylgruppe durch zwei am Carbonyl-C-Atom gebundene OH-Gruppen ersetzt ist. Die Oxidationsstufe des Carbonyl-Kohlenstoffatoms ändert sich dadurch nicht. Die Hydratbildung kann sowohl unter sauren als auch basischen Bedingungen ablaufen (Abb. 7.6). Die Mechanismen entsprechen dabei dem oben gezeigten generellen Schema.

Da die Carbonyl-π-Bindung stärker ist als zwei C–O-Einfachbindungen, würde man erwarten, dass das Gleichgewicht weit auf der Seite der Carbonylverbindung liegt. Untersucht man diesen Aspekt genauer, findet man aber, dass die Gleichgewichtslage deutlich von der Substitution der Carbonylgruppe abhängig ist. Während Formaldehyd in wässriger Lösung weitgehend als Hydrat vorliegt, verschiebt sich das Gleichgewicht beim Ethanal zur Seite der Carbonylverbindung. Aceton liegt nahezu vollständig als Keton vor. Der Grund ist, dass aliphatische Substituenten die mesomere Grenzstruktur mit den beiden Formalladungen durch ihre höhere Polarisierbarkeit stabilisieren. Ein entsprechender Effekt tritt im Hydrat nicht auf. Auch elektronenziehende Substituenten am Carbonyl-C-Atom, z. B. die Trichlormethylgruppe im Chloral, das früher unter dem Namen Chloralhydrat als Schlaf-

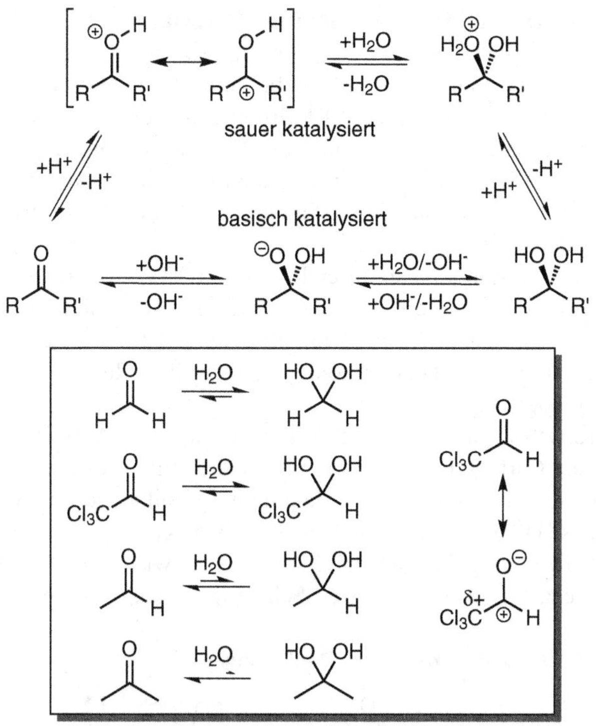

Abb. 7.6 Die Mechanismen der Hydratbildung unter sauren und basischen Bedingungen. **Kasten:** Unterschiedliche Lagen der Hydratbildungsgleichgewichte in Abhängigkeit von den Substituenten an der Carbonylgruppe. **Rechts:** Elektronenziehende Substituenten wie beispielsweise die Trichlormethylgruppe destabilisieren die Carbonylgruppe. Dieser Effekt tritt beim Hydrat nicht auf. Daher verschieben elektronenziehende Substituenten das Gleichgewicht der Hydratbildung auf die Seite des Hydrats

mittel verwendet wurde, begünstigen, wie in Abb. 7.6 gezeigt, die Hydratbildung – hier nun durch eine Destabilisierung der Carbonylgruppe aufgrund der direkten Nachbarschaft der beiden partial positiv geladenen C-Atome, wie sich anhand der gezeigten mesomeren Grenzformeln verdeutlichen lässt.

Übung 7.5

a) Schlagen Sie nach, welche Struktur Indan-1,2,3-trion besitzt, und erklären Sie, warum die Carbonylgruppe an der 2-Position fast vollständig als Hydrat (Ninhydrin) vorliegt, während die anderen beiden Carbonylgruppen kein Hydrat bilden.

b) Ninhydrin wird u. a. dazu verwendet, Fingerabdrücke sichtbar zu machen. Erklären Sie, wie dies funktioniert.

c) Die gerade angesprochene Reaktion funktioniert mit allen proteinogenen Aminosäuren, aber nicht mit Prolin. Erläutern Sie, warum dies so ist.

7.3.1.2 O-Nucleophile: Halbacetale und Acetale

Die Reaktion von Aldehyden oder Ketonen mit Alkoholen in einer nucleophilen Addition führt zunächst analog zur Hydratbildung zu den Halb- oder Hemiacetalen und -ketalen, bei denen eine der OH-Gruppen des Hydrats alkyliert ist. Auch die Mechanismen verlaufen analog, und die Hemiacetal- und Hemiketalbildung erfolgen ebenfalls sowohl unter sauren wie auch basischen Bedingungen. Wie die Hydrate liegen die Hemiacetale und -ketale im Gleichgewicht mit der zugehörigen Carbonylverbindung vor.

Bei der basenkatalysierten Hemiacetalbildung (Abb. 7.7) wird zuerst der Alkohol zum Alkoholat deprotoniert, das dann als gutes Nucleophil am elektrophilen Carbonyl-Kohlenstoffatom angreift. Die dabei aus der Carbonylgruppe gebildete Alkoxygruppe wird anschließend protoniert. Eine weitere Reaktion mit Basen zum Acetal ist nicht möglich.

Wird die Reaktion dagegen durch Säuren katalysiert (Abb. 7.7), so wird im ersten Schritt die Carbonylgruppe protoniert und damit zu einem stärkeren Elektrophil. Im nächsten Schritt kann der Alkohol nucleophil angreifen. Nach Deprotonierung liegt das Halbacetal vor. Nun kann die Hydroxylgruppe protoniert werden, und Wasser wird abgespalten. Dadurch bildet sich wieder ein Oxoniumion als elektrophiles Zentrum, das im nächsten Schritt nochmals von einem Alkoholmo-

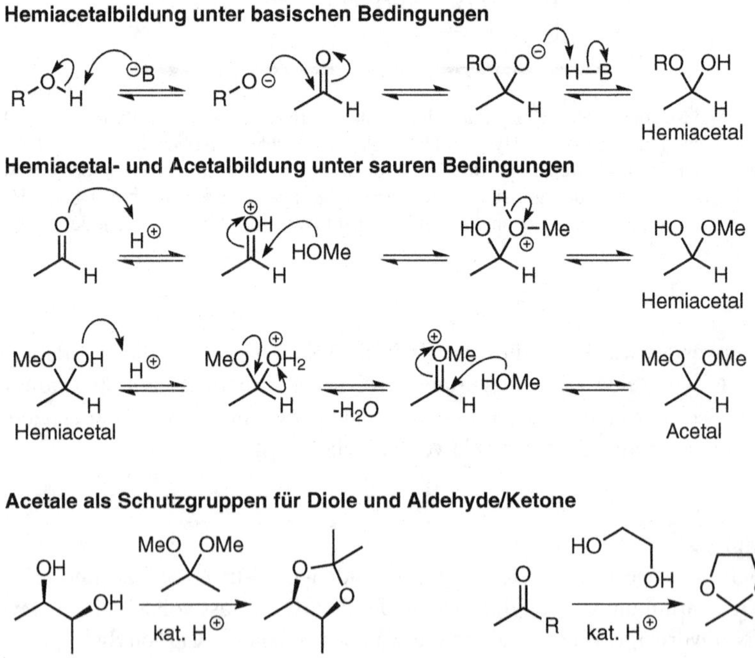

Hemiacetalbildung unter basischen Bedingungen

Hemiacetal- und Acetalbildung unter sauren Bedingungen

Acetale als Schutzgruppen für Diole und Aldehyde/Ketone

Abb. 7.7 Bildung von (Hemi-)Acetalen unter basischen und unter sauren Bedingungen. Während eine Acetalbildung unter basischen Bedingungen nicht erfolgt, funktioniert sie unter sauren Bedingungen gut. Daher können Acetale als basenstabile, leicht einzuführende und ebenfalls leicht wieder abzuspaltende Schutzgruppen für Diole, Aldehyde oder Ketone dienen

lekül angegriffen wird. Anschließend kommt es wieder zu einer Deprotonierung, und das Acetal hat sich gebildet.

Acetale bilden sich nicht unter basischen Bedingungen, weil das Oxoniumion als Intermediat unter diesen Bedingungen nicht erreichbar ist. Umgekehrt sind Acetale daher auch basenstabil. Da sie unter milden sauren Bedingungen aber sehr leicht wieder in die Alkohole und die Carbonylverbindung umgewandelt werden können, wird diese Reaktion häufig zum Schutz von Ketonen und Aldehyden gegen stark basische Reaktionsbedingungen bei der Umsetzung anderer funktioneller Gruppen genutzt. Man spricht hier von „Schutzgruppen". Häufig werden als Alkohole Diole wie 1,3-Propandiol oder 1,2-Ethandiol genutzt, die etwas stabilere cyclische Acetale bilden.

Übung 7.6

Wenn Sie eine solche Schutzgruppenstrategie nutzen wollen, ist es wichtig, dass die Schutzgruppe effizient eingeführt und nach der betreffenden Reaktion auch wieder effizient abgespalten werden kann. Diskutieren Sie, wie das bei der Acetal-/Ketalschutzgruppe gewährleistet werden kann, wenn doch alle diese Reaktionen Gleichgewichtsreaktionen sind. Welche Möglichkeiten haben Sie, die Gleichgewichtslage zu beeinflussen?

7.3.1.3 N-Nucleophile: Imine, Oxime und Hydrazone

Primäre Amine reagieren als Nucleophile mit Carbonylverbindungen zu Halb- oder Hemiaminalen, dem Stickstoffanalogon zu einem Hemiacetal (Abb. 7.8). Die Hemiaminale reagieren meist unter Wasserabspaltung weiter, also in einer Kondensationsreaktion, und es bilden sich die sogenannten Imine, die nach ihrem Entdecker als Schiff-Basen bezeichnet werden. Da die C=O-Doppelbindung wegen der starken π-Bindung energetisch günstiger ist als die C=N-Doppelbindung im Imin, liegt das Gleichgewicht weit auf der Seite der Carbonylverbindung. Durch Wasser entziehende Mittel lässt es sich aber auf die Seite des Imins verschieben. Oft reicht es aus, die Reaktion in wasserfreien Alkoholen durchzuführen, in denen das in der Reaktion entstehende Wasser sehr gut solvatisiert und so das Gleichgewicht verschoben wird.

Sekundäre Amine reagieren zunächst bis zum Hemiaminal. Unter leicht sauren Bedingungen können auch die Hemiaminale sekundärer Amine weiterreagieren und unter Wasserabspaltung Iminiumionen bilden. Ist neben der C=N-Doppelbindung ein α-ständiges Proton vorhanden, kann das Iminiumion auch zum Enamin deprotoniert werden.

Imine und Iminiumionen sind recht reaktive Verbindungen. Vor allem Iminiumionen weisen oft eine höhere Reaktivität als Aldehyde und Ketone auf und gehen ebenfalls nucleophile Additionen ein. Beide Verbindungen lassen sich mit komplexen Hydriden auch zu Aminen reduzieren.

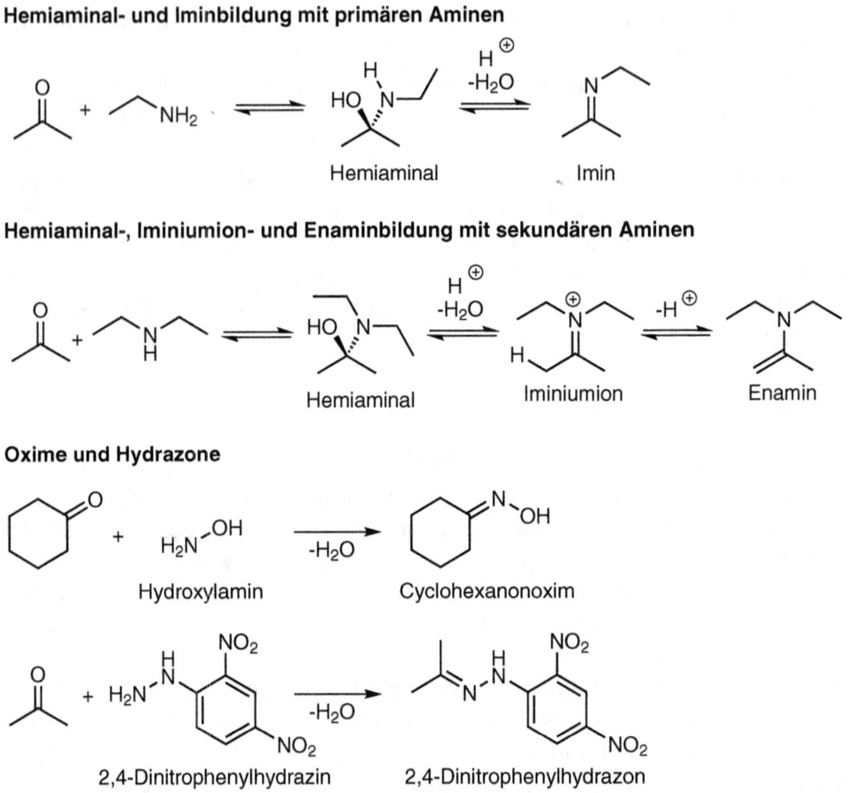

Hemiaminal- und Iminbildung mit primären Aminen

Hemiaminal-, Iminiumion- und Enaminbildung mit sekundären Aminen

Oxime und Hydrazone

Hydroxylamin   Cyclohexanonoxim

2,4-Dinitrophenylhydrazin   2,4-Dinitrophenylhydrazon

Abb. 7.8 Oben: Bildung des Hemiaminals und des Imins aus Aceton und Ethylamin. **Mitte:** Reaktion von Aceton mit Diethylamin zum Hemiaminal und unter Wasserabspaltung zum Iminiumion oder zum Enamin. **Unten:** Oxime und Hydrazone

---

Übung 7.7

Formulieren Sie die detaillierten Mechanismen für die Bildung der Hemiaminale, Imine, Iminiumionen und Enamine in allen Elementarschritten jeweils für ein primäres und ein sekundäres Amin.

Neben den Iminen gibt es noch einige anderen Kondensationsprodukte mit C=N-Doppelbindung, die ganz ähnlich wie die Imine unter leicht sauer katalysierter Wasserabspaltung aus Carbonylverbindungen erhältlich sind. Dies sind insbesondere Oxime und Hydrazone. Bei Oximen ist der Stickstoff nicht mit einer Alkylgruppe, sondern mit einer Hydroxylgruppe substituiert. Entsprechend ist auch der Vorläufer kein Amin, sondern Hydroxylamin (H_2N-OH). Wird ein Aldehyd verwendet, wird das Oxim auch als Aldoxim bezeichnet, bei Ketonen als Ketoxim.

Hydrazone sind Kondensationsprodukte aus einer Carbonylverbindung und einem Hydrazin ($R-NH-NH_2$). Hydrazone kristallisieren in der Regel sehr gut und hatten vor der Einführung der heute verfügbaren spektroskopischen Methoden zur Strukturaufklärung einige Bedeutung, weil über Schmelzpunktvergleiche von

Hydrazonen mit bekannten Hydrazonen die Identität der beiden Verbindungen und damit auch die Identität der entsprechenden Carbonylverbindungen nachgewiesen werden konnte. Insbesondere in der Zuckerchemie war dies von großer Bedeutung.

Übung 7.8

Perlon-6, oft als die deutsche Antwort auf das in den USA erfundene Nylon bezeichnet, ist ein Polymer, aus dem früher Synthetikfasern gesponnen wurden. Informieren Sie sich, wie Caprolactam, der monomere Vorläufer des Polymers, aus Cyclohexanon hergestellt wird und welche Rolle Oxime dabei spielen.

7.3.1.4 C-Nucleophile: nucleophile Addition von HCN und Acetyliden

In der Synthesechemie sind C–C-Knüpfungsreaktionen zum Aufbau von Kohlenstoffgerüsten von zentraler Bedeutung. Carbonylgruppen sind hierfür besonders gut geeignet, da sie auch mit kohlenstoffzentrierten Nucleophilen nucleophile Additionen eingehen können. Eine der Standardmethoden zur C_1-Verlängerung in der frühen Synthesechemie war die nucleophile Addition von HCN an eine Carbonylverbindung. Das dabei gebildete Cyanhydrin kann durch Hydrolyse in eine Carbonsäure und durch Reduktion in ein Amin umgewandelt werden (Abb. 7.9).

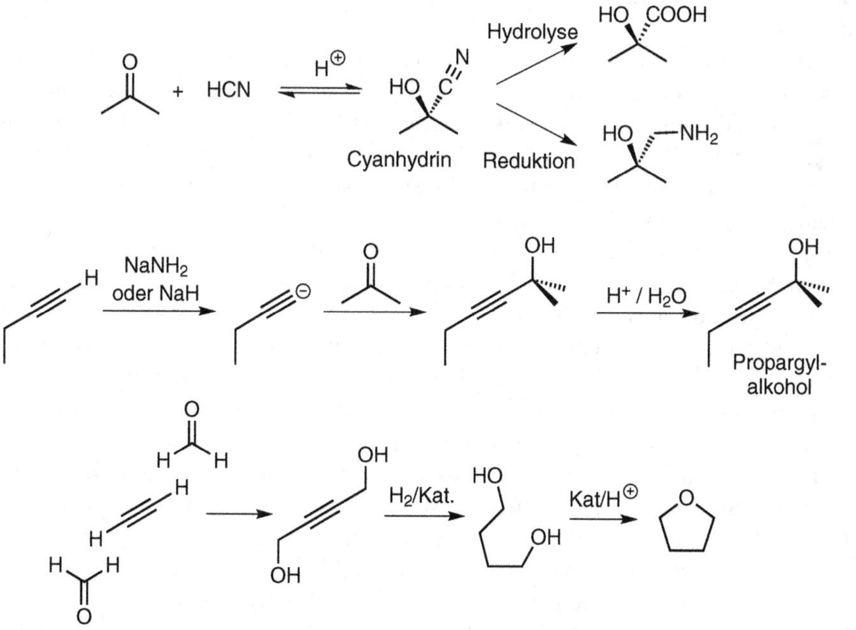

Abb. 7.9 Oben: Addition von Blausäure an eine Carbonylverbindung zum Cyanhydrin und Folgereaktionen. **Mitte:** Addition eines terminalen Alkins an eine Carbonylverbindung zum Propargylalkohol. **Unten:** Reppe-Verfahren zur THF-Synthese als Beispiel für eine technische Anwendung

Aber auch terminale Alkine können als C-Nucleophile eingesetzt werden (Abb. 7.9). Dazu wird das acide terminale Alkinproton mit einer starken Base wie Natriumamid oder Natriumhydrid abstrahiert. Das Acetylid greift als starkes Nucleophil am Carbonyl-Kohlenstoffatom an. Nach wässriger Aufarbeitung erhält man den entsprechenden Propargylalkohol, der durch seine beiden funktionellen Gruppen vielfältige Weiterreaktionen erlaubt und daher ein interessantes Syntheseintermediat darstellt. Technisch wird diese Reaktion im Reppe-Verfahren zur Herstellung von Tetrahydrofuran (THF) genutzt. Dazu wird Formaldehyd mit Ethin umgesetzt, anschließend die Dreifachbindung vollständig hydriert und der Ring katalytisch unter Wasserabspaltung geschlossen.

7.3.1.5 C-Nucleophile: nucleophile Addition von Lithium- und Magnesiumorganylen

Metallorganische Verbindungen besitzen mindestens eine Kohlenstoff-Metall-Bindung. Da das Metallion weniger elektronegativ ist als das Kohlenstoffatom, ist das C-Atom partiell negativ geladen. Häufig werden in der organischen Synthese Lithiumorganyle (R–Li) oder Grignard-Reagenzien (R–MgX; X = Cl, Br, I) eingesetzt. Sie können aus dem entsprechenden Halogenalkan und Lithium- bzw. Magnesiummetall hergestellt werden. An der Metalloberfläche findet zuerst ein Ein-Elektronen-Transfer auf das Halogenalkan statt, der zur Abspaltung des Halogenidions führt. Das daraus resultierende Alkylradikal löst dann ein Metallatom aus der Oberfläche heraus und bildet die entsprechende metallorganische Verbindung.

Die Strukturen metallorganischer Verbindungen sind oft komplex. So liegen Grignard-Verbindungen im sogenannten Schlenck-Gleichgewicht gemeinsam mit Magnesiumbromid und der Dialkylmagnesium-Verbindung vor (Abb. 7.10). Lithiumorganyle bilden in Abhängigkeit vom Lösemittel und von der Alkylgruppe ebenfalls komplexe Strukturen. Als Beispiel ist in Abb. 7.10 die Struktur von Methyllithium in Diethylether gezeigt. Es liegt weit überwiegend in einer cubanartigen Struktur als Tetramer vor, wobei die Ecken des Cubans abwechselnd mit einem Kohlenstoff- und einem Lithiumatom besetzt sind. Alternativ kann man sich die Struktur auch als Tetraeder aus vier Lithiumionen vorstellen, dessen vier Flächen jeweils von einem Methylanion überkappt sind. Die Metallionen binden jeweils noch koordinativ Lösemittelmoleküle zur Vervollständigung des Elektronenoktetts. Daher sind Ether, insbesondere Diethylether und Tetrahydrofuran, besonders gute Lösemittel für Reaktionen mit Metallorganylen.

Durch die partielle negative Ladung der Kohlenstoffatome sind diese metallorganischen Reagenzien nicht nur starke Basen, sondern auch sehr gute Nucleophile. Das Ausmaß des kovalenten und des ionischen Charakters der Bindung variiert je nach Metall. Durch Auswahl eines geeigneten Metalls lassen sich so Reaktivitätsabstufungen realisieren. Lithiumorganyle haben einen hohen ionischen Anteil. Bei den entsprechenden Grignard-Verbindungen ist der kovalente Charakter der C–Mg-Bindung etwas ausgeprägter. Mit Aldehyden

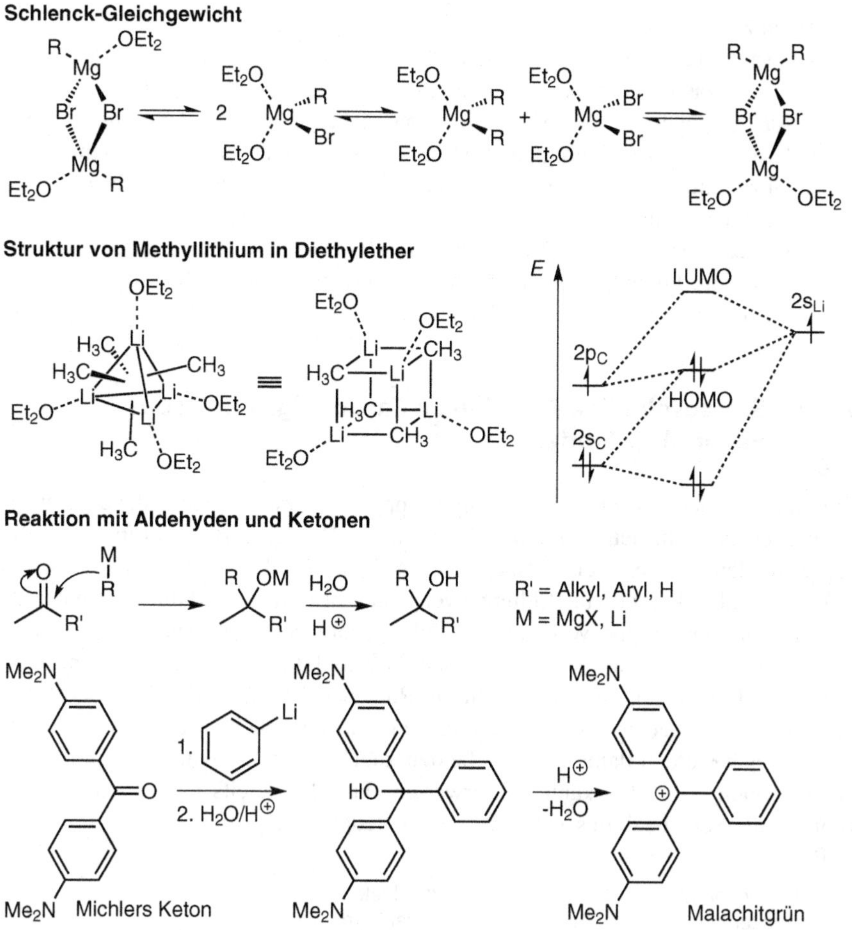

Schlenck-Gleichgewicht

Struktur von Methyllithium in Diethylether

Reaktion mit Aldehyden und Ketonen

$R' = Alkyl, Aryl, H$
$M = MgX, Li$

Me$_2$N Michlers Keton   Malachitgrün

Abb. 7.10 Oben: Grignard-Reagenzien liegen im Schlenck-Gleichgewicht zusammen mit MgBr$_2$ und MgR$_2$ vor. **Mitte:** Die tetramere Struktur von Methyllithium in Diethylether und ein vereinfachtes Molekülorbitalschema, das das energetisch hoch liegende HOMO zeigt. **Unten:** Nucleophile Addition an Aldehyde und Ketone

und Ketonen reagieren sie unter C–C-Bindungsknüpfung in nucleophilen Additionsreaktionen. Ein Beispiel (Abb. 7.10) ist die Herstellung von Malachitgrün aus Michlers Keton durch nucleophilen Angriff mit Phenyllithium. Der in der leicht sauren Aufarbeitung zunächst gebildete Alkohol eliminiert leicht ein Wassermolekül. Dabei bildet sich ein durchkonjugiertes π-System. Durch die Substitution der beiden anderen Ringe mit den Dimethylaminogruppen ergibt sich eine tiefgrüne Farbe.

Übung 7.9

a) Formulieren Sie alle sinnvollen mesomeren Grenzformeln des Malachitgrüns. Was versteht man wohl unter einem „Push-Pull"-System?

b) Was geschieht bei der Absorption von Licht im Farbstoff? Beschreiben Sie die durch Licht angeregten Prozesse. Was versteht man unter einem Resonanzphänomen? Welche Farbe beobachtet man, wenn ein Farbstoff rotes Licht absorbiert?

c) Schlagen Sie weitere Triphenylmethan-Farbstoffe (z. B. Parafuchsin, Kristallviolett, Phenolphthalein) nach. Erläutern Sie, warum Phenolphthalein als pH-Indikator verwendet werden kann.

7.3.2 Stereoselektive Addition an Carbonylgruppen: das Felkin-Anh-Modell

Ein nucleophiler Angriff an Carbonylgruppen mit zwei verschiedenen Substituenten erzeugt ein neues stereogenes Zentrum. Da die Carbonylgruppe und die angrenzenden Atome in einer Ebene liegen, kann der Angriff von beiden Seiten erfolgen, und es kommt zur Bildung zweier Stereoisomere. Sind die beiden bereits mit der Carbonylgruppe verbundenen Substituenten und das Nucleophil achiral, handelt es sich um Enantiomere. In diesem Fall sind die Barrieren zu beiden Enantiomeren gleich hoch, und es entsteht ein Racemat. Ist eine der α-Positionen aber bereits ein stereogenes Zentrum (Abb. 7.11), so entstehen zwei Diastereomere. In der Regel werden dann auch die beiden zugehörigen Übergangszustände nicht energiegleich sein. Man kann also erwarten, dass das bereits vorhandene Stereozentrum die Seite beeinflusst, von der der nucleophile Angriff erfolgt.

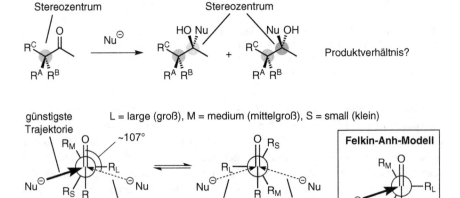

Abb. 7.11 Das Felkin-Anh-Modell zur Vorhersage des stereochemischen Verlaufs von nucleophilen Additionen an α-chirale Carbonylverbindungen

Übung 7.10

Eine mit zwei verschiedenen, nicht chiralen Substituenten substituierte Carbonylgruppe ist achiral. Eine nucleophile Addition führt aber zur Bildung eines Stereozentrums, wenn der mit dem Nucleophil eingeführte Substituent nicht identisch mit einem der bereits zuvor vorhandenen Substituenten ist. Man bezeichnet solche Carbonylgruppen daher als „prochiral".

a) Informieren Sie sich über Prochiralität.
b) Informieren Sie sich auch über die Definitionen der beiden Halbräume über und unter der Carbonylgruppe als *Re*- und *Si*-Seiten.
c) Was bedeuten die Begriffe „homotop", „enantiotop" und „diastereotop" in diesem Zusammenhang?
d) Wie viele Signalsätze finden Sie im NMR-Spektrum für zwei homotope, zwei enantiotope und zwei diastereotope Protonen? Wie viele Signalsätze erwarten Sie für zwei enantiotope Protonen, wenn Sie ein chirales NMR-Lösemittel verwenden?

Wie wir bereits gesehen haben, greift das Nucleophil entlang der Bürgi-Dunitz-Trajektorie in einem $O=C\cdots Nu$-Winkel von etwa 107° an. Will man vorhersagen, welches Diastereomer bevorzugt gebildet wird, so muss man also analysieren, wie die räumliche Anordnung der Substituenten um die Carbonylgruppe am günstigsten ist, um einen Angriff entlang dieser Trajektorie zu ermöglichen.

Das Felkin-Anh-Modell (Abb. 7.11) macht hierzu – basierend auf der Analyse günstiger Konformationen entlang der Bindung zwischen dem Carbonyl-Kohlenstoffatom und dem chiralen α-C-Atom daneben – Vorhersagen. Da ein chirales C-Atom neben der Carbonylgruppe noch drei andere untereinander verschiedene Substituenten trägt, muss es immer einen großen (R_L), einen mittelgroßen (R_M) und einen kleinen Substituenten (R_S) geben. Es ist zu erwarten, dass die Konformation zur Minimierung sterischer Wechselwirkungen gestaffelt vorliegt, wobei der größte Substituent so weit wie möglich von allen anderen, also auch von der Carbonylgruppe, weg zeigt. Hieraus ergeben sich die zwei in Abb. 7.11 gezeigten Newman-Projektionen, die miteinander im Gleichgewicht stehen. Von den vier möglichen Angriffstrajektorien ist diejenige die energetisch günstigste, bei der das Nucleophil auf seinem Weg zum Carbonyl-Kohlenstoffatom nur durch den kleinsten Substituenten in α-Stellung sterisch gehindert ist. Dieser Angriff liefert also das Hauptprodukt, und man kann leicht Vorhersagen treffen, welches Diastereomer begünstigt ist. Es ist wichtig zu verstehen, dass es nicht darauf ankommt, welches Konformer der Carbonylverbindung energetisch das günstigste ist, sondern dass allein die am wenigsten stark blockierte Trajektorie entscheidet, auch wenn sie aus einem weniger günstigen Konformer resultiert.

Übung 7.11

Wenden Sie das Felkin-Anh-Modell auf den Angriff eines Nucleophils auf 2,3,3-Trimethylbutanal an und bestimmen Sie das Hauptprodukt.

Wenn wir das Beispiel aus Übung 7.11 nur geringfügig modifizieren, indem wir statt der Methylgruppe am Stereozentrum eine Methoxygruppe einführen (Abb. 7.12, oben), stellen wir fest, dass das Felkin-Anh-Modell hier offensichtlich nicht mehr funktioniert. Allein auf der Basis der sterischen Größen der Substituenten in α-Stellung käme man zu dem Schluss, dass die raumfüllende *t*-Butylgruppe senkrecht von der Carbonylgruppe weg zeigt und das Nucleophil dann von der gegenüberliegenden Seite über den kleinsten Substituenten, hier also das α-Wasserstoffatom, hinweg an der Carbonylgruppe angreift. Diese Vorhersage ist nicht im Einklang mit dem Experiment.

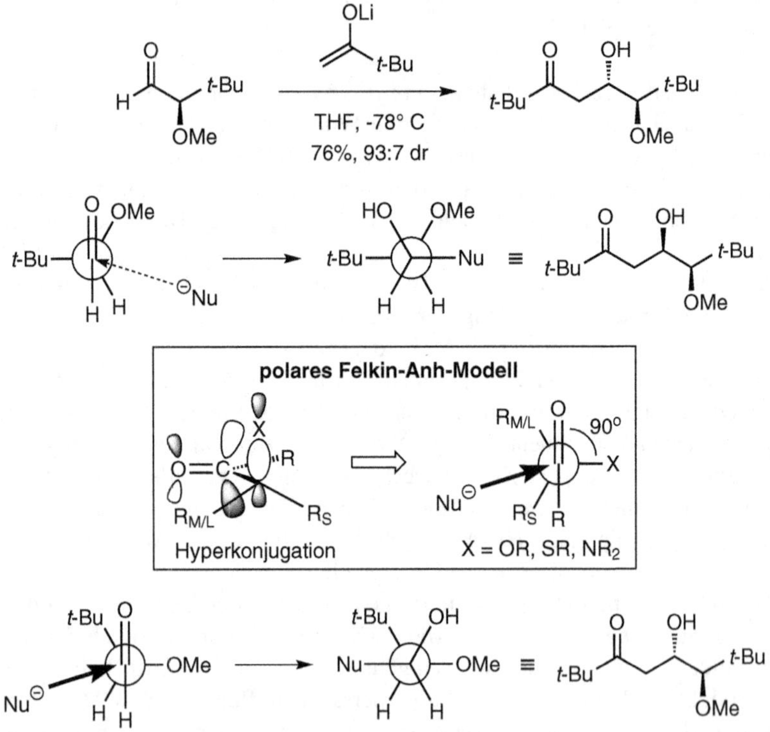

Abb. 7.12 Das „polare" Felkin-Anh-Modell erklärt, warum manche Reaktionen von den rein sterischen Betrachtungen, die dem Felkin-Anh-Modell zugrunde liegen, abweichen. Hier begünstigen stereoelektronische Effekte eine andere Anordnung der kleinen, mittleren und großen Substituenten am α-Kohlenstoffatom. Damit wird auch eine andere Trajektorie energetisch günstiger, und man erhält ein anderes Diastereomer als Hauptprodukt

Es muss also neben der sterischen Größe der Substituenten noch einen weiteren Effekt geben, der die Konformation des Edukts bestimmt. Der Vergleich der beiden Beispiele mit Methyl- und Methoxygruppe zeigt, dass dieser Effekt durch die Methoxygruppe verursacht werden muss. Bindungen zu elektronegativen Elementen wie Sauerstoff besitzen relativ niedrige bindende σ-Orbitale, und eine Kombination mit dem antibindenden Orbital der Carbonylgruppe resultiert in einer Energieabsenkung durch Hyperkonjugation. Um diese günstige hyperkonjugative Orbitalwechselwirkung zu ermöglichen, muss die C–OMe-Bindung senkrecht zur Carbonylgruppe stehen, um eine optimale Orbitalüberlappung mit dem LUMO der Carbonylgruppe zu erreichen. Dies geschieht dann weitgehend unabhängig davon, wie groß R_L, hier also die *t*-Butylgruppe, ist. Wieder ist die günstigste Trajektorie die, in der das Nucleophil nur durch R_S im Anflug behindert wird.

Übung 7.12

a) Spielen Sie systematisch alle möglichen Konformationen der beiden Beispiele durch und analysieren Sie,
   - welche Konformation neben den sterischen auch noch hyperkonjugative Effekte zulässt und nach welchem der beiden Felkin-Anh-Modelle Sie demnach eine Vorhersage zur Diastereoselektivität der nucleophilen Addition machen müssen;
   - welche Trajektorien in jeder dieser Konformationen für das Nucleophil zur Verfügung stehen und welche davon die günstigste ist.

b) Schlagen Sie das Curtin-Hammett-Prinzip nach und wenden Sie es auf beide Beispiele an.

7.3.3 Carbonsäuren und ihre Derivate: Reaktivitätstrends

Auch Carbonsäuren und ihre Derivate – also Säurehalogenide, Anhydride, Thioester, Ester, Amide und Carboxylate – enthalten eine am Kohlenstoffatom elektrophile Carbonylgruppe, die mit Nucleophilen reagieren kann. Die Elektrophilie am Carbonyl-C-Atom wird dabei ganz wesentlich durch den jeweiligen Heteroatom-Substituenten mit bestimmt. Die reaktivsten Derivate sind die Carbonsäurehalogenide, bei denen sich der elektronenziehende Effekt der Halogenide in einer Erhöhung der Elektrophilie der C=O-Gruppe bemerkbar macht. Nur unwesentlich weniger reaktiv gegenüber Nucleophilen sind die Anhydride. Hier ist ganz wesentlich der Dipol der zweiten Carbonylgruppe für die Erhöhung der Elektrophilie mit entscheidend. Es folgen die Thioester und noch einmal deutlich abgestuft dahinter die Ester. Am eher unreaktiven Ende der Reihe stehen die Amide, bei denen das freie Elektronenpaar am Stickstoff mit der C=O-π-Bindung in Konjugation steht, daher die Elektronendichte am Carbonyl-C-Atom erhöht und zugleich die Elektrophilie reduziert. Das unreaktivste Derivat ist das Carboxylat, also das Anion der Carbonsäure, das eine negative Ladung trägt und so den Angriff vor allem durch ebenfalls negativ geladene Nucleophile sehr erschwert.

Die Reaktivitätsreihenfolge (Abb. 7.13) hat Auswirkungen auf die Synthese der verschiedenen Carbonsäurederivate. Die Umwandlung eines reaktiveren Derivats in ein weniger reaktives ist exotherm und damit – falls nicht durch zu hohe Barrieren kinetisch gehemmt – möglich. Wenn es also gelingt, einen Einstieg in die Carbonsäurehalogenide zu finden, sollten sich die anderen Derivate alle daraus herstellen lassen. Die Umwandlung von Estern in Amide sollte ebenfalls möglich sein, ist aber tatsächlich kinetisch gehemmt. In einem solchen Fall hilft in der Regel eine Katalyse unter sauren Bedingungen. Die Protonierung des Esters an der Carbonylgruppe erhöht die Elektrophilie des Carbonyl-Kohlenstoffatoms und senkt so die Aktivierungsbarriere ab.

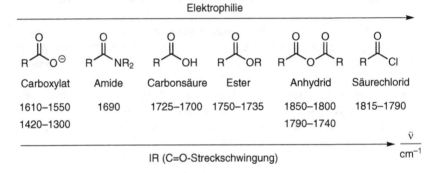

Abb. 7.13 Reaktivitätstrends von Carbonsäurederivaten von schwacher zu starker Elektrophilie. Die Elektrophilie am Carbonyl-Kohlenstoffatom korreliert auch mit der Lage der charakteristischen C=O-Streckschwingung in den IR-Spektren der verschiedenen Carbonsäurederivate

---

Übung 7.13

a) Erläutern Sie mithilfe mesomerer Grenzformeln, warum Anhydride reaktiver sind als Ester und diese wiederum reaktiver als Amide.

b) Schauen Sie sich noch einmal die mesomeren Grenzstrukturen der Amidbindung an. Verstehen Sie, warum die Rotationsbarriere um die C–N-Bindung zwischen der Carbonylgruppe und dem Stickstoffatom mit ca. $80\,\mathrm{kJ\,mol^{-1}}$ deutlich höher ist als die um eine C–C-Einfachbindung (ca. $15\,\mathrm{kJ\,mol^{-1}}$), aber kleiner als die um eine C=C-Doppelbindung (ca. $270\,\mathrm{kJ\,mol^{-1}}$)? Warum ist dieser Effekt bei Estern nicht so deutlich ausgeprägt?

c) Begründen Sie mithilfe mesomerer Grenzstrukturen, warum Ester und Amide am Carbonyl-Sauerstoffatom protoniert werden. Wir haben Amine als mittelstarke Basen kennengelernt. Warum werden Amide dennoch nicht am freien Elektronenpaar des Amidstickstoffs protoniert?

d) Erläutern Sie, was eine C=O-Streckschwingung ist und warum sie im IR-Spektrum von Carbonylverbindungen meist sehr intensiv zu beobachten ist. Warum korreliert die Elektrophilie am Carbonyl-C-Atom mit der Lage dieser Bande im Infrarotspektrum?

7.3.4 Acylierungsreaktionen: nucleophile Substitutionen an der Carbonylgruppe

7.3.4.1 Additions-Eliminierungs-Reaktionen: ein genereller Mechanismus

Die Umwandlungen der verschiedenen Carbonsäurederivate ineinander folgt, wie auch die Umwandlung der Carbonsäuren in ihre Derivate, einem generellen Mechanismus, der mit verschiedenen kleineren Variationen immer wieder auftritt (Abb. 7.14). Entscheidend ist wieder die Elektrophilie des Carbonyl-Kohlenstoffatoms, das – wie bei der nucleophilen Addition an Aldehyde und Ketone – durch Nucleophile angegriffen werden kann. Ebenso analog ist, dass es sowohl sauer als auch basisch katalysierte Varianten gibt, bei denen entweder die Elektrophilie des Carbonyl-C-Atoms durch Protonierung oder Koordination einer Lewis-Säure an das Carbonyl-Sauerstoffatom erhöht wird bzw. das Nucleophil durch Deprotonierung reaktiver gemacht wird. Je nach Carbonsäurederivat, das umgewandelt werden soll, kann einer der beiden Wege Vorzüge gegenüber dem anderen aufweisen.

Ein entscheidender Unterschied zu Aldehyden und Ketonen ist dann der weitere Verlauf der Reaktion. Nach dem Additionsschritt des Nucleophils folgt nämlich ein Eliminierungsschritt, in dem eine Abgangsgruppe aus dem tetraedrischen Intermediat austritt. Dieser Schritt ist bei Aldehyden und Ketonen kaum möglich,

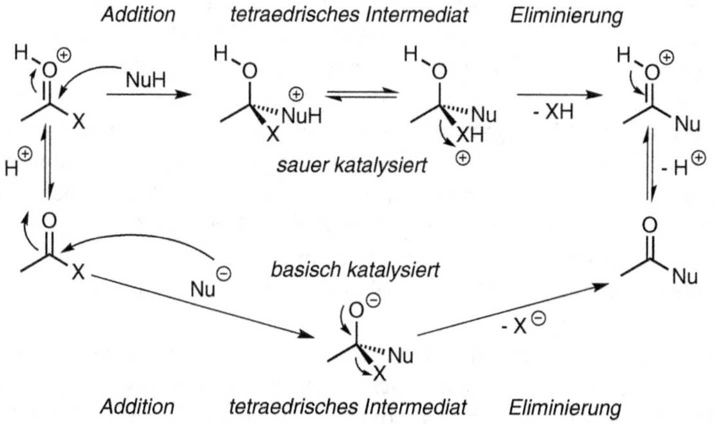

Abb. 7.14 Sauer und basisch katalysierte generelle Additions-Eliminierungs-Mechanismen zur Umwandlung von Carbonsäuren und ihren Derivaten ineinander. Beachten Sie, dass auch Lewis-Säuren zur Aktivierung des elektrophilen Zentrums in Betracht kommen

weil weder das Hydrid- (bei Aldehyden) noch ein Alkylanion (bei Aldehyden oder Ketonen) gute Abgangsgruppen darstellen (eine Ausnahme ist der letzte Schritt der Haloform-Reaktion, die wir in Abschn. 7.4.2 besprechen werden). Insgesamt ergibt sich aus den Additions- und Eliminierungsschritten eine nucleophile Substitution, die aber nicht wie die S_N1- und die S_N2-Reaktion als Eliminierungs-Additions-Reaktion bzw. konzertiert in einem Schritt, sondern als Additions-Eliminierungs-Mechanismus verläuft.

Übung 7.14

a) Vergleichen Sie einmal die Abgangsgruppenqualitäten von Chlorid (Cl^-), Acetat (CH_3CO_2-), Methanolat (CH_3O^-) und Dimethylamid ($(CH_3)_2 N^-$) anhand der pK_a-Werte der konjugaten Säuren (HCl, Essigsäure, Methanol und Dimethylamin) miteinander. Erhalten Sie hier die gleiche Reihenfolge wie bei den im vorangehenden Abschnitt diskutierten Reaktivitätstrends?

b) Könnte man also die beobachteten Trends nicht auch über die Abgangsgruppenqualitäten erklären? Diskutieren Sie dies unter präziser Unterscheidung von Thermodynamik und Kinetik.

7.3.4.2 Carbonsäurehalogenide und Carbonsäureanhydride

Carbonsäurehalogenide können aus Carbonsäuren und geeigneten Halogenierungsmitteln hergestellt werden (Abb. 7.15). Für Carbonsäurechloride wird gern Thionylchlorid ($SOCl_2$) verwendet, da die Nebenprodukte (SO_2 und HCl) gasförmig sind und einfach aus dem Reaktionsgemisch entweichen können. Allerdings ist Vorsicht im Umgang mit Thionylchlorid geboten, nicht nur, weil die Nebenprodukte gesundheitsschädlich sind, sondern auch, weil es z. B. mit Wasser heftig reagiert.

Mechanistisch läuft die Reaktion von Carbonsäuren mit Thionylchlorid auch nach dem generellen Additions-Eliminierungs-Mechanismus ab. Um dies zu erkennen, muss man sich vergegenwärtigen, dass Thionylchlorid nichts anderes als ein Säurechlorid ist. Ersetzen Sie hierzu einfach einmal den Schwefel durch ein Kohlenstoffatom, und Sie werden die Analogie erkennen. Zuerst addiert also die Carbonsäure als Nucleophil an das Schwefelatom des Thionylchlorids. Dann tritt in einem Eliminierungsschritt Chlorid als Abgangsgruppe aus, und man erhält als Zwischenstufe das gemischte Anhydrid. Anschließend folgt in einem weiteren Additionsschritt ein nucleophiler Angriff des Chlorids auf die Carbonylgruppe des gemischten Anhydrids – gefolgt von der Eliminierung der Cl–SO–O$^-$-Abgangsgruppe, die zusammen mit dem vormaligen Carbonsäureproton in SO_2 und HCl zerfällt.

Weitere Chlorierungsmittel zur Herstellung von Carbonsäurechloriden sind $POCl_3$ und PCl_5. Die Reaktionen dieser beiden Stoffe beginnen mit einer Substitution der Chloratome durch die Carboxylate. Anschließend wird mit der Bildung des Carbonsäurechlorids das vormalige OH-Sauerstoffatom der Carboxylgruppe auf den Phosphor übertragen. Es bildet sich eine sehr starke P=O-Bindung, die die Triebkraft für diese Reaktion liefert. Auch mit den entsprechenden Fluor- und

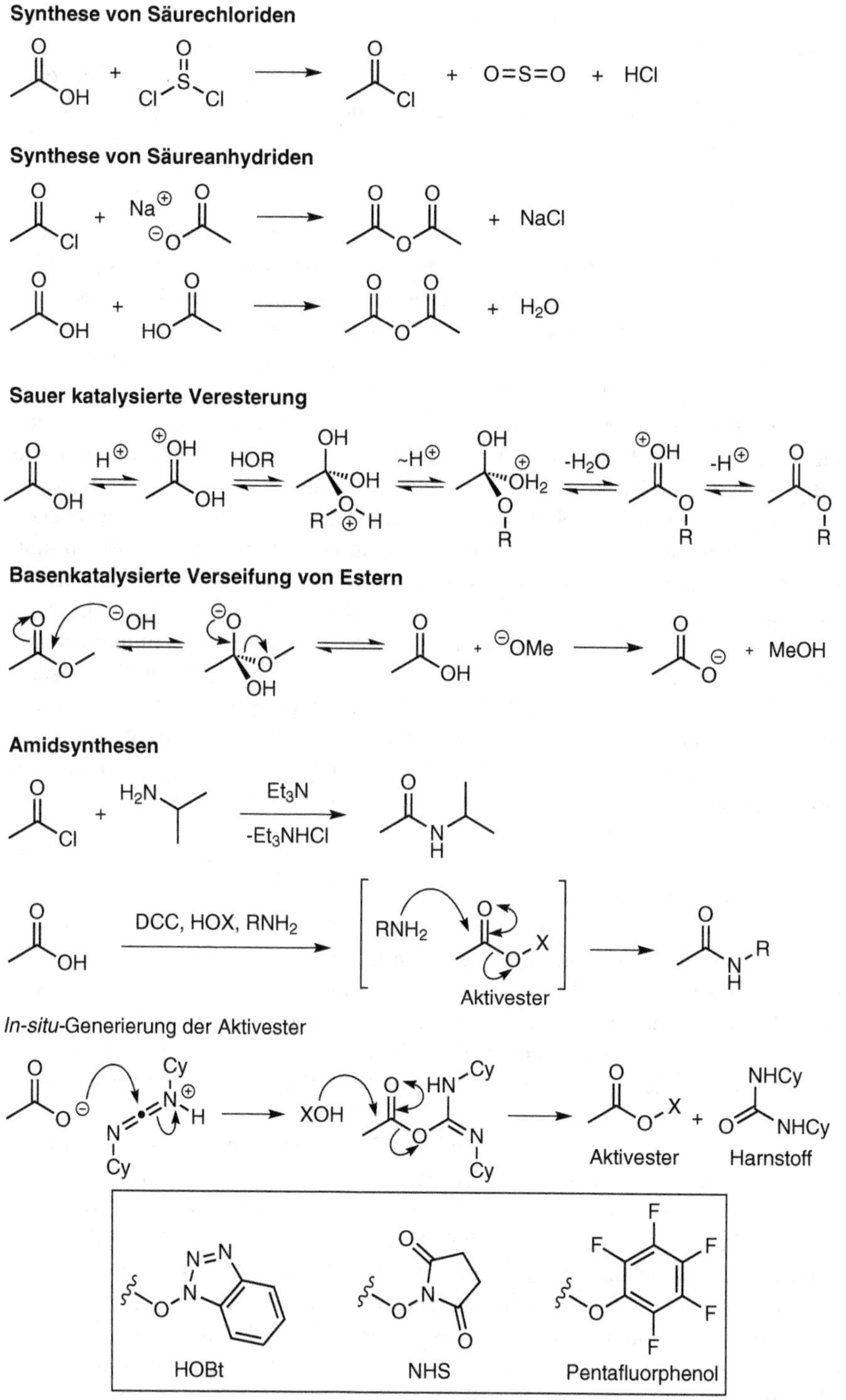
Synthese von Säurechloriden
Synthese von Säureanhydriden
Sauer katalysierte Veresterung
Basenkatalysierte Verseifung von Estern
Amidsynthesen
Et3N
-Et3NHCl
DCC, HOX, RNH2
Aktivester
In-situ-Generierung der Aktivester
Aktivester
Harnstoff
HOBt
NHS
Pentafluorphenol

Abb. 7.15 Synthesewege zu Carbonsäurechloriden, Anhydriden, Estern und Amiden und saure bzw. basische Esterspaltung

Bromverbindungen laufen die Reaktionen analog ab. Säurebromide sind reaktiver als Säurechloride.

Säureanhydride lassen sich aus Säurechloriden und Alkalicarboxylaten oder durch die Kondensation von zwei Säuremolekülen bei hohen Temperaturen herstellen (Abb. 7.15).

7.3.4.3 Carbonsäureester

Es gibt mehrere Synthesemöglichkeiten für Ester, darunter die Alkylierung des Carboxylats in einer S_N-Reaktion, aber auch die Reaktion eines Carbonsäurechlorids oder -anhydrids mit einem Alkohol unter Abspaltung von HCl, die ebenfalls nach dem Additions-Eliminierungs-Mechanismus verläuft. Hier soll im Detail nur die direkte, säurekatalysierte Synthese aus der Carbonsäure und dem Alkohol dargestellt werden (Abb. 7.15).

Die säurekatalysierte Veresterung ist eine Gleichgewichtsreaktion, die auch umgekehrt als säurekatalysierte Esterhydrolyse genutzt werden kann. Für die Richtung, in der die Reaktion abläuft, ist entscheidend, ob man mit hohen Konzentrationen an Säure und Alkohol startet und möglicherweise sogar das entstehende Wasser in geeigneter Form aus der Reaktion entfernt (Veresterung) oder ob man den Ester mit einem Überschuss an Wasser in Abwesenheit des Alkohols umsetzt (Esterhydrolyse). Allerdings ist die Tatsache, dass wir es hier mit einem Gleichgewicht zu tun haben, für den Synthetiker oft hinderlich, weil es nicht immer gelingt, das Gleichgewicht sehr weit auf eine Seite zu verschieben. In solchen Fällen kann für die Hydrolyse des Esters auch die alkalische Esterverseifung genutzt werden. Hier werden zunächst die Carbonsäure und das entsprechende Alkoholat gebildet. Da die Säure aber das basische Alkoholat protoniert, sind die Endprodukte das Carboxylat und der Alkohol. Diese Säure-Base-Reaktion verschiebt das Gleichgewicht ganz auf die Produktseite.

7.3.4.4 Carbonsäureamide

Bringt man Amine und Carbonsäuren zusammen, so bildet sich aufgrund des sauren Charakters der Säure und des basischen Charakters des Amins ein Salz, das Ammoniumcarboxylat. Es kann durch starkes Erhitzen zum Amid weiterreagieren. Diese Reaktion bedarf aber so harscher Reaktionsbedingungen, dass Amidbindungen in der Laborsynthese selten auf diese Weise aufgebaut werden. Viele andere im Molekül möglicherweise vorhandene funktionelle Gruppen vertragen diese Bedingungen nicht.

Die beiden wesentlich häufiger genutzten Methoden sind einerseits die Reaktionen zwischen Aminen und Säurechloriden oder -anhydriden und andererseits die Verwendung von sogenannten Aktivestern (Abb. 7.15). Aktivester bestehen aus einer Carbonsäure- und einer Alkoholkomponente, wobei der Alkohol ein gut stabilisiertes Alkoholatanion als konjugate Base besitzt. Dies kann z. B. durch elektronenziehende Gruppen wie im Pentafluorphenol bewirkt werden. Auch N-Hydroxysuccinimid (NHS) und 1-Hydroxybenzotriazol (HOBt) sind gängige Alkoholkomponenten in Aktivestern. Durch die gute Stabilisierung wird das Alkoholat zu einer guten Abgangsgruppe im Eliminierungsschritt der Umsetzung –

daher auch der Name Aktivester. Aktivester werden häufig für Amidkupplungen genutzt, da sie auch unter Normalbedingungen oder sogar unterhalb von Raumtemperatur mit Aminen sehr gut und mit hohen Ausbeuten Amidbindungen bilden. Die hohen Ausbeuten sind insbesondere wichtig, wenn Sie längere Ketten aus Aminosäuren aufbauen wollen, wie dies beispielsweise in der Peptidsynthese der Fall ist. Die Reaktivität von Aktivestern gegenüber Aminen ist ähnlich hoch wie die von Säurechloriden, man vermeidet aber die Bildung von HCl, das mitunter für andere funktionelle Gruppen problematisch sein kann.

Übung 7.15

a) Formulieren Sie den oben in Worten wiedergegebenen Mechanismus der Reaktion von Carbonsäuren mit Thionylchlorid detailliert in Form von Reaktionsgleichungen. Vergleichen Sie die Reaktion mit der der anderen genannten Chlorierungsmittel und geben Sie die Gemeinsamkeiten an.

b) Die Reaktion kann beschleunigt werden, wenn man katalytische Mengen Dimethylformamid zugibt. Wie wirkt sich dieser Katalysator auf den Mechanismus aus?

c) Formulieren Sie für beide Reaktionen zu Säureanhydriden die Additions-Eliminierungs-Mechanismen in Einzelschritten. Warum können Sie für diese Reaktion weder Wasser noch protische Lösemittel wie Ethanol verwenden? Welches Solvens würden Sie verwenden?

d) Warum heißt die basische Esterspaltung auch „Verseifung"? Informieren Sie sich über die Herstellung von Seifen, den Unterschied von Kern- und Schmierseifen und typische Eigenschaften langkettiger Fettsäuren und ihrer Salze.

e) Schlagen Sie nach, wie man längere Peptide mithilfe der Festphasensynthese sequenzkontrolliert herstellen kann. Welche Reaktionen sind daran beteiligt? Warum muss man Schutzgruppen verwenden?

f) Informieren Sie sich über Carbodiimide und ihren Einsatz bei der Bildung von Aktivestern und Amidbindungen. Formulieren Sie die in diesen Reaktionen ablaufenden Mechanismen.

7.3.4.5 Reaktionen von Carbonsäurederivaten mit Metallorganylen

Wie wir gesehen haben, reagieren Carbonsäurederivate nach einem nucleophilen Angriff auf das Carbonyl-Kohlenstoffatom im Unterschied zu Aldehyden und Ketonen durch Abspaltung einer Abgangsgruppe und Wiederherstellung der Carbonylgruppe. Dies kann man sich in Reaktionen mit metallorganischen Verbindungen zunutze machen. Lässt man beispielsweise einen Carbonsäureester mit einem Lithiumorganyl wie Phenyllithium reagieren, so kommt es zu einer doppelten Reaktion, weil das intermediär gebildete Keton mit einem zweiten Phenyllithium unter Abspaltung einer Alkoholat-Abgangsgruppe weiterreagieren kann (Abb. 7.16, oben). Man erhält so einen tertiären Alkohol, der zwei gleiche Substituenten trägt,

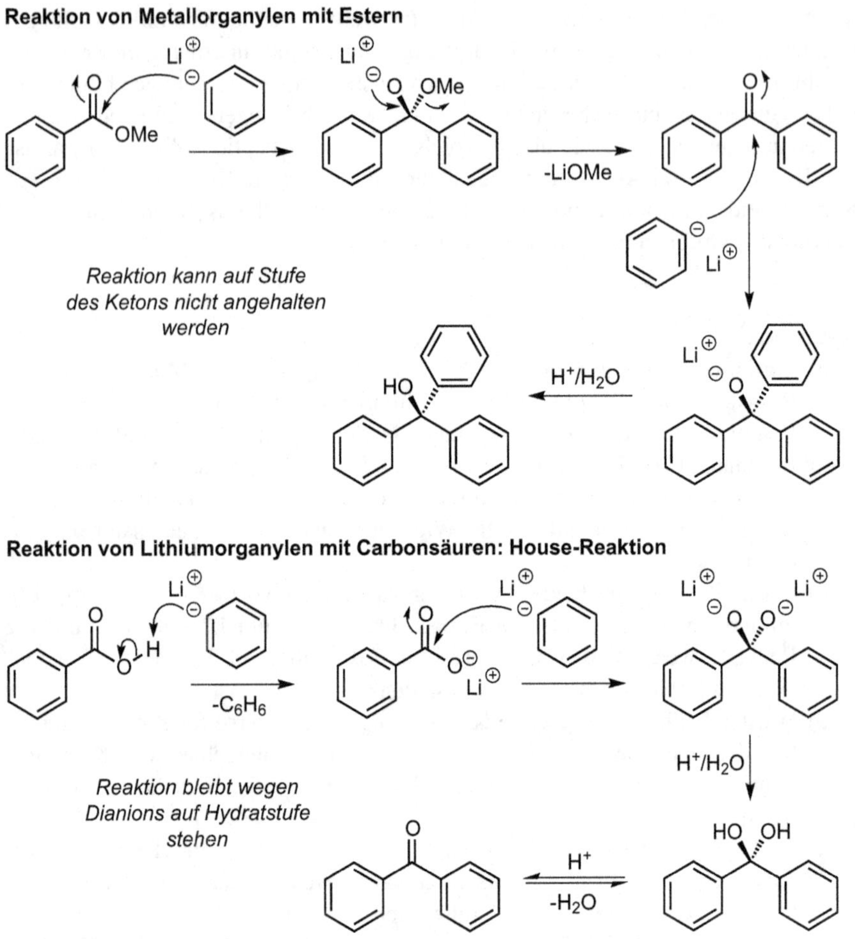

Reaktion von Metallorganylen mit Estern

Reaktion kann auf Stufe
des Ketons nicht angehalten
werden

-LiOMe

H⁺/H₂O

Reaktion von Lithiumorganylen mit Carbonsäuren: House-Reaktion

-C₆H₆

Reaktion bleibt wegen
Dianions auf Hydratstufe
stehen

H⁺/H₂O

H^+

$-H_2O$

Abb. 7.16 Reaktion von Estern und Carbonsäuren mit Lithiumorganylen zum tertiären Alkohol (oben) und zum Keton (unten)

die aus dem Lithiumorganyl stammen. Der dritte Substituent kann davon verschieden sein, da er aus der Säurekomponente des Esters herrührt.

Übung 7.16

Bei den nucleophilen Additionen an Aldehyde und Ketone haben wir die Synthese von Malachitgrün besprochen. Formulieren Sie eine Alternative zu diesem Syntheseweg, die die Symmetrie des Produkts besser ausnutzt.

Es ist nicht möglich, die Reaktion von Lithiumorganylen oder Grignard-Reagenzien mit Estern auf der Stufe des intermediär gebildeten Ketons anzuhalten, da das Keton reaktiver ist und schneller von Nucleophilen angegriffen wird als der Ester. Dies ist aber möglich, wenn man statt des Esters eine Carbonsäure mit einem Lithiumorganyl umsetzt (Abb. 7.16, unten). Grignard-Reagenzien sind nicht reaktiv genug, um eine entsprechende Reaktion einzugehen. In dieser auch als House-Reaktion bekannten Ketonsynthese müssen allerdings zwei Äquivalente des Lithiumorganyls eingesetzt werden, obwohl nur eines davon schließlich im Produkt wiederzufinden ist, weil das Lithiumorganyl eine starke Base ist und zunächst die Carbonsäure deprotoniert. Dabei wird ein Äquivalent des metallorganischen Reagenzes vernichtet. Im Folgeschritt greift dann das zweite Lithiumorganyl das Carboxylat nucleophil an. Dies ist deswegen besonders, weil damit ein Anion durch ein zweites Anion nucleophil angegriffen wird. Wenn Sie sich noch an die Reaktivitätstrends der Carbonsäurederivate erinnern, stand das Carboxylat ganz am unteren Ende der Reaktivitätsskala. Lithiumorganyle sind aber sehr starke Nucleophile, die sogar mit Carboxylaten reagieren können. Es bildet sich ein Dianion, das zu einer Weiterreaktion zum Keton nicht mehr in der Lage ist, weil dafür eine O^{2-}-Abgangsgruppe abgespalten werden müsste. Bei der leicht sauren, wässrigen Aufarbeitung des Reaktionsansatzes reagieren Reste des Lithiumorganyls sehr schnell mit Wasser. Das Dianion wird doppelt protoniert zum Hydrat, das dann, wie oben bereits gezeigt, unter Wasserabspaltung zum Keton weiterreagiert. Da an dieser Stelle kein intaktes Lithiumorganyl mehr vorhanden ist, besteht keine Gefahr einer Überreaktion zum tertiären Alkohol.

7.3.5 Vinyloge nucleophile Additionen an die Carbonylgruppe

Ist die Carbonylgruppe mit einer C=C-Doppelbindung konjugiert, entsteht am Ende des π-Systems ein zweites elektrophiles Zentrum zusätzlich zum Carbonyl-Kohlenstoffatom selbst, wie man an den mesomeren Grenzformeln in Abb. 7.17 (oben) leicht erkennen kann. Experimentell drückt sich der Einfluss der Carbonylgruppe auf das Ende der C=C-Doppelbindung u. a. auch in den Signallagen in den ^{13}C-NMR-Spektren aus: Das C(4)-Kohlenstoffatom ist durch die elektronenziehende Wirkung der Carbonylgruppe elektronenarm (man spricht von „entschirmt"), und das entsprechende ^{13}C-Signal liegt deshalb deutlich zu größeren ppm-Werten verschoben (142,7 ppm im Vergleich zu 123,7 ppm für das analoge Alken). Solche α,β-ungesättigten Aldehyde, Ketone oder Ester nennt man oft auch Michael-Systeme. Wie diese Michael-Systeme hergestellt werden können, werden wir in Abschn. 7.4.3 noch sehen.

Das zugrunde liegende Konzept, dass eine Vinylgruppe die Reaktivität durch Konjugation um zwei C-Atome weiter vermittelt, wird als Vinylogie-Prinzip bezeichnet. Nicht nur Doppelbindungssysteme, sondern auch Alkine oder aromatische Ringe haben eine solche Wirkung. Einige Beispiele, eine vinyloge Carbonsäure sowie ein vinyloges Amid, sind in Abb. 7.17 (Mitte) gezeigt.

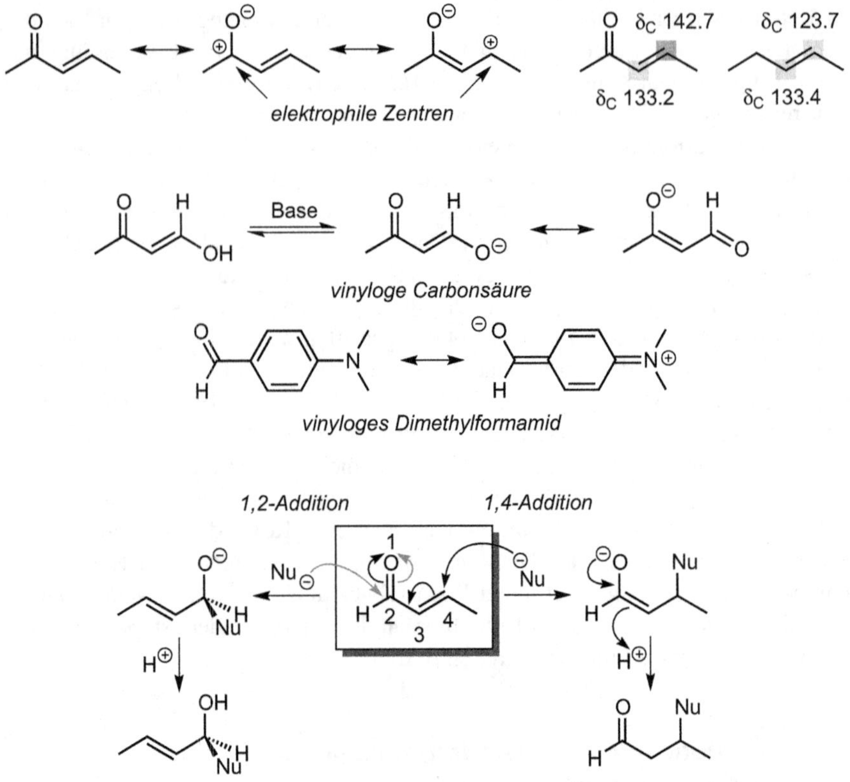

elektrophile Zentren

δ_C 142.7 δ_C 123.7

δ_C 133.2 δ_C 133.4

Base

vinyloge Carbonsäure

vinyloges Dimethylformamid

1,2-Addition   *1,4-Addition*

Abb. 7.17 Oben links: Mesomere Grenzstrukturen eines Michael-Systems, in denen die elektrophilen Zentren anhand der positiven Formalladungen leicht zu erkennen sind. **Oben rechts:** ^{13}C-NMR-Signallagen der Doppelbindungskohlenstoffatome eines Michael-Systems im Vergleich mit einem Alken. **Mitte:** Zwei Beispiele für vinyloge Verbindungen. Die OH-Gruppe der vinylogen Carbonsäure ist ähnlich sauer wie die einer Carboxylgruppe und damit deutlich saurer als ein einfaches Enol. **Unten:** 1,2- und 1,4-Addition im Vergleich

---

Übung 7.17

a) Zeichnen Sie die Molekülorbitale des π-Systems von Butenal. Leiten Sie daraus ab, welche Molekülgeometrien vorliegen. Wie hoch ist die Rotationsbarriere um die C-1/C-2-Bindung im Butenal im Vergleich zu Ethan und Ethen?

b) Zeichnen Sie zum Vergleich mit dem vinylogen Dimethylformamid in Abb. 7.17 einmal Dimethylformamid mit den wesentlichen mesomeren Grenzformeln hin und erläutern Sie an diesem Beispiel noch einmal das Vinylogie-Prinzip.

c) Geben Sie an, ob die Rotationsbarriere um die C–N-Bindung im gezeigten vinylogen Amid höher oder niedriger ist als die um die C–N-Bindung in Anilin.

d) Wiederholen Sie noch einmal Aufgabe 4.1 und erläutern Sie, warum die saure Position durch beide SO_2-Gruppen acidifiziert wird.

Grundsätzlich stehen in einem Michael-System also zwei mögliche Positionen zur Verfügung, an denen Nucleophile angreifen können. Ein Angriff an der Carbonylgruppe selbst entspricht der bereits besprochenen nucleophilen Addition. Wenn man vom Carbonyl-Sauerstoffatom aus zählt, handelt es sich um eine sogenannte 1,2-Addition. Die zweite Möglichkeit ist der nucleophile Angriff auf die β-Position des Michael-Systems. Dabei bildet sich zunächst ein Enolat, das dann wiederum im nächsten Schritt an der α-Position protoniert wird. Auch wenn diese Reaktion einer nucleophilen Addition an eine C=C-Doppelbindung entspricht und die stabile C=O-Doppelbindung am Ende der Reaktion wieder zurückgebildet wird, spricht man wegen der Beteiligung der Carbonylgruppe von einer 1,4-Addition. Auch der Name „Michael-Addition" ist für diese Reaktion geläufig.

Da beide Alternativen zu unterschiedlichen Produkten führen und man in einer Synthese Produktgemische möglichst vermeiden möchte (uneinheitlich verlaufende Synthesestufen senken die Ausbeute und vergrößern zugleich den für die Abtrennung unerwünschter Nebenprodukte nötigen Arbeitsaufwand), ist es wichtig, möglichst gut steuern zu können, wo der nucleophile Angriff erfolgt. Zunächst kann man das HSAB-Prinzip („hard and soft acids and bases") als erste Faustregel heranziehen. Atome mit hoher Ladungsdichte und geringer Polarisierbarkeit bezeichnet man als harte Lewis-Säuren (z. B. Al^{3+}, Ti^{4+}, aber auch H^+) und harte Lewis-Basen (z. B. F^-, OH^-). Atome mit geringer Ladungsdichte und hoher Polarisierbarkeit werden dagegen als weiche Lewis-Säuren (z. B. Au^+, CH_3^+, BH_3, CH_3I) und weiche Lewis-Basen eingestuft (z. B. CN^-, $R–SH$, SCN^-). Bevorzugt sind Reaktionen zwischen harten Säuren und harten Basen oder zwischen weichen Säuren und weichen Basen. Auch wenn das Konzept zunächst auf Säuren und Basen Anwendung fand, kann man ähnlich für Elektrophile und Nucleophile vorgehen. In unserem Fall der Konkurrenz zwischen 1,2- und 1,4-Additionen an Michael-Systeme bedeutet dies, dass weiche Nucleophile wie beispielsweise ein Thiolat bevorzugt 1,4-Additionen eingehen und am weicheren elektrophilen Zentrum am Ende des π-Systems reagieren, während harte Nucleophile eher die 1,2-Addition eingehen.

Einige konkrete Ansätze zur Steuerung der 1,2-/1,4-Selektivität sind in Abb. 7.18 gezeigt. Die Koordination von Lewis-Säuren an die Carbonylgruppe bewirkt nicht nur die Absenkung des LUMOs des Michael-Systems, das mit dem HOMO des Nucleophils wechselwirkt. Auch die Orbitalkoeffizienten verändern sich (Abb. 7.18, oben). Der Koeffizient am Carbonyl-C-Atom wird deutlich größer, wenn die Lewis-Säure koordiniert. Damit verschiebt sich die Selektivität von der 1,4- zur 1,2-Addition, und zwar umso mehr, je härter die Lewis-Säure ist.

Schaut man sich die Reaktionen von Metallorganylen mit Michael-Systemen an, so sieht man, dass stark ionische Verbindungen wie Lithiumorganyle fast ausschließlich in 1,2-Additionen reagieren. Grignard-Verbindungen dagegen sind aufgrund ihres höheren kovalenten C–M-Bindungsanteils weicher, und man beobachtet eine Verschiebung der Selektivität zugunsten der 1,4-Addition. Allerdings werden

Steuerung durch Lewis-Säure-Aktivierung

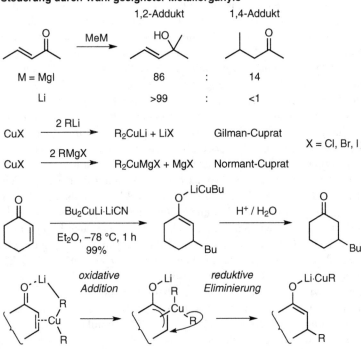

Steuerung durch Wahl geeigneter Metallorganyle

Abb. 7.18 Verschiedene Möglichkeiten zur Steuerung der 1,2-/1,4-Selektivität bei nucleophilen Additionen an Michael-Systeme

hier in der Regel Produktgemische gefunden. Für eine annähernd vollständige Verschiebung der Produktselektivität müssen wir also Metallorganyle finden, die eine C–M-Bindung mit noch stärker ausgeprägtem kovalentem Charakter besitzen. Dies ist bei den Cupraten der Fall, von denen es zwei Typen gibt: Gilman-Cuprate

(R$_2$CuLi), die sich in einer Reaktion eines Kupferhalogenids mit einem Lithiumorganyl bilden, und Normant-Cuprate (R$_2$CuMgX), die entsprechend aus einer Reaktion des Kupferhalogenids mit einer Grignard-Verbindung hervorgehen.

Lässt man ein Michael-System wie beispielsweise das in Abb. 7.18 gezeigte Cyclohexenon mit einem Cuprat reagieren, erhält man fast ausschließlich das 1,4-Additionsprodukt. Die Reaktion verläuft mechanistisch über eine Koordination des Li- oder MgX-Ions an die Carbonylgruppe und dann über eine Sequenz aus einer oxidativen Addition und einer reduktiven Eliminierung. Das in dieser Reaktion zunächst erhaltene Enolat reagiert im Zuge der sauren Aufarbeitung des Produkts zum Keton.

Eine dritte Möglichkeit zur Steuerung ergibt sich beispielsweise für die Cyanid-Addition, die in Abb. 7.18 (unten) gezeigt ist. Hier kann man das Produktverhältnis durch die Wahl der Temperatur beeinflussen. Führt man die Reaktion bei niedrigen Temperaturen durch, wird das Produktverhältnis durch die relative Lage der Übergangszustände der 1,2- und der 1,4-Addition bestimmt. Hier sind also die Reaktionsgeschwindigkeiten und demnach die Kinetik entscheidend. Man spricht in diesem Fall von kinetischer Kontrolle. Da die 1,2-Addition die niedrigere Barriere hat, entsteht bei niedrigen Temperaturen bevorzugt das 1,2-Additionsprodukt. Erhöht man aber die Temperatur so weit, dass die Reaktionen als Gleichgewichtsreaktionen ablaufen, spielen die Geschwindigkeiten keine Rolle mehr. Wichtig wird jetzt die thermodynamische Stabilität der beiden Produkte. Man spricht hier daher von thermodynamischer Kontrolle. Das 1,4-Produkt ist wegen starken C=O-Doppelbindung das energetisch günstigere Produkt. Unter thermodynamischer Kontrolle entsteht daher bevorzugt das 1,4-Additionsprodukt.

Übung 7.18

Das Konzept thermodynamischer und kinetischer Kontrolle ist ein wichtiges Schlüsselkonzept. Stellen Sie die zuletzt besprochenen 1,2- und 1,4-Additionen von Cyanid an 2-Butenon vergleichend durch Potenzialenergiekurven dar. Da die Edukte in beiden Reaktionen die gleichen sind, können Sie für beide Reaktionen den gleichen Startpunkt nehmen. Wo liegen energetisch relativ zueinander die Übergangszustände, wo die Produkte?

7.4   Die α-Acidität: Enole und Enolate

7.4.1   Bildung von Enolen und Enolaten: die Keto-Enol-Tautomerie

Dass die Carbonylgruppe C–H-Bindungen an den Nachbarkohlenstoffatomen acidifiziert, wurde bereits kurz diskutiert. Die Reaktivität einer Carbonylgruppe geht also über die eigentliche funktionelle Gruppe hinaus. Aldehyde und Ketone, die an einem α-Kohlenstoffatom ein Wasserstoffatom tragen, liegen wegen ihrer α-Acidität in einem Keto-Enol-Gleichgewicht mit den entsprechenden Enolen vor.

In der Regel liegt das Gleichgewicht dabei wegen der starken C=O-Doppelbindung auf der Seite des Ketons oder Aldehyds. Enole können sowohl basenkatalysiert (Abb. 7.19, rechts) als auch säurekatalysiert (Abb. 7.19, links) gebildet werden. Bei der basischen Katalyse kommt es erst zu einer Deprotonierung an der α-Position. Das gebildete Enolat kann entweder wieder am α-Kohlenstoffatom protoniert werden, was zurück zur Carbonylverbindung führt. Wird am Carbonyl-Sauerstoffatom protoniert, das durch die Konjugation der Ladung mit dem π-System der Carbonylgruppe den größeren Teil der Ladung trägt, erhält man das Enol. Säurekatalysiert wird zunächst das Carbonyl-O-Atom protoniert. Anschließend wird in α-Position deprotoniert.

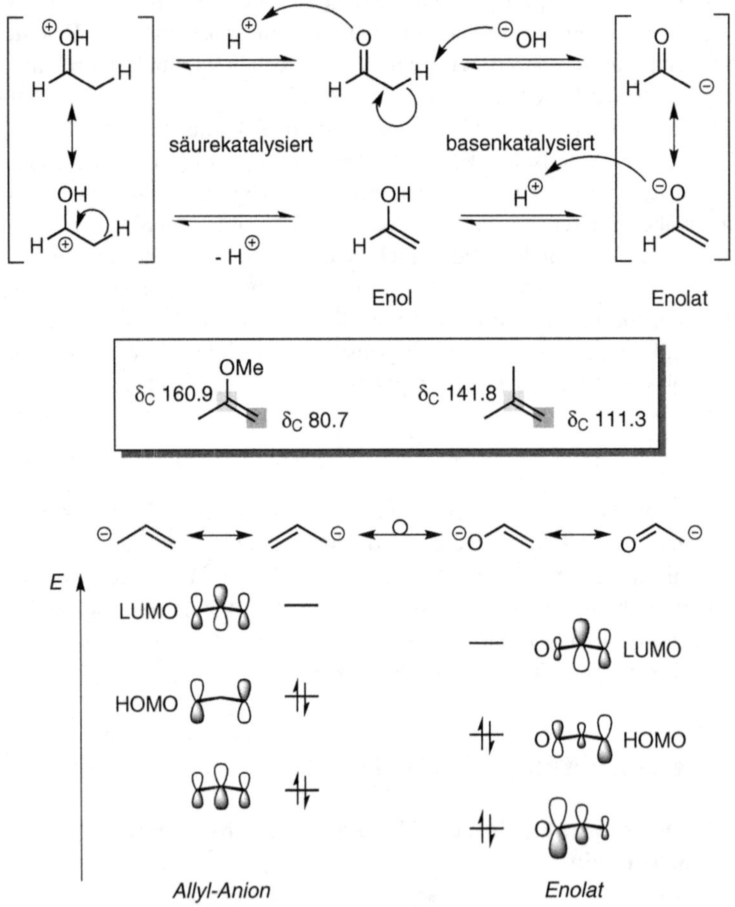

Abb. 7.19 Oben: Mechanismen der säure- und basenkatalysierten Keto-Enol-Tautomerie. Beachten Sie, dass die Keto- und Enolform Konstitutionsisomere sind, während die beiden für das Enolat gezeichneten Strukturen mesomere Grenzformeln sind. **Mitte:** Die ^{13}C-NMR-Signallagen belegen, dass Enole und Enolether elektronenreiche Doppelbindungen besitzen. **Unten:** MO-Schemata des Allylanions und des Enolats

Enol und Enolat reagieren beide als Nucleophile, wobei das Enolat aufgrund der Ladung etwas reaktiver ist. Das Enolat ist zugleich ein sogenanntes ambidentes (wörtlich übersetzt „zweizähniges") Nucleophil, das sowohl am Sauerstoff- als auch am α-Kohlenstoffatom mit einem Elektrophil reagieren kann. In Bindungsknüpfungsreaktionen mit Kohlenstoffelektrophilen ist die Reaktion am α-Kohlenstoffatom stark bevorzugt. Dass das Enol ebenfalls ein Nucleophil ist, lässt sich wieder durch einen Blick auf die ^{13}C-NMR-Signallagen der Doppelbindungskohlenstoffe sehen. Um Komplikationen mit dem Keto-Enol-Gleichgewicht auszuschließen, schaut man sich am besten einen analogen Enolether an, bei dem die OH-Gruppe des Enols alkyliert ist. Man erkennt, dass das Signal für das von der Alkoxygruppe abgewandte C-Atom gegenüber dem Signal eines analogen Alkens deutlich zu kleineren ppm-Werten verschoben ist. Dies belegt, dass die C=C-Doppelbindung eines Enols durch die Konjugation mit einem der freien Elektronenpaare am Sauerstoffatom elektronenreich und damit nucleophil wird.

Das Enolat ist isoelektronisch zum Allylanion. Abb. 7.19 (unten) zeigt für beide die drei Molekülorbitale des π-Systems im Vergleich. Beide Systeme enthalten vier Elektronen, sodass die beiden unteren Orbitale besetzt sind. Durch die Konjugation der C=C-Doppelbindung mit dem freien Elektronenpaar am Sauerstoffatom liegen die Orbitale des Enolats bei etwas tieferen Orbitalenergien als die des Allylanions. Auch die Orbitalkoeffizienten verändern sich geringfügig, weil das Enolat eine geringere Symmetrie aufweist als das Allylanion.

7.4.2   α-Halogenierung von Carbonylverbindungen

Tropft man Brom langsam zu Aceton, färbt sich die Lösung kurz braun und entfärbt sich anschließend wieder. Je mehr Brom hineingetropft wird, umso schneller entfärbt sich die Lösung. Dabei entstehen Bromwasserstoff und Bromaceton, das früher als Tränengas Verwendung gefunden hat. Die Reaktion läuft über die Enolform ab (Abb. 7.20, oben). Wie bei der Bromaddition an C=C-Doppelbindungen wird das Brommolekül durch das Enol polarisiert und reagiert unter Austritt von Bromid als Abgangsgruppe mit dem Enol. Es handelt sich hierbei um eine autokatalytische, sich selbst beschleunigende Reaktion, da der in der Reaktion gebildete Bromwasserstoff als Säure die Keto-Enol-Tautomerie katalysiert und somit zu einer schnelleren Nachbildung des Enols beiträgt. Eine zweite Substitution in der gleichen α-Position verläuft langsamer, sodass man die Reaktion steuern kann. Verwendet man nur ein Äquivalent Brom, entsteht das Monobromierungsprodukt als Hauptprodukt.

Eine Variante dieser Reaktion ist die Hell-Vollhard-Zelinski-Reaktion, in der Carbonsäuren α-bromiert werden können (Abb. 7.20, Mitte). Neben elementarem Brom muss man noch eine katalytische Menge roten Phosphors zugeben, der mit Brom zu PBr_3 reagiert. Im ersten Schritt entsteht aus der Carbonsäure mit PBr_3 das Säurebromid – das eigentliche Molekül, das dann im Folgeschritt bromiert wird. Die Bromierung in α-Stellung beginnt dann mit einer sauer katalysierten Umlagerung des Säurebromids in das entsprechende Enol. Das Enol reagiert mit

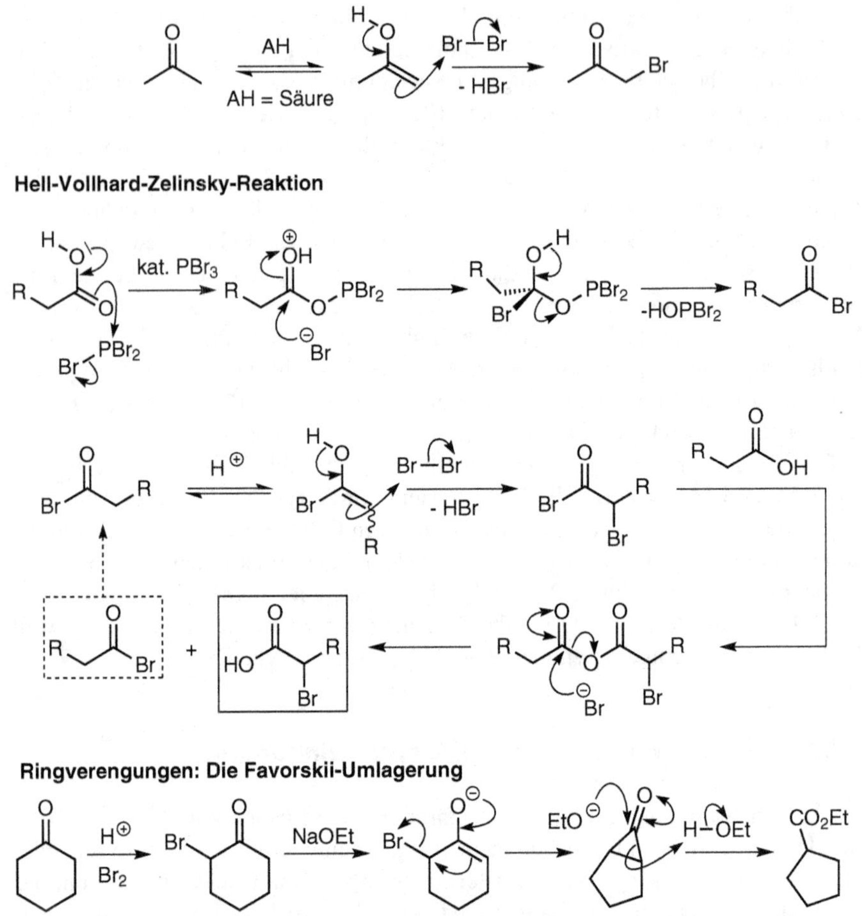

Hell-Vollhard-Zelinsky-Reaktion

Ringverengungen: Die Favorskii-Umlagerung

Abb. 7.20 Oben: α-Halogenierung an Aceton. Unter sauren Bedingungen läuft die erste Bromierung schneller ab als eine zweite oder dritte Bromierung an der gleichen α-Position, sodass bevorzugt das monobromierte Produkt erhalten wird. **Mitte:** Anwendung auf die α-Bromierung von Carbonsäuren in der Hell-Vollhard-Zelinski-Reaktion. **Unten:** Die Favorskii-Umlagerung kann synthetisch genutzt werden, um Ringverengungen durchzuführen

einem Brommolekül zum α-bromierten Säurebromid, das seinerseits mit einem weiteren Molekül der Carbonsäure über ein gemischtes Anhydrid die bromierte Carbonsäure und ein Molekül des noch nicht bromierten Säurebromids bildet. Das Säurebromid reagiert im nächsten Cyclus entsprechend.

Synthetisch nützlich sind cyclische α-monobromierte Carbonylverbindungen, weil sie im Folgeschritt unter basischen Bedingungen unter Ringverengung zu Estern umgesetzt werden können (Abb. 7.20, unten). Diese als Favorskii-Umlagerung bekannte Reaktion läuft sogar an gespannten α-halogenierten Cyclobutanonen ab und führt dann zum Cyclopropancarbonsäureester.

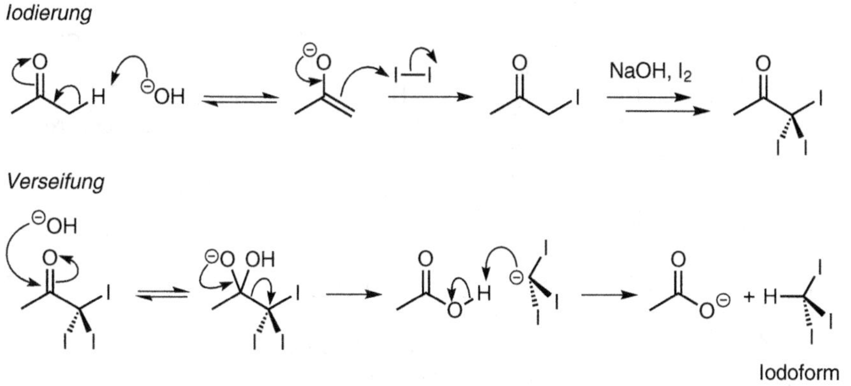

Iodierung

Verseifung

Iodoform

Abb. 7.21 Die einzelnen Schritte der Iodoformreaktion zwischen Aceton und Iod unter basischen Bedingungen. Im Gegensatz zur Halogenierung des Enols unter sauren Bedingungen bleibt diese Reaktion nicht auf der monohalogenierten Stufe stehen

Geben wir jedoch Iod unter basischen Bedingungen zu Aceton, entfärbt sich die Lösung schlagartig, und es bildet sich ein gelber Niederschlag. In diesem Fall entsteht durch die Base das Aceton-Enolat. Wie bei der Bromierung oben reagiert auch das Enolat als Nucleophil mit dem Halogen, und Iodaceton entsteht (Abb. 7.21). Da Iod einen –I-Effekt bewirkt, werden die beiden anderen Wasserstoffatome an der gleichen α-Position noch acider. Es bildet sich wieder ein Enolat, das noch einmal mit Iod reagieren kann. Nach einem dritten Iodierungsschritt erhält man 1,1,1-Triiod-2-propanon. In einem vierten Schritt greift nun ein Hydroxidion an der Carbonylgruppe an. Da das Triiodmethylanion recht gut stabilisiert ist, kann es als Abgangsgruppe fungieren. Dabei entsteht Essigsäure als zweites Produkt. Das Triiodmethylanion ist deutlich basischer als die Essigsäure, sodass abschließend eine Protonierung zum Triiodmethan (Iodoform) abläuft. Das Iodoform fällt als gelblicher Feststoff aus, und man kann es an seinem charakteristischen Geruch erkennen. Da die Reaktion auch mit Brom und Chlor durchgeführt werden kann, wird sie als Haloform-Reaktion bezeichnet.

7.4.3 Die Aldolreaktion und die Aldolkondensation

Wir haben Reaktionen kennengelernt, bei denen eine Carbonylverbindung als Elektrophil reagiert, aber auch Reaktionen, bei denen die Enolform oder das Enolat als Nucleophil reagieren. Natürlich können auch beide miteinander reagieren. Solche Reaktionen werden als Aldolreaktionen bezeichnet, da das Produkt eine Carbonylgruppe und eine OH-Gruppe enthält. Auch Aldolreaktionen können sowohl sauer katalysiert als Reaktion eines im Gleichgewicht vorliegenden Enols (Nucleophil) mit einer durch Protonierung aktivierten Carbonylgruppe (Elektrophil) als auch basisch katalysiert als Reaktion eines Enolats (Nucleophil) mit einer Carbonylgruppe (Elektrophil) ablaufen (Abb. 7.22).

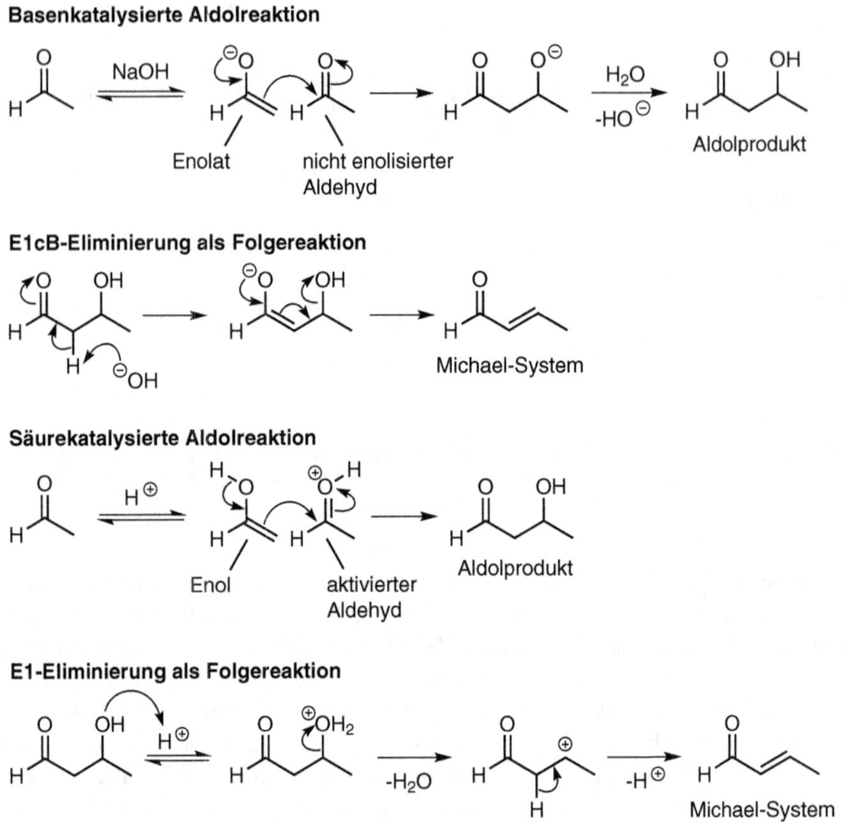

Basenkatalysierte Aldolreaktion

Enolat   nicht enolisierter
                Aldehyd

Aldolprodukt

E1cB-Eliminierung als Folgereaktion

Michael-System

Säurekatalysierte Aldolreaktion

Enol   aktivierter
              Aldehyd

Aldolprodukt

E1-Eliminierung als Folgereaktion

Michael-System

Abb. 7.22 Basisch und sauer katalysierte Varianten der Aldolreaktion. Aus dem Aldolprodukt kann durch eine nachfolgende Eliminierung ein Michael-System generiert werden

Der erste Schritt der basenkatalysierten Variante ist die Bildung des Enolats, das anschließend nucleophil die Carbonylgruppe eines ebenfalls im Gleichgewicht vorliegenden Aldehyds oder Ketons angreift. Nach wässriger Aufarbeitung erhält man die β-Hydroxycarbonylverbindung. Unter meist etwas drastischen Bedingungen (z. B. höhere Temperatur) kann als Folgereaktion Wasser aus dem Aldolprodukt eliminiert werden. Die Reaktion folgt einem E1cB-Mechanismus, bei dem zuerst das acide α-Proton und darauf folgend OH$^-$ eliminiert werden. Die dabei gebildete C=C-Doppelbindung ist mit der Carbonylgruppe konjugiert. Das Produkt ist also ein Michael-System, wie wir es für vinyloge nucleophile Additionen bereits angewandt haben. Oft wird unterschieden zwischen der Aldoladdition, bei der das Aldolprodukt ohne die folgende Eliminierung gebildet wird, und der Aldolkondensation, die die Wassereliminierung mit einschließt. Steht die OH-Gruppe des Aldolprodukts in der Benzylstellung eines aromatischen Rings, bildet sich bei der Aldolkondensation ein vom Aromaten bis zur Carbonylgruppe durchkonjugiertes π-System. In diesen Fällen läuft die Wassereliminierung bereits unter milden Bedingungen ab. Oft lässt sich die Reaktion deshalb nicht auf der Stufe des Aldolprodukts stoppen.

Übung 7.19

Schlagen sie nach, welche Verbindung sich hinter dem Namen „Dibenzalaceton" verbirgt. Geben Sie ihren IUPAC-Namen an und entwerfen Sie eine einfache (Retro-)Synthese. Wo findet diese Verbindung Anwendung?

Säurekatalysiert bildet sich im Gleichgewicht zunächst das Enol. Zugleich wird die als Elektrophil reagierende Carbonylverbindung durch Protonierung aktiviert und die Elektrophilie am Carbonyl-C-Atom verstärkt. Im nächsten Schritt kann dieses Elektrophil vom Enol nucleophil angegriffen werden. Das Produkt ist wieder eine β-Hydroxycarbonylverbindung. Unter sauren Bedingungen erfolgt die Wasserabspaltung nach einem E1-Mechanismus in der Regel leicht, und man erhält meist direkt das Michael-System als Aldolkondensationsprodukt.

7.4.4 Gekreuzte Aldolreaktionen

Ein Problem ergibt sich bei sogenannten gekreuzten Aldolreaktionen, wenn also beispielsweise zwei verschiedene Aldehyde miteinander reagieren sollen. Wenn beide Edukte acide α-Positionen besitzen, ist nicht klar, welches der Edukte deprotoniert bzw. enolisiert wird und daher die Rolle des Nucleophils übernimmt und welches der beiden Edukte die Rolle des Elektrophils spielt. Daher gibt es in einem solchen Fall generell vier verschiedene Aldolprodukte. Das bringt nicht nur niedrige Ausbeuten an dem gewünschten Produkt mit sich, sondern verursacht bei der Abtrennung des gewünschten von den anderen möglichen Produkten sowie bei dessen Reinisolierung auch einen erheblichen Reinigungsaufwand. Für eine gute Synthese müssen also Strategien entwickelt werden, die diese Probleme vermeiden. Einige davon werden wir im Folgenden diskutieren.

Übung 7.20

a) Formulieren Sie die Mechanismen für die säure- und basenkatalysierte Variante der Aldolreaktion von Propanal und Butanal. Schreiben Sie alle möglichen Aldolprodukte auf, um sich das Problem der gekreuzten Aldolreaktionen klarzumachen. Beziehen Sie in Ihre Überlegungen auch mögliche Stereoisomere ein.

b) Welche Aldolkondensationsprodukte erhalten Sie, wenn Sie die unter a) erhaltene Produktmischung dehydratisieren? Auch hier geben Sie bitte wieder alle möglichen Stereoisomere an.

7.4.4.1 Stabile Enolat-Äquivalente

Sie kennen Säure-Base-Reaktionen als thermodynamisch kontrollierte, also schnelle Gleichgewichtsreaktionen. Bei Deprotonierungen an Heteroatomen stimmt dieses Bild in aller Regel auch; Deprotonierungen an Kohlenstoffatomen sind dagegen häufig langsamer. Ein Selektivitätsproblem ergibt sich daher, wenn die Aldolreaktion mit der Enolatbildung kinetisch konkurrieren kann. Wenn die Enolatbildung langsam genug ist, kann bereits gebildetes Enolat mit dem noch vorhandenen nicht deprotonierten Edukt reagieren statt mit dem eigentlich gewünschten zweiten Reaktionspartner.

Eine Lösung für das Selektivitätsproblem der gekreuzten Aldolreaktion ist daher, die Geschwindigkeitskonstante der Deprotonierung durch die Verwendung geeigneter starker Basen so weit zu erhöhen, dass die nucleophile Addition an noch vorhandenes Edukt nicht mehr konkurrieren kann. Zugleich verschieben starke Basen das sich am Ende einstellende Gleichgewicht zwischen Carbonylverbindung und Enolat fast vollständig auf die Enolatseite, sodass eine vollständige Enolatbildung möglich ist (Abb. 7.23). Üblicherweise finden hier starke nichtnucleophile Basen wie LDA Verwendung. Sie deprotonieren Ketone und Ester schnell genug und irreversibel, und die gebildeten Lithium-Enolate sind bei -78 °C hinreichend stabil. Erst nach der vollständigen Enolatbildung wird die zweite Carbonylverbindung zugegeben, die dann als Elektrophil mit dem Enolat zum Aldolprodukt reagiert. So ist die Rollenverteilung von Nucleophil und Elektrophil klar, und man erhält weitgehend einheitliche Aldolprodukte. Die hier diskutierte Strategie versagt allerdings häufig bei Aldehyden, die trotz schneller Deprotonierung zu Selbstkondensationen neigen.

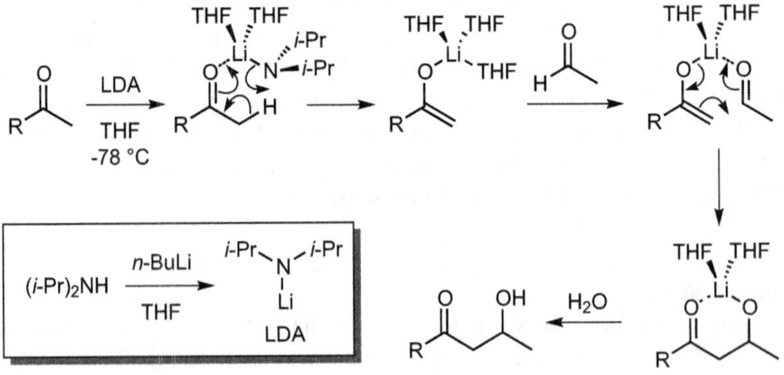

Abb. 7.23 Gekreuzte Aldolreaktion mit kinetisch stabilen Lithium-Enolaten. Im Kasten ist noch einmal die Herstellung von LDA gezeigt, die vor der Zugabe der ersten Carbonylverbindung abgeschlossen sein muss, da Butyllithium mit Carbonylverbindungen eine irreversible nucleophile Addition eingeht

7.4.4.2 Silylenolether

Stabiler, aber auch weniger reaktiv als Lithium-Enolate sind Silylenolether (Abb. 7.24), die sich u. a. durch Reaktion der Lithium-Enolate mit Trimethylsilylchlorid herstellen lassen. Enolate sind ambidente Nucleophile. Das Enolat-Sauerstoffatom ist dabei das härtere Ende, das Kohlenstoffatom am anderen Ende ist weicher. Mit dem relativ harten Elektrophil Trimethylsilylchlorid findet die Reaktion daher am Sauerstoffatom des Enolats und nicht, wie bei den meisten anderen weicheren Elektrophilen, am Kohlenstoffatom statt. Mit dem Silylenolether hält man ein stabiles und daher leicht zu handhabendes Analogon für ein Enolat in Händen. Silylenolether können auch als „Lagerform" für Lithium-Enolate angesehen werden, da sie sich durch Reaktion mit Methyllithium wieder in die Lithium-Enolate zurück überführen lassen.

Da die Silylenolether in Aldolreaktionen nicht sehr reaktionsfreudig sind, muss man die andere, elektrophile Carbonylkomponente entsprechend aktivieren. Bei der in Abb. 7.24 gezeigten Mukaiyama-Aldolreaktion wird dies durch Titantetrachlorid erreicht, das an die Carbonylgruppe koordiniert. Während der eigentlichen Aldolreaktion wird die Trimethylsilylgruppe vorübergehend abgespalten. Sie verdrängt aber das an das Alkoholat-Sauerstoffatom koordinierte Titanion und bildet den entsprechenden Silylether. Auf diese Weise wird $TiCl_4$ zurückgewonnen und kann daher katalytisch eingesetzt werden. Auch in dieser Reaktion ist die Rollenverteilung klar: Der Silylenolether ist das Nucleophil, die durch die Lewis-Säure aktivierte Carbonylverbindung das Elektrophil. Daher erhält man in gekreuzten Mukaiyama-Aldolreaktionen ebenfalls einheitliche Aldolprodukte.

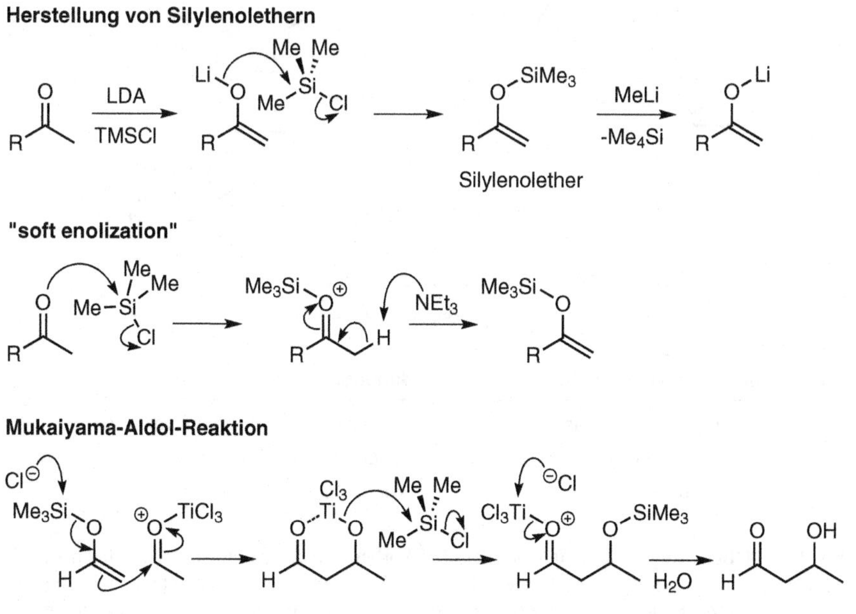

Herstellung von Silylenolethern

"soft enolization"

Mukaiyama-Aldol-Reaktion

Abb. 7.24 Oben: Herstellung von Silylenolethern und Rücküberführung in die Lithium-Enolate. **Mitte:** Da die Herstellung von Silylenolethern aus den Lithium-Enolaten bei Aldehyden zu Nebenreaktionen führt, wird hier die sogenannte „soft enolization" angewandt, die mit milden Basen arbeitet. **Unten:** Gekreuzte Mukaiyama-Aldolreaktion mit Silylenolethern als Nucleophil. Die Reaktion verläuft unter Lewis-Säure-Aktivierung der Carbonylkomponente mit katalytischen Mengen $TiCl_4$

7.4.4.3 Thermodynamische und kinetische Enolatbildung

Kann die zu enolisierende Carbonylverbindung an zwei verschieden hoch substituierten α-Positionen enolisiert werden, gibt es auch ein Regioselektivitätsproblem (Abb. 7.25, oben). Unterschiedliche Aldolprodukte würden sich bilden, wenn eine Mischung der beiden möglichen Enolate entstünde, die anschließend mit der zweiten Carbonylverbindung weiterreagieren würden.

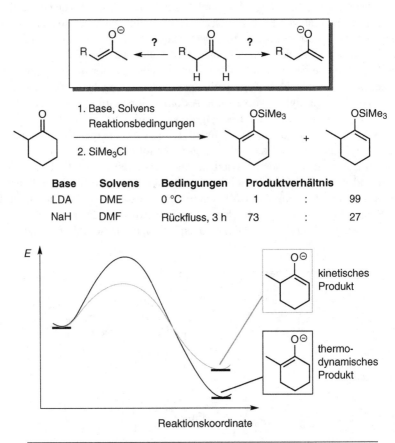

Base	Solvens	Bedingungen	Produktverhältnis		
LDA	DME	0 °C	1	:	99
NaH	DMF	Rückfluss, 3 h	73	:	27

thermodynamische Enolate	kinetische Enolate
sterisch gehinderte Base	sterisch wenig anspruchsvolle Base
hohe Temperaturen	niedrige Temperaturen
lange Reaktionszeiten	kurze Reaktionszeiten

Abb. 7.25 Oben: Regioselektivitätsproblem bei Vorliegen zweier unterschiedlich hoch substituierter enolisierbarer Positionen. **Mitte:** Für 2-Methylcyclohexanon ist die Steuerungsmöglichkeit über die Temperatur und den sterischen Anspruch der Base gezeigt, darunter die zugehörigen Potenzialenergiekurven. **Unten:** Generelle Kriterien zur Erzeugung von Enolaten unter thermodynamischer oder kinetischer Kontrolle

Das Enolat mit der höher substituierten Doppelbindung ist wegen der Hyperkonjugation der Doppelbindung mit den C–H- oder C–C-Bindungen in den Substituenten in der Regel das thermodynamisch stabilere Enolat. Wählt man also Bedingungen, unter denen die Enolatbildung im Gleichgewicht erfolgt (höhere Temperatur und längere Reaktionszeiten), ist das höher substituierte Enolat das Hauptprodukt. Zugleich kann man die Annäherung der Base an die zu enolisierende Position erleichtern, indem man sterisch möglichst wenig anspruchsvolle Basen wie beispielsweise NaH verwendet. Wendet man hingegen Bedingungen an, unter denen die Enolatbildung durch die Reaktionsgeschwindigkeiten der beiden verschiedenen Deprotonierungsgeschwindigkeiten kontrolliert ist (niedrige Temperaturen und kurze Reaktionszeiten), wird insbesondere bei Verwendung sterisch anspruchsvoller Basen wie LDA das niedriger substituierte Produkt wegen der leichter zugänglichen Protonen schneller gebildet als das höher substituierte. Es sollte also möglich sein, die Regioselektivität durch die Natur der Base und die Reaktionsbedingungen zu beeinflussen.

Abb. 7.25 (Mitte) zeigt ein konkretes Beispiel. Die Reaktion der sterisch gehinderten Base LDA mit 2-Methylcyclohexanon liefert bei 0 °C fast ausschließlich das kinetische Produkt. Das viel kleinere Natriumhydrid hingegen ermöglicht auch die Deprotonierung der höher substituierten α-Position. Führt man die Deprotonierung nun auch noch bei 153 °C, also am Siedepunkt von Dimethylformamid für längere Zeit durch, gibt es eine Gleichgewichtseinstellung zwischen den beiden Enolaten, und das thermodynamisch stabilere Produkt, also das höher substituierte Enolat, ist bevorzugt. Trägt man beide Reaktionen in ein Energie/Reaktionskoordinate-Schema ein, sieht man, dass sich die Kurven zwischen den Übergangszuständen und den Produkten kreuzen müssen. In einem solchen Fall kann man über die Bedingungen daher die Produktselektivitäten steuern und erhält entweder das kinetische oder das thermodynamische Produkt.

Übung 7.21

a) Sollten Sie mit der Lösung der Übung 7.18 Schwierigkeiten gehabt haben, übertragen Sie das hier Diskutierte einmal auf den dort geschilderten Fall.

b) Wiederholen Sie das Hammond-Postulat. Würde es streng gelten, wie müssten die Potenzialenergiekurven in Abb. 7.25 aussehen? Welche Auswirkungen hätte dies auf die Kontrolle der Enolisierungsposition?

7.4.4.4 Zink-Enolate: die Reformatsky-Reaktion

Nicht nur Aldehyde oder Ketone können Aldolreaktionen eingehen. Die auf Lithium-Enolaten und Silylenolethern basierenden Strategien zur Steuerung gekreuzter Aldolreaktionen können auch auf Esterenolate angewandt werden. Eine gute Alternative sind aber auch die esterbasierten Zink-Enolate (Abb. 7.26). Sie lassen sich sehr einfach durch Reduktion von α-Bromestern mit aktiviertem Zink – analog zur Bildung von Grignard-Reagenzien – herstellen und sind stabiler und weniger basisch als andere Enolate. Folglich sind Selbstkondensation und Protonentransfer keine Konkurrenzreaktionen, und sie können *in situ* in Anwesenheit

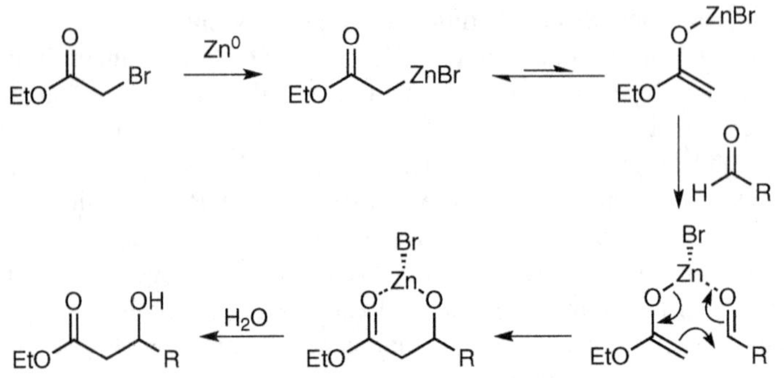

Abb. 7.26 Reformatsky-Reaktion eines esterbasierten Zink-Enolats mit einem Aldehyd oder Keton

des elektrophilen Reaktionspartners generiert und für Aldolreaktionen eingesetzt werden.

7.4.4.5 Stork-Enamin-Synthese

Neben den Silylenolethern sind Enamine recht stabile Enoläquivalente. Sie werden unter leicht sauren Bedingungen aus einer Carbonylverbindung und einem sekundären Amin hergestellt (Abb. 7.27, oben). Cyclische sekundäre Amine wie Piperidin, Morpholin oder Pyrrolidin werden gern verwendet, da sie etwas nucleophiler sind als ihre offenkettigen Varianten.

In Enaminen ist das freie Elektronenpaar des Stickstoffs mit der C=C-Doppelbindung konjugiert. Das bedeutet, dass das Stickstoffatom sp²-hybridisiert ist und die Substituenten am Stickstoffatom mit der Enamin-Doppelbindung in einer Ebene liegen. Dies führt zu einer ungünstigen sterischen Wechselwirkung mit (Z)-ständigen Substituenten an der Doppelbindung. Bevorzugt ist also stets das Enamin mit der weniger hoch substituierten C=C-Doppelbindung, sodass die Regioselektivität von vornherein feststeht. Dies kann von Vorteil sein, wenn man die Aldolreaktion auf der weniger hoch substituierten Seite durchführen möchte, schließt andererseits die Enamine aber dann aus, wenn es um eine Reaktion an der höher substituierten Seite geht.

Enamine sind wegen ihres durch die Konjugation mit dem freien Elektronenpaar am Stickstoffatom energetisch höher liegenden HOMO nucleophiler als Enole oder Silylenolether. Sie reagieren damit sowohl mit Aldehyden als auch Ketonen auch ohne eine weitere Aktivierung durch eine Lewis-Säure, wie wir das bei den Silylenolethern kennengelernt hatten. Nach der C–C-Knüpfungsreaktion kann das Amin durch Hydrolyse des entsprechenden Iminiumions wieder abgespalten werden, und man erhält das Aldolprodukt, das unter diesen leicht sauren Bedingungen in der Regel zum Michael-System weiterreagiert. Neben Aldolreaktionen lassen sich Enamine auch durch reaktive Alkylierungsreagenzien wie Allyl-, Benzyl- oder Propargylbromid oder mit α-Halogencarbonylverbindungen alkylieren.

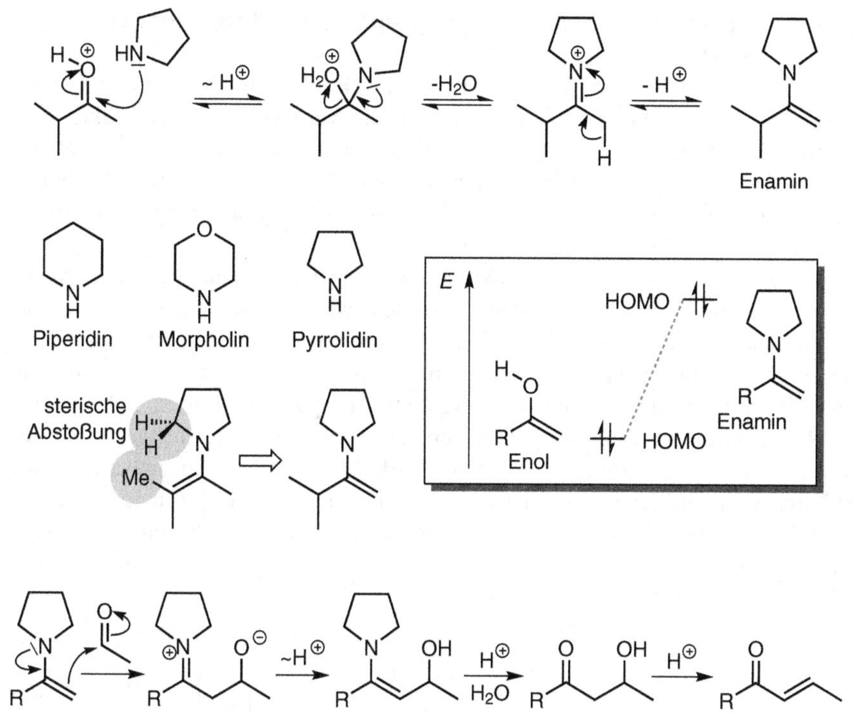

~ H⊕ −H₂O − H⊕ **Enamin**

Piperidin **Morpholin** **Pyrrolidin**

sterische Abstoßung

E

HOMO

Enamin

Enol HOMO

Enolderivate **Enolatderivate**

$OSiR_3$ NR_2 OLi $OZnBr$

	$OSiR_3$	NR_2	OLi	$OZnBr$
Aldehyd	√	√	✕	✕
Keton	√	√	√	✕
Ester	√	✕	√	√

Abb. 7.27 Oben: Mechanismus der Bildung von Enaminen. Bevorzugt werden hierfür cyclische sekundäre Amine eingesetzt, beispielsweise Piperidin, Morpholin oder Pyrrolidin. **Kasten:** Enamine sind wegen ihres höher liegenden HOMOs nucleophiler als Enole. **Mitte:** Die Stork-Enamin-Synthese ist eine Aldolreaktion, die ein Enamin als Enolanalogon nutzt. **Unten:** Zusammenfassung der hier besprochenen Enol- und Enolatäquivalente und ihre Anwendbarkeit auf Aldolreaktionen mit Aldehyden, Ketonen und Estern

Mit den verschiedenen hier diskutierten Strategien lässt sich das Selektivitätsproblem gekreuzter Aldolreaktionen über Enol- und Enolatanaloga lösen. Die Tabelle in Abb. 7.27 (unten) fasst noch einmal knapp zusammen, welche der Enol- und Enolatderivate mit welchen Carbonylverbindungen kompatibel sind.

7.4.4.6 Doppelt aktivierte Methylengruppen: die Knoevenagel-Reaktion

Neben den verschiedenen Varianten, Enole und Enolate durch Analoga zu ersetzen, gibt es eine weitere Strategie, nämlich die Verwendung doppelt aktivierter Methylengruppen. In Abb. 7.28 (oben) sind die pK_a-Werte von einfachen Ketonen und Estern denen von Methylengruppen gegenübergestellt, die zwei Carbonylgruppen als Substituenten tragen. Doppelt aktivierte Methylengruppen sind offensichtlich deutlich acider als einfach aktivierte.

Die erhöhte Acidität doppelt aktivierter Methylengruppen ermöglicht deren Deprotonierung bereits durch schwache Basen, wie z. B. sekundäre oder tertiäre Amine. Dies kann direkt in Gegenwart von Aldehyden und Ketonen geschehen, die als elektrophile Komponente fungieren. Unter diesen Bedingungen wird fast ausschließlich die doppelt aktivierte Methylengruppe deprotoniert, sodass damit die Rollenverteilung in dieser gekreuzten Aldolreaktion wieder festgelegt ist und ein einheitliches Aldolprodukt erhalten werden kann. Diese Spezialvariante der Aldolreaktion wird Knoevenagel-Kondensation genannt; sie endet in der Regel mit der Eliminierung von Wasser zum entsprechenden Michael-System (Abb. 7.28, Mitte).

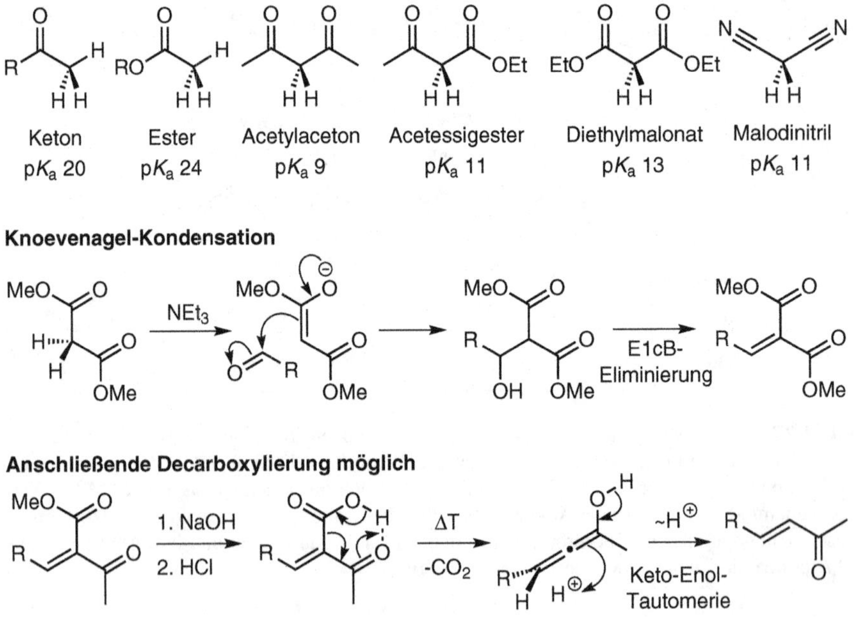

Keton	Ester	Acetylaceton	Acetessigester	Diethylmalonat	Malodinitril
pK_a 20	pK_a 24	pK_a 9	pK_a 11	pK_a 13	pK_a 11

Knoevenagel-Kondensation

Anschließende Decarboxylierung möglich

Abb. 7.28 Oben: pK_a-Werte von einfach und doppelt aktivierten Methylengruppen im Vergleich. **Mitte:** Mechanismus der Knoevenagel-Kondensation. **Unten:** Synthetisch wichtig ist, dass man die steuernde zweite Carbonylgruppe durch Decarboxylierung nach der Knoevenagel-Kondensation wieder entfernen kann, wenn Acetessigester oder Diethylmalonat als Edukt eingesetzt wurde

Zunächst mag es nicht sehr sinnvoll erscheinen, eines der Edukte mit einer zusätzlichen funktionellen Gruppe auszustatten, um eine gekreuzte Aldolreaktion zu steuern, da man dadurch ja diese zusätzliche steuernde Gruppe auch im Produkt vorliegen hat. Das wäre eine deutliche Limitierung auf die vermutlich seltenen Fälle, in denen eine solche Gruppe ohnehin gewünscht ist. Eine generelle Synthesemethode für gekreuzte Aldolreaktionen wäre das jedenfalls nicht. Allerdings kann man sich zunutze machen, dass β-Ketosäuren unter Erhitzen decarboxylieren (Abb. 7.28, unten). Folglich ist es möglich, eine zur Steuerung eingesetzte Estergruppe auch wieder zu entfernen. Dazu führt man die Knoevenagel-Kondensation entweder mit Acetessigester oder Diethylmalonat durch, verseift anschließend den Ester mit NaOH und säuert an, um die freie Carbonsäure zu erhalten. Anschließend wird die trockene Carbonsäure erhitzt und decarboxyliert. Das zunächst entstehende Enol lagert sich über Keto-Enol-Tautomerie wieder in die gewünschte Carbonylverbindung um. Insgesamt ist diese Synthesesequenz zwar durch die zusätzlichen Stufen länger, führt aber oft mit guten Ausbeuten zum gewünschten Michael-Produkt, ohne dass man kompliziert zu trennende Produktmischungen erhält.

Übung 7.22

a) Begründen Sie mithilfe mesomerer Grenzformeln, warum die doppelte Aktivierung einer Methylengruppe deren Acidität erhöht.

b) Zeichnen Sie das Enol des Acetylacetons. Warum liegt das Gleichgewicht hier nicht auf der Seite des Diketons? Welche zwei Effekte stabilisieren die Enolform?

c) Vergleichen Sie einmal die Decarboxylierung einer β-Ketosäure mit der Esterpyrolyse und der Chugaev-Reaktion in Kap. 5. Diskutieren Sie Gemeinsamkeiten und Unterschiede.

d) Schlagen Sie nach, was man unter der Doebner-Modifikation der Knoevenagel-Kondensation versteht und warum sie die Decarboxylierung vereinfacht.

7.4.5 Diastereoselektivität von Aldolreaktionen

Mithilfe des Felkin-Anh-Modells ist es möglich, die Konfiguration des neuen stereogenen Zentrums vorherzusagen, das bei nucleophilen Additionen an Aldehyde und Ketone aus der Carbonylgruppe hervorgeht. Bei Aldolreaktionen mit geeignet substituierten Enolaten entstehen jedoch zwei neue Stereozentren. Folglich sind – wenn das eine davon über das Felkin-Anh-Modell bereits festlegt – immer noch zwei diastereomere Produkte möglich. Die beiden Stereozentren können sich in einer *syn*- oder einer *anti*-Konfiguration bilden (Abb. 7.29, oben).

Häufig wird die Stereochemie des Aldolprodukts durch die Konfiguration des Enolats bestimmt. Dabei ergibt das (*Z*)-Enolat in den meisten Fällen das *syn*- und das (*E*)-Enolat das *anti*-Aldolprodukt. Es ist also von entscheidender Bedeutung,

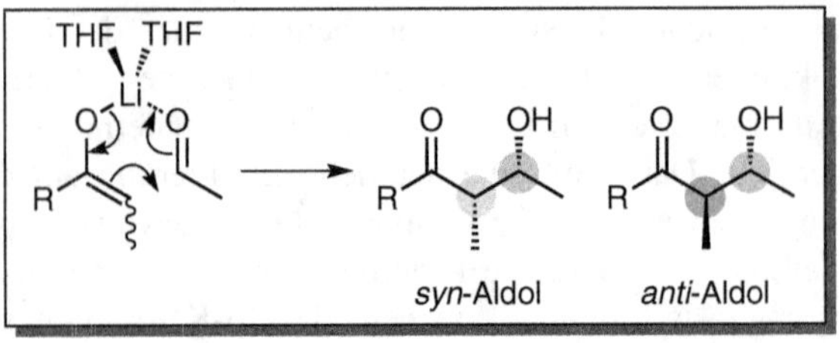

Zimmerman-Traxler-Modell

Zimmerman-Traxler-ÜZ

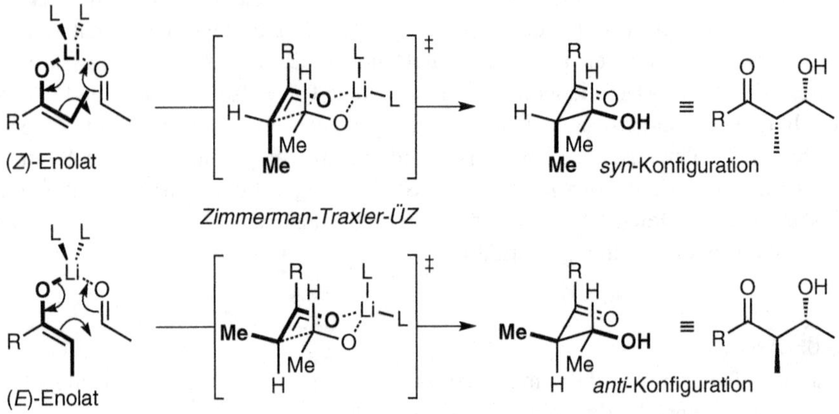

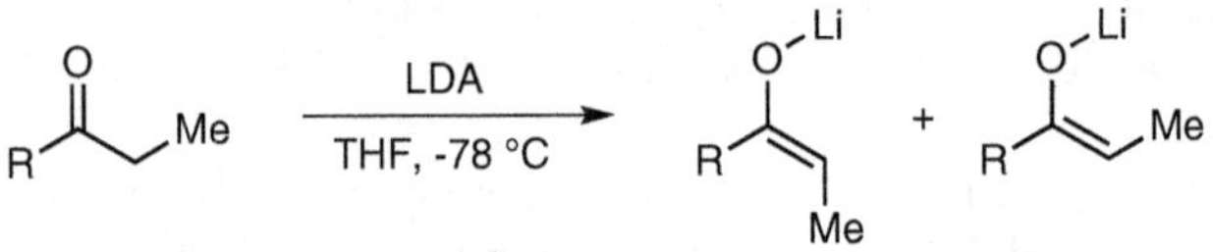

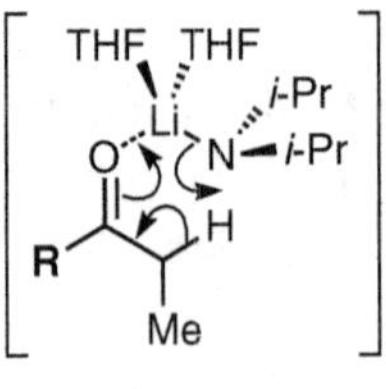

R	(*E*)-Enolat	:	(*Z*)-Enolat
Et	70		30
t-Bu	<2		98
Ph	<2		98
MeO	95		5
t-BuO	95		5

Claisen-Ireland-Modell

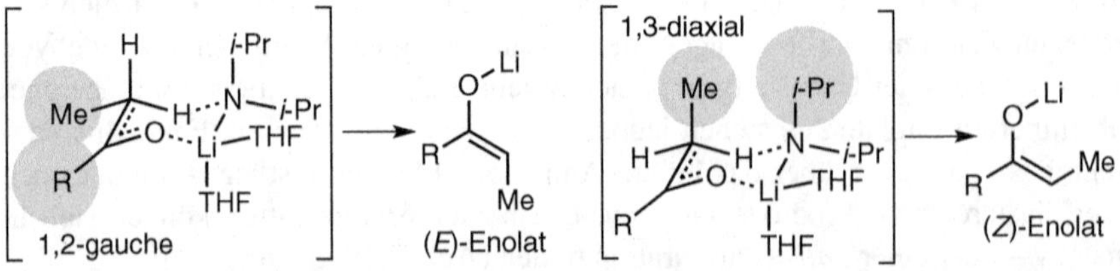

Abb. 7.29 Oben: Bei der Reaktion eines Lithium-Enolats mit einem Aldehyd oder Keton können zwei diastereomere, *syn*- oder *anti*-konfigurierte Produkte gebildet werden. **Mitte:** Welches Produkt als Hauptprodukt entsteht, wird nach dem Zimmerman-Traxler-Modell durch die Konfiguration der Enolat-Doppelbindung bestimmt. **Unten:** Abhängigkeit der Enolatkonfiguration vom Substituenten R an der Carbonylgruppe und Claisen-Ireland-Modell zur Erklärung dieser Effekte

die Geometrie des Enolats kontrollieren zu können. Um diese Korrespondenz zwischen der Enolatkonfiguration und der Stereochemie des Aldolprodukts verstehen zu können, wurde das Zimmerman-Traxler-Modell entwickelt (Abb. 7.29, Mitte). Es geht davon aus, dass die Aldolreaktion über einen sechsgliedrigen cyclischen Übergangszustand verläuft, und nimmt etwas idealisierend eine Sesselkonformation für diesen Übergangszustand an. Trägt man die Substituenten der beiden Edukte in diesem sogenannten Zimmerman-Traxler-Übergangszustand ein, sieht man sofort, warum das *(Z)*-Enolat zum *syn*-Produkt führt. Die Enolatmethylgruppe im gezeigten Beispiel befindet sich in einer axialen Position und steht damit *gauche* zur Aldol-OH-Gruppe. Im entsprechenden Übergangszustand für das *(E)*-Enolat steht die gleiche Methylgruppe in der äquatorialen Position und damit *anti* zum Aldol-OH-Gruppe. Hieraus ergeben sich dann die *syn*- bzw. *anti*-konfigurierten Produkte.

Eine Kontrolle über die Bildung von *(Z)*- oder *(E)*-Enolat ist also entscheidend, wenn man eine stereospezifische Reaktion erreichen will. Abb. 7.29 (unten) zeigt den Einfluss des an der Carbonylgruppe gebundenen zweiten Substituenten auf das *(E/Z)*-Verhältnis. Ist dieser Substituent klein (z. B. R = Ethyl), so bildet sich bevorzugt das *(E)*-Enolat, während bei größeren Resten (z. B. *t*-Butyl oder Phenyl) fast ausschließlich das *(Z)*-Enolat gebildet wird. Bei Estern ist ein Sauerstoffatom Bestandteil dieses Substituenten, das der Gruppe erlaubt, sich vom Reaktionszentrum wegzudrehen. Daher ist der Einfluss des Substituenten R bei Estern deutlich geringer ausgeprägt, und man erhält in der Regel *(E)*-Enolate als Hauptprodukte.

Das Claisen-Ireland-Modell lässt uns verstehen, warum der Substituent R so einen entscheidenden Einfluss auf die Konfiguration des Enolats hat. Befinden sich zwei deprotonierbare Wasserstoffatome in der α-Position, an der die Base das Enolat bildet, gibt es prinzipiell die beiden unten in Abb. 7.29 gezeigten Übergangszustände. Je nachdem, welches der beiden Wasserstoffatome deprotoniert wird, gibt es entweder ungünstige 1,2-*gauche*- oder ungünstige 1,3-diaxiale Wechselwirkungen. Der Übergangszustand, in dem die 1,2-*gauche*-Wechselwirkungen wichtig sind, führt zum *(E)*-Enolat, der, in dem die 1,3-diaxialen Wechselwirkungen entscheidend sind, zum *(Z)*-Enolat. Wenn der Rest R also klein ist und damit die 1,2-*gauche*-Wechselwirkungen relativ zu den 1,3-diaxialen Interaktionen unbedeutend sind, wird bevorzugt der Übergangszustand durchlaufen, der zum *(E)*-Enolat führt. Wenn dagegen der Rest R groß ist und damit die 1,2-*gauche*-Wechselwirkungen im Vergleich zu den 1,3-diaxialen Wechselwirkungen groß sind, ist der Übergangszustand, der zum *(Z)*-Enolat führt, günstiger.

Sie sehen also, dass eine Kombination aus Felkin-Anh-, Zimmerman-Traxler- und Claisen-Ireland-Modell eine gute Vorhersage auch der subtilen stereochemischen Effekte im Verlauf einer Aldolreaktion ermöglicht. Für die Syntheseplanung ist dies von allergrößter Bedeutung, weshalb man solche Effekte gleich von Anfang an berücksichtigen sollte, um zu vermeiden, dass man nach der Ausarbeitung einer mehrstufigen Synthese plötzlich vor einem Zwischenprodukt mit falscher Stereochemie steht und die ganze Syntheseplanung von vorn beginnen muss.

Für das Verständnis dieser stereochemischen Überlegungen ist es sehr wichtig, dass Sie eine genaue räumliche Vorstellung von den beteiligten Übergangszuständen entwickeln. Bauen Sie daher die Edukte einer Aldolreaktion mit ihrem Molekülbaukasten und vollziehen Sie die Reaktionsverläufe nach. Beginnen Sie damit, nach dem Felkin-Anh-Modell das erste Stereozentrum zu definieren, und überlegen Sie danach, wie Sie mit dem Claisen-Ireland-Modell und den Zimmerman-Traxler-Übergangszuständen daraus die Stereochemie am zweiten Zentrum vorhersagen können.

7.4.6 Esteranaloge Aldolreaktionen: Claisen- und Dieckmann-Kondensation

Wir haben bereits gesehen, dass Ester wie Aldehyde und Ketone enolisieren können und zur Bildung von Enolaten in der Lage sind. Wir hatten sie in Aldolreaktionen mit Aldehyden oder Ketonen als Elektrophile reagieren lassen. In der Claisen-Kondensation finden wir nun eine aldolartige Reaktion, in der der Ester zugleich als Nucleophil wie auch als Elektrophil auftritt. Ebenfalls hatten wir

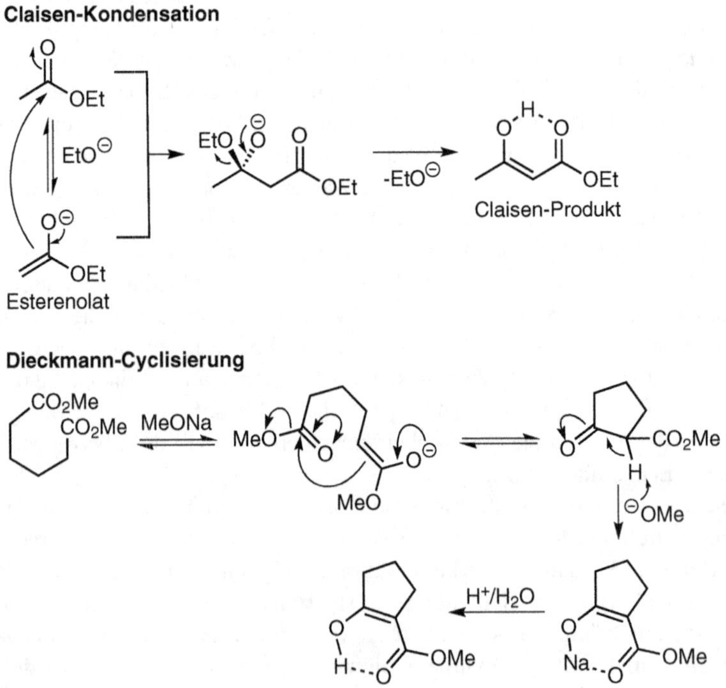

Abb. 7.30 Oben: Mechanismus der Claisen-Kondensation zu Acetessigester, einer doppelt aktivierten Methylenverbindung. **Unten:** Dieckmann-Cyclisierung

bereits gesehen, dass Carbonsäurederivate keine nucleophilen Additionen an die Carbonylgruppe eingehen, sondern Substitutionen unter Abspaltung einer Abgangsgruppe. Dies ist auch hier der Fall. Greift ein Esterenolat einen Ester nucleophil an, kommt es zur Ausbildung der tetraedrischen Zwischenstufe, die unter Abspaltung eines Alkoholats und Ausbildung einer Carbonylgruppe weiterreagiert (Abb. 7.30, oben).

Handelt es sich um eine intramolekulare Claisen-Kondensation eines zur Cyclisierung befähigten Diesters, so wird die Reaktion als Dieckmann-Cyclisierung oder Dieckmann-Kondensation bezeichnet (Abb. 7.30, unten). Sie ist insbesondere für die Synthese mittelgroßer Ringe oder bicyclischer Gerüste von synthetischem Nutzen. Bei der Dieckmann-Cyclisierung stabilisiert das Natriumion das Produkt. Stöchiometrische Mengen der Base sind daher vorteilhaft und erhöhen die Ausbeute der reversiblen Reaktion.

Übung 7.24

a) Formulieren Sie den Mechanismus der Dieckmann-Kondensation von Nonandisäurediethylester in allen Einzelschritten. Welche Ringgröße ergibt sich daraus? Übertragen Sie die Reaktion auf Dimethyl-2,2'-(cyclohexan-1,4-diyl)diacetat. Falls Sie in der Nomenklatur von Bicyclen ungeübt sind, schlagen Sie die Nomenklaturregeln nach und benennen Sie das Produkt nach IUPAC.

b) Vergleichen Sie diesen Mechanismus mit der basisch katalysierten Aldolreaktion von Ethanal und benennen Sie Gemeinsamkeiten und Unterschiede.

c) Warum verwendet man als Base für die Claisen-Kondensation in aller Regel das Alkoholat, das auch der Alkoholkomponente des Esters entspricht? Was würde geschehen, wenn man bei der Umsetzung von Ethylacetat in Aufgabe a) Methanolat als Base eingesetzt hätte?

7.4.7 Vinyloge Aldolreaktionen

Wie bei der nucleophilen Addition gibt es auch bei der Aldolreaktion eine vinyloge Variante. Ein berühmtes Beispiel ist die sogenannte Robinson-Anellierung in Abb. 7.31.

Das mit NaOH als Base gebildete Cyclohexanon-Enolat greift nucleophil in einer Michael-Addition das Methylvinylketon an. Es folgen einige Protonenwanderungsschritte, die das Enolat umlagern, sodass direkt im Anschluss eine intramolekulare Aldolreaktion ablaufen kann. Nach einer abschließenden Eliminierung ist es gelungen, einen neuen Sechsring an das Cyclohexanon zu anellieren. Die gesamte Sequenz verläuft in einem Zug als Eintopfreaktion, ohne dass es notwendig ist, die Zwischenprodukte aufzuarbeiten. Sie hat als Einstieg in die Synthese von Steroidgerüsten Bedeutung erlangt.

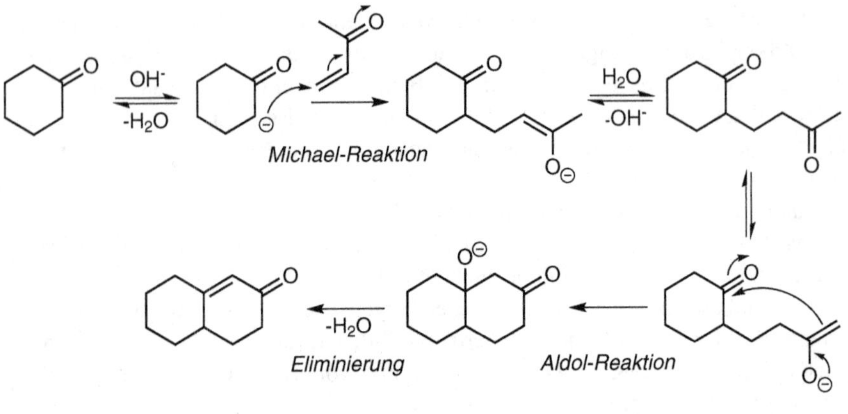

Abb. 7.31 Die Robinson-Anellierung ist eine Ringschlussreaktion, die sich aus einer vinylogen Aldolreaktion (der Michael-Addition im ersten Schritt) und einer darauf folgenden Aldolreaktion mit anschließender Wassereliminierung zusammensetzt. Alle diese Schritte laufen als Eintopfreaktion ab, ohne dass eine Aufarbeitung der Zwischenprodukte erforderlich wäre

7.5   Reaktionen unter Umpolung der Reaktivität

7.5.1   Das Konzept der Reaktivitätsumpolung: 1,n-dioxygenierte Verbindungen

Blicken wir noch einmal zurück und analysieren die bislang in diesem Kapitel besprochenen Reaktionen hinsichtlich der Abstände der funktionellen Gruppen in den Produkten. Durch nucleophile Additionen wie etwa die Acetalbildung lassen sich zwei Substituenten am gleichen Kohlenstoffatom einführen. Damit kann man also 1,1-dioxygenierte Verbindungen herstellen. Mit der Michael-Addition sind 1,3-dioxygenierte Verbindungen synthetisierbar. Gleiches gilt für die Aldolreaktion; hier ergibt sich ebenfalls ein 1,3-Abstand. Eine vinyloge Aldolreaktion führt schließlich zu einem 1,5-Abstand der beiden funktionellen Gruppen. Entsprechendes gilt für funktionelle Gruppen, bei denen ein anderes Heteroatom (z. B. Stickstoff oder Schwefel) mithilfe der analogen Reaktionen eingeführt wurde. In allen diesen Fällen erhält man einen ungeraden Abstand zwischen zwei funktionellen Gruppen.

In Kap. 2 erfolgte die Einteilung von Synthons nach dem Abstand der reaktiven Stelle relativ zum Heteroatom der funktionellen Gruppe (hier also relativ zum Carbonyl-Sauerstoffatom) und ihrer Reaktivität als Nucleophil (Donor = d) oder Elektrophil (Akzeptor = a). Führt man diese Analyse für eine Carbonylgruppe, ein Enolat, ein Michael-System und ein vinyloges Enolat durch (Abb. 7.32), so erkennt man, dass sich mit dem Abstand vom Carbonyl-Sauerstoffatom alternierende Reaktivitäten ergeben. Elektrophile Zentren mit Akzeptorreaktivität befinden sich an den Positionen 1 und 3 entlang der Kette, nucleophile Zentren mit Donorreaktivität an den Positionen 0, 2 und 4. Da immer ein Elektrophil mit

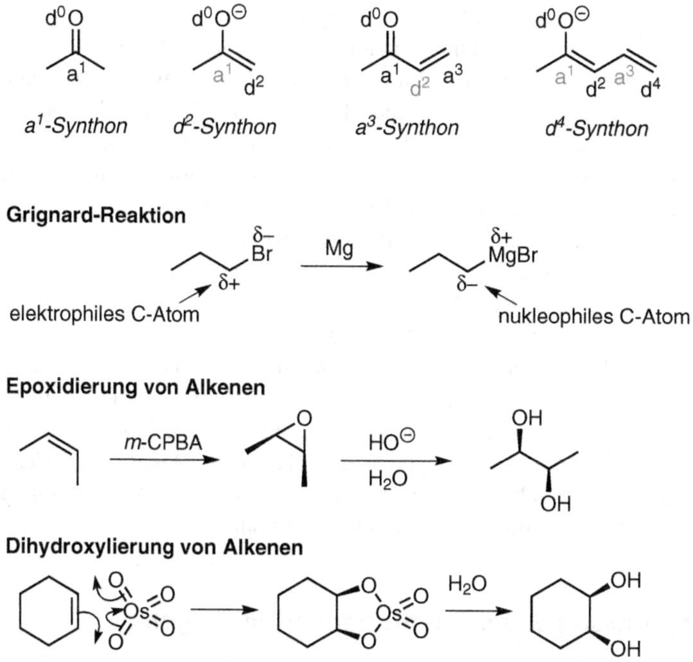
d0O
a1
a1-Synthon
d0O⊖
a1
d2
d2-Synthon
d0O
a1
d2
a3
a3-Synthon
d0O⊖
a1
d2
a3
d4
d4-Synthon
Grignard-Reaktion
δ–
Br
Mg
δ+
MgBr
δ+
δ–
elektrophiles C-Atom
nukleophiles C-Atom
Epoxidierung von Alkenen
m-CPBA
O
HO⊖
H2O
OH
OH
Dihydroxylierung von Alkenen
O
O
Os
O
O
O
O
Os
O
O
H2O
OH
OH

Abb. 7.32 **Oben:** Akzeptor- und Donorsynthons in Abhängigkeit vom Abstand der reaktiven Position vom Carbonyl-Sauerstoffatom. Die grauen Beschriftungen bezeichnen Zentren, an denen die jeweilige Akzeptor- oder Donorreaktivität nicht oder nur sehr schwach ausgeprägt ist, sodass diese Zentren nicht wesentlich zur Reaktivität der gezeigten Verbindungen beitragen. **Unten:** Bereits besprochene Beispiele für Umpolungen

einem Nucleophil reagiert, addiert sich immer eine ungerade mit einer geraden Positionszahl, woraus sich die ungeraden Abstände der funktionellen Gruppen zwanglos ergeben.

Ganz offensichtlich ist es also recht einfach, Moleküle zu synthetisieren, die einen ungeraden Abstand funktioneller Gruppen besitzen. Schwieriger sind dagegen die geraden 1,2-, 1,4- und 1,6-Abstände zu realisieren. Wollen wir diese geradzahligen Abstände zwischen zwei funktionellen Gruppen erzeugen, muss die Reaktivität eines der beiden Reaktionspartner von Donor zu Akzeptor oder umgekehrt geändert, also umgepolt werden. Dieses Konzept der Reaktivitätsumpolung wurde von Seebach und Corey in den 1970er-Jahren eingeführt und ist für die Retrosynthese sehr wichtig, da es eine systematische Analyse der Zielmoleküle erlaubt. Aus den Abständen funktioneller Gruppen lassen sich gute Retrons, geschickte retrosynthetische Schnitte und damit gut geeignete Reaktionen zum Aufbau der Zielmoleküle ableiten. Bei einer solchen retrosynthetischen Analyse wird dann auch schnell klar, an welchen Stellen man um eine Umpolung der Reaktivität möglicherweise nicht herumkommt.

Einige Beispiele für Umpolungsreaktionen haben wir bereits in früheren Kapiteln kennengelernt, jedoch ohne auf diesen Aspekt hinzuweisen. Sie sind in Abb. 7.32 noch einmal kurz zusammengestellt. Bei der Herstellung von Grignard-Reagenzien oder Lithiumorganylen aus Halogenalkanen kommt es am Reaktionszentrum zu einer Umpolung. Halogenalkane reagieren mit Nucleophilen unter Austritt des Halogenids, sind also Elektrophile. Metallorganyle reagieren dagegen als Nucleophile. 1,2-dioxygenierte Verbindungen können leicht aus Doppelbindungen erreicht werden. Eine solche Reaktion ist die Epoxidierung von Alkenen mit Persäure und anschließende Ringöffnung. Ein zweites Beispiel ist die Dihydroxylierung. In diesen beiden Reaktionen nutzt man aus, dass die C=C-Doppelbindung nicht polarisiert ist und daher an beiden Doppelbindungskohlenstoffen die gleiche Reaktivität besitzt.

Im Folgenden diskutieren wir einige weitere Umpolungsreaktionen, die infrage kommen, um 1,2-, 1,4- und 1,6-Abstände zwischen zwei funktionellen Gruppen zu synthetisieren. Dabei werden wir das Augenmerk insbesondere auf dioxygenierte Verbindungen legen, da sie durch Oxidationen (Alkohole zu Ketonen oder Carbonsäuren), Reduktionen (Aldehyde und Ketone zu Alkoholen) oder nucleophile Substitutionen leicht in andere funktionelle Gruppen (z. B. Halogenalkane, Amine, Imine, Nitrile, Thiole) überführt werden können.

7.5.2   Synthese 1,2-dioxygenierter Verbindungen

Zerlegt man das in Abb. 7.33 (oben) gezeigte α-Hydroxyketon retrosynthetisch, so erhält man ein elektrophiles Synthon, das leicht in eine Carbonylverbindung als Syntheseäquivalent zu übersetzen ist. Das zweite Synthon ist ein Acylanion, also ein d^1-Synthon, das eine umgepolte Reaktivität besitzen muss. Es gibt mehrere Möglichkeiten, solche Acylanionen zu generieren.

7.5.2.1 Corey-Seebach-Reaktion
Bei der Corey-Seebach-Reaktion (Abb. 7.33, Mitte) macht man sich zunutze, dass Elemente der 3. Periode auf benachbarte Protonen acidifizierend wirken. Setzt man ein Aldehyd mit Propan-1,3-dithiol unter Lewis-sauren Bedingungen zum Thioketal um, so wird das ursprüngliche Aldehyd-Wasserstoffatom hinreichend sauer, um es mit starken Basen wie beispielsweise Butyllithium zu deprotonieren. Das elektrophile Carbonyl-Kohlenstoffatom wird so zu einem Acylanion-Äquivalent umgepolt und kann als Nucleophil mit einem zweiten Aldehyd reagieren. Am Ende der Reaktion muss das Thioketal wieder zurück in die Carbonylgruppe überführt werden. Da es sich nicht ganz so leicht spalten lässt wie die sauerstoffanalogen Ketale, verwendet man hier Quecksilbersalze, um die Schwefelatome zu binden.

7.5.2.2 Benzoinkondensation
Die Benzoinkondensation (Abb. 7.33, unten) ist eine zweite Möglichkeit, ein Acylanion-Äquivalent zu generieren. Sie läuft mit aromatischen Aldehyden sehr gut ab und benötigt nur katalytische Mengen Cyanid. Im ersten Schritt greift das Cyanid als Nucleophil die Carbonylgruppe des Aldehyds an. Dadurch wird die α-Position

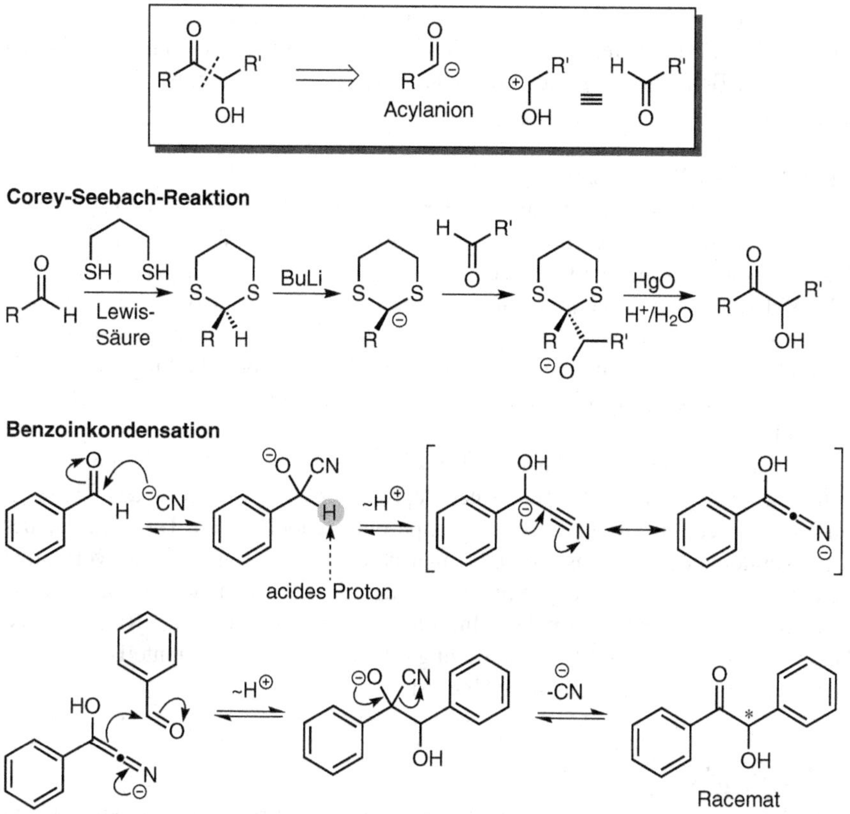

Corey-Seebach-Reaktion

Benzoinkondensation

Abb. 7.33 **Oben:** Retrosynthetische Zerlegung eines α-Hydroxyketons mit 1,2-Abstand zwischen den beiden funktionellen Gruppen. **Mitte:** Corey-Seebach-Reaktion zur Herstellung eines Acylanion-Äquivalents. **Unten:** In der Benzoinkondensation entsteht das Acylanion durch katalytische Mengen Cyanid, die nach nucleophiler Addition an die Carbonylgruppe das α-H-Atom hinreichend acidifizieren

neben der Cyanogruppe acide. Das vormalige Aldehyd-Wasserstoffatom wandert als Proton zum Alkoholat-Sauerstoffatom der tetraedrischen Zwischenstufe, und das ursprünglich elektrophile Carbonyl-C-Atom ist negativ geladen und damit umgepolt. Die Reaktion mit einem zweiten Aldehydmolekül führt zur neuen C–C-Bindung. Am Ende der Reaktion tritt das Cyanid unter Rückbildung einer Carbonylgruppe wieder aus, und man erhält das α-Hydroxyketon (Benzoin). Das Cyanid wird also wieder zurückgebildet und ist deswegen nur in katalytischen Mengen erforderlich.

Es gilt einige Limitierungen der Benzoinkondensation zu beachten. Da in dieser Reaktion ein neues Stereozentrum gebildet wird, aber alle eingesetzten Komponenten achiral sind, bildet sich zwangsläufig ein Racemat. Darüber hinaus ist die Benzoinkondensation auf aromatische Aldehyde beschränkt, da aliphatische und damit enolisierbare Aldehyde zu unerwünschten Aldolkondensationen neigen. Schließlich ist die Reaktion eine Gleichgewichtsreaktion. Damit können mit der

Benzoinkondensation – im Gegensatz zur Corey-Seebach-Reaktion, bei der zwei verschiedene Carbonylverbindungen verwendet werden können – nur symmetrisch substituierte Benzoine hergestellt werden, will man nicht komplexe Produktgemische trennen.

7.5.2.3 Thiazoliumsalze

Umpolungsreaktionen gibt es auch in der Natur, die allerdings kein Cyanid, sondern ein Thiazoliumsalz einsetzt: Thiaminpyrophosphat (Vitamin B_1). Für die Reaktivität ist entscheidend, dass das Proton zwischen dem Stickstoff- und dem Schwefelatom im fünfgliedrigen Ring bereits mit schwachen Basen deprotoniert werden kann. Das Produkt ist ein mesomeriestabilisiertes Molekül, das entweder als Ylid, also eine Verbindung mit zwei benachbarten Formalladungen, oder als Carben dargestellt werden kann. Diese deprotonierte Form ist das eigentlich reaktive Molekül.

Synthetische Thiazoliumsalze finden auch in der organischen Synthese Verwendung (Abb. 7.34, Mitte). In seiner deprotonierten Form greift das Thiazolium-Ylid nucleophil an der Carbonylgruppe eines Aldehyds an. Die Struktur der dabei gebildeten Zwischenstufe sieht man bereits an, warum nun das vormalige Aldehyd-Wasserstoffatom deprotoniert werden kann: Es befindet sich nun in der α-Position neben dem (formalen) Iminiumion im fünfgliedrigen Ring und ist dadurch acidifiziert. Nach Deprotonierung erhält man das sogenannte Breslow-Intermediat, das ein Acylanion-Äquivalent ist.

Übung 7.25

a) Zeichnen Sie alle sinnvollen mesomeren Grenzformeln des Breslow-Intermediats und erläutern Sie daran, warum es ein Acylanion-Äquivalent ist.

b) Schlagen Sie nach, an welchen Stoffwechselreaktionen Vitamin B_1 beteiligt ist. Formulieren Sie für diese Reaktionen jeweils einen sinnvollen Mechanismus.

Das Breslow-Intermediat reagiert dann im nächsten Schritt mit einem zweiten Aldehyd, und durch Deprotonierung und Abspaltung des Thiazolium-Ylids bildet sich das α-Hydroxyketon. Wie bei der cyanidkatalysierten Benzoinkondensation ist auch die Reaktion mit Thiazoliumsalzen eine katalytische Reaktion, sodass das Thiazoliumsalz in substöchiometrischen Mengen eingesetzt werden kann. Die Verwendung von Thiazoliumsalzen anstelle von Cyanid hat Vorteile: Auch aliphatische Aldehyde können verwendet werden, ohne dass es zu Aldolkondensationen kommt. Weiterhin sind die Thiazoliumsalze mit chiralen Substituenten funktionalisierbar. Asymmetrische Benzoinsynthesen wie das in Abb. 7.34 (unten) gezeigte Beispiel sind daher möglich.

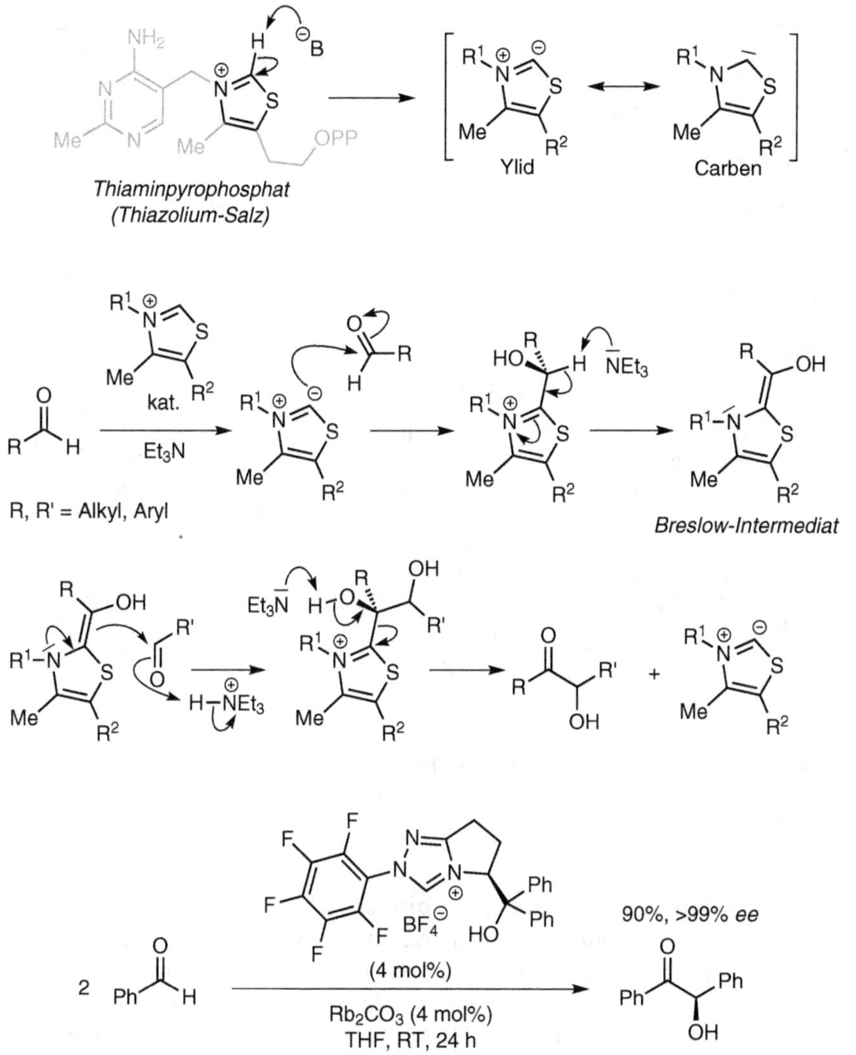

Abb. 7.34 Oben: Die Natur verwendet ebenfalls Umpolungsreaktionen. Statt Cyanid ist hierbei ein Thiazoliumsalz (Thiamin, Vitamin B$_1$) der Katalysator. **Mitte:** Thiazoliumsalze können auch synthetisch für Umpolungsreaktionen angewandt werden. **Unten:** Mit chiralen Thiazoliumsalzen sind auch asymmetrische Benzoinkondensationen möglich

7.5.3 Synthese 1,4-dioxygenierter Verbindungen

1,4-dioxygenierte Verbindungen wie das in Abb. 7.35 (oben) gezeigte Diketon lassen sich retrosynthetisch auf zwei verschiedene Weisen zerlegen: Man kann sie entweder in der mittleren Bindung (Variante **a**) oder in einer Bindung direkt neben einer der Carbonylgruppen (Variante **b**) schneiden.

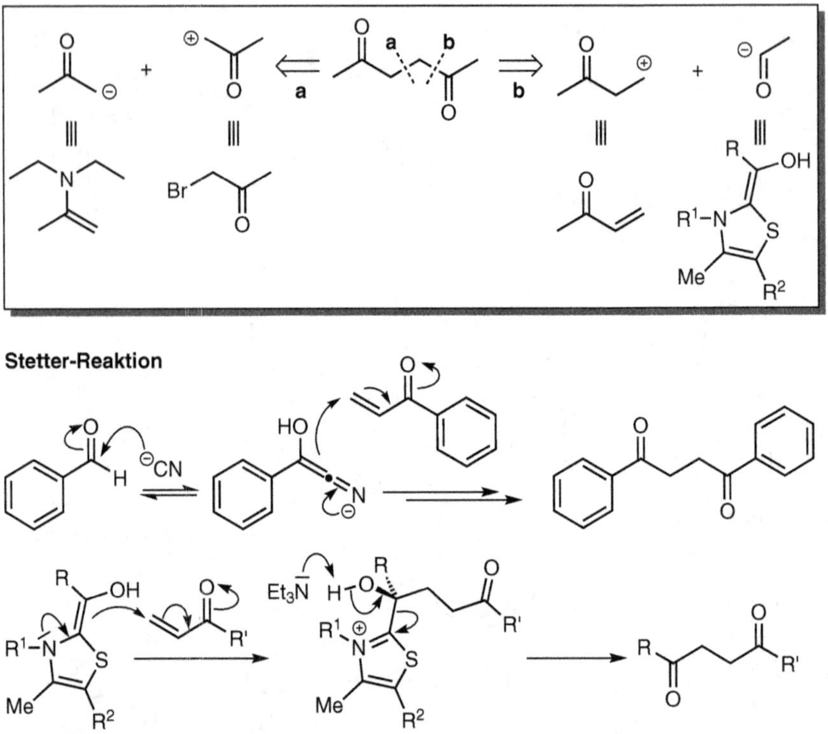

Stetter-Reaktion

Abb. 7.35 Oben: Möglichkeiten der retrosynthetischen Zerlegung von 1,4-Diketonen. **Unten:** Die Stetter-Reaktion in ihren cyanid- und ihrer thiazoliumkatalysierten Varianten entspricht einer vinylogen Benzoinkondensation

7.5.3.1 α-halogenierte Carbonylverbindungen

Ein Schnitt durch die mittlere Bindung erzeugt ein Synthon mit normaler Reaktivität, nämlich ein Enolat, das leicht in ein geeignetes Syntheseäquivalent wie z. B. das gezeigte Enamin übersetzt werden kann. Das zweite Synthon ist wieder umgepolt und muss in der α-Position als Akzeptor, also als Elektrophil fungieren. Dies lässt sich leicht dadurch erreichen, dass die Carbonylverbindung in der α-Position bromiert wird. Das Enolat-Äquivalent reagiert dann in einer einfachen nucleophilen Substitution unter Austritt des Bromids als Abgangsgruppe.

> **Übung 7.26**
>
> Formulieren Sie die detaillierten Mechanismen aller an dieser Variante zur Synthese von 1,4-Diketonen beteiligten Reaktionen.

7.5.3.2 Stetter-Reaktion

Eine weitere nützliche Anwendung finden cyanid- und thiazoliumbasierte d¹-Reagenzien in der vinylogen Addition an Michael-Systeme (Variante **b**). Diese Reaktion

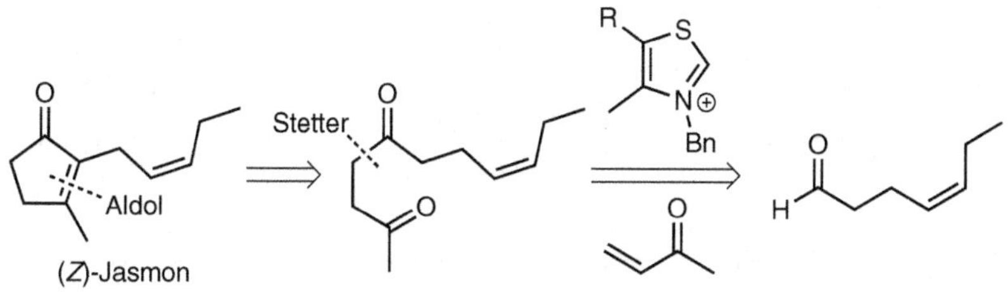

Abb. 7.36 Die ersten Schritte einer alternativen Retrosynthese für *(Z)*-Jasmon

wird Stetter-Reaktion genannt und entspricht einer vinylogen Benzoinkondensation (Abb. 7.35, unten). Bei der cyanidkatalysierten Stetter-Reaktion ist die mit der 1,4-Addition konkurrierende 1,2-Addition kinetisch begünstigt. Da sie aber reversibel abläuft, bildet sich schließlich das thermodynamisch günstigere 1,4-Addukt. Auf diese Weise werden Produktgemische vermieden.

Als Beispiel für den Einsatz einer Stetter-Reaktion schauen wir uns nochmals eine retrosynthetische Zerlegung von *(Z)*-Jasmon (Abb. 7.36) an, das uns bereits in Kap. 2 begegnet ist. Ein erstes klassisches Retron ist sofort erkennbar: das Michael-System im fünfgliedrigen Ring. Daher ist der erste und unmittelbar erkennbare retrosynthetische Schnitt die Zerlegung des Michael-Systems, das mithilfe einer Aldolkondensation aufgebaut werden kann. Im sich daraus ergebenden Diketonvorläufer finden wir einen 1,4-Abstand der beiden Carbonylgruppen vor. Für die nächste retrosynthetische Zerlegung bietet sich daher die Stetter-Reaktion an. Das hierzu benötigte Michael-System, Methylvinylketon oder 3-Buten-2-on, ist kommerziell erhältlich. Als zweites Edukt ist ein umgepoltes d^1-Reagenz erforderlich, das man aus *(Z)*-4-Heptenal mithilfe des gezeigten Thiazoliumsalzes als Katalysator *in situ* generieren kann.

Übung 7.27

a) Auch wenn das *(Z)*-4-Heptenal einfacher aussieht als das Jasmon, ist seine Synthese nicht ganz trivial. Versuchen Sie sich einmal an einer Retrosynthese.

b) Vergleichen Sie die ersten hier gezeigten Retrosyntheseschritte mit der Jasmon-Retrosynthese in Kap. 2 und analysieren Sie, wie dort die Stetter-Reaktion umgangen wurde.

7.5.4 Synthese 1,6-dioxygenierter Verbindungen

Man könnte auf die Idee kommen, für die Synthese 1,6-dioxygenierter Verbindungen eine vinyloge Variante der Reaktionen zur Herstellung von 1,4-Abständen zu wählen. Allerdings wäre dies beispielsweise bei der Stetter-Reaktion dann bereits eine doppelt vinyloge Variante der Benzoinkondensation. Die Schwierigkeit liegt dabei darin, dass es mehrere Reaktionszentren gibt, an denen die Reaktion ablaufen kann. Man kommt daher in Selektivitätsprobleme. Daher ist es hier sinnvoll, aus dem bisher immer

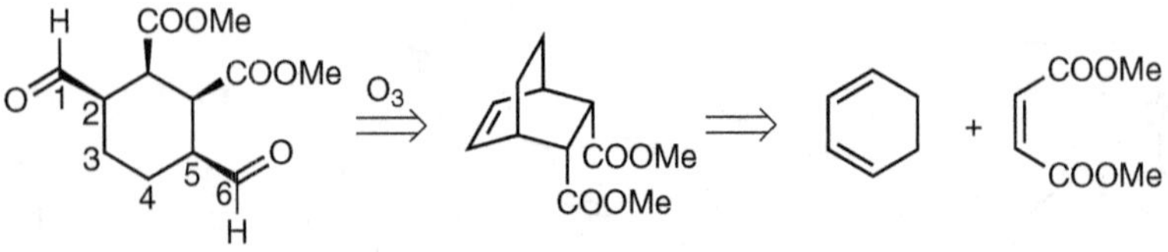

Abb. 7.37 Beispiel für die retrosynthetische Zerlegung einer 1,6-dioxygenierten Verbindung

wieder angewandten Vinylogie-Denkschema auszubrechen. Ein 1,6-Abstand lässt sich nämlich sehr leicht durch Ozonolyse von Cyclohexenen erzeugen (Abb. 7.37). Cyclohexene wiederum sind leicht zugängliche Retrons, die über Diels-Alder-Reaktionen sehr gut synthetisiert werden können. 1,6-Abstände lassen sich also durch eine Sequenz einer Diels-Alder-Reaktion und einer nachfolgenden Ozonolyse in zwei einfachen Schritten erzeugen.

Übung 7.28

a) Formulieren Sie zu der in Abb. 7.37 gezeigten Retrosynthese die zugehörige Synthese.

b) Neben der Einfachheit der gezeigten Reaktionssequenz hat dieses Vorgehen zwei weitere entscheidende Vorteile: Zum einen kann man die Stereochemie des Produkts in weiten Grenzen kontrollieren. Zum anderen kann die Ozonolyse durch entweder reduzierende oder oxidierende Aufarbeitung sowohl in Richtung des gezeigten Dialdehyds als auch in Richtung der Dicarbonsäure gesteuert werden. Spielen Sie für die oben gezeigte Reaktion durch, welche Produkte Sie durch die Wahl einer anderen Eduktstereochemie oder anderer Aufarbeitungsbedingungen im Ozonolyseschritt selektiv herstellen können.

7.6   Trainingsaufgaben

Aufgabe 7.1

Geben Sie an, welche Produkte bei den folgenden Umsetzungen entstehen. Formulieren Sie für alle Reaktionen detailliert die Mechanismen.

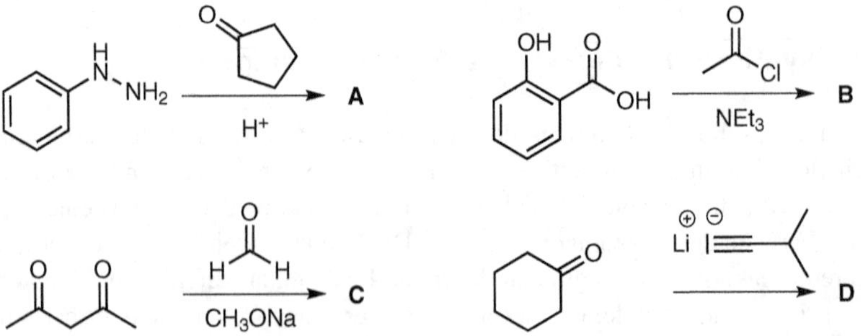

Aufgabe 7.2

a) Reduzierende Zucker sind Aldehyde. Überführen Sie die Zucker D-Glucose, D-Mannose und D-Galactose von der gezeigten offenkettigen Fischer-Projektion in ihre ringgeschlossene β-Pyranose-Form. Zeichnen Sie von allen drei Zuckern jeweils die Sesselform. Zeichnen Sie die ringgeöffnete Form von L-Glucose, L-Mannose und L-Galactose in der Fischer-Projektion und die drei L-Pyranosen als Sessel.

	H, O	H, O	H, O
	H—OH	HO—H	H—OH
	HO—H	HO—H	HO—H
	H—OH	H—OH	HO—H
	H—OH	H—OH	H—OH
	CH₂OH	CH₂OH	CH₂OH
	D-Glucose	D-Mannose	D-Galactose

b) Wie nennt man das bei der Cyclisierung neu gebildete Stereozentrum? Kennzeichnen Sie die neuen Stereozentren in den von Ihnen gezeichneten Sesselformen durch Sterne.

c) Der spezifische Drehwert reiner α-D-Mannopyranose ist $+29°$, der reiner β-D-Mannopyranose $-16°$. Unabhängig davon, von welchem der beiden Reinisomere Sie ausgehen, stellt sich nach dem Auflösen in Wasser nach einiger Zeit ein spezifischer Drehwert von $+14°$ ein, der sich dann nicht mehr weiter verändert. Wie nennt man den chemischen Prozess, der dieser Beobachtung zugrunde liegt? Berechnen Sie ausgehend von diesen Drehwerten das Verhältnis von α- zu β-D-Mannopyranose im Gleichgewicht. Geben Sie Ihren Rechenweg und das Verhältnis der beiden Zuckerisomere entweder als Molenbruch der α-Form oder in Prozent an (α:β).

d) Formulieren Sie den Mechanismus dieses Prozesses in Einzelschritten.

Aufgabe 7.3

a) Beschreiben Sie die Amidbindung im Dipeptid Alanylglycin durch mesomere Grenzstrukturen. Schlagen Sie nach, wie hoch die Rotationsbarriere um Amidbindungen ist. Vergleichen Sie diesen Wert mit der Rotationsbarriere im Ethan und im Ethen. Welche Schlussfolgerungen können Sie hieraus ziehen, die für die Peptidfaltung wichtig sein könnten?

b) In der Natur finden sich längere Peptide und Proteine in komplex gefalteten Strukturen, ohne die sie ihre Funktion, etwa die Katalyse im Stoffwechsel der Zelle, nicht erfüllen könnten. Eine korrekte Faltung ist also von größter Bedeutung, wie unmittelbar klar wird, wenn man sich überlegt, dass Krankheiten wie Alzheimer oder Creutzfeldt-Jacob durch fehlgefaltete Proteine ausgelöst werden. Beschreiben Sie, was man unter der Primär-, Sekundär-, Tertiär- und Quartärstruktur von Proteinen versteht.

c) Schlagen Sie nach, was das Levinthal-Paradox besagt. Finden Sie heraus, wie es dennoch zu einer schnellen und korrekten Faltung von Proteinen kommt.

Aufgabe 7.4

a) Welches Produkt wird aus Acetaldehyd unter basischen Bedingungen gebildet? Formulieren Sie einen plausiblen Reaktionsmechanismus. Welches Produkt entsteht aus Acetaldehyd unter sauren Bedingungen? Formulieren Sie ebenfalls einen Reaktionsmechanismus.

b) Unter sauren Bedingungen schließt sich oft eine einigermaßen schnelle Folgereaktion an, die unter basischen Bedingungen in der Regel unterdrückt werden kann. Formulieren Sie das Produkt und den Mechanismus.

c) Sie können diese Reaktionen synthetisch auch für Ringschlüsse zum Aufbau cyclischer und bicyclischer Verbindungen einsetzen. Übertragen Sie den oben formulierten Reaktionsmechanismus für basische Bedingungen auf die folgenden drei Moleküle und bestimmen Sie, welche Produkte gebildet werden.

Aufgabe 7.5

a) Wie stellen Sie Methylmagnesiumbromid her? Beschreiben Sie den Versuch im Detail. Worauf müssen Sie achten? Warum sind Ether als Lösemittel erforderlich?

b) Wie reagiert Methylmagnesiumbromid mit Ethanol, Methyloxiran, Sauerstoff, Methyliodid und Diethylether?

c) Vergleichen Sie einmal die Eigenschaften von Methylbromid und Methylmagnesiumbromid. Was sind typische Reaktionen? Welche Polaritäten finden Sie im Molekül? Können Sie verstehen, warum man bei Reaktionen mit Grignard-Verbindungen auch von „Umpolungsreaktionen" spricht?

d) Bei der Umsetzung von Aceton mit Methylmagnesiumiodid machen Sie zwei bemerkenswerte Entdeckungen: Zum einen hängt die Reaktionsgeschwindigkeit vom Quadrat der CH_3MgI-Konzentration ab, zum anderen wird die Reaktion durch Zugabe von Magnesiumiodid deutlich beschleunigt. Formulieren Sie die Geschwindigkeitsgleichung. Welche Aussagen können Sie aus den genannten Beobachtungen über den Reaktionsmechanismus gewinnen?

Aufgabe 7.6

Geben Sie die Strukturen der Verbindungen **A**, **B**, **C1**, **C2**, **D** und **E** im folgenden Schema an. Geben Sie ebenfalls das Verhältnis der beiden Produkte **C1** und **C2** an. Zeichnen Sie die Produkte **C1** und **C2** so, dass die räumliche Struktur eindeutig erkennbar ist.

C1 + C2

1. (acetone) 2. H⁺/H₂O

Br — Mg-Späne / A (Lösemittel) → B — 1. E / 2. H⁺/H₂O → OH

1. (epoxide) 2. H⁺/H₂O

D

Aufgabe 7.7

Entwickeln Sie möglichst effiziente Retrosynthesen für die folgenden Verbindungen. Geben Sie die benötigten Reagenzien über den Retrosynthesepfeilen an.

aus Cyclohexanon

aus Acetophenon

aus Maleinsäureanhydrid

aus Cycloheptanon

aus Benzaldehyd

aus 2-Methylcyclohexanon

aus Benzaldehyd

aus Bromcyclopropan

aus 1,4-Cyclohexadien

Hinweis: Die Synthese zur letzten Verbindung unten rechts soll gewährleisten, dass die Carboxylgruppen an beiden fünfgliedrigen Ringen jeweils *cis*-ständig sind. Darüber hinausgehend ist die Stereochemie nicht zu beachten.

Aufgabe 7.8

Ein unerfahrener Praktikant hat Reste einer 30-prozentigen H_2O_2-Lösung in einen Abfallbehälter mit organischen Lösemitteln entsorgt. Eine Rekonstruktion der zuletzt durchgeführten Experimente ergibt, dass der Inhalt des Abfallbehälters leicht sauer ist und überwiegend Aceton enthält.

a) Welches Gefahrenpotenzial ergibt sich aus dieser Situation? Formulieren Sie den Bildungsweg der problematischen Substanz, die oft als APEX oder TATP bezeichnet wird und dazu geführt hat, dass Getränkeflaschen nicht mehr mit in die Passagierkabine von Flugzeugen genommen werden dürfen.
b) Sie sind Praktikumsassistent und erfahren zuerst von diesem Problem. Der Praktikumsleiter ist nicht erreichbar. Welche Maßnahmen leiten Sie sofort ein?

Aufgabe 7.9
a) Diskutieren Sie allgemein, was man unter einer kinetisch kontrollierten und einer thermodynamisch kontrollierten Reaktion versteht.
b) Wenn Sie 2-Butylcycloheptanon zum Enolat deprotonieren wollen, gibt es zwei mögliche Deprotonierungsprodukte. Zeichnen Sie beide, jeweils auch die sinnvollen mesomeren Grenzformeln.
c) Welches der beiden Enolate ist stabiler und damit das thermodynamische Produkt? Geben Sie Gründe hierfür an.
d) Verwendet man eine sterisch anspruchsvolle, nichtnucleophile Base wie z. B. Lithiumdiisopropylamid (LDA), so kann man über die Temperatur steuern, welches der beiden Enolate gebildet wird. Bei Raumtemperatur entsteht das kinetische Produkt als weit überwiegendes Hauptprodukt, bei >120 °C das thermodynamische Produkt. Zeichnen Sie für beide Deprotonierungen jeweils die Potenzialenergiekurven in dasselbe Diagramm ein. Der Startpunkt ist für beide Reaktionen derselbe. Wo liegen relativ zueinander die Übergangszustände, wo die beiden Produkte? Begründen Sie die relative energetische Lage der Übergangszustände chemisch.

Aufgabe 7.10
a) Beschreiben Sie, was man unter dem Vinylogie-Prinzip versteht. Ascorbinsäure (Vitamin C, siehe Abbildung oben links) reagiert in wässriger Lösung ähnlich sauer wie eine Carbonsäure. Welches ist das am stärksten saure Proton? Zeichnen Sie mesomere Grenzformeln, die die Stabilisierung des resultierenden Anions zeigen. Vergleichen Sie diese mesomeren Grenzformeln mit denen alternativer Deprotonierungen.
b) Bei der Energieversorgung der Zelle spielt Pyruvat, eine α-Ketocarbonsäure, eine wichtige Rolle (Abbildung, Mitte). Pyruvat ist das Endprodukt der Glykolyse und eine entscheidende Verzweigungsstelle zwischen Glykolyse, Citratcyclus und dem Aminosäurestoffwechsel. Die Zelle kann durch Transaminierung mithilfe von Pyridoxalphosphat aus Pyruvat Alanin herstellen. Zeichnen Sie einen geeigneten Mechanismus für den Transaminierungsschritt.
c) Die Natur setzt für Umpolungsreaktionen Thiazoliumsalze ein. Überlegen Sie, wie Sie α-Ketocarbonsäuren mithilfe von Thiamin (Vitamin B$_1$, Abbildung oben rechts) decarboxylieren können, und formulieren Sie einen Mechanismus, nach dem diese Reaktion ablaufen könnte. Tipp 1: Das Thiamin besitzt eine

relativ leicht deprotonierbare C–H-Bindung im Fünfring. Tipp 2: Das bei der Deprotonierung entstehende Zwitterion kann als Nucleophil reagieren und verhält sich ähnlich wie das Cyanid bei der Benzoinkondensation.

Ascorbinsäure
(Vitamin C)

Thiamin
(Vitamin B$_1$)

Pyruvat   Pyridoxamin

Alanin   Pyridoxalphosphat

cat.

DBU, THF

?

d) Von der Natur kann man sich abschauen, wie Thiazoliumsalze als Katalysatoren für Umpolungen genutzt werden können. Unten in der Abbildung sehen Sie einen synthetischen Katalysator. Welches Produkt wird in der gezeigten Reaktion gebildet? Formulieren Sie einen Mechanismus.

Aufgabe 7.11

a) Die unter basischen Bedingungen durchgeführte gekreuzte Aldolreaktion von Acetaldehyd und Butyraldehyd ist synthetisch problematisch, weil beide Edukte enolisierbare α-H-Atome tragen und daher nicht klar ist, welches Edukt als Nucleophil und welches als Elektrophil reagiert. Zeichnen Sie alle möglichen Aldolprodukte.

b) Die Verwendung doppelt aktivierter Methylenverbindungen kann Abhilfe schaffen und eine gezielte Steuerung der Aldol-Reaktion ermöglichen. Formulieren Sie die Synthesesequenz, die selektiv zum 3-Hydroxyhexanal führt. Wie spalten Sie die Hilfsgruppe am Ende wieder ab?

c) Auch die Verwendung von Silylenolethern als „fixierte" Enolate ist möglich. Formulieren Sie die Synthese des gleichen Aldolprodukts mithilfe einer Mukayama-Aldolreaktion. Wie stellen Sie den dafür benötigten Silylenolether her?

Elektronensextett-Umlagerungen

Es gibt eine ganze Reihe von Reaktionen, die über Elektronensextetts verlaufen. Diese Umlagerungen werden häufig verstreut über eine ganze Vorlesung besprochen, weil sie auch in ganz anderen Zusammenhängen interessant sind. Wir fassen sie hier in einem eigenen Kapitel zusammen, um ihre Systematik sichtbar werden zu lassen.

- Sie wissen, was Elektronensextetts sind und warum sie eine besondere Reaktivität zeigen. Sie kennen konzertierte und nichtkonzertierte Reaktionsverläufe.
- Sie kennen den synthetischen Nutzen dieser Reaktionen und können ihre Limitierungen einschätzen, wie sie beispielsweise aus den unterschiedlichen Wanderungstendenzen der an den Umlagerungen beteiligten Substituenten herrühren.
- Auch wenn diese Reaktionen zu ganz unterschiedlichen Zwecken verwendet werden, erkennen Sie Gemeinsamkeiten und Unterschiede und können sie kompetent beschreiben.

8.1 Einleitung

Umlagerungen sind intramolekulare Reaktionen, bei denen sich die Konnektivität im Molekül und ein Atom oder eine Atomgruppe die Position im Molekül verändert. Eine besondere Gruppe solcher Umlagerungen sind die sogenannten Elektronensextett-Umlagerungen. Hier wird in einem Molekül ein Atom erzeugt, das kein Elektronenoktett, sondern nur ein -sextett besitzt. Dadurch entsteht an diesem Zentrum ein Elektronenmangel. Kann nun ein Substituent unter gleichzeitiger Verschiebung der Bindungselektronen, mit denen er an das Molekül gebunden ist, zu diesem Zentrum wandern, so wird dadurch das Elektronenoktett wieder

© Springer-Verlag GmbH Deutschland 2017
S. Leisering und C.A. Schalley, *Tutorium Reaktivität und Synthese*,
DOI 10.1007/978-3-662-53852-4_8

komplettiert. Die Erzeugung des Sextetts und die Wanderung des Substituenten laufen dabei in einigen Fällen konzertiert, in anderen Fällen nichtkonzertiert ab. Die konzertiert verlaufenden Umlagerungen bezeichnet man ebenfalls als Elektronensextett-Umlagerungen, auch wenn dabei kein echtes Sextett als Intermediat durchlaufen wird.

Ein einfaches, Ihnen bereits bekanntes Beispiel für eine solche Reaktion ist die Wagner-Meerwein-Umlagerung (Abb. 8.1, oben). Formal handelt es sich hierbei um eine [1,2]-Umlagerung in einem Carbeniumion, das am geladenen Kohlenstoffatom ein Elektronensextett aufweist, nämlich die drei Bindungen zu den benachbarten Atomen. Das p-Orbital senkrecht zu der durch diese drei Substituenten aufgespannten Ebene ist dagegen leer. Eine benachbarte Gruppe, im einfachsten Fall ein Wasserstoffatom, wandert zum Carbeniumion. Dabei entsteht in der benachbarten Position ein neues Carbeniumion. Die Triebkraft für diese Umlagerung ist die durch Hyperkonjugation erhöhte Stabilität des höher substituierten Carbeniumions, wie wir sie bereits in Abschn. 4.2.1 diskutiert haben.

Die Wagner-Meerwein-Umlagerung zeigt bereits, dass solche Sextett-Umlagerungen uns gewisse synthetische Limitierungen auferlegen. So ist eine Syntheseplanung, die ein primäres Carbeniumion einplant, obwohl eine Wagner-Meerwein-Umlagerung zur Stabilisierung durch Bildung eines höher substituierten Carbeniumions ablaufen kann, von vornherein zum Scheitern verurteilt. Sextett-Umlagerungen können aber auch sehr nützliche Reaktionen sein. In Abb. 8.1 (unten) ist eine doppelte Ringkontraktion gezeigt, die zu dem sehr gespannten Cubangerüst führt. Dies wird hier mit einer Favorskii-Umlagerung erreicht, bei der durch Angriff eines Hydroxids an eine der Carbonylgruppen unter Abspaltung eines Bromids die dem Bromid gegenüber liegende C–CO-Bindung wandert. Der Ring kontrahiert zum Vierring, aus der Carbonylgruppe und dem angreifenden Hydroxid wird eine Carbonsäure. Gezielte Umlagerungsreaktionen erlauben uns also eine Umstrukturierung des Kohlenstoffgerüsts und ermöglichen so eine effiziente Synthese insbesondere komplexer und sonst nur schwer zugänglicher kleiner Ringsysteme.

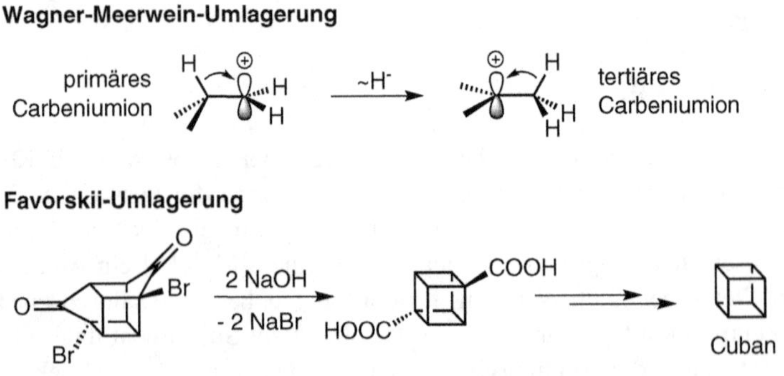

Abb. 8.1 Oben: Die Wagner-Meerwein-Umlagerung von einem primären in ein besser stabilisiertes tertiäres Carbeniumion. **Unten:** Doppelte Favorskii-Umlagerung zur Ringverengung in der Cubansynthese

Umlagerungsreaktionen treten nicht nur an Kohlenstoffzentren auf, sondern laufen auch an Heteroatomen ab. Dieses Kapitel ist entsprechend gegliedert und konzentriert sich auf Sextett-Umlagerungen an Kohlenstoff-, Sauerstoff- und Stickstoffatomen.

Übung 8.1

a) Versuchen Sie sich einmal an der Formulierung eines Mechanismus für die Favorskii-Ringverengungsreaktion zum Cubangerüst. Gehen Sie dabei schrittweise vor, beginnend mit dem nucleophilen Angriff des Hydroxids auf eine der Carbonylgruppen. Welche Alternative hat das Molekül zur Weiterreaktion außer der einfachen nucleophilen Addition?

b) Dieser Mechanismus ist auf den ersten Blick vielleicht etwas unerwartet und man würde sicherlich nach anderen, energetisch günstigeren Reaktionsmöglichkeiten suchen. Solche potenziellen Konkurrenzreaktionen sollte man aus guten Gründen ausschließen können, bevor man einen derartigen neuen Mechanismus postuliert. Eine mögliche Konkurrenzreaktion wäre die nucleophile Substitution von Bromid durch Hydroxid. Warum ist diese Reaktion keine Konkurrenzreaktion – weder nach einem S_N1- noch nach einem S_N2-Mechanismus? Begründen Sie für beide Mechanismen, warum die S_N-Reaktionen in diesem Fall keine Konkurrenz darstellen.

c) Eine Eliminierung von HBr durch OH^- als Base könnte auch eine Konkurrenzreaktion sein. Warum geschieht auch dies nicht? Gehen Sie alle drei Eliminierungsmechanismen (E1, E1cB und E2) durch und begründen Sie für jeden dieser Mechanismen, warum eine Eliminierung ungünstig ist.

d) In Abb. 7.20 finden Sie einen zweiten Mechanismus für die Favorskii-Umlagerung, bei dem im ersten Schritt die α-Position neben der Carbonylgruppe deprotoniert wird. Warum ist dieser Mechanismus bei der Cubansynthese benachteiligt.

8.2 Elektronensextetts

Elektronensextetts können in unterschiedlichen Formen auftreten: Zum einen sind da die kationischen Spezies, also Carbenium-, Nitrenium- und Oxyliumionen (Abb. 8.2). Auch neutrale Elektronensextett-Spezies gibt es, nämlich Carbene, Nitrene und das Sauerstoffatom. Sie können formal als deprotonierte Varianten der Carbenium-, Nitrenium- und Oxyliumionen betrachtet werden, besitzen also ein freies Elektronenpaar mehr und einen Substituenten weniger. Schließlich gibt es „latente" Sextett-Spezies, in denen das Elektronensextett nicht realisiert ist, sondern „versteckt" vorliegt, die aber eine entsprechende Reaktivität zeigen. Dies sind die Carbenoide, Nitrenoide und Oxenoide. Sie enthalten jeweils eine gute Abgangsgruppe, die ihre beiden Bindungselektronen mitnimmt, und eine zweite Gruppe, häufig ein Alkali- oder Übergangsmetallion oder, wie im Nitren gezeigt, ein Proton, das als Kation abgespalten werden kann und die Bindungselektronen

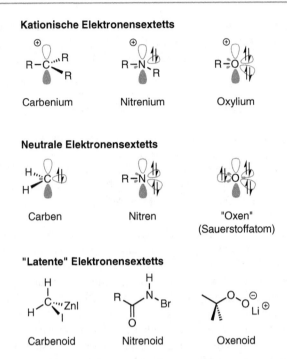

Kationische Elektronensextetts

Carbenium   Nitrenium   Oxylium

Neutrale Elektronensextetts

Carben   Nitren   "Oxen"
                                (Sauerstoffatom)

"Latente" Elektronensextetts

Carbenoid   Nitrenoid   Oxenoid

Abb. 8.2 Oben: Kationische Elektronensextetts an C-, N- und O-Atomen. **Mitte:** Die entsprechenden neutralen Sextett-Spezies. **Unten:** Latente Elektronensextett-Spezies. Spaltet man aus
dem Carbenoid formal ZnI_2 ab, entstünde ein Carben. Durch Deprotonierung des Amid-Stickstoffatoms im Nitrenoid und Abspaltung des Bromids bildet sich ein Nitren. Aus dem oxenoiden
Lithiumsalz des *t*-Butylhydroperoxids kann entsprechend Lithium-*t*-butanolat abgespalten werden. Die Bildung freier Carbene, Nitrene oder Sauerstoffatome aus solchen Carbenoiden, Nitrenoiden und Oxenoiden ist jedoch häufig energetisch anspruchsvoll, und Reaktionen mit diesen
Teilchen verlaufen daher oft nicht über freie Carbene, Nitrene oder ein Sauerstoffatom

am Sextett-Atom belässt. So entsteht formal, wenn auch oft nicht in freier Form,
ein Atom mit einem leeren und einem gefüllten Orbital. Von der jeweiligen Koh-
lenstoffspezies gelangt man am einfachsten durch isoelektronische Ersetzung
eines der drei Substituenten durch ein freies Elektronenpaar zum entsprechenden
Stickstoffanalogon. Nochmalige isoelektronische Ersetzung eines zweiten Substituenten führt zur analogen Sauerstoffverbindung.

8.2.1 Carbene

Carbene verfügen also über zwei Elektronen, die nicht in Bindungen involviert
sind, und zwei Orbitale, in denen sie untergebracht werden können. Damit gibt
es zwei energetisch mitunter nicht sehr weit auseinanderliegende Möglichkeiten für die elektronische Struktur der Carbene (Abb. 8.3): Singulett-Carbene
sind sp^2-hybridisiert und haben ein leeres p-Orbital und ein mit einem freien

Methylen (CH$_2$)

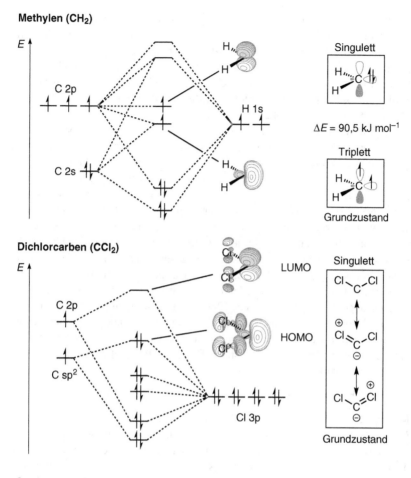

Struktur von Singulett- und Triplett-Carbenen

R$\underset{C}{\overset{\phi}{\frown}}$R	H$\diagdown_C\diagup$H	t-Bu$\diagdown_C\diagup$t-Bu	Cl$\diagdown_C\diagup$Cl	*Singulett-Carbene:*
				$\phi = 100 - 110°$
Winkel ϕ	134°	143°	109°	*Triplett-Carbene:*
Grundzustand	Triplett	Triplett	Singulett	$\phi = 130 - 150°$

Abb. 8.3 Oben: MO-Schema von Methylen (CH$_2$) mit den beiden Carben-Orbitalen. Methylen hat einen Triplett-Grundzustand. **Mitte:** MO-Schema für Dichlorcarben einschließlich der Grenzorbitale. Dichlorcarben hat einen Singulett-Grundzustand. Die Stabilisierung des Singulett-Zustands resultiert aus der Delokalisierung freier Elektronenpaare der Chloratome in das leere p-Orbital am Carben-Kohlenstoffatom. **Unten:** Der Bindungswinkel am Carben-Kohlenstoffatom ist vom elektronischen Zustand abhängig

Elektronenpaar besetztes sp^2-Orbital. Sie liegen daher auch in einer gewinkelten Struktur vor. In Triplett-Carbenen hingegen sind beide Orbitale einfach besetzt. Ihre Bindungswinkel sind deutlich größer, auch wenn Triplett-Carbene meist keine vollständig lineare, sondern eine leicht abgewinkelte Geometrie einnehmen. Während Singulett-Carbene ein Carben-Kohlenstoffatom mit sowohl nucleophilen als auch elektrophilen Eigenschaften haben, sind Triplett-Carbene eher als Diradikale anzusehen.

Der Spinzustand wird vor allem durch die Balance zweier Faktoren bestimmt: Einerseits erzeugt die repulsive Wechselwirkung der Elektronen bei einer Paarung in einem Orbital eine ungünstige Spinpaarungsenergie. Andererseits liegt das p_z-Orbital etwas höher als das sp^2-Orbital. Ist die Energiedifferenz zwischen dem p_z- und dem sp^2-Orbital größer als die Spinpaarungsenergie, ist der Singulett-Zustand bevorzugt, ist sie kleiner, der Triplett-Zustand. Beim Methylen CH_2 ist tatsächlich Letzteres der Fall, und der Grundzustand ist das Triplett-Carben. Singulett-Carbene treten hingegen als Grundzustand auf, wenn das Carben-Kohlenstoffatom Substituenten trägt, die freie Elektronenpaare in das leere p_z-Orbital delokalisieren können. Ein solcher Effekt ist viel größer, wenn das p_z-Orbital leer ist. Bei einem Triplett-Carben würden die beiden Elektronen aus dem freien Elektronenpaar dagegen auf ein einzelnes Elektron im p_z-Orbital stoßen. Das führte zu einer 3-Elektronen-2-Zentren-Bindung, die zwar immer noch zu einer gewissen Stabilisierung führt, aber doch zu einer deutlich kleineren. Solche Substituenten begünstigen somit den Singulett-Zustand. Ein gutes Beispiel ist das Dichlorcarben CCl_2 (Abb. 8.3, Mitte).

Übung 8.2

Carbene sind in der Regel kurzlebige Teilchen, die in Abwesenheit eines anderen Reaktionspartners auch zu Alkenen dimerisieren können. Das deprotonierte Thiazoliumsalz aus der thiazoliumkatalysierten Variante der Benzoinkondensation ist dagegen ein stabiles Carben. Geben Sie an, wodurch es besonders gut stabilisiert wird. Schlagen Sie auch nach, was Arduengo- und was Wanzlick-Carbene sind.

Eine der einfachsten Methoden zur Generierung von Dichlorcarben ist die Umsetzung von Chloroform mit Basen wie z. B. Hydroxid (Abb. 8.4). Chloroform besitzt aufgrund der elektronenziehenden Chloratome ein leicht acides Proton, das sich durch die Base abstrahieren lässt. Es entsteht ein intermediäres Carbanion, das in einer α-Eliminierung in Dichlorcarben und Chlorid zerfällt. Carbene sind reaktive Teilchen. Um die Reaktion gut kontrollieren zu können, führt man sie in einem Zweiphasensystem aus Chloroform und wässriger NaOH durch. Das Carben entsteht dann kontrolliert an der Phasengrenzfläche.

Eine weitere Methode geht von Diazoverbindungen aus, die durch α-Deprotonierung aus den entsprechenden Diazoniumionen entstehen. Die thermisch oder photochemisch induzierte α-Eliminierung von molekularem Stickstoff führt dann zum Carben. In der Praxis sind Diazoalkane jedoch eher schwierig handhabbar, da

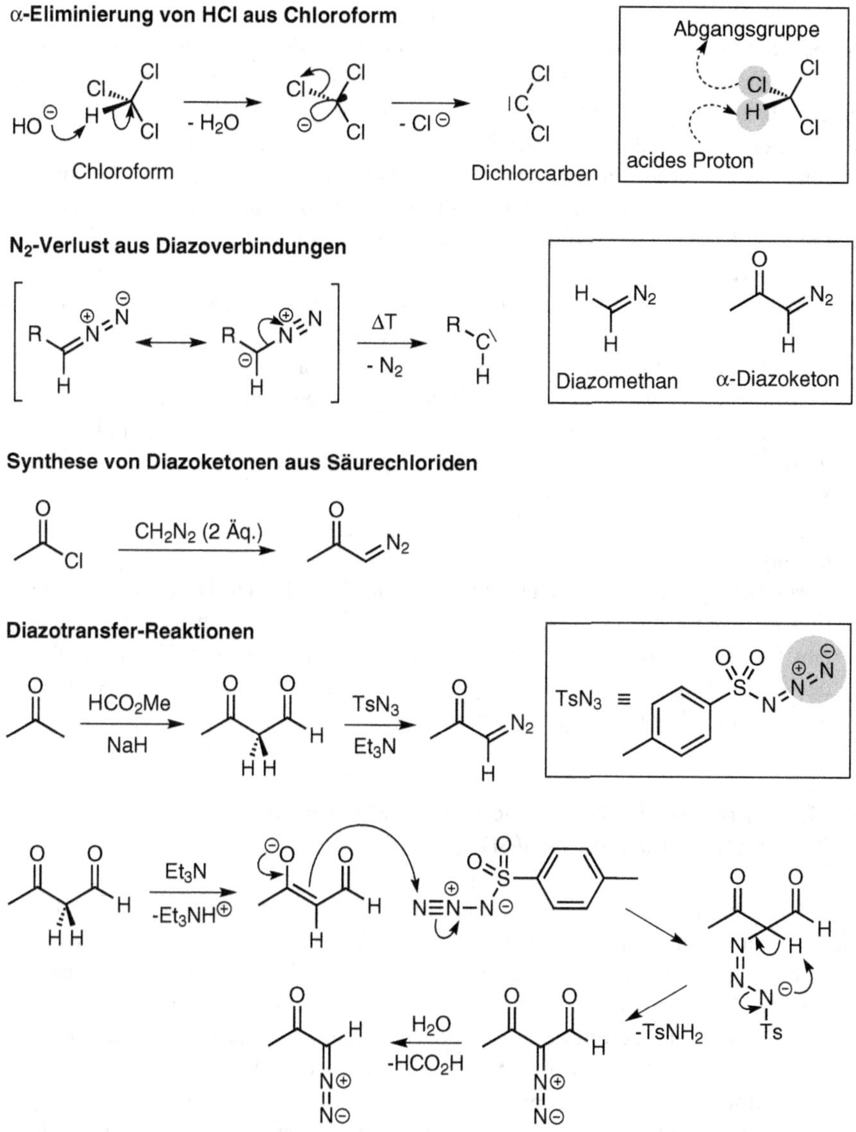

α-Eliminierung von HCl aus Chloroform

Chloroform — Dichlorcarben

Abgangsgruppe

acides Proton

N₂-Verlust aus Diazoverbindungen

$$\left[R \overset{\oplus}{\underset{H}{=}} N \overset{\ominus}{=} N \longleftrightarrow R \overset{\oplus}{\underset{H}{\cdot}} \overset{\oplus}{N} = N \right] \xrightarrow[-N_2]{\Delta T} R \overset{\cdot}{\underset{H}{C}}$$

$H_2C=N_2$ Diazomethan

α-Diazoketon

Synthese von Diazoketonen aus Säurechloriden

$$\underset{Cl}{\overset{O}{\big|}} \xrightarrow{CH_2N_2 \ (2 \ \text{Äq.})} \underset{N_2}{\overset{O}{\big|}}$$

Diazotransfer-Reaktionen

$TsN_3 \equiv$

Abb. 8.4 Verschiedene Möglichkeiten zur Herstellung von Diazoverbindungen

sie sehr instabil und explosiv sind. Daher ist die Umsetzung der wesentlich sichereren α-Diazoketone beliebt, bei denen die elektronenziehende Carbonylgruppe stabilisierend wirkt. Die Diazoketone können auch aus Säurehalogeniden mit Diazomethan hergestellt werden, was aber die Schwierigkeiten der Handhabung von Diazomethan natürlich nicht beseitigt.

Schließlich können aber auch nucleophile Carbonylverbindungen (z. B. eine doppelt aktivierte und damit leicht zu deprotonierende Methylengruppe) elegant mit Diazotransfer-Reagenzien wie Tosylazid umgesetzt werden. Der Mechanismus für die Diazotransfer-Reaktion ist in Abb. 8.4 (unten) gezeigt. Zunächst ist die Bildung einer doppelt aktivierten Methylengruppe erforderlich, damit die Deprotonierung unter milden Bedingungen erfolgen kann. Die Acidität der α-Position des Ketons reicht hierfür nicht aus. Dies kann mithilfe von Ameisensäureestern durch temporären Einbau einer Formyl- oder einer Trifluoracetylgruppe geschehen. Die Deprotonierung an der doppelt aktivierten Position kann schon mit milden Basen wie Triethylamin erfolgen. Das Tosylazid wird dann am äußeren Stickstoffatom nucleophil angegriffen. Nach einer weiteren Deprotonierung an der doppelt aktivierten Methylengruppe tritt schließlich Tosylamid als Abgangsgruppe aus, und die entsprechende Diazo-1,3-dicarbonylverbindung entsteht. Aus ihr erfolgt dann durch eine von der Diazogruppe erleichterte Entfernung der zu Beginn eingeführten Formyl- oder Trifluoracetylgruppe die Bildung des Diazoketons.

Übung 8.3

Formulieren Sie die Mechanismen für alle Schritte der Diazotransfer-Reaktion zur Herstellung von *(E)*-1-Diazo-4-phenyl-3-buten-2-on im Detail. Zeichnen Sie dabei alle freien Elektronenpaare mit ein. Beginnen Sie diesmal mit der Einführung einer Trifluoracetylgruppe durch Reaktion des entsprechenden Ketons mit 2,2,2-Trifluorethyltrifluoracetat.

8.2.2 Carbenoide, Nitrenoide und Oxenoide als Elektronensextett-Vorläufer

Drei Beispiele (Abb. 8.5) sollen in diesem Abschnitt stellvertretend die Reaktivität von Carbenoiden, Nitrenoiden und Oxenoiden beleuchten. Beginnen wir mit der Epoxidierung von C=C-Doppelbindungen durch Persäuren, die wir bereits in Abschn. 5.2.4 besprochen haben. Während bei der Besprechung der Epoxidierung der Aspekt der Addition an die Doppelbindung im Vordergrund stand, steht hier das Reagenz, die Persäure, im Fokus. Sie ist ein Oxenoid. Das im Verlauf der Reaktion austretende Carboxylat dient als mesomeriestabilisierte Abgangsgruppe, die ihr Bindungselektronenpaar mitnimmt. Das Proton der Persäure hingegen hinterlässt seine Bindungselektronen am äußeren der beiden peroxidischen Sauerstoffatome. Netto wird also ein Sauerstoffatom übertragen. Ein freies Singulett-Sauerstoffatom ist dabei energetisch nicht zu erreichen. Im Zusammenspiel aller beteiligten Gruppen in einem konzertierten Mechanismus gelingt aber dennoch die Übertragung des Sauerstoffatoms.

In ähnlicher Weise ist es möglich, Alkene mit Carbenoiden zu Cyclopropanen umzusetzen, ohne dass freie Carbene durchlaufen werden. Das carbenoide Elektronenpaar ist in der Regel durch Koordination an Übergangsmetallionen stabilisiert. Ein Beispiel ist die Simmons-Smith-Reaktion. Die reaktive Spe-

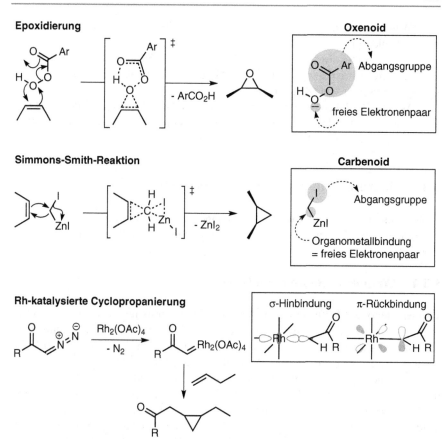

Abb. 8.5 Beispiele für Epoxidierungen und Cyclopropanierungen über Oxenoide und Carbenoide

zies ist hier das Zink-Carbenoid, das aus Diiodmethan und mit Kupfer aktiviertem Zink gewonnen werden kann. Eine andere Möglichkeit ist die Bildung von Rhodium-Carbenoiden aus Diazoketonen. Sie ermöglichen recht milde Reaktionsbedingungen, vermindern aufgrund ihrer π-Rückbindungseigenschaften den Elektronenmangel am Kohlenstoff und ermöglichen so eine einfachere Handhabung im Vergleich zu „freien" Carbenen.

Übung 8.4

a) Schreiben Sie einen vollständigen und detaillierten Mechanismus für die Cyclopropanierung von (Z)-2-Buten mit Methylen (CH$_2$) als freiem Triplett-Carben auf. Beachten Sie dabei, dass spontane Spinänderungen von Triplett- zu Singulett-Zuständen verboten sind, aber dennoch mit einer geringen

Wahrscheinlichkeit auftreten. Was bedeutet dies für die Stereochemie der Produkte in dieser Reaktion?

b) Die Simmons-Smith-Cyclopropanierung in Abb. 8.5 läuft hingegen konzertiert ab. Was ist demnach der große Vorzug dieser Reaktionen bei der Cyclopropanierung von *(Z)-*2-Buten?

c) Welche Produkte erhalten Sie ausgehend von *(E)-*2-Buten in beiden Reaktionen? Wie viele Produkte erhalten Sie jeweils in diesen Reaktionen, wenn Sie von *(Z)-* und *(E)-*2-Hexen ausgehen?

8.3   Sextett-Umlagerungen am Kohlenstoff

Umlagerungen an Kohlenstoffzentren können sowohl schrittweise über echte Elektronensextett-Intermediate als auch in konzertierten Reaktionen ablaufen.

8.3.1   Wagner-Meerwein-Umlagerung

Wagner-Meerwein-Umlagerungen verlaufen, wie wir bereits wissen, über Carbeniumionen. Die Triebkraft hierfür ist die Verlagerung des Elektronenmangels auf ein energetisch stabileres Zentrum, meist auf einen höher substituierten Kohlenstoff. Betrachten wir als ein Beispiel die säurekatalysierte Dehydratisierung von Isoborneol zu Camphen (Abb. 8.6, oben). Die Reaktion verläuft mechanistisch analog zu einer E1-Eliminierung. Zunächst wird also der Alkohol protoniert; anschließend wird Wasser unter Bildung des entsprechenden Carbeniumions abgespalten. Als letzten Schritt hätte man eine Deprotonierung in der Nachbarposition zur OH-Gruppe und die Bildung einer Doppelbindung erwartet. Dieses Produkt entsteht jedoch nicht, sondern Camphen. Aus einem einfachen Vergleich von Produkt und Edukt ist nicht unmittelbar klar, wie es im Reaktionsverlauf zu dem strukturell deutlich anderen Gerüst im Produkt kommen kann. Hier spielt eine Wagner-Meerwein-Umlagerung eine Rolle. Um Ihnen das Nachvollziehen dieser Umlagerung zu erleichtern, sind die Kohlenstoffatome des Gerüsts jeweils mit den gleichen Nummern markiert. Die Triebkraft ist auch hier wieder die Umlagerung von einem sekundären zu einem tertiären Carbeniumion.

Winstein und Trifan fanden bei ihren Untersuchungen zur Beteiligung von C–C-Bindungen an Nachbargruppeneffekten (siehe auch Kap. 4), dass *exo-* und *endo-*2-Norbornylbrosylat bei der Solvolyse mit Essigsäure beide zu einem Racemat aus *exo-*2-Norbornylacetat führen (Abb. 8.6, unten). Das *endo-*Produkt wird praktisch nicht gebildet. Darüber hinaus reagiert das *exo-*Isomer etwa 350-mal schneller als die *endo-*Form. Sie schlossen daraus, dass beide Reaktionen über dasselbe Intermediat verlaufen, und postulierten ein nichtklassisches Carboniumion als Intermediat. In einem solchen Kation sind die beiden Bindungselektronen der C1–C6-Bindung über drei Zentren, nämlich C1, C2 und C6, delokalisiert. Man kann diese 2-Elektronen-3-Zentren-Bindung auch als aromatisch stabilisiert auffassen. Ein solches Carboniumion ermöglicht auch die Erklärung der

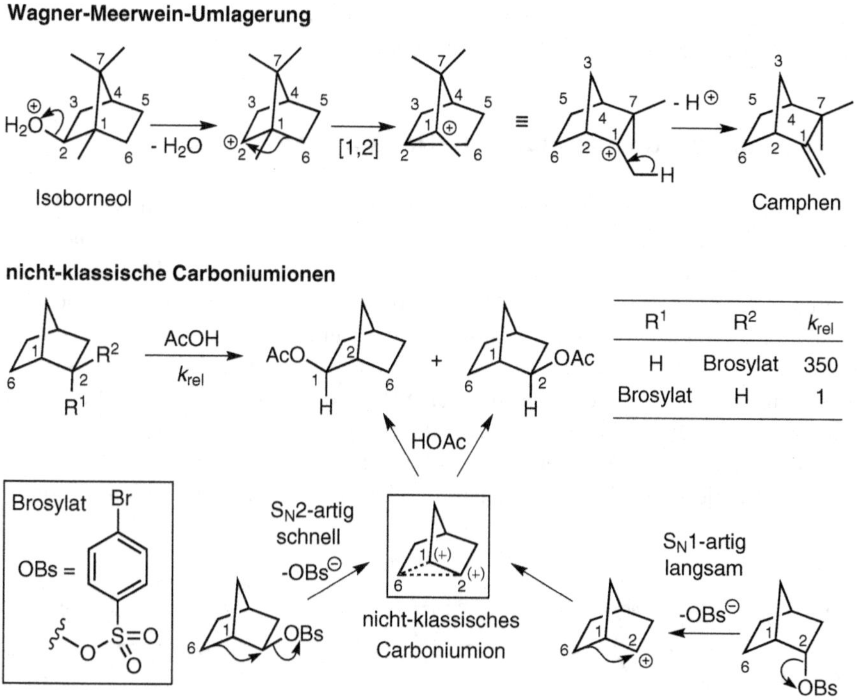

Wagner-Meerwein-Umlagerung

$H_2O^{\oplus}$ Isoborneol $-H_2O$ $[1,2]$ $\equiv$ $-H^{\oplus}$ Camphen

nicht-klassische Carboniumionen

R^2 R^1 $\xrightarrow[k_{rel}]{AcOH}$ AcO $+$ OAc

$HOAc$

R^1	R^2	k_{rel}
H	Brosylat	350
Brosylat	H	1

Brosylat

$OBs =$

S$_N$2-artig schnell $-OBs^\ominus$

nicht-klassisches Carboniumion

S$_N$1-artig langsam $-OBs^\ominus$

Abb. 8.6 Oben: Ein komplizierteres Beispiel für eine Wagner-Meerwein-Umlagerung in einem Kohlenstoffgerüst. Zur leichteren Orientierung sind die Kohlenstoffatome des Gerüsts nummeriert. **Unten:** Nicht immer sind klassische Carbeniumionen Intermediate. Es können auch nichtklassische Carboniumionen mit 3-Zentren-2-Elektronenbindungen auftreten

unterschiedlichen Reaktionsgeschwindigkeiten. Wird das *exo*-ständige Brosylat abgespalten, sind die Orbitale der brechenden C–Obs-Bindung und der C1–C6-Bindung parallel zueinander ausgerichtet. In diesem Fall kann das Carboniumion S$_N$2-artig direkt entstehen. Die Reaktion ist daher schnell. Im *endo*-Fall ist eine solche konzertierte Bildung des Carboniumions hingegen nicht möglich. Es muss zuerst S$_N$1-artig ein Carbeniumion entstehen, das sich dann zum Carboniumion stabilisiert. Hier ist die Barriere daher höher und die Reaktion entsprechend langsamer.

Solche experimentellen Ergebnisse lassen dann auch den zuvor besprochenen Mechanismus der Dehydratisierung von Isoborneol zu Camphen in neuem Licht erscheinen. Man kann auch hier zur Erklärung der Umlagerung zum Camphengerüst ein Carboniumion postulieren. Da es allerdings nicht immer einfach ist, gute experimentelle Belege für die Beteiligung nichtklassischer Carboniumionen zu erhalten, wurden dieses Konzept der σ-Beteiligung von C–C-Bindungen und die Existenz nichtklassischer Carboniumionen als Intermediat lange Zeit sehr kontrovers diskutiert. Inzwischen liegen aber vielfältige Nachweise vor, u. a. bei tiefer Temperatur in Supersäuren (unter $-150\,°C$ in einem SbF$_5$/SO$_2$ClF/SO$_2$F$_2$-Medium) aufgenommene ^{1}H- und ^{13}C-NMR-Spektren, Raman-Spektren und seit wenigen Jahren auch eine Kristallstruktur des Carboniumions.

8.3.2 Pinakol- und Semipinakol-Umlagerung

Carbeniumionen können auf verschiedene Arten hergestellt werden, eine davon ist – wie bereits mehrfach besprochen – die Dehydratisierung von Alkoholen mit Säure. Daher ist es nicht verwunderlich, dass auch 1,2-Diole durch Umsetzung mit Säuren unter Abspaltung von Wasser zu Carbeniumionen reagieren. Anschließend erfolgt eine Wagner-Meerwein-analoge Umlagerung, die hier jedoch zu einem Keton führt (Abb. 8.7, Zeile 1). Im Unterschied zur einfachen Wagner-Meerwein-Umlagerung befindet sich hier eine Hydroxylgruppe in β-Position zum Carbeniumion. Die größtmögliche Stabilisierung des Carbeniumions wird dann erreicht, wenn es durch Wanderung eines Substituenten in eine Position verschoben wird, in der die freien Elektronenpaare des Sauerstoffatoms das Kation mesomer

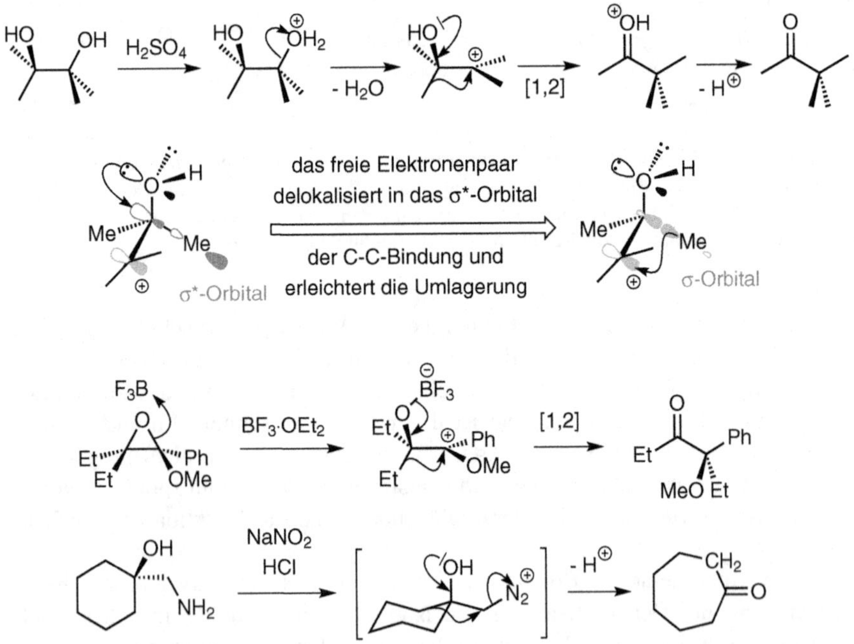

Abb. 8.7 Oben: Dehydratisierung eines 1,2-Diols unter Pinakol-Umlagerung. **Mitte:** Die freien Elektronenpaare des Sauerstoffatoms der zweiten OH-Gruppe unterstützen die Wanderung des Substituenten. **Unten:** Zwei Beispiele für Semipinakol-Umlagerungen. Im ersten Fall wird ein Epoxid durch eine Lewis-Säure geöffnet. An die Ringöffnung schließt sich eine Semipinakol-Umlagerung zum entsprechenden Keton an. Im zweiten Fall wird durch Diazotierung und Abspaltung von Stickstoff als Abgangsgruppe ein Kation erzeugt, das unter Ringerweiterung zum entsprechenden Keton abreagiert

stabilisieren können. Es handelt sich nach der Umlagerung nicht mehr um ein Carbeniumion, sondern um ein mesomeriestabilisiertes Oxoniumion, das schließlich zum Keton deprotoniert wird. Die freien Elektronenpaare des Sauerstoffatoms im Carbeniumion unterstützen dabei die Umlagerung (Abb. 8.7, Mitte oben).

Wir können Carbeniumionen auch auf andere Weise generieren, z. B. durch die Lewis-Säure-katalysierte Öffnung von Epoxiden (Abb. 8.7, Mitte unten). Bei der Ringöffnung entsteht ein Carbeniumion, das dem in der Pinakol-Umlagerung erzeugten ganz analog ist und in gleicher Weise zu einem Keton umlagert. Da hierbei nicht von einem 1,2-Diol als Substrat ausgegangen wird, spricht man von einer Semipinakol-Umlagerung.

Ausgehend von einem 1,2-Aminoalkohol kann ein zur OH-Gruppe β-ständiges Carbeniumion auch durch Diazotierung des Amins und Abspaltung von molekularem Stickstoff als Abgangsgruppe erzeugt werden. Abb. 8.7 (unten) zeigt ein Beispiel für diese auch als Tiffenau-Demjanov-Umlagerung bezeichnete Reaktion. Synthetisch nützlich ist sie beispielsweise in Ringerweiterungsreaktionen.

Übung 8.5

a) Schlagen Sie nach, welche Reaktion sich hinter dem Namen Pinakol-Kupplung verbirgt. Geben Sie mindestens drei verschiedene Reaktionen an, mit denen 1,2-Diole hergestellt werden können.

b) Wenden Sie die Pinakol-Kupplung auf Cyclopentanon an. Welches Produkt erhalten Sie nach der sauer katalysierten Dehydratisierung des Kupplungsprodukts?

c) Das in der Pinakol-Umlagerung zuerst gebildete Carbeniumion ist bei unsymmetrisch substituierten Diolen immer das jeweils stabilere. Welches Produkt erhalten Sie daher bei den Pinakol-Umlagerungen von 2-Methyl-1,1-diphenylpropan-1,2-diol, 2-Methyl-3-phenylbutan-2,3-diol und 2,3-Diphenylbutan-2,3-diol?

d) Formulieren Sie jeweils die Mechanismen im Detail und zeichnen Sie für alle intermediär entstehenden Kationen die mesomeren Grenzformeln.

8.3.3 Wolff-Umlagerung

Neben Carbeniumionen besitzen auch Singulett-Carbene ein leeres Orbital und können folglich ähnliche Umlagerungsreaktionen eingehen wie die Carbeniumionen. Häufig werden zu diesem Zweck Keto-Carbene eingesetzt, die *in situ* durch N_2-Abspaltung aus Diazoketonen gut zugänglich sind (Abb. 8.8). Bei der Umlagerung bildet sich zwischen den Carben- und dem Carbonyl-Kohlenstoffatom eine C=C-Doppelbindung. Gleichzeitig wird der zweite Substituent an der Carbonylgruppe zum Carben-Kohlenstoffatom verschoben. Das Produkt dieser sogenannten Wolff-Umlagerung ist ein Keten, bei dem die beiden π-Bindungen senkrecht zueinander stehen und damit nicht konjugiert sind. Moleküle mit solchen direkt aufeinander folgenden, nicht konjugierten Doppelbindungen nennt man Cumulene. Da im

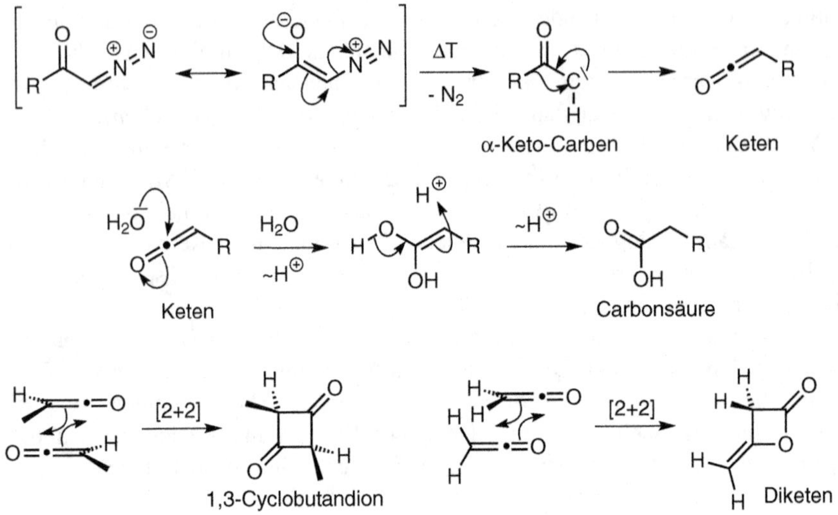

Abb. 8.8 Die Bildung von Ketenen aus Diazoketonen durch Abspaltung von Stickstoff und Wolff-Umlagerung. Ketene sind reaktiv und werden durch nucleophile Addition von Wasser bei der Aufarbeitung schnell in die entsprechende Carbonsäure überführt. In Abwesenheit geeigneter Nucleophile dimerisieren Ketene in [2+2]-Cycloadditionen

Keten mit dem Sauerstoffatom ein Heteroatom im Cumulen eingebaut ist, gehören Ketene – wie im Übrigen auch Kohlendioxid – zu den Heterocumulenen. Keten ist sehr reaktiv und reagiert mit Nucleophilen schnell weiter. So greift z. B. bei der wässrigen Aufarbeitung Wasser als Nucleophil am zentralen Kohlenstoffatom des Ketens an. Auf diese Weise wird das Keten in eine Carbonsäure umgewandelt.

Übung 8.6

a) Zeichnen Sie das Ketenmolekül mit den Orbitalen der beiden π-Bindungen so, dass die räumliche Orientierung dieser Orbitale zueinander deutlich wird.

b) Zeichnen Sie auch 1,3-Dichorallen ($C_3H_2Cl_2$) räumlich korrekt, sodass auch die relative räumliche Anordnung der Substituenten erkennbar ist. Welche Symmetrieelemente besitzt dieses Molekül? Ist es chiral oder achiral?

Dass Carbene tatsächlich als Intermediate in der Wolff-Umlagerung auftreten und die Abspaltung des Stickstoffmoleküls mit der Wanderung des Alkylrests zumindest in den meisten Fällen nicht konzertiert verläuft, lässt sich gut belegen. Bietet man in einer Wolff-Umlagerung dem Carben weitere Reaktionspartner an, so werden Nebenprodukte gebildet, die sich leicht mit typischen Reaktionen der Carbene wie beispielsweise der Cyclopropanierung von Doppelbindungen oder der Bindungsinsertion in eine OH-Bindung des Lösemittels erklären lassen, aber mit einem konzertierten Verlauf der Wolff-Umlagerung nicht in Einklang stehen (Abb. 8.9, oben). Weitere Belege kommen aus Isotopenmarkierungsstudien mit ^{13}C-markierten

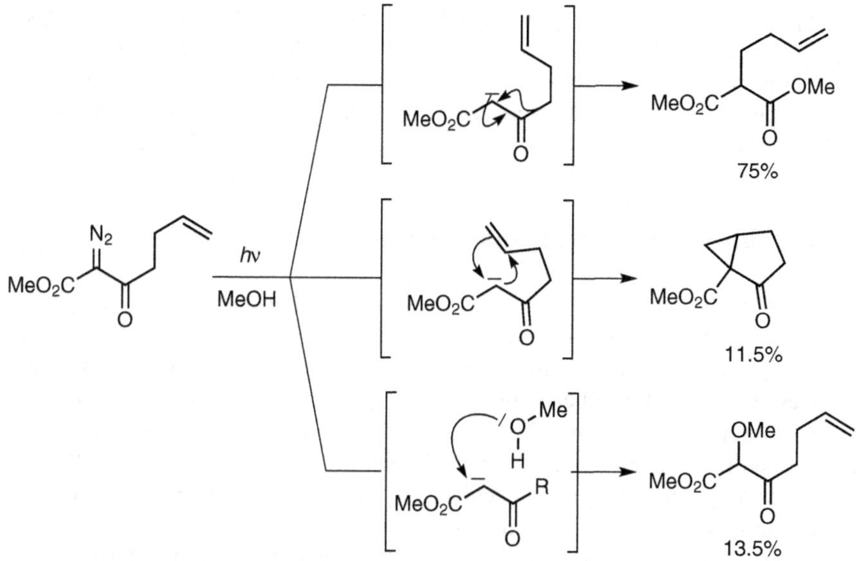

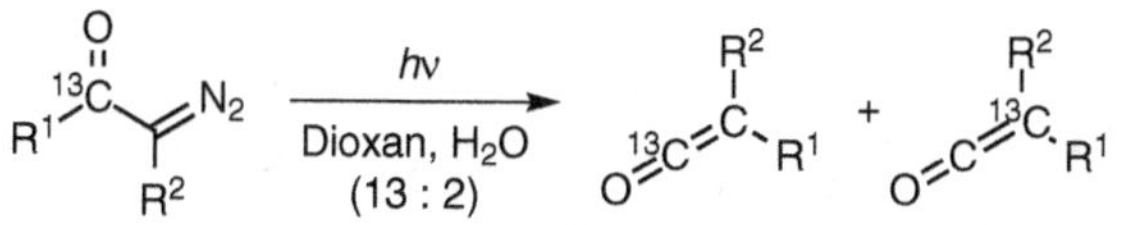

R^1	R^2	Produktverhältnis
Ph	Me	39 : 61
Me	Ph	97 : 3

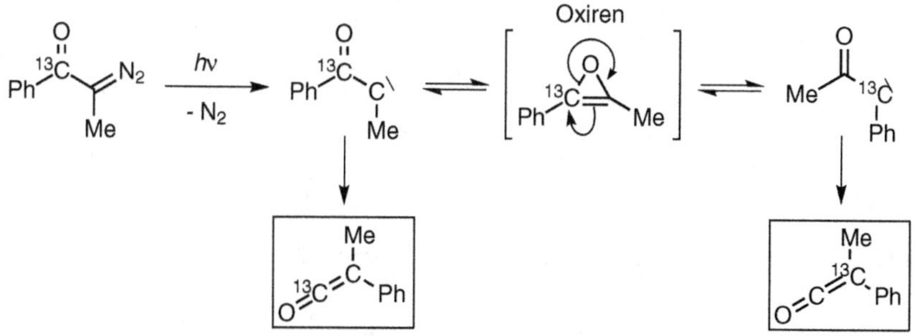

Abb. 8.9 Experimentelle Belege für die Bildung echter Carben-Intermediate in der Wolff-Umlagerung. **Oben:** Neben der eigentlichen Wolff-Umlagerung werden Nebenprodukte beobachtet, die aus der Carbenaddition an die Doppelbindung und die Carbeninsertion in eine OH-Bindung hervorgehen und nicht mit einer konzertierten Reaktion in Einklang sind. **Unten:** Isotopenmarkierungsstudien, die eine Umlagerung über eine pseudosymmetrische Oxiren-Zwischenstufe belegen

Diazoketonen. Während zu Beginn der Wolff-Umlagerung ausschließlich die Carbonylgruppe ^{13}C-markiert ist, verteilt sich im Keten die Markierung über die beiden Keten-Kohlenstoffatome (Abb. 8.9, unten). Die Markierungsexperimente zeigen also eine Isomerisierung des zunächst gebildeten Carbens über ein pseudosymmetrisches Oxiren-Intermediat vor der unter Umlagerung erfolgenden Ketenbildung.

Vergleicht man nun verschiedene Substitutionsmuster und ihre Auswirkungen auf die Isotopenmarkierungsverteilung, so sieht man, dass der Phenylring das Carben mesomer stabilisiert. Befindet er sich am Carben-Kohlenstoffatom, so entsteht fast ausschließlich das nicht umgelagerte Carben (97:3); befindet er sich an der Carbonylgruppe, erhält man bevorzugt das umgelagerte Carben (39:61).

8.3.4 Kettenverlängerung nach Arndt-Eistert

Da α-Diazoketone aus Carbonsäuren gewonnen werden können und bei wässriger Aufarbeitung erneut eine Carbonsäure ergeben, können wir das Prinzip der Wolff-Umlagerung nutzen, um Carbonsäuren in ihr um eine Methylengruppe längeres Homologes zu überführen (Abb. 8.10). Dazu wird die Säure zunächst zum entsprechenden Säurechlorid und anschließend mit Diazomethan zum α-Diazoketon umgesetzt. Eine Wolff-Umlagerung in Anwesenheit von Wasser führt über das Keten-Intermediat schließlich zur verlängerten Carbonsäure. Formal handelt es sich also netto um eine Insertion der durch Diazomethan bereitgestellten Methylengruppe. Insgesamt werden zwei Äquivalente Diazomethan benötigt. Das zweite Äquivalent dient zur Deprotonierung auf dem Weg zum Diazoketon.

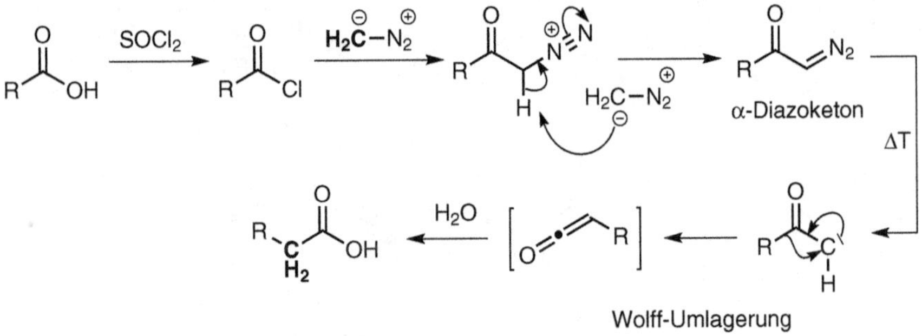

Abb. 8.10 Kettenverlängerung einer Carbonsäure nach Arndt-Eistert

8.4   Sextett-Umlagerungen am Sauerstoff

Umlagerungen am Sauerstoff verlaufen über latente Oxyliumionen und sind dementsprechend konzertierte Prozesse. Ein Elektronenmangel am Sauerstoffatom ist energetisch ungünstig, sodass der Substituent gleichzeitig mit der Eliminierung der Abgangsgruppe wandert, wodurch ein echtes Intermediat mit Elektronensextett am Sauerstoffatom vermieden wird.

8.4.1 Baeyer-Villiger-Oxidation

Die Umsetzung von Ketonen mit Persäuren kann durch Insertion eines Sauerstoffatoms zu den entsprechenden Estern führen (Abb. 8.11, oben). Persäuren sind Oxenoide, und ihre nucleophile Addition an die Carbonylgruppe eines Ketons liefert ein tetraedrisches Intermediat, das wir mit dem der Semipinakol-Umlagerung vergleichen können. Hier liegt jedoch anstelle des Carbeniumions eine wenig stabile O–O-Bindung mit einer guten Abgangsgruppe vor. Die gleichzeitige Abspaltung des Carboxylats und Wanderung eines der Reste am Carbonylkohlenstoff erzeugt wie bei der Semipinakol-Umlagerung eine energetisch günstige C=O-Doppelbindung, deren Bildung unter Bruch der schwachen O–O-Bindung die Triebkraft der Reaktion darstellt. Unterschiedliche Persäuren können eingesetzt werden. Auch H_2O_2 ergibt bei günstigen Substraten eine Reaktion, ist jedoch in der Regel weniger reaktiv. Stärker elektronenziehend substituierte Persäuren, bei denen das austretende Anion besser stabilisiert ist, begünstigen die Reaktion.

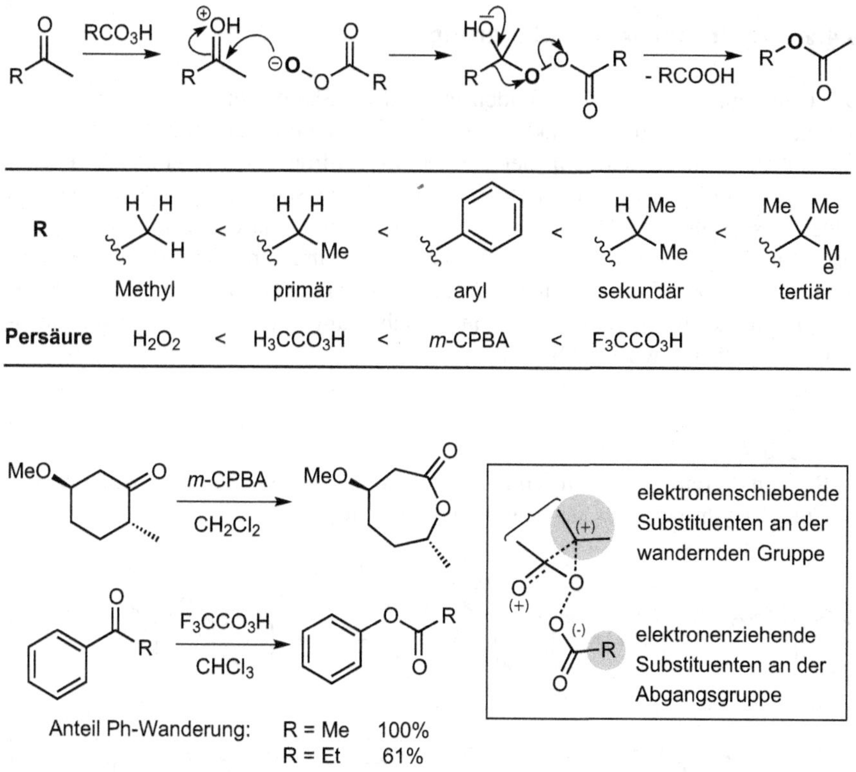

Abb. 8.11 Oben: Mechanismus der Baeyer-Villiger-Oxidation von Ketonen zu Estern. **Mitte:** Wanderungstendenzen unterschiedlicher Substituenten und Reaktivitätsabstufungen verschiedener Persäuren/Peroxide. **Unten:** Zwei Beispiele, wie unterschiedliche Wanderungstendenzen ermittelt werden können

Bei unsymmetrisch substituierten Ketonen stellt sich die Frage, welcher Rest bevorzugt wandert, da hierbei verschiedene isomere Produkte entstehen. Dies ist eine kinetische Fragestellung, sodass wir uns die Stabilisierung der miteinander konkurrierenden Übergangszustände ansehen müssen. Mit der beginnenden Dissoziation der Abgangsgruppe entsteht eine positive Teilladung im Molekül und folglich auch im Übergangszustand. Somit ist der Übergangszustand der günstigste, in dem die positive Partialladung am besten stabilisiert ist. Wir können also schlussfolgern, dass Gruppen, die ein Kation stabilisieren, die Wanderung begünstigen. Daher wandert ein tertiärer Alkylsubstituent schneller als ein sekundärer, dieser wiederum schneller als ein primärer. Eine Methylgruppe ist in dieser Reihe die am langsamsten wandernde Gruppe (Abb. 8.11, Mitte). Ein Arylrest an der Carbonylgruppe liegt zwischen der primären und der sekundären Alkylgruppe. Bei Phenylsubstituenten wird die positive Partialladung in einem Phenoniumion in einer an die σ-Komplexe der elektrophilen aromatischen Substitutionen erinnernden Weise stabilisiert.

8.4.2   Hydroperoxid-Umlagerung

Die Umsetzung von Hydroperoxiden mit starken Säuren führt zu Alkoholen und Ketonen. Wir haben diese Reaktion bereits im Zusammenhang mit der Hock-Phenolsynthese kennengelernt, in der aus Cumol-Hydroperoxid Aceton und Phenol gewonnen werden. Die Protonierung des terminalen Sauerstoffs im Hydroperoxid bildet Wasser als gute Abgangsgruppe vor und erzeugt so ein reaktives Oxenoid. Die Abspaltung von Wasser unter gleichzeitiger Wanderung einer der Gruppen in Nachbarschaft zur C–O-Bindung führt dann zu einem Oxoniumion, das durch das wässrige Reaktionsmedium als Hemiacetal abgefangen und schließlich säurekatalysiert hydrolysiert wird (Abb. 8.12).

Übung 8.7

Rekapitulieren Sie noch einmal die radikalisch verlaufende Bildung des Cumol-Hydroperoxids aus Cumol und Sauerstoff.

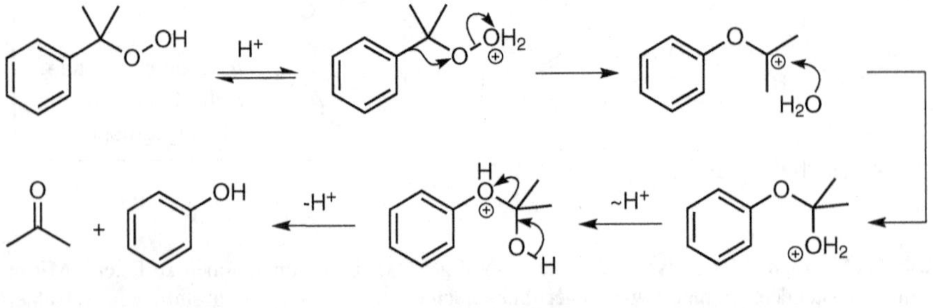

Abb. 8.12 Mechanismus des zweiten polaren Schritts der Hock-Phenolsynthese. Die radikalisch ablaufende Bildung des Hydroperoxids ist nicht gezeigt (siehe hierzu Kap. 3)

8.5 Sextett-Umlagerungen am Stickstoff

Auch Umlagerungen am Stickstoff verlaufen in konzertierten Mechanismen in den meisten Fällen über latente Elektronensextetts, da ein Elektronenmangel am Stickstoff ähnlich wie beim Sauerstoff energetisch ungünstig ist.

8.5.1 Beckmann-Umlagerung

Oxime gehen unter stark (Lewis-)sauren Bedingungen die Beckmann-Umlagerung ein (Abb. 8.13, oben). Die Säure überführt die Hydroxylgruppe zunächst in eine gute Abgangsgruppe (Wasser wird vorgebildet). Die anschließende Abspaltung von Wasser wird konzertiert durch die Wanderung des Restes in *anti*-periplanarer, also *(E)*-ständiger Position zur Hydroxylgruppe begleitet und erzeugt ein Nitriliumion, das durch das wässrige Medium als Carboximidsäure abgefangen wird. Diese Carboximidsäure zerfällt nun nicht durch Hydrolyse in Carbonsäure und Amin, sondern tautomerisiert in einer Keto-Enol-artigen Umlagerung zum Amid. Die nichtkonzertierte Variante der Beckmann-Umlagerung tritt auf, wenn der wandernde Rest ein sehr gut stabilisiertes Carbeniumion ist. Hier beobachtet man Nebenprodukte aus der Beckmann-Fragmentierung. Die Produkte der Beckmann-Fragmentierung können wiederum über die gleichen Intermediate der schrittweisen Beckmann-Umlagerung in der sogenannten Ritter-Reaktion zum selben Amid führen.

Konzertiert kann die Reaktion nur verlaufen, wenn optimale Orbitalwechselwirkungen gegeben sind. Dies ist nur für den *(E)*-ständigen Substituenten am Oxim-Kohlenstoffatom der Fall. Dennoch wird bei Verwendung von starken Brønsted-Säuren oft auch das nicht erwartete Produkt gefunden (Abb. 8.13, Mitte). Startet man mit dem im Kasten gezeigten Oxim, geht der Beckmann-Umlagerung eine schnelle *(E/Z)*-Isomerisierung voraus. Da im Gleichgewicht beide Isomere vorliegen, kommt es nun darauf an, welcher Rest schneller wandert. Das zugehörige Isomer wird dann in der schnelleren Beckmann-Umlagerung dem Gleichgewicht entzogen und aus dem anderen nachgebildet. Schließlich erhält man mit großer Präferenz das Produkt mit dem schneller wandernden Rest. Die Wanderungstendenzen sind die gleichen wie bei der Baeyer-Villiger-Oxidation. Im gezeigten Beispiel entsteht mit *p*-Toluolsulfonsäure ausschließlich das rechts gezeigte Produkt, in dem die Butylgruppe gewandert ist. Die Isomerisierung kann durch Verwendung von Lewis-Säuren (z. B. Al$_2$O$_3$) weitgehend unterdrückt werden, und man erhält dann ausschließlich das linke Produkt, in dem die Methylgruppe gewandert ist.

Ein wichtiges Anwendungsbeispiel für die Beckmann-Umlagerung ist die Synthese von Caprolactam, eines cyclischen Amids, aus dem industriell durch Polymerisation Perlon gewonnen wird (Abb. 8.13, unten).

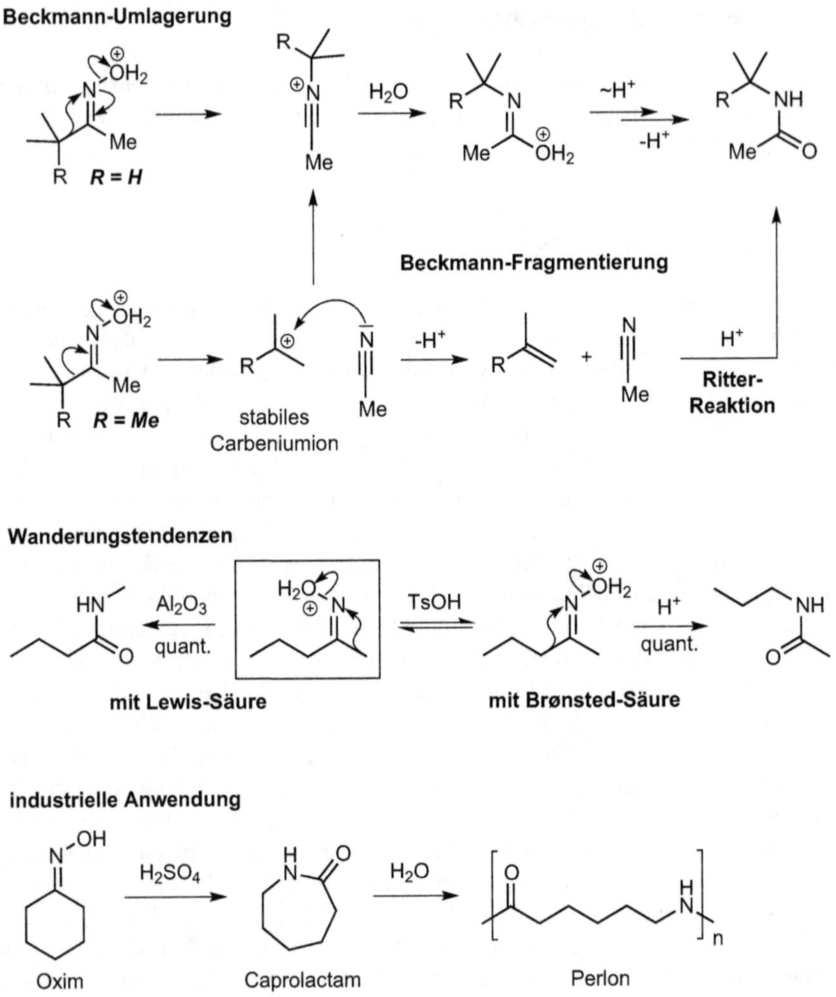

Beckmann-Umlagerung

Beckmann-Fragmentierung

Ritter-Reaktion

stabiles
Carbeniumion

Wanderungstendenzen

mit Lewis-Säure   mit Brønsted-Säure

industrielle Anwendung

Oxim   Caprolactam   Perlon

Abb. 8.13 Oben: Beckmann-Umlagerung und Ritter-Reaktion und ihre Mechanismen. **Mitte:** Wanderungstendenzen in Abhängigkeit von der eingesetzten Säure. **Unten:** Industrielle Anwendung der Beckmann-Umlagerung für die Herstellung von Perlon

Übung 8.8

Formulieren Sie detailliert den Mechanismus der Polymerisierung von Caprolactam zu Perlon. Gehen Sie davon aus, dass leicht saure Bedingungen (Essigsäure) vorliegen, die Reaktion bei erhöhter Temperatur (240–300 °C, also über dem Schmelzpunkt von Caprolactam, der bei 220 °C liegt) durchgeführt wird und dass etwas Wasser (einige Massenprozent) vorhanden ist.

8.5.2 Carbonsäureabbau-Reaktionen nach Curtius, Hofmann, Lossen und Schmidt

Mit der Arndt-Eistert-Kettenverlängerung haben wir bereits eine Elektronensextett-Reaktion besprochen, mit der sich eine Kohlenstoffkette um ein C-Atom verlängern lässt. In diesem Abschnitt werden wir sehen, dass auch der umgekehrte Schritt, nämlich die Verkürzung von Ketten durch Carbonsäureabbau, über Sextett-Umlagerungen möglich ist. Es gibt mehrere Varianten dieser Reaktion, denen gemeinsam ist, dass Nitrene oder Nitrenoide aus geeigneten Vorläufern wie beispielsweise Carbonsäureaziden generiert werden, in denen dann der zu Beginn der Reaktion an der Carbonylgruppe gebundene Rest zum Stickstoff wandert. Es bildet sich dann ein Isocyanat, das in Gegenwart von Wasser schnell eine Carbaminsäure bildet. Carbaminsäuren sind instabil und decarboxylieren deshalb. Die verschiedenen Varianten der Carbonsäureabbaureaktionen unterscheiden sich in zwei Aspekten. Zum einen ist die Generierung des Nitrens/Nitrenoids verschieden. Zum anderen hängt es von den jeweiligen Bedingungen ab, ob das Isocyanat isoliert werden kann.

Grundlegend ist für alle diese Reaktionen, dass formal ein Amid benötigt wird, das zur Erzeugung des Nitrens einerseits am Amidstickstoff eine gute Abgangsgruppe trägt, andererseits eine negative Ladung oder ein leicht zu deprotonierendes Proton (Abb. 8.14, oben).

Bei der Curtius- und der Schmidt-Umlagerung wird als Nitrenoid ein Carbonsäureazid verwendet (Abb. 8.14, Mitte). Die Herstellung des Azids ist dabei verschieden: In der Curtius-Variante wird es durch Reaktion eines Säurechlorids mit Natriumazid (NaN_3) synthetisiert. Dabei ist wasserfreies Medium erforderlich. Bei der Schmidt-Variante wird das Azid durch Reaktion einer Carbonsäure mit HN_3 unter sauren Bedingungen erhalten. Diese Reaktion läuft in wässrigem Medium ab. Die rechte der beiden gezeigten Grenzstrukturen zeigt den nitrenoiden Charakter dieser Verbindungsklasse. In beiden Reaktionen wird das Säureazid direkt ohne Isolierung durch Erwärmen umgesetzt. Bei der Abspaltung des Stickstoffmoleküls erfolgt dann die Wanderung des Substituenten R an das nitrenoide Stickstoffatom, und das Isocyanat wird gebildet. Der wesentliche Unterschied der beiden Reaktionen ist nun, dass das Isocyanat in der Schmidt-Umlagerung aufgrund des in der Reaktion vorhandenen Wassers nicht isoliert werden kann. Es reagiert schnell mit Wasser ab, bildet die Carbaminsäure, die dann zum Amin decarboxyliert. Bei der Curtius-Umlagerung in wasserfreiem Medium fällt zunächst das Isocyanat an. Dadurch hat man hier die Wahl, mit welchem Nucleophil es weiterreagieren soll (Abb. 8.14, unten). Verwendet man Wasser, gelangt man auch hier zum kettenverkürzten Amin. Gibt man einen Alkohol hinzu, erhält man ein Carbamat, bei der Verwendung eines Amins werden Harnstoffe gebildet. Die Curtius-Umlagerung ist daher die flexiblere und vielfältiger einsetzbare Carbonsäureabbaureaktion.

Übung 8.9

Formulieren Sie die Mechanismen der beiden Säureazid-Herstellungswege gemäß Curtius (Säurechlorid und Natriumazid) und Schmidt (Säure und HN_3 unter sauren Bedingungen).

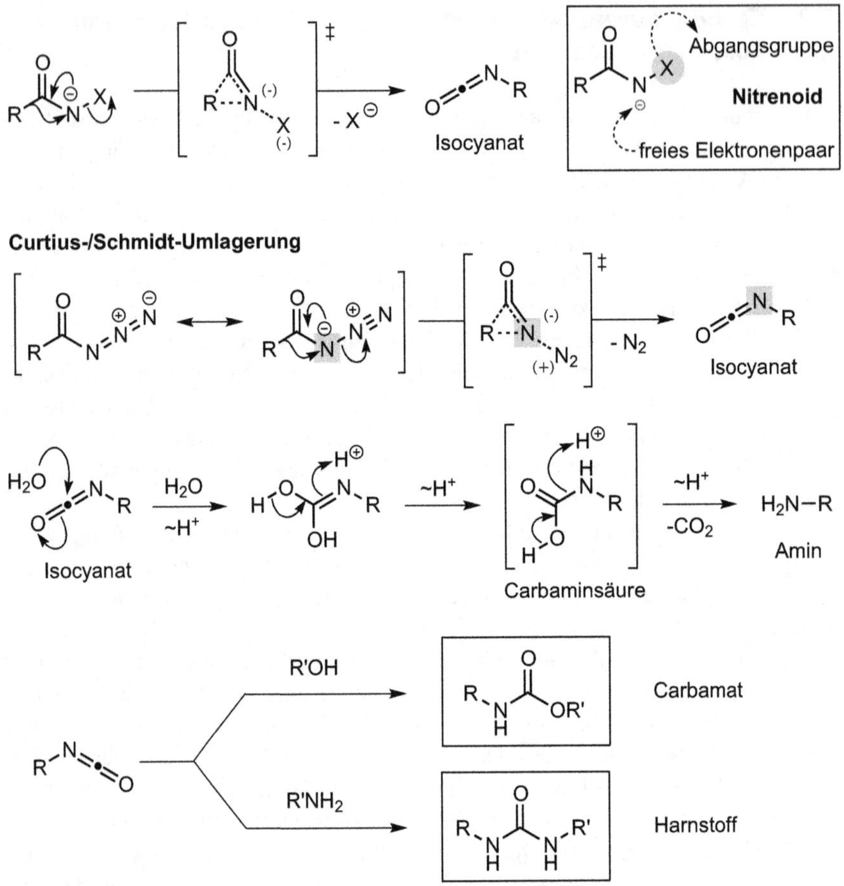

Curtius-/Schmidt-Umlagerung

Abb. 8.14 Oben: Grundlegender Mechanismus der Carbonsäureabbaureaktionen und Substitution eines Amid-Stickstoffatoms, das als Nitrenoid fungieren soll. **Mitte:** Curtius-/Schmidt-Umlagerung mit Carbonsäureaziden. Das Isocyanat addiert in Gegenwart von Wasser schnell ein Wassermolekül. Die entstehende Carbaminsäure decarboxyliert unter Kettenverkürzung zum Amin. **Unten:** Bei der Curtius-Variante kann das Isocyanat isoliert und mit anderen Nucleophilen zur Reaktion gebracht werden

Abb. 8.15 zeigt die anderen Varianten dieser Carbonsäureabbaureaktionen. Der Lossen-Abbau geht vom Säurechlorid aus, das mit Hydroxylamin zur Hydroxamsäure umgesetzt wird. Die OH-Gruppe kann dann durch Tosylierung mit Tosylchlorid in eine gute Abgangsgruppe überführt werden. Beim Hofmann-Abbau wird direkt von einem Carbonsäureamid ausgegangen, dessen Amidstickstoff unter basischen Bedingungen bromiert werden kann. Aus elementarem Brom und Natriumhydroxid bildet sich HOBr, das sein Bromatom in einer nucleophilen Substitution am Brom auf ein deprotoniertes Amid überträgt. Hier dient das Bromid als gute Abgangsgruppe. Beide Reaktionen laufen unter basischen Bedingungen ab.

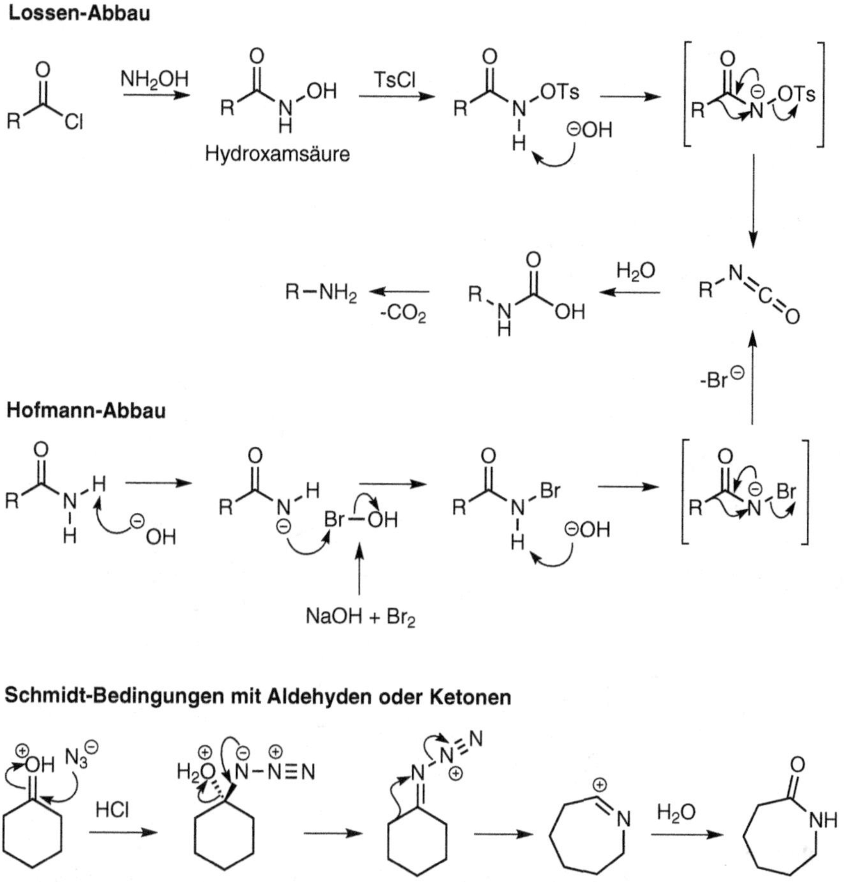

Lossen-Abbau

Hofmann-Abbau

Schmidt-Bedingungen mit Aldehyden oder Ketonen

Abb. 8.15 Varianten der Carbonsäureabbaureaktionen

Deprotonierung der Zwischenstufe am Stickstoffatom und die darauf folgende Sextett-Umlagerung führen wieder zum Isocyanat, das wie beim Schmidt-Abbau mit Wasser zur Carbaminsäure reagiert und anschließend decarboxyliert. Wendet man die Bedingungen des Schmidt-Abbaus auf Aldehyde oder Ketone an, so erfolgt eine der Beckmann-Umlagerung sehr ähnliche Reaktion.

8.6   Trainingsaufgaben

Aufgabe 8.1

Geben Sie für die folgenden Reaktionssequenzen an, welche Verbindungen **A–L** als Reaktanden, Zwischen- und Endprodukte eingesetzt bzw. erhalten werden. Beachten Sie ggf. die Stereochemie. Formulieren Sie die Mechanismen der beteiligten Reaktionen und geben Sie die durchlaufenen Intermediate an.

a)

b)

c)

d)

Aufgabe 8.2

Geben Sie ausgehend von Benzol Synthesewege für die folgenden drei Benz-azepin-Derivate an. Versuchen Sie sich zunächst an einer retrosynthetischen Zerlegung.

Aufgabe 8.3

Formulieren Sie die Mechanismen der folgenden Reaktionen. Bornylchlorid und Isobornylchlorid sind *endo-/exo*-Isomere. Versuchen Sie, die Stereoselektivität für die Bildung von Bornylchlorid aus α-Pinen und Isobornylchlorid aus Camphen zu erklären.

α-Pinen Bornylchlorid Camphen Isobornylchlorid

Aufgabe 8.4

a) Im Aromatenkapitel haben wir bereits das Pagodan-Dikation kurz gestreift (Abschn. 6.1). Die letzten Schritte auf dem Weg dorthin gehen vom gezeigten doppelten Diazoketon aus, das zum Pagodangerüst noch zweimal ringverengt werden muss. Geben Sie die Zwischenprodukte der beteiligten Reaktionen an und formulieren Sie den Mechanismus des ersten Reaktionsschrittes. Wie heißt diese Reaktion?

b) Wie würden Sie die beiden Diazogruppen in das Startmaterial einführen?

Aufgabe 8.5

Erklären Sie den sehr deutlichen Unterschied der Reaktionsgeschwindigkeiten zwischen dem *anti*- und dem *syn*-Isomer in der gezeigten Reaktion. Zeichnen Sie für beide Reaktionen qualitative Potenzialenergiekurven, die ihre Überlegungen bezüglich der Reaktionsgeschwindigkeit verdeutlichen. Welche Rolle hat die Trinitrobenzyl-Gruppe?

R^1	R^2	$k \cdot 10^6 \ [s^{-1}]$
Ph	*i*-Pr	38350
i-Pr	Ph	20.6

$$\frac{k_{anti}}{k_{syn}} = 1862$$

Aufgabe 8.6

Schlagen Sie Synthesen für die folgenden Moleküle ausgehend von Cyclohexanon vor. Vergleichen Sie die Reagenzien und Mechanismen.

Aufgabe 8.7

a) Entwickeln Sie eine Synthese für das links gezeigte Spiroketon, ausgehend von Cyclopentanon.

Ingenol

b) Der Naturstoff Ingenol zeigt interessante biologische Wirkung, u. a. gegen HIV und Leukämie. Totalsynthesen solch komplexer Naturstoffe sind aufwendig, bieten aber u. a. den Vorteil, dass Synthesen modifiziert werden können, sodass auch synthetische Derivate zugänglich sind und auf diese Weise verschiedene Eigenschaften (Darreichungsform, Abbau im Körper, Pharmakokinetik, Dosis-Wirkungs-Beziehungen etc.) optimiert werden können. Formulieren Sie einen plausiblen Mechanismus für die Entstehung des rechts gezeigten Ingenol-Derivats aus seinem Vorläufer. Welche Rolle spielt das Trimethylaluminium hier? Auch wenn die TIPS-Schutzgruppe nicht direkt involviert ist: Informieren Sie sich, wofür die Abkürzung TIPS steht.

Aufgabe 8.8

Im vorliegenden Kapitel haben Sie einige Heterocumulene kennengelernt, z. B. Ketene und Isocyanate. Es gibt eine Reihe weiterer Heterocumulene, z. B. die Isothiocyanate, die Carbodiimide, das Kohlendioxid und das Kohlendisulfid.

a) Schlagen Sie nach, wie man Isothiocyanate und Carbodiimide herstellen kann. Finden Sie auch alternative Herstellungsmethoden für Ketene und Isocyanate heraus. Warum wird bei der Herstellung von Isocyanaten im Labormaßstab nicht das industriell gern verwendete Phosgen eingesetzt? Was ist Triphosgen, und wie funktioniert es als alternatives Reagenz zur Herstellung von Isocyanaten im Labor?

b) Carbodiimide dienen oft als Kupplungsreagenzien zur Knüpfung von Peptid-bindungen. Finden Sie heraus, wie diese Kupplungsreaktion einer Carbonsäure mit einem Amin in Anwesenheit von Carbodiimiden abläuft, und formulieren Sie den Mechanismus. Was ist die Triebkraft dieser Reaktion? Welches Neben-produkt entsteht bei dieser Reaktion aus dem Carbodiimid? Warum ist dieses Produkt oft unter praktischen Gesichtspunkten nachteilig?

Aufgabe 8.9

CO_2 liegt in Wasser zu etwa 99 % als gelöstes Gas vor. Nur ein geringer Teil hat mit dem Wasser zur Kohlensäure reagiert und nach einmaliger Deprotonierung Hydrogencarbonat gebildet. Umgekehrt bildet Hydrogencarbonat beim Ansäuern Kohlensäure, die schnell unter Wasserabspaltung in CO_2 und Wasser zerfällt.

a) Formulieren Sie einen Mechanismus für den Zerfall von Kohlensäure H_2CO_3 in CO_2 und H_2O.

b) Die meisten Chemiker sind davon überzeugt, dass Kohlensäure inhärent ein so wenig stabiles Molekül ist, dass sie sofort zerfällt. Dies ist jedoch nicht richtig. Als isoliertes Molekül ist Kohlensäure durchaus stabil und zerfällt nicht. Die Halbwertszeit für ihren Zerfall wurde mit 180.000 Jahren abgeschätzt. Ist Ihr Mechanismus damit kompatibel, dass ein einzelnes isoliertes Kohlensäuremole-kül stabil ist, in Wasser aber schnell zerfällt? Was ist die Rolle des Wassers?

c) Wenn das Wasser eine prominente Rolle im Zerfall der Kohlensäure spielt, warum ist sie dennoch auch unter wasserfreien Bedingungen in Lösung nicht stabil? Welche Reaktion kann ersatzweise ablaufen?

Aufgabe 8.10

Beim Umfüllen von Lösemitteln wurde versehentlich Chloroform in einen Diethyl-ether-Kanister abgefüllt. Der falsch befüllte Kanister wurde unwissentlich Ihrem Nachbarn im Praktikumssaal ausgehändigt, der den Ether aus dem Kanister für eine Grignard-Reaktion benötigt und ihn daher zunächst wasserfrei bekommen muss.

Diethylether wird über elementarem Natriummetall getrocknet, das direkt vor der Verwendung zu Natriumdraht gepresst wird, um die Oxidschicht möglichst zu entfernen. Ihr Nachbar hat den vermeintlichen Ether in einen 4-Liter-Kolben gefüllt und ist nun dabei, Natriumdraht hineinzupressen. Sie riechen, dass das Lösemittel nicht Ether, sondern nur Chloroform sein kann. Welches Gefahrenpo-tenzial ergibt sich aus dieser Situation? Benennen Sie die Substanzklasse, zu der die entstehenden Teilchen gehören, und formulieren Sie die deutlich exotherme Reaktion, in der sie heftig miteinander reagieren können.

Aufgabe 8.11

Im Kapitel zu Reaktionen von Aromaten haben wir gesehen, dass es nicht ganz leicht ist und einiger Tricks bedarf, eine OH-Gruppe am aromatischen Kern einzuführen. Neben den bereits besprochenen Tricks gibt es seit Neuestem einen weiteren, der über eine Sextett-Umlagerung verläuft und den direkten Ersatz eines Fluor- oder Chloratoms an elektronenarmen Aromaten durch eine OH-Gruppe erlaubt.

a) Wiederholen Sie noch einmal, wann elektrophile aromatische Substitutionen und wann nucleophile aromatische Substitutionen gut ablaufen.

b) In der Grafik ist die Bruttoreaktion mit den Reagenzien gezeigt. Formulieren Sie einen detaillierten Mechanismus für alle Reaktionsschritte. Sollten Sie Schwierigkeiten haben, können Sie die Lösung auch nachschlagen unter: Fier PS, Maloney KM (2016) Org Lett 18:2244–2247.

Im neunten Kapitel werden die Reaktionen von Yliden beschrieben. Ylide sind zwitterionische Teilchen mit (formaler) Ladungstrennung an zwei benachbarten Positionen, wobei die negative (Formal-)Ladung an einem Kohlenstoffatom lokalisiert ist. Ylide zeigen eine spezielle Reaktivität, und wir fassen sie in diesem Kapitel zusammen, um den direkten Vergleich ziehen zu können.

- Sie lernen Methoden zur Herstellung von Phosphor-, Schwefel- und Stickstoff-Yliden kennen.
- Sie können ihre Reaktivitäten einschätzen und verstehen Gemeinsamkeiten und Unterschiede in der Reaktivität verschiedener Ylide.
- Sie erkennen Querbeziehungen zu Reaktionen mit ylidartigen Analoga und verstehen den synthetischen Wert dieser Reaktionen.

9.1 Ylide

9.1.1 Eigenschaften

Singulett-Carbene besitzen ein freies Elektronenpaar und ein leeres Orbital und weisen somit sowohl nucleophilen als auch elektrophilen Charakter auf. Sie können folglich mit anderen Nucleophilen wie Aminen, Phosphinen oder Thioethern reagieren. Das Produkt einer solchen Reaktion ist eine zwitterionische Spezies, ein sogenanntes Ylid, bei dem die positive und die negative Formalladung an zwei benachbarten Atomen sitzen. Ein Beispiel ist die in Abb. 9.1 (oben) gezeigte Reaktion, bei der das Carben mithilfe des Rhodium-Katalysators unter Abspaltung von Stickstoff aus dem Azoester erzeugt wird.

© Springer-Verlag GmbH Deutschland 2017
S. Leisering und C.A. Schalley, *Tutorium Reaktivität und Synthese,*
DOI 10.1007/978-3-662-53852-4_9

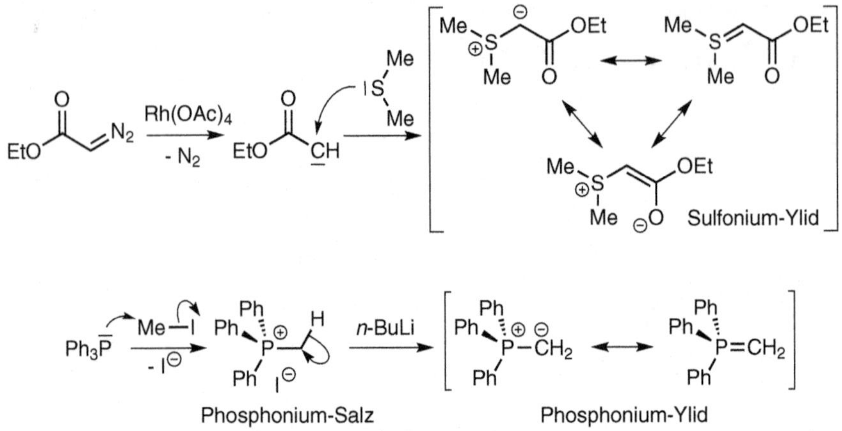

Abb. 9.1 Zwei Möglichkeiten zur Herstellung von Yliden: Reaktion eines Carbens mit einem Thioether als Nucleophil (oben) und Alkylierung eines Phosphins mit anschließender Deprotonierung (unten)

Eine zweite Herstellungsweise ist die Synthese eines Phosphonium- oder Sulfoniumsalzes mit anschließender Deprotonierung in α-Stellung zum Heteroatom durch eine ausreichend starke Base (Abb. 9.1, unten).

Ylide sind also Zwitterionen, bei denen die beiden (formal) geladenen Positionen benachbart sind. Im Fall von Phosphonium- und Sulfonium-Yliden, bei denen das Heteroatom über leere 3d-Orbitale verfügt, kann auch eine nicht zwitterionische Grenzformel gezeichnet werden, die meist als Ylen-Formel bezeichnet wird. Ylide haben also carbanionischen Charakter und sind damit C-Nucleophile, die ein energetisch hinreichend tief liegendes LUMO eines Elektrophils (z. B. eine Carbonylgruppe) angreifen können.

Je nach Art des Ylids ergeben sich dabei verschiedene Produkte, sodass die Reaktion durch Auswahl des passenden Ylids in Richtung des jeweils gewünschten Produkts dirigiert werden kann. In Abb. 9.2 (oben) ist ein Vergleich der Reaktionen eines Phosphonium- und eines analogen Sulfonium-Ylids mit einem Keton gezeigt. Die Reaktion über das Phosphonium-Ylid haben wir in Kap. 3 bereits als Wittig-Reaktion kurz kennengelernt. Sie führt zur C=C-Doppelbindung. Die Reaktion mit dem Sulfonium-Ylid erzeugt dagegen ein Oxiran und stellt eine Alternative zur Epoxidierung von Doppelbindungen mit Persäure dar. Vergleicht man diese beiden Reaktionen, so erkennt man, dass Ylide auch als Carbenoide betrachtet werden können, in denen ein Elektronenpaar und eine Abgangsgruppe am selben C-Atom vorliegen.

Das Reaktionsverhalten ist nicht nur von der Art des Heteroatoms abhängig, sondern auch von der elektronischen Struktur des Ylids. Man unterteilt sie dazu in stabilisierte, also solche mit zusätzlichen elektronenziehenden Substituenten am Carbanion wie Carbonylgruppen, und nichtstabilisierte Ylide.

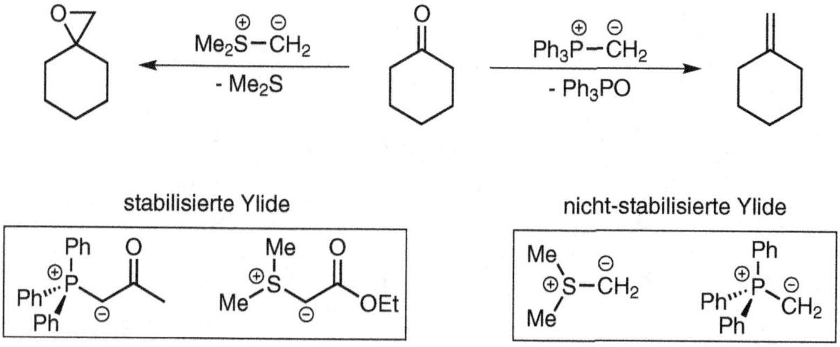

stabilisierte Ylide   nicht-stabilisierte Ylide

Abb. 9.2 Reaktivitätsvergleich von Sulfonium- und Phosphonium-Yliden bei der Reaktion mit einem Keton (oben). Unterschied zwischen stabilisierten und nichtstabilisierten Yliden (unten)

9.1.2 α-Anionenstabilisierung durch Schwefel-, Phosphor- oder Silicium-Atome

Die späten Hauptgruppenelemente der dritten Periode, also Phosphor, Schwefel und Silicium, stabilisieren negative Ladungen am jeweils direkt benachbarten C-Atom. Oft wird dies mit der Ylen-Grenzformel erklärt, in der zwischen dem Heteroatom und dem benachbarten Carbanion-C-Atom eine Doppelbindung gezeichnet wird. Hierfür stünden den Atomen der dritten Periode im Prinzip auch die nötigen d-Orbitale zur Verfügung. Es gibt aber auch noch alternative Erklärungen, warum die Atome der dritten Periode eine benachbarte negative Ladung stabilisieren. Die Ausbildung einer Heteroatom-Kohlenstoff-σ-Bindung führt zu zwei Molekülorbitalen, dem bindenden σ- und dem antibindenden σ*-Orbital. Bei Bindungen zwischen Elementen der zweiten und dritten Periode ergibt sich eine geringere Aufspaltung dieser Orbitale als zwischen zwei Elementen der zweiten Periode. Folglich liegt das bindende σ-Orbital relativ hoch und das antibindende σ*-Orbital relativ niedrig. Das Orbital, welches das freie Elektronenpaar des Carbanions enthält, kann nun mit beiden Bindungsorbitalen wie gezeigt wechselwirken. Dabei entstehen drei neue Molekülorbitale. Man kann dies als einen Fall von Hyperkonjugation betrachten. Insgesamt ergibt sich eine energetische Stabilisierung, da alle vier Elektronen der Ausgangsorbitale energetisch abgesenkt werden (Abb. 9.3).

Der größte Anteil der Stabilisierung ergibt sich aus der bindenden Wechselwirkung mit dem hoch liegenden σ-Orbital. Weiterhin – und mindestens ebenso wichtig – ist die Interaktion des Carbanions mit dem niedrig liegenden σ*-Orbital. Sie hält die Energie des ψ_2-Orbitals niedrig, das bei einer reinen Wechselwirkung mit dem σ-Orbital genauso hoch über dem Orbital des Carbanions liegen würde wie das ψ_1-Orbital unter dem σ-Orbital. Auf diese Weise kommt es also tatsächlich netto zu einer Stabilisierung. Bei den stabilisierten Yliden ist die Ladung zusätzlich durch die benachbarte Carbonylgruppe mesomeriestabilisiert.

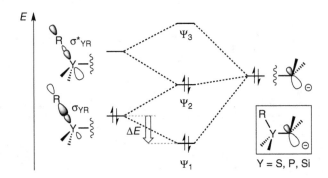

Abb. 9.3 Orbitalmodell zur Erklärung der Stabilisierung von Anionen in direkter Nachbarschaft eines Si-, P- oder S-Atoms

Übung 9.1

Die Stabilisierung von negativen Ladungen in α-Stellung ist deutlich spürbar bei Si-, P- und S-Atomen, nicht jedoch in direkter Nachbarschaft zu Stickstoffatomen.

a) Zeichnen Sie ein Molekülorbitalmodell analog zu Abb. 9.3 für ein Stickstoff-Ylid und begründen Sie, warum Sie hier eine kaum spürbare Stabilisierung der Ladung erwarten.

b) Vergleichen Sie Lithiumdiisopropylamid (LDA) und Lithiumhexamethyldisilazid hinsichtlich ihrer pK_a-Werte und begründen Sie die Abstufung.

c) Wiederholen Sie noch einmal die Peterson-Olefinierung aus Kap. 3. Als Ausgangsstoff dienten β-Hydroxysilane. Wie stellen Sie diese Ausgangsmaterialien her? Was hat dies mit dem anionenstabilisierenden Effekt von Si-Atomen zu tun?

d) Gehen Sie noch einmal zurück zur Corey-Seebach-Reaktion und erklären Sie, warum man in dieser Reaktion kein Acetal statt des Dithians verwenden kann.

9.2 Phosphor-Ylide

9.2.1 Herstellung von P-Yliden

Nichtstabilisierte Phosphonium-Ylide werden leicht (Abb. 9.1) durch eine S_N-Reaktion von Triphenylphosphin mit dem gewünschten Halogenalkan und anschließende Deprotonierung des erhaltenen Phosphoniumsalzes gewonnen. Als Base dient hierbei oft *n*-Butyllithium, bei dem man jedoch beachten sollte, dass es nicht nur eine starke Base, sondern auch ein starkes Nucleophil ist, das mit anderen funktionellen Gruppen reagieren kann.

Stabilisierte Phosphonium-Ylide lassen sich ebenfalls durch Deprotonierung der entsprechenden konjugaten Säuren gewinnen, die wiederum auf unterschiedliche Arten generiert werden können. Eine Möglichkeit besteht darin, ein nichtstabilisiertes Phosphonium-Ylid als Nucleophil mit einem Säurechlorid umzusetzen (Abb. 9.4, oben). Hierbei werden insgesamt zwei Äquivalente Ylid benötigt, da nach der nucleophilen Substitution des Esters in α-Stellung die ylidische Methylengruppe wegen der zusätzlichen Aktivierung durch die Carbonylgruppe so sauer wird, dass das Ylid selbst als Base im Deprotonierungsschritt fungiert.

Die analogen Phosphonium-Ylide lassen sich auch durch Reaktion von Phosphinen mit α-halogenierten Estern oder analogen Carbonylverbindungen gewinnen (Abb. 9.4, Mitte). Die Reaktion ist analog zur Darstellung von nichtstabilisierten Yliden. Aufgrund der höheren Acidität können jedoch mildere Basen verwendet werden, sodass diese Variante zum Einsatz kommen kann, wenn andere gegen Nucleophile empfindliche funktionelle Gruppen im Ylid vorhanden sein sollen. Häufig kommen NaH oder die zum Ester gehörigen Alkoxide zur Anwendung. Diese Ylide sind wegen der zusätzlichen mesomeren Stabilisierung oft lagerfähig, und zumindest viele der strukturell einfacheren sind kommerziell erhältlich. Allerdings kann diese Stabilisierung auch zum Nachteil gereichen, da die geringere

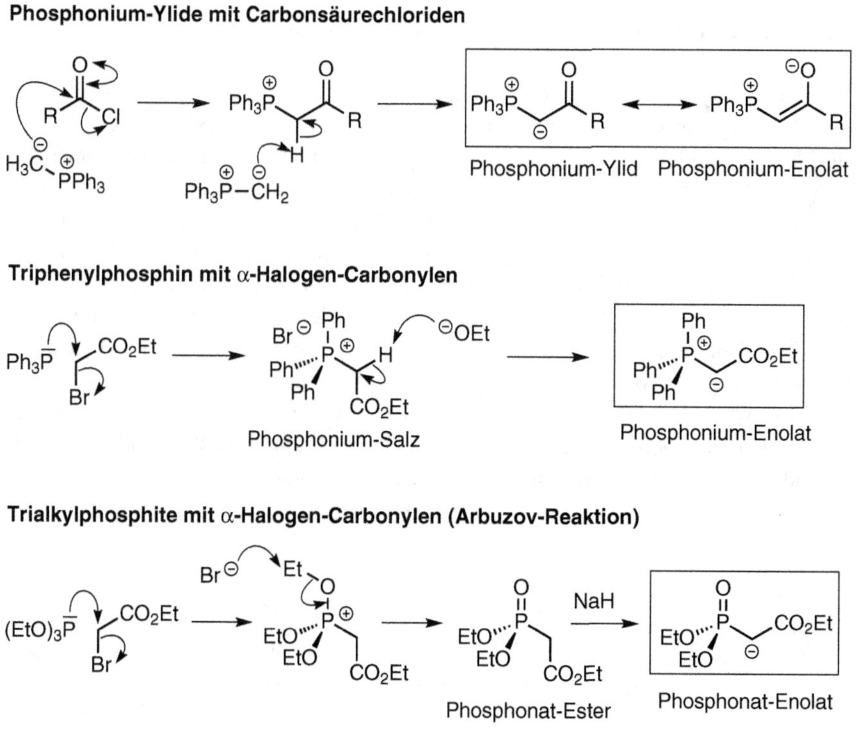

Phosphonium-Ylide mit Carbonsäurechloriden

Triphenylphosphin mit α-Halogen-Carbonylen

Trialkylphosphite mit α-Halogen-Carbonylen (Arbuzov-Reaktion)

Abb. 9.4 Weitere Möglichkeiten zur Herstellung von Phosphor-Yliden

Nucleophilie am Ylid-Kohlenstoffatom oft zur Folge hat, dass die stabilisierten Ylide nur mit Aldehyden gut reagieren, nicht aber mit Ketonen.

In solchen Fällen bieten sich Phosphonat-Enolate als bessere Alternative an, da diese einen stärker anionischen Charakter und somit eine höhere Reaktivität aufweisen. Es handelt sich hierbei eigentlich eher um phosphonatstabilisierte Carbanionen als um Ylide, die wir aber in diesem Kapitel wegen der analogen Reaktivität ebenfalls besprechen. Sie lassen sich durch Reaktion von Trialkylphosphiten mit α-halogenierten Carbonylverbindungen gewinnen (Abb. 9.4, unten). Die Synthese von Phosphonaten ausgehend von Phosphiten und Halogenalkanen, also der erste Schritt vor der Deprotonierung zum Phosphonat-Enolat, wird allgemein auch Arbuzov-Reaktion genannt.

Übung 9.2

Gehen Sie den Mechanismus der Arbuzov-Reaktion einmal im Detail durch und bestimmen Sie, welche Reaktionstypen beteiligt sind. Bromid ist kein gutes Nucleophil, und wir haben es in den früheren Kapiteln meist als Abgangsgruppe kennengelernt. Was ist die Triebkraft für den zweiten Schritt der Arbuzov-Reaktion?

9.2.2   Reaktionen von P-Yliden: die Wittig-Reaktion

Die Wittig-Reaktion ist eine der wichtigsten Methoden zur Synthese von Alkenen. Ausgangspunkt sind dabei eine Carbonylverbindung, also ein Keton oder ein Aldehyd, und ein Phosphonium-Ylid (Abb. 9.5). Im ersten Schritt greift das nucleophile Ylid-Kohlenstoffatom das elektrophile Carbonyl-Kohlenstoffatom des Aldehyds oder Ketons und das Carbonyl-Sauerstoffatom am Phosphoratom an. Es bildet sich ein viergliedriger Ring, ein sogenanntes Oxaphosphetan. Die spontane Weiterreaktion dieses energiereichen Intermediats in einer [2+2]-Cycloreversion führt anschließend zu einem Alken, bei dem die Carbonylgruppe durch eine C=C-Bindung ersetzt wurde. Ihre thermodynamische Triebkraft erhält diese Reaktion daraus, dass eine schwache P–C-Bindung in eine starke P=O-Bindung überführt wird. Der Mechanismus der Wittig-Reaktion ist jedoch vielschichtig, und die genauen Details hängen oft von den Substituenten an Ylid und Carbonylverbindung sowie der Anwesenheit von Lithiumsalzen ab.

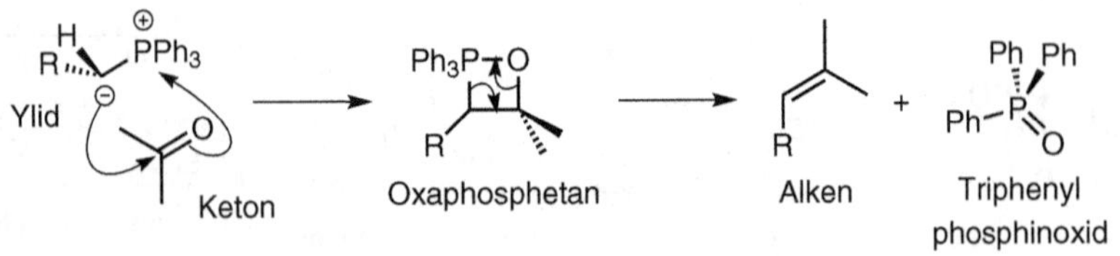

Abb. 9.5 Wittig-Reaktion zwischen einem Phosphonium-Ylid und einem Keton

---

Übung 9.3

Im Folgenden sind einige Bindungsdissoziationsenergien angegeben. Berechnen Sie die Reaktionswärme der Wittig-Reaktion aus diesen Daten.

$BDE(C=C) = 610 \text{ kJ mol}^{-1}$	$BDE(C=O) = 740 \text{ kJ mol}^{-1}$
$BDE(P=O) = 540 \text{ kJ mol}^{-1}$	$BDE(P–C) = 290 \text{ kJ mol}^{-1}$

Sind sowohl am Ylid-Kohlenstoff als auch an der Carbonylgruppe des Ketons oder Aldehyds je zwei verschiedene Substituenten gebunden, sind zwei konfigurationsisomere Produkte möglich, nämlich das *(Z)*- und das *(E)*-Alken. Welches Produkt entsteht, wird bereits bei der Bildung des Oxaphosphetans festgelegt, da hier entschieden wird, von welcher Seite der Carbonylgruppe das Ylid in welcher Orientierung angreift. Auch wenn in der neueren Literatur der genaue Mechanismus der Wittig-Reaktion und damit auch die Frage nach der Begründung der Stereochemie immer noch umstritten ist, gilt allgemein: Wittig-Reaktionen mit stabilisierten und dadurch weniger reaktiven Yliden sind *(E)*-selektiv. Wittig-Reaktionen mit nichtstabilisierten und daher reaktiven Yliden sind dagegen *(Z)*-selektiv. Abb. 9.6 vergleicht die beiden Fälle und gibt eine mögliche Begründung für die *(E/Z)*-Selektivitäten. Mischungen aus beiden diastereomeren Alkenen treten beispielsweise dann auf, wenn sowohl das Ylid als auch die Carbonylverbindung eine mittlere Reaktivität haben oder wenn ein reaktives Ylid auf eine wenig reaktive

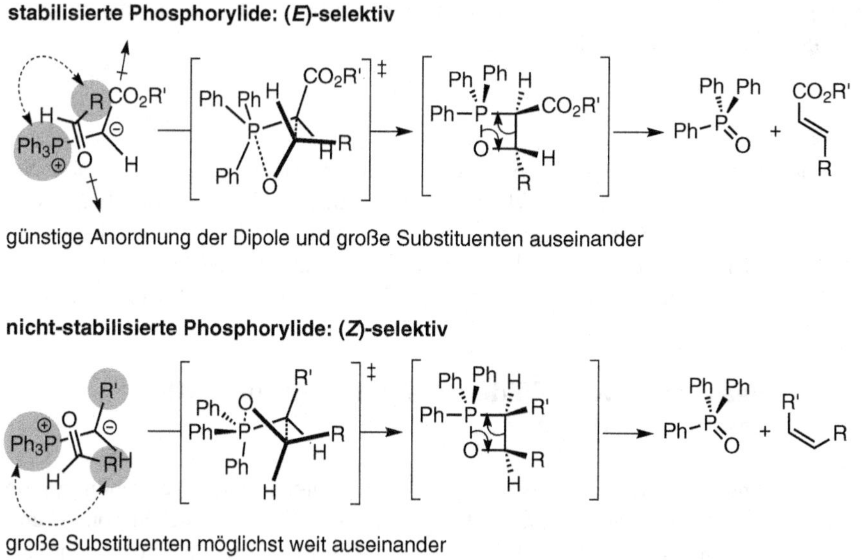

stabilisierte Phosphorylide: (*E*)-selektiv

günstige Anordnung der Dipole und große Substituenten auseinander

nicht-stabilisierte Phosphorylide: (*Z*)-selektiv

große Substituenten möglichst weit auseinander

Abb. 9.6 Vergleich eines stabilisierten, also weniger reaktiven, mit einem nichtstabilisierten, also reaktiveren Ylid hinsichtlich des stereochemischen Verlaufs der Wittig-Reaktion

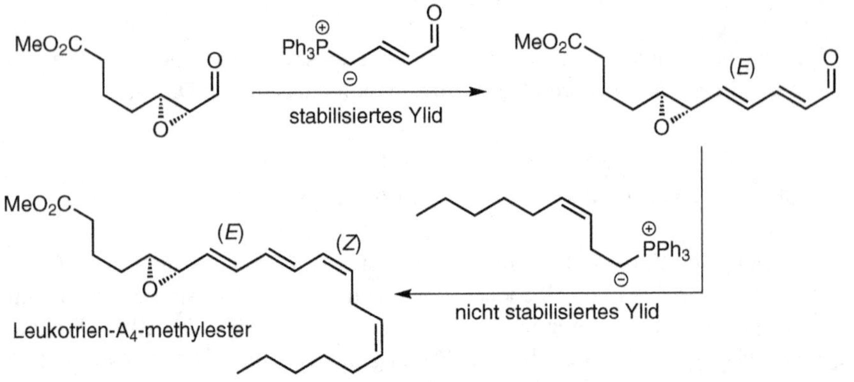

Abb. 9.7 Zweifache Wittig-Reaktion in der Synthese des Leukotrien-A4-Methylesters. Die Wahl der Ylide bestimmt die Selektivität für *(E)*- und *(Z)*-Doppelbindungen

Carbonylverbindung trifft. Häufig kann man auch in solchen Fällen durch die Wahl der Reaktionsbedingungen die *(E/Z)*-Selektivität steuern.

Ein schönes Beispiel, wie man sich diese Selektivitäten in der Synthese zunutze machen kann, zeigt Abb. 9.7. Der Leukotrien-A$_4$-methylester, ein Eicosanoid-Derivat, ist interessant als Wirkstoff, da die entsprechende Carbonsäure als Vorläufer für biologisch aktive Entzündungsmediatoren dient. Die letzten beiden Syntheseschritte sind zwei aufeinander folgende Wittig-Reaktionen. Dabei muss die erste *(E)*-selektiv und die zweite *(Z)*-selektiv verlaufen, um zum gewünschten Produkt zu gelangen. Die beiden Ylid-Reagenzien ermöglichen es hier, selektiv die benötigten Stereoisomere herzustellen: Im ersten Schritt wird ein stabilisiertes, im zweiten ein nichtstabilisiertes Ylid verwendet.

Übung 9.4

Wiederholen Sie, was man unter dem Vinylogie-Prinzip versteht. Schauen Sie sich dann das stabilisierte Ylid im ersten Schritt in Abb. 9.7 an und begründen Sie, warum es sich hier tatsächlich um ein stabilisiertes Ylid handelt, obwohl das Ylid-Kohlenstoffatom nicht direkt in α-Position zur Carbonylgruppe steht. Zeichnen Sie mesomere Grenzformeln, die die Stabilisierung des Ylids zeigen.

9.2.3   Reaktionen von P-Yliden: die Horner-Wadsworth-Emmons-Reaktion

Die Bildung von Alkenen aus Carbonylverbindungen unter Verwendung von Phosphonat-Enolaten wird auch Horner-Wadsworth-Emmons-Reaktion (kurz: HWE-Reaktion) genannt (Abb. 9.8). Da hier sowohl durch die Phosphonat- als

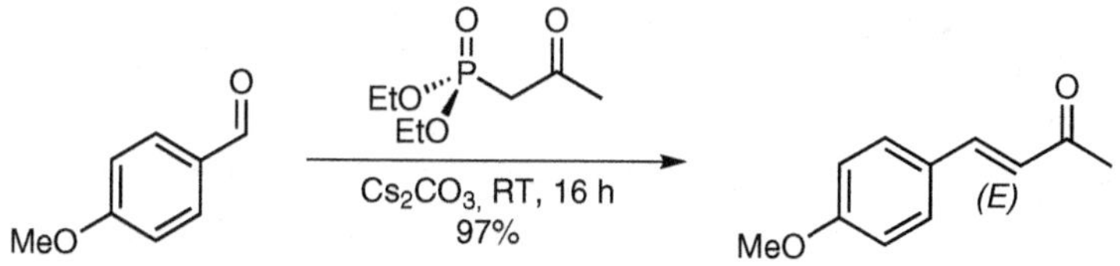

Abb. 9.8 Die Horner-Wadsworth-Emmons-Reaktion ist (*E*)-selektiv

auch die Carbonylgruppe doppelt stabilisierte Carbanionen verwendet werden, verläuft die Reaktion in der Regel unter ausschließlicher Bildung des *(E)*-Alkens.

Die HWE-Reaktion hat Vorteile gegenüber der Wittig-Reaktion: Zum einen lassen sich die Phosphonate meist einfacher und auch günstiger synthetisieren als die entsprechenden Phosphonium-Ylide – typischerweise unter Verwendung der oben bereits beschriebenen Arbuzov-Reaktion. Zum anderen ist die Reaktivität der Phosphonat-Enolate meist deutlich höher als die der entsprechenden stabilisierten Phosphonium-Ylide. Sie reagieren daher mit fast allen Aldehyden und Ketonen unter weitaus milderen Bedingungen.

Übung 9.5

a) Zeichnen Sie das zu dem in Abb. 9.8 gezeigten Phosphonatreagenz gehörende Carbanion mit allen Grenzstrukturen. Welche Grenzstruktur macht die Analogie zu den Phosphonium-Yliden augenfällig?

b) Formulieren Sie einen Mechanismus für die in der Abbildung gezeigte Reaktion in allen Einzelschritten.

c) Das Produkt in Abb. 9.8 können Sie auch auf einem anderen Syntheseweg herstellen. Machen Sie einen Alternativvorschlag für seine Synthese. Welche Schwierigkeiten könnte es geben, und wie umschiffen Sie diese, wenn Sie keine HWE-Reaktion verwenden wollen?

9.3 Sulfonium- und Sulfoxonium-Ylide

Nichtstabilisierte Sulfonium-Ylide werden analog zu Phosphonium-Yliden durch Deprotonierung von Sulfoniumsalzen gewonnen, die wiederum leicht durch nucleophile Substitutionen erhältlich sind. So ist Dimethylsulfid hinreichend nucleophil, um mit Methyliodid zum Trimethylsulfoniumiodid zu reagieren. Diese Reaktion benötigt keine externe Triebkraft wie beispielsweise die Umsetzung mit Silbersalzen, die bei den analogen Sauerstoffverbindungen die Reaktion durch Abfangen des Iodids antreiben. Als Base im zweiten Schritt kommt wie bei den Phosphonium-Yliden in der Regel *n*-Butyllithium zum Einsatz (Abb. 9.9, oben).

Stabilisierte Sulfoxonium-Ylide lassen sich ganz analog durch eine nucleophile Substitutionsreaktion eines Sulfoxids mit Methyliodid und anschließende Deprotonierung des dabei gebildeten Sulfoxoniumsalzes gewinnen. Hier stabilisiert

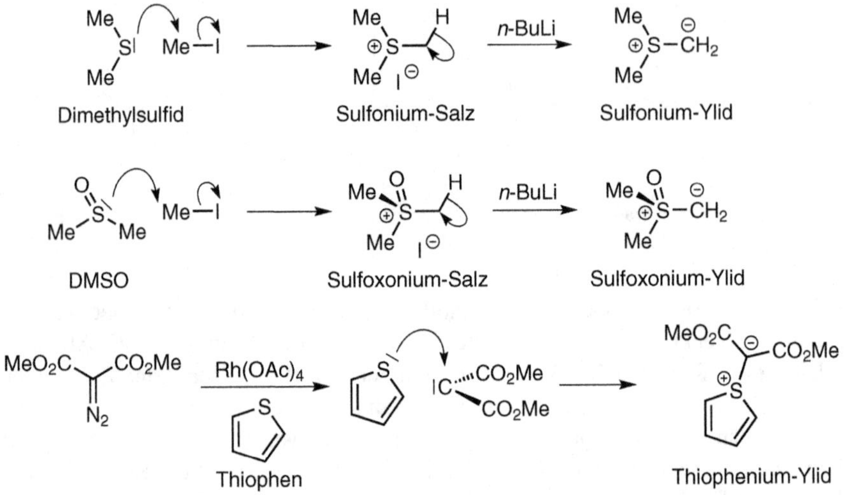

Abb. 9.9 Methoden zur Synthese von Sulfonium-, Sulfoxonium- und Thiophenium-Yliden

keine zusätzliche Carbonylgruppe am Ylid-Kohlenstoffatom die negative Ladung, sondern die S–O-Bindung (Abb. 9.9, Mitte).

Eine andere Möglichkeit zur Herstellung stabilisierter Sulfonium-Ylide ist – wie wir bereits in Abb. 9.1 gesehen haben – die Reaktion von Sulfiden mit Carbenen. Diazocarbonylverbindungen sind dabei gute Carbenvorläufer und können rhodiumkatalysiert unter Stickstoffabspaltung in die Carbene überführt werden. Diese Synthesemethode bietet einen nützlichen Weg zur Synthese von Sulfonium-Yliden, die auf anderen Wegen sonst nur schwer zugänglich sind. Ein Beispiel ist in Abb. 9.9 (unten) gezeigt: Sogar Thiophen kann zur Ylidherstellung aus Carbenen verwendet werden. Im gezeigten Beispiel sind es, wie bei den stabilisierten Phosphonium-Yliden, wieder die zum Ylid-Kohlenstoffatom benachbarten Carbonylgruppen, die das Ylid stabilisieren helfen.

Während Phosphonium-Ylide mit Carbonylgruppen wegen der recht starken P=O-Doppelbindung unter vollständiger Entfernung des Carbonyl-Sauerstoffatoms zu Alkenen reagieren, ergibt die Reaktion von Schwefel-Yliden mit Carbonylgruppen Epoxide (Abb. 9.10, oben). Diese Reaktion ist als Corey-Chaykovski-Reaktion bekannt. Formal kann man hier eine Analogie zur Carbenaddition an C=C-Doppelbindungen sehen. Die Carbonylgruppe ist das Äquivalent zur C=C-Doppelbindung, das Sulfonium-Ylid mit seinem freien Elektronenpaar und der guten R_2S^+-Abgangsgruppe ein Carbenoid. Sie sehen also, dass man ein Oxiran retrosynthetisch auf verschiedene Weisen zerlegen kann. Während die Persäureoxidation von C=C-Doppelbindungen einer retrosynthetischen Zerlegung durch die beiden C–O-Bindungen des Oxirans entspricht, korrespondiert die Reaktion von Carbonylgruppen mit Schwefel-Yliden mit einer Zerlegung

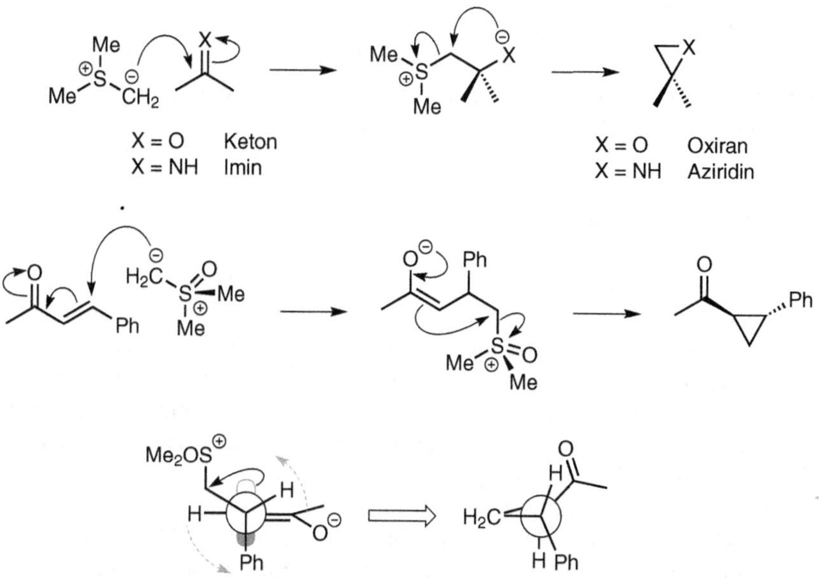

Abb. 9.10 Reaktionen von Sulfonium-Yliden. **Oben:** Oxiranbildung durch nucleophilen Angriff auf die Carbonylgruppe und anschließenden Ringschluss unter Abspaltung der Thioether-Abgangsgruppe. Analog funktioniert dies mit Iminen, die in Aziridine überführt werden können. **Mitte:** Während Sulfonium-Ylide auch mit Michael-Systemen bevorzugt 1,2-Additionen eingehen und so zum Oxiran führen, reagieren Sulfoxonium-Ylide in 1,4-Additionen und ergeben daher die entsprechenden Cyclopropane. **Unten:** Modell zur Erklärung der ausschließlichen Bildung *trans*-substituierter Cyclopropane

durch eine C–O- und eine C–C-Bindung. Sulfoxonium-Ylide sind etwas weniger reaktiv, bilden aber ganz analog ebenfalls Oxirane. Werden Imine statt Carbonylverbindungen als Elektrophil mit Sulfonium-Yliden zur Reaktion gebracht, erhält man das entsprechende Aziridin.

Bei der Reaktion mit α,β-ungesättigten Carbonylverbindungen (Michael-Systeme) ändert sich je nach Art des Ylids die Regioselektivität. Während nichtstabilisierte Ylide in einer 1,2-Addition an die Carbonylgruppe Epoxide erzeugen, erhält man mit stabilisierten Yliden in einer 1,4-Addition das entsprechende Cyclopropanprodukt. Dieser Unterschied lässt sich möglicherweise damit erklären, dass aufgrund der erhöhten Stabilität des Schwefel-Ylids der Angriff an die Carbonylgruppe reversibel ist. Der vinyloge Angriff, also die Michael-Addition, ist hingegen energetisch bevorzugt – die schwächere C=C-Bindung wird anstelle der relativ starken C=O-Bindung geopfert – und so bildet sich das thermodynamisch stabilere Produkt. In dieser Reaktion ordnen sich die beiden Substituenten am Cyclopropanring ausgehend von der günstigsten reaktiven Konformation des Intermediats in einer *trans*-Konfiguration an.

Übung 9.6

Die Bildung von *cis*-1-Acetyl-2-methylcyclopropan durch Reaktion mit S-Yliden ist nicht möglich. Entwerfen Sie eine alternative (Retro-)Synthese für dieses Stereoisomer des in Abb. 9.10 (Mitte) gezeigten Produkts.

9.4   Stickstoff-Ylide

Ebenso wie Schwefel und Phosphor können aber auch Heteroatome der zweiten Periode, also Sauerstoff und Stickstoff, Ylid-Strukturen bilden. Wir haben im letzten Abschnitt gesehen, dass mithilfe der Corey-Chaykovsky-Reaktion Aziridine aufgebaut werden können. Trotz der Ringspannung handelt es sich dabei um recht stabile Verbindungen. Befindet sich jedoch eine elektronenziehende Gruppe am Ring, öffnet er sich beim Erwärmen. Das Produkt ist ein sogenanntes Azomethin-Ylid (Abb. 9.11, oben).

Weitere Stickstoff-Ylide mögen auf den ersten Blick nicht als solche auffallen und sind häufig unter anderen Namen bekannt. Einige dieser Verbindungen und ihr Reaktionsverhalten wie das von *N*-Oxiden oder Nitroverbindungen haben wir bereits kennengelernt. Bei den anderen Beispielen in Abb. 9.11 (unten), also dem Nitron und dem Nitriloxid, handelt es sich um sogenannte 1,3-Dipole. Warum sie als 1,3-Dipole bezeichnet werden, wird schnell klar, wenn man einmal die andere mögliche mesomere Grenzformel zeichnet. Ihr Reaktionsverhalten wird – wie wir in Kap. 10 sehen werden – insbesondere von 1,3-dipolaren Cycloadditionen bestimmt.

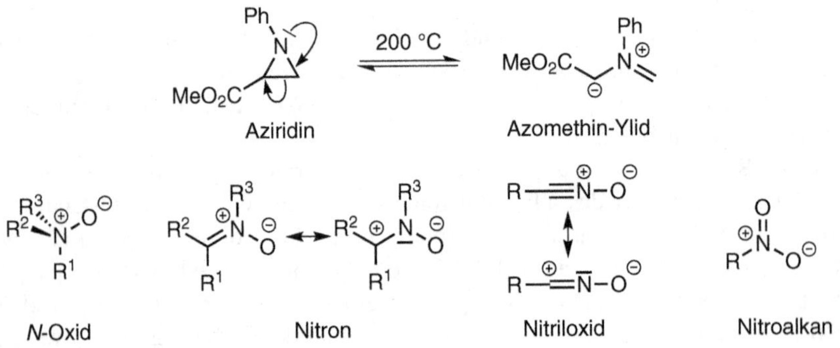

Abb. 9.11 Oben: Herstellung von Azomethin-Yliden aus Aziridinen. **Unten:** Beispiele für andere Stickstoff-Ylide

Übung 9.7

Das Azomethin-Ylid, das Nitron und das Nitriloxid sind wie Ozon und Phenylazid sogenannte 1,3-Dipole.

a) Zeichnen Sie analog zum Nitron und zum Nitriloxid in Abb. 9.11 für das Azomethin-Ylid, das Ozon und das Phenylazid die mesomeren Grenzformeln, die das verdeutlichen.

b) Konstruieren Sie die MO-Schemata der π-Systeme aller dieser 1,3-Dipole. Entscheiden Sie, welche freien und welche Bindungselektronenpaare dem π-System zuzurechnen sind und welche dem σ-Gerüst, indem Sie sich die Hybridisierung der drei zum 1,3-Dipol gehörenden Atome vergegenwärtigen. Besetzen Sie die Orbitale mit Elektronen und benennen Sie die Grenzorbitale. Vergleichen Sie Ihre MO-Schemata mit denen des Allylanions und des Allylkations.

9.5 Trainingsaufgaben

Aufgabe 9.1

Geben Sie das Intermediat und die Produkte der folgenden Reaktionen an. Können Sie Aussagen über die Stereochemie der Produkte machen? Überlegen Sie sich eine möglichst einfache Retrosynthese für das gezeigte Edukt.

Aufgabe 9.2

a) Geben Sie mindestens drei Wege an, auf denen Sie Oxirane herstellen können. Formulieren Sie die Reaktionsmechanismen und entwickeln Sie damit Synthesen für die in der oberen Reihe der Abbildung gezeigten Produkte.

b) Führen Sie für die Reaktionssequenz unten in der Abbildung eine retrosynthetische Analyse durch. Geben Sie dann die Reagenzien und Zwischenprodukte an.
   Nach welchen Mechanismen verlaufen die drei Reaktionen? Warum setzt man
   im letzten Schritt HBF$_4$ als Säure ein?

Aufgabe 9.3
Das folgende Schema zeigt Ihnen die Strukturen von Vitamin A (Retinol) und
von β-Carotin, zwei wichtigen Naturstoffen. In den großtechnisch z. B. von der
BASF durchgeführten Synthesen werden im letzten Schritt die Doppelbindungen
geknüpft, die in den Strukturen durch gestrichelte Linien geteilt werden. Formulieren Sie diesen letzten Schritt als retrosynthetische Analyse und benennen Sie
Synthons und die dazugehörigen Syntheseäquivalente. Wie gelingt es, die Stereochemie der neuen Doppelbindungen zu kontrollieren?

Retinol-Ester (Vitamin-A-Ester)

β-Carotin

Aufgabe 9.4
Die Wittig-Reaktion ist nicht auf Carbonsäurederivate anwendbar, da deren Reaktivität gegenüber den Phosphonium-Yliden zu gering ist. Sie können daher in dieser Reaktion nur Aldehyde und Ketone einsetzen. Die Tebbe-Reaktion erlaubt aber
auch die Umsetzung von Carbonsäureestern zu den entsprechenden Alkoxyalke-
nen. Schlagen Sie nach, welches Reagenz hier zum Einsatz kommt. Formulieren
Sie einen plausiblen Mechanismus und kontrollieren Sie diesen Mechanismus
mithilfe der Literatur. Diskutieren Sie die mechanistischen Gemeinsamkeiten von
Tebbe- und Wittig-Reaktion.

Aufgabe 9.5
In Kap. 7 haben wir eine weitere Reaktion kennengelernt, in der ein Schwefel-Ylid
eine zentrale Rolle spielt. Wiederholen Sie vor dem Hintergrund dieses Kapitels
noch einmal die Swern-Oxidation und formulieren Sie die Mechanismen aller
beteiligten Reaktionsschritte. Warum gelingt auf diesem Weg eine glatte Oxidation
eines primären Alkohols zum Aldehyd ohne jede Weiterreaktion zur Carbonsäure?

Pericyclische Reaktionen

Dieses Kapitel hat pericyclische Reaktionen zum Thema, die orbitalkontrolliert verlaufen. Dieser Reaktionstyp unterscheidet sich sowohl von den Radikalreaktionen als auch von den polaren Reaktionen dadurch, dass die Reaktionen konzertiert und ohne die Beteiligung radikalischer, nucleophiler oder elektrophiler Reaktanden oder Zwischenstufen verlaufen.

- Sie verstehen die stringente Systematik, der die pericyclischen Reaktionen folgen, und kennen die fünf großen Klassen mit ihren jeweils eigenen Woodward-Hoffmann-Regeln.
- Je nachdem, ob (4n) oder (4n + 2) Elektronen an den Reaktionen beteiligt sind, und je nachdem, ob die Reaktionen thermisch oder photochemisch durchgeführt werden, verlaufen sie unterschiedlich. Aus Molekülorbitalbetrachtungen können Sie die Woodward-Hoffmann-Regeln ableiten. Für einfachere Beispiele können Sie Korrelationsdiagramme erstellen. Die vereinfachte Beschreibung mithilfe der Grenzorbitale ist Ihnen geläufig.
- Viele pericyclische Reaktionen verlaufen stereokontrolliert. Sie können einschätzen, wie die stereochemische Steuerung eine geplante Synthese limitiert oder für sie nutzbar gemacht werden kann.
- Die Orbitalkontrolle dieser Reaktionen drückt sich z. B. auch in der Regiochemie von Cycloadditionsprodukten und der Reaktionsgeschwindigkeit aus. Sie verstehen, wie es hierzu kommt.

10.1 Einleitung

Sie haben in der Grundvorlesung bereits einige pericyclische Reaktionen kennengelernt. Der Klassiker ist die Diels-Alder-Reaktion eines Diens mit einem Dienophil, bei der sich insgesamt sechs Elektronen cyclisch delokalisiert entlang des

© Springer-Verlag GmbH Deutschland 2017
S. Leisering und C.A. Schalley, *Tutorium Reaktivität und Synthese*,
DOI 10.1007/978-3-662-53852-4_10

Perimeters des sechsgliedrigen Übergangszustands verschieben. Der Übergangszustand der Diels-Alder-Reaktion kann also als aromatisch stabilisiert betrachtet
werden.

Diese Beobachtungen können wir verallgemeinern. Bei pericyclischen Reaktionen handelt es sich also um Reaktionen, bei denen sich alle Änderungen erster
Ordnung in den Bindungsverhältnissen synchron auf einer geschlossenen Kurve
vollziehen. Sie verlaufen über konzertierte Mechanismen mit cyclischen Übergangszuständen, ohne Intermediate zu durchlaufen. Sie werden in fünf Kategorien
unterteilt (Abb. 10.1):

1. Bei den Cycloadditionen reagieren zwei Moleküle miteinander unter Ausbildung eines Rings. Sind $(4n + 2)$ Elektronen beteiligt, ist die Reaktion thermisch erlaubt, bei $(4n)$ beteiligten Elektronen ist sie thermisch verboten. Die
   Woodward-Hoffmann-Regeln sagen bei diesen Reaktionen also etwas darüber
   aus, welche Reaktionen eine niedrige und welche eine hohe Barriere haben.
2. Bei den elektrocyclischen Reaktionen handelt es sich um eine intramolekulare
   Ringbildung. Reaktionen mit $(4n + 2)$ Elektronen verlaufen disrotatorisch,
   solche mit $(4n)$ Elektronen conrotatorisch. Die Begriffe „disrotatorisch" und
   „conrotatorisch" beziehen sich dabei auf die relative Drehung der beiden Enden
   des ringgeöffneten Edukts beim Ringschluss. Drehen sie sich beide im Uhr-
   zeigersinn oder beide dagegen, liegt eine conrotatorische Reaktion vor, drehen
   sie sich entgegengesetzt, eine disrotatorische. Hier sagen die Woodward-Hoffmann-Regeln also etwas über den stereochemischen Verlauf der Reaktion aus.
3. Sigmatrope Umlagerungen sind Wanderungen einer zu einem π-System
   benachbarten Gruppe, die über cyclische Übergangszustände und Verschiebung
   des Doppelbindungssystems verlaufen. Auch sigmatrope Umlagerungen sind
   intramolekulare Reaktionen. Teilt man die Moleküle gedanklich an der gebrochenen und der neu gebildeten σ-Bindung, so liegen diese beiden Bindungen
   bei Reaktionen mit $(4n + 2)$ Elektronen in beiden Molekülfragmenten auf der
   gleichen Seite des Moleküls. Sie verlaufen also an beiden Fragmenten „suprafacial". Reaktionen mit $(4n)$ Elektronen laufen nur dann konzertiert, wenn eines
   der Fragmente „antarafacial" beteiligt ist, wenn also die beiden Bindungen auf
   gegenüberliegenden Seiten liegen. Die Woodward-Hoffmann-Regeln sagen hier
   also ebenfalls etwas über den stereochemischen Verlauf aus.
4. Die cheletropen Reaktionen sind eine eigene Klasse von Cycloadditionen, bei
   denen sich zwei neue Bindungen zum gleichen Atom ausbilden. Hier sagen
   die Woodward-Hoffmann-Regeln etwas über die Geometrie des Übergangszustands aus. Bei Reaktionen mit $(4n + 2)$ Elektronen handelt es sich um eine
   sogenannte „End-on"-Annäherung des Reaktionspartners an das π-System, bei
   Reaktionen mit $(4n)$ Elektronen um eine „Side-on"-Annäherung.
5. Die Gruppentransferreaktionen schließlich ähneln den Cycloadditionen. Da
   hierbei aber keine Ringe gebildet werden, stellen sie eine eigene Kategorie dar.
   Wie bei den Cycloadditionen kann man aber Aussagen darüber treffen, ob sie
   über hohe oder niedrige Barrieren verlaufen, je nachdem ob $(4n + 2)$ oder $(4n)$
   Elektronen beteiligt sind.

Cycloadditionen

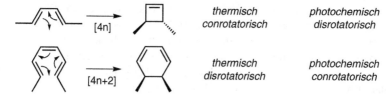

	thermisch	photochemisch
[4n]	thermisch verboten	photochemisch erlaubt
[4n+2]	thermisch erlaubt	photochemisch verboten

elektrocyclische Reaktionen

	thermisch	photochemisch
[4n]	thermisch conrotatorisch	photochemisch disrotatorisch
[4n+2]	thermisch disrotatorisch	photochemisch conrotatorisch

sigmatrope Umlagerungen

	thermisch	photochemisch
[4n]	thermisch supra/antarafacial	photochemisch supra/suprafacial
[4n+2]	thermisch supra/suprafacial	photochemisch supra/antarafacial

cheletrope Reaktionen

	thermisch	photochemisch
[4n]	thermisch side-on	photochemisch end-on
[4n+2]	thermisch end-on	photochemisch side-on

Gruppentransferreaktionen

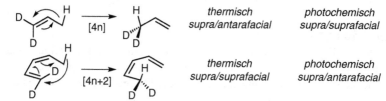

Abb. 10.1 Die Systematik pericyclischer Reaktionen und die jeweils zugehörigen Woodward-Hoffmann-Regeln. In den Reaktionsgleichungen sind jeweils die thermischen Reaktionen gezeigt

Die Regeln, die wir bisher hier kurz zusammengefasst haben, stellen zunächst einmal empirische Beobachtungen dar, die aus einer Vielzahl an Reaktionen gewonnen wurden. Alle diese Regeln gelten für thermisch induzierte Reaktionen. Es ist klar erkennbar, dass eine tiefere Systematik dahinter steckt, die offensichtlich etwas mit den beteiligten Elektronenzahlen und damit mit den entsprechenden Molekülorbitalen zu tun hat. Daher bezeichnet man diese Reaktionen als orbitalkontrolliert, und wir werden im Folgenden sehen, wie diese Orbitalkontrolle aussieht und wie sie sich auswirkt.

Viele pericyclische Reaktionen lassen sich auch photochemisch induzieren. Photochemisch Reaktionsverläufe können dabei komplexer werden, z. B. wenn die Moleküle nach der Anregung mit Licht in Triplett-Zustände, also Diradikale, übergehen. Hier ist dann kein konzertierter Verlauf mehr möglich. Gibt es solche Komplikationen nicht, verlaufen auch die photochemisch induzierten pericyclischen Reaktionen konzertiert. Die Regeln kehren sich dabei genau um. Wir werden mithilfe der Orbitalmodelle sehen, warum dies der Fall ist.

Insgesamt wird also erkennbar, dass die pericyclischen Reaktionen einer strengen Systematik unterliegen.

Übung 10.1

    a) Gehen Sie alle Reaktionen in Abb. 10.1 mithilfe Ihres Molekülbaukastens einmal durch. Bauen Sie die jeweils beteiligten Moleküle und überlegen Sie sich, wie sie sich einander im Fall der Cycloadditionen und cheletropen Reaktionen annähern.

    b) Überlegen Sie sich, wie viele π- und wie viele σ-Bindungen in den Reaktionen gebrochen und gebildet werden und wie viele Elektronen daher beteiligt sind.

    c) Machen Sie sich anhand der mit dem Molekülbaukasten gebauten Moleküle klar, was die Begriffe „conrotatorisch", „disrotatorisch", „suprafacial" und „antarafacial" bedeuten.

    d) Warum sind die Edukte und Produkte der sigmatropen Umlagerungen in Abb. 10.1 wohl isotopenmarkiert?

10.2 Die Erhaltung der Orbitalsymmetrie: Korrelationsdiagramme

Robert Woodward und Roald Hoffmann, nach denen die oben wiedergegebenen Regeln für den Verlauf pericyclischer Reaktionen benannt sind, fanden eine sehr einfach zu formulierende physikalische Grundlage für die Regeln:

▶ Bei konzertiert verlaufenden Reaktionen bleibt die Orbitalsymmetrie erhalten.

Am besten lässt sich dies mithilfe von Korrelationsdiagrammen veranschaulichen, bei denen man kurz zusammengefasst so vorgeht: Man konstruiert jeweils die

Orbitale der Edukte und Produkte, leitet aus der Übergangszustandsgeometrie die Symmetrieelemente ab, die zu betrachten sind, und bestimmt jeweils die Symmetrien der Orbitale von Edukt und Produkt bezüglich dieser Elemente. Dann korreliert man Orbitale gleicher Symmetrie und bestimmt, welche Reaktionen günstige Übergangszustände und welche energetisch hoch liegende und damit ungünstige Übergangszustände haben.

10.2.1 Korrelationsdiagramm für die [2 + 2]-Cycloaddition

Nehmen wir das komplizierteste Beispiel, die [2 + 2]-Cycloaddition von Propen und Aceton, gleich zu Beginn und gehen schrittweise vor (Abb. 10.2). Wenn Sie die folgenden Schritte konsequent nacheinander abarbeiten, sollten Sie auch für andere pericyclische Reaktionen leicht die Korrelationsdiagramme aufstellen können.

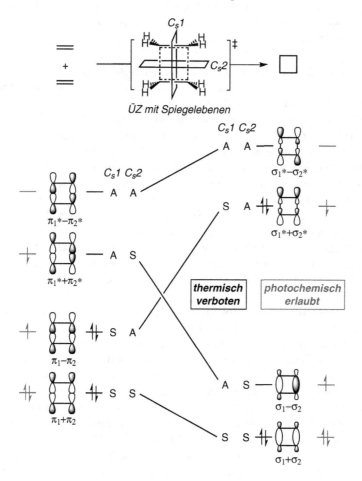

Abb. 10.2 Korrelationsdiagramm für die [2 + 2]-Cycloaddition

Schritt 1: Vereinfachung der Reaktion auf das Grundsystem
Zunächst werden die Edukte auf die höchstmögliche Symmetrie gebracht. Dafür
ersetzt man Substituenten, die an der Reaktion nicht beteiligt sind, durch Wasserstoffatome und Heteroatome isoelektronisch durch Kohlenstoff. Aus dem Propen
wird so durch Entfernen der unbeteiligten Methylgruppe ein Ethenmolekül und
aus dem Aceton durch Entfernen der beiden Methylgruppen und isoelektronische
Ersetzung des Sauerstoffatoms durch eine Methylengruppe ebenfalls ein Ethenmolekül. In Abb. 10.2 (oben) ist dies bereits geschehen.

Schritt 2: Ermittlung der Geometrie des Übergangszustands
Man muss nun eine Vorstellung von der Geometrie des Übergangszustands entwickeln. Für die [2 + 2]-Cycloaddition ist er in Abb. 10.2 (oben) gezeigt. Die beiden Ethenmoleküle nähern sich so aneinander an, dass sie in zueinander parallelen
Ebenen liegen und eine optimale Überlappung der π-Orbitale der beiden Moleküle
gewährleisten, aus denen ja im Verlauf der Reaktion die neuen σ-Bindungen werden. Nur wenn hier eine beiderseitig bindende Überlappung möglich ist, können
sich die neuen Bindungen konzertiert bilden.

Schritt 3: Bestimmung der relevanten Symmetrieelemente
Der Übergangszustand besitzt drei Spiegelebenen, die beiden in Abb. 10.2
gezeichneten Ebenen C_S1 und C_S2 und als dritte die Papierebene. Die drei Schnitt-
geraden jeweils zweier Spiegelebenen sind zudem noch C_2-Achsen. Nun gilt: Alle
Symmetrieelemente, die keine der während der Reaktion gebrochenen oder gebildeten Bindungen schneiden, sind irrelevant. Die Papierebene braucht also nicht
weiter berücksichtigt zu werden und ist deswegen auch nicht gezeichnet. Außerdem können redundante Symmetrieelemente weggelassen werden. Dies gilt hier
für die drei Drehachsen, die sich jeweils aus der rechtwinkligen Anordnung zweier
Spiegelebenen ergeben. Als relevante Symmetrieelemente bleiben also nur die beiden Spiegelebenen C_S1 und C_S2 übrig. Sollten Sie sich unsicher sein, können Sie
auch die Drehachsen mit berücksichtigen, die im Verlauf der Reaktion gebrochene
oder gebildete Bindungen schneiden. Das Ergebnis ändert sich dadurch nicht; es
steigt lediglich der Aufwand der Symmetriebetrachtungen.

Schritt 4: Konstruktion der Molekülorbitale von Edukten und Produkten
Weder das π- noch das π^*-Orbital eines einzelnen Ethenmoleküls lässt sich hinsichtlich der Spiegelebene C_S2 prüfen, weil das komplette Molekül auf einer
Seite der Ebene liegt. Genauso lassen sich die σ- und σ^*-Orbitale einer einzelnen σ-Bindung im Produkt nicht bezüglich der Ebene C_S1 prüfen. Der Ausweg
ist hier die Bildung von Linearkombinationen. Man erhält daraus die in Abb. 10.2
gezeigten Orbitale. Auf der linken Seite sind unten die beiden Orbitale gezeigt,
die sich aus der bindenden und antibindenden Kombination der beiden π-Orbitale
ergeben. Darüber sind die bindende und die antibindende Kombination der beiden
π^*-Orbitale gezeichnet. Die energetische Abfolge ergibt sich wie gewohnt aus der
Knotenregel. Rechts sind entsprechend die beiden σ-Orbitale zu $\sigma_1 + \sigma_2$ und σ_1-
σ_2 kombiniert (unten), darüber die beiden σ-Orbitale zu $\sigma^*_1 + \sigma^*_2$ und $\sigma^*_1-\sigma^*_2$.

Damit sind alle benötigten Orbitale verfügbar und auf ihre Symmetrie hin analysierbar.

Schritt 5: Analyse der Orbitalsymmetrien

Nun werden alle Orbitale dahin gehend analysiert, ob sie zu den beiden Spiegelebenen symmetrisch (S) oder antisymmetrisch (A) sind. Es ist hierbei wichtig, die Reihenfolge der Buchstaben beizubehalten und immer die Symmetrie zu C_S1 zuerst und die zu C_S2 zuletzt zu nennen. Sonst kann es zu Fehlern kommen (SA ≠ AS.).

Schritt 6: Korrelation von Orbitalen gleicher Symmetrie

Sind alle Symmetrien analysiert, verbindet man nun Orbitale gleicher Symmetrie durch Linien, um zu kennzeichnen, welche Orbitale der Edukte im Laufe der Reaktion in welche Orbitale des Produkts übergehen, wenn die Orbitalsymmetrie erhalten bleiben soll. Zum Schluss füllen Sie die vier an der Reaktion beteiligten Elektronen von unten nach oben in die Orbitale der Edukte ein und verfolgen anhand der Linien, in welchen Orbitalen sie sich am Ende der Reaktion befinden müssten. Für die [2 + 2]-Cycloaddition erkennen Sie sofort, dass Sie einen energetisch sehr hoch liegenden doppelt angeregten Zustand für das Produkt erhalten, da das HOMO des Produkts leer und das LUMO doppelt besetzt ist. Dies ist natürlich in der echten Reaktion nicht der Fall, die eher in einen radikalischen und damit schrittweisen Mechanismus ausweichen würde. Aber Sie können dies als Beleg dafür nehmen, dass die [2 + 2]-Cycloaddition energetisch ungünstig und damit thermisch verboten ist und nicht konzertiert ablaufen kann.

Um zu verstehen, dass stattdessen eine konzertierte photochemische [2 + 2]-Cycloaddition möglich sein sollte, müssen wir die Elektronen anders in die Orbitale einfüllen. Wenn Sie Licht der passenden Wellenlänge einstrahlen, regen Sie ein Elektron aus dem HOMO ins LUMO an. Dieser erste angeregte Singulett-Zustand ist für die Edukte in grau ganz links in Abb. 10.2 gezeigt. Folgen Sie nun wieder den Linien und Sie werden sehen, dass auch das Produkt (wieder in grau ganz rechts) in seinem ersten angeregten Singulett-Zustand gebildet wird. Daher ist die photochemische Variante der Reaktion symmetrieerlaubt.

10.2.2 Korrelationsdiagramm für die [4 + 2]-Cycloaddition

Um die Systematik zu erkennen, ist es hilfreich, sich auch das Korrelationsdiagramm für die [4 + 2]-Cycloaddition, also die Diels-Alder-Reaktion, anzusehen (Abb. 10.3). Dieses Korrelationsdiagramm wird genauso erstellt wie das vorangegangene. Es gibt aber einige Erleichterungen: So besitzt der Übergangszustand der [4 + 2]-Cycloaddition nur noch eine Spiegelebene (Abb. 10.3, oben), da sich das Dienophil entweder von unten oder von oben dem Dien nähert und beide Moleküle nicht in einer Ebene liegen. Auch die Orbitale des Edukts sind einfacher zu konstruieren, da die Spiegelebene sowohl das Dien als auch das Dienophil in der Mitte teilt und so keine Linearkombinationen gebildet werden müssen. Auf der

Produktseite ist es aber dennoch wieder nötig, die beiden neuen σ-Bindungen, wie bereits für die [2 + 2]-Cycloaddition gezeigt, linear zu kombinieren.

Hat man das Diagramm erstellt, die Orbitale hinsichtlich ihrer Symmetrie zur Spiegelebene analysiert und Orbitale gleicher Symmetrie miteinander verbunden, so erkennt man rasch, dass die [4 + 2]-Cycloaddition thermisch erlaubt ist. Folgt man den in die untersten drei Orbitale der Edukte eingefüllten Elektronen zum Produkt, sieht man, dass auch dort – im Gegensatz zur [2 + 2]-Cycloaddition – wieder der elektronische Grundzustand vorliegt. Die Reaktion verläuft also über eine niedrige Barriere und ist damit konzertiert möglich.

Auch die Umkehr der Regeln für eine photochemisch induzierte [4 + 2]-Cycloaddition lässt sich wie oben erklären (grau gezeichnete Orbitalbesetzungen ganz rechts und links in Abb. 10.3). Geht man vom ersten angeregten Singulett-Zustand der Edukte aus, so gelangt man in einen höher angeregten Zustand der Produkte. Diese photochemische [4 + 2]-Cycloaddition ist also symmetrieverboten.

Wenn Sie einmal die beiden Korrelationsdiagramme in den Abb. 10.2 und 10.3 vergleichen, dann sehen Sie, dass es im Fall der [2 + 2]-Cycloaddition eine Kreuzung der

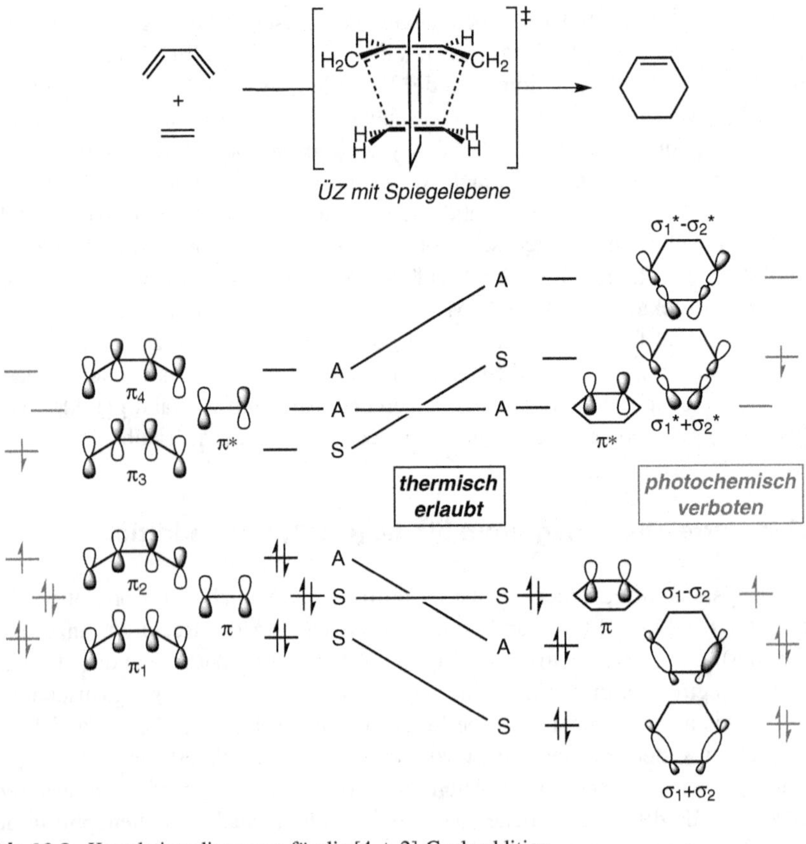

Abb. 10.3 Korrelationsdiagramm für die [4 + 2]-Cycloaddition

Verbindungslinien zwischen den HOMOs und LUMOs gibt. Bei der [4 + 2]-Cyclo-addition tritt eine solche Kreuzung zwischen den Grenzorbitalen dagegen nicht auf. Dieser Unterschied lässt sich verallgemeinern. Thermisch induzierte pericyclische Reaktionen, deren Korrelationsdiagramme eine Kreuzung zwischen den Grenzorbitalen aufweisen, verlaufen über energetisch hoch liegende Barrieren, sind also thermisch verboten. Gibt es eine solche Kreuzung nicht, ist die Barriere dagegen niedrig, und die Reaktionen sind thermisch erlaubt. Für die photochemisch induzierten Reaktionen gilt das Gegenteil.

Übung 10.2

a) Erstellen Sie das Korrelationsdiagramm in Abb. 10.2 einmal, ohne die Abbildung anzuschauen, indem Sie die einzelnen im vorangehenden Teilkapitel genannten Schritte nacheinander durchgehen.

b) Was wissen Sie über die qualitativen energetischen Lagen der Molekülorbitale relativ zueinander? Wieso liegen beispielsweise das π- und das π^*-Orbital des Dienophils zwischen π_1 und π_2 bzw. π_3 und π_4 des Diens? Begründen Sie dies.

10.2.3 Korrelationsdiagramme für elektrocyclische Reaktionen mit vier Elektronen

Als letztes Beispiel für Korrelationsdiagramme sei im Folgenden noch die elektrocyclische Reaktion mit vier Elektronen besprochen. Die Woodward-Hoffmann-Regeln sagen hier, dass sie conrotatorisch verlaufen muss. Wir wollen also sehen, ob wir mithilfe des Prinzips der Orbitalsymmetrieerhaltung auch diese Regel auf Molekülorbitalüberlegungen zurückführen können. Abb. 10.4 vergleicht beide Reaktionsverläufe direkt miteinander und ist dementsprechend aus zwei Korrelationsdiagrammen zusammengesetzt. Da die Stereochemie der Substituenten auf die Molekülorbitale selbst keinen Einfluss hat, sind die Orbitale des Edukts (Mitte) und des Produkts (links conrotatorischer, rechts disrotatorischer Reaktionsverlauf) für beide Diagramme die gleichen. Linearkombinationen müssen hier nicht gebildet werden, sodass sich die Erstellung der Diagramme weiter vereinfacht.

Der wesentliche Unterschied zwischen beiden Reaktionsverläufen liegt in der Übergangszustandsgeometrie. Im conrotatorischen Fall drehen sich beide Enden des π-Systems bei der Bildung der neuen σ-Bindung in die gleiche Richtung. Der Übergangszustand besitzt daher eine C_2-Drehachse in der Ebene des Edukts durch die Mitte der mittleren Bindung. Bei der disrotatorischen Reaktion drehen sich beide Enden entgegengesetzt. Daraus ergibt sich im Übergangszustand als Symmetrieelement eine Spiegelebene. Je nach Reaktionsverlauf müssen wir also die Orbitalsymmetrien bezüglich verschiedener Symmetrieelemente beurteilen.

Wenn Sie dies tun und wieder Orbitale gleicher Symmetrie miteinander verbinden, erkennen Sie schnell, dass die conrotatorische Reaktion keine Kreuzung

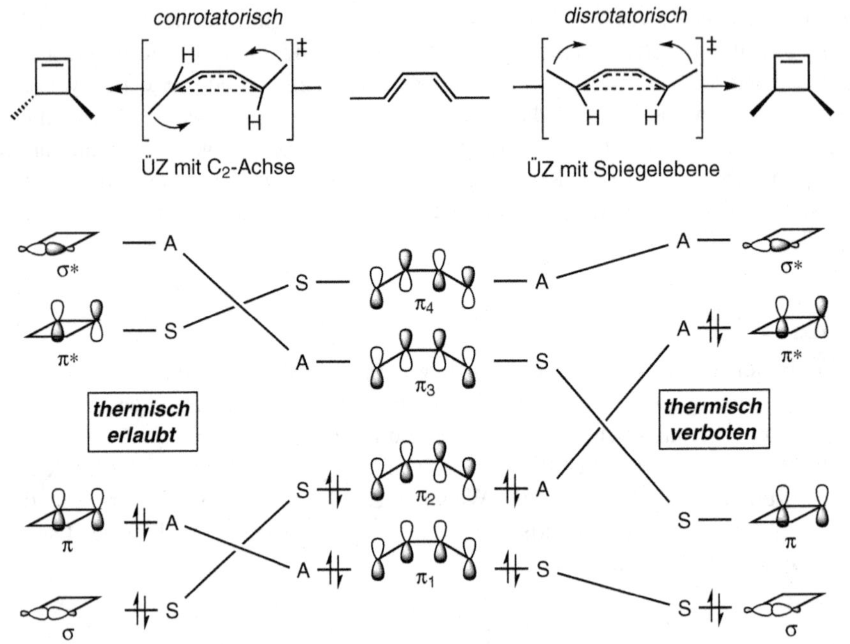

Abb. 10.4 Korrelationsdiagramme für die conrotatorische 4-Elektronen-Elektrocyclisierung (links) und ihre disrotatorische Variante (rechts)

zwischen den Grenzorbitalen aufweist, also über eine energetisch niedrige Barriere verläuft. Im Gegensatz dazu findet sich eine solche Kreuzung bei der disrotatorischen Variante. Damit ist die conrotatorische Reaktion symmetrieerlaubt, die disrotatorische symmetrieverboten. Die Orbitalbetrachtungen bestätigen also auch hier die ursprünglich empirisch abgeleiteten Woodward-Hoffmann-Regeln.

Übung 10.3

a) Analysieren Sie auch hier, ob sich bei photochemisch induzierten Reaktionen eine Umkehr der Regeln ergibt.

b) Nachdem Sie nun eine Reihe von Beispielen für das Erstellen von Korrelationsdiagrammen gesehen haben, wird es ein Leichtes sein, die beiden Diagramme für die con- und die disrotatorische Variante der in Abb. 10.1 gezeigten 6-Elektronen-Elektrocyclisierung zu erstellen. Gehen Sie dabei, wie oben skizziert, wieder schrittweise vor.

10.3 Die Grenzorbitalmethode

Kenichi Fukui, der 1981 gemeinsam mit Roald Hoffmann den Nobelpreis erhielt (Woodward lebte zu der Zeit nicht mehr, sodass er nicht mehr ausgezeichnet werden konnte), realisierte, dass die beiden Grenzorbitale, das HOMO und das

LUMO, sehr oft für eine gute Beschreibung organisch-chemischer Reaktionen ausreichen und die Beiträge der anderen Orbitale klein sind. Dabei reagiert eines der Edukte mit seinem HOMO, das andere mit seinem LUMO, denn weder die Wechselwirkung zweier gefüllter Orbitale (HOMO-HOMO) noch die zweier leerer Orbitale (LUMO-LUMO) wirkt sich wesentlich auf die Übergangszustandsenergie aus. Welche HOMO-LUMO-Kombination Sie betrachten, ist für alle qualitativen Überlegungen zu den Woodward-Hoffmann-Regeln nicht entscheidend.

Auf pericyclische Reaktionen angewandt bedeutet dies, dass wir sie durch HOMO-LUMO-Wechselwirkungen zweier Komponenten sehr gut beschreiben können. In den folgenden Abschnitten gehen wir die verschiedenen Klassen pericyclischer Reaktionen durch und erklären die Woodward-Hoffmann-Regeln mithilfe der Grenzorbitalmethode. Dieses Vorgehen ist erheblich einfacher als das Aufstellen von Korrelationsdiagrammen.

Darüber hinaus können die Reaktionsgeschwindigkeiten mit der Differenz der Orbitalenergien zwischen dem HOMO der einen und dem LUMO der anderen Komponente abgeschätzt werden. Orbitalenergien lassen sich experimentell ermitteln: Die Orbitalenergie des HOMO kann durch UV-Photoelektronenspektroskopie bestimmt werden. Dabei strahlt man so energiereiches Licht in die Probe der Substanz ein, dass ein Elektron aus dem HOMO entfernt und das Molekül ionisiert wird. Die kinetische Energie der Elektronen wird gemessen und von der Energie des eingestrahlten Lichts abgezogen. Die Differenz entspricht dann der Bindungsenergie des Elektrons und damit der HOMO-Orbitalenergie. Auch die LUMO-Energien lassen sich einfach durch UV/VIS-Spektroskopie ermitteln. Die längstwellige Bande entspricht der HOMO-LUMO-Energiedifferenz eines Moleküls. Ist die HOMO-Orbitalenergie bekannt, ergibt sich hieraus auch die LUMO-Orbitalenergie. Will man auf diese Weise Reaktionsgeschwindigkeiten auch (semi)quantitativ vorhersagen, kommt es darauf an, die HOMO-LUMO-Kombination mit der kleineren Energiedifferenz auszuwählen. Hier ist es dann also entscheidend, welche der beiden möglichen Kombinationen betrachtet wird.

Die Grenzorbitalmethode geht aber auch noch darüber hinaus. Kennt man die Orbitalkoeffizienten mit denen die Atomorbitale in einem Molekül in die Linearkombinationen der Molekülorbitale eingehen, kann man daraus Vorhersagen über die Regiochemie beispielsweise von Cycloadditionen treffen. Die Orbitalkoeffizienten wiederum kann man mithilfe quantenchemischer Rechenverfahren bestimmen. Auch hier ist wieder die HOMO-LUMO-Kombination wesentlich, die die geringere Energiedifferenz aufweist.

Die Grenzorbitalmethode ist also ein mächtiges Werkzeug, das über die qualitativen Woodward-Hoffmann-Regeln hinaus auch quantitative Aspekte wie Reaktionsgeschwindigkeiten und Produktselektivitäten einzuschätzen erlaubt.

Übung 10.4

Üben Sie noch einmal die Konstruktion von Molekülorbitalen für die π-Systeme des Allylanions, des Allylkations, von Ozon, 1,3-Butadien und Maleinsäureanhydrid. Identifizieren Sie jeweils das HOMO und das LUMO.

Wenden wir nun die Grenzorbitale zunächst auf die verschiedenen Prototypen pericyclischer Reaktionen an, um einen Eindruck zu gewinnen, wie man hierbei vorgeht. Abb. 10.5 zeigt das Vorgehen bei Cycloadditionen mit (4n) und (4n + 2) beteiligten Elektronen. Links ist die [2 + 2]-Cycloaddition zweier Ethenmoleküle gezeigt. Zeichnet man wieder den Übergangszustand hin und trägt in eines der beiden Ethenmoleküle das HOMO, in das andere das LUMO ein, so ergibt sich auf der einen Seite eine bindende Überlappung der Orbitallappen. Auf der anderen Seite erhält man jedoch eine antibindende Wechselwirkung. Eine konzertierte Bildung der beiden neuen σ-Bindungen ist also nicht möglich. Die Reaktion kann thermisch induziert nicht konzertiert ablaufen und ist damit thermisch verboten.

Im Gegensatz dazu ergibt sich bei der [4 + 2]-Cycloaddition auf beiden Seiten eine bindende Überlappung. Die beiden neuen σ-Bindungen können sich also ohne Schwierigkeiten konzertiert bilden, und die Reaktion ist thermisch erlaubt. Verwenden Sie die andere ebenfalls mögliche HOMO-LUMO-Kombination, erhalten Sie das gleiche Ergebnis, da das LUMO des Diens einen Knoten mehr und das HOMO des Dienophils einen Knoten weniger hat. Die Knotenanzahl insgesamt bleibt also konstant, weshalb sich auch das Ergebnis, dass die Reaktion thermisch erlaubt ist, nicht ändert.

Übung 10.5

a) Überprüfen Sie die letzte Aussage und verwenden Sie bei der [4 + 2]-Cycloaddition die Kombination aus dem LUMO des Diens und dem HOMO des Dienophils.

b) Was ändert sich bei der photochemischen Variante der beiden Reaktionen, bei der Sie eines der Edukte durch Einstrahlen von Licht der geeigneten Wellenlänge in den ersten angeregten Singulett-Zustand überführt haben? Welche Orbitale sind hier die Grenzorbitale? Wenn Sie die Analyse analog durchführen wie in Abb. 10.5 gezeigt, zu welchem Ergebnis kommen Sie?

Bei den elektrocyclischen Reaktionen gibt es ein kleines Problem: Wir haben es mit einer intramolekularen Reaktion zu tun, sodass wir zunächst überlegen müssen, wie man überhaupt eine HOMO-LUMO-Kombination finden kann. Man kann

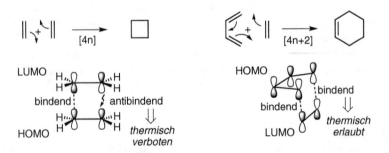

Abb. 10.5 Ableitung der Woodward-Hoffmann-Regeln für Cycloadditionen mithilfe der Grenzorbitale

sich hier mit einem kleinen Trick behelfen: In Gedanken zerlegt man das π-System in zwei Teile und verwendet für das eine Fragment das HOMO und für das andere das LUMO. Geht man diesen Weg, muss man sicherstellen, dass zwischen den beiden Fragmenten eine bindende Orbitalwechselwirkung besteht. Dieses Vorgehen ist in Abb. 10.6 für die beiden prototypischen elektrocyclischen Reaktionen gezeigt.

Die 4-Elektronen-Elektrocyclisierung lässt sich am einfachsten beschreiben, wenn man das Diensystem des Edukts in der Mitte teilt und auf der einen Seite das HOMO eines Ethenmoleküls einträgt, auf der anderen Seite das LUMO eines Ethens. Über die gedankliche Trennstelle hinweg muss eine bindende Wechselwirkung bestehen. Dann sieht man, dass man Orbitallappen gleichen Vorzeichens nur durch eine conrotatorische Drehung der beiden Enden zur Überlappung bringen kann.

Analog kann man das Triensystem in der 6-Elektronen-Elektrocyclisierung ebenfalls mittig teilen. Man erhält dann zwei Allylsysteme. Die Elektronen müssen nur auf die beiden Allylsysteme aufgeteilt werden. Sinnvollerweise erhält ein Allylsystem zwei Elektronen und entspricht damit einem Allylkation, während das andere die verbleibenden vier Elektronen übernimmt und damit dem Allylanion entspricht. Man trägt nun auf der einen Seite z. B. das HOMO des Allylkations ein und auf der anderen Seite mit bindender Wechselwirkung über die Trennstelle hinweg das LUMO des Allylanions. Im Ergebnis ergibt sich ein disrotatorischer Reaktionsverlauf, wenn man Orbitallappen gleichen Vorzeichens zwischen den beiden Enden des π-Systems miteinander wechselwirken lassen will.

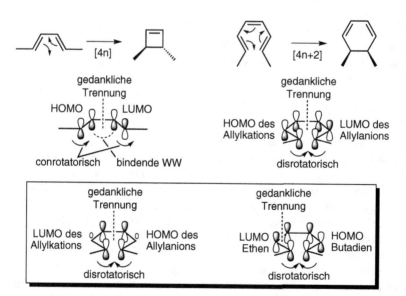

Abb. 10.6 Ableitung der Woodward-Hoffmann-Regeln für elektrocyclische Reaktionen mithilfe der Grenzorbitale. Im Kasten unten sind Alternativen für die Zerlegung des Triensystems und die Wahl der HOMO-LUMO-Kombination gezeigt. Das Ergebnis ist immer gleich: Elektrocyclische Reaktionen mit (4n + 2) Elektronen verlaufen disrotatorisch

Nun mag nicht völlig klar sein, wie man die π-Systeme gedanklich trennen soll und wie man dann die Elektronen verteilt. Im Kasten in Abb. 10.6 ist gezeigt, dass bei konsequenter Durchführung der Analyse immer das gleiche Ergebnis herauskommt. Man kann ohne Weiteres auch jeweils die umgekehrte HOMO-LUMO-Kombination verwenden. Ebenso kann man das Triensystem gedanklich auch in ein Ethen- und ein Butadienfragment zerlegen, was vielleicht konsequenter bei einer 2 + 4-Aufteilung der Elektronen erscheinen mag. Sie sehen also, dass Sie die gedankliche Trennung an verschiedenen Stellen vornehmen können, ohne dass sich das Ergebnis ändert.

Übung 10.6

a) Überprüfen Sie die zweite, in Abb. 10.6 nicht gezeigte mögliche HOMO-LUMO-Kombination für die gedankliche Trennung des Triensystems in ein Ethen- und ein Butadienfragment.

b) Man könnte auch auf die Idee kommen, das Trien in zwei Allylsysteme zu zerlegen, die sechs Elektronen dann aber im Verhältnis 3:3 auf die beiden Fragmente zu verteilen. Zeichnen Sie das MO-Schema für das π-System des Allylradikals und besetzen Sie die Orbitale mit Elektronen. Welches Orbital ist nun das HOMO und welches das LUMO? Warum kommen Sie zum falschen Ergebnis, wenn Sie nun wie oben eine HOMO-LUMO-Kombination wählen? Warum müssen Sie konsequenterweise auf beiden Seiten das HOMO verwenden?

Die dritte Klasse pericyclischer Reaktionen sind die sigmatropen Umlagerungen. Diese Gruppe ist sehr vielfältig, sodass hier zur Illustration der Grenzorbitalmethode nur einige prototypische Reaktionen besprochen werden (Abb. 10.7). Die ersten drei Beispiele bilden eine Serie von H-Verschiebungen über verschieden große π-Systeme. Das vierte Beispiel ist eine prominente Namensreaktion, die Cope-Umlagerung.

Die Woodward-Hoffmann-Regeln besagen, dass in sigmatropen Umlagerungen mit Beteiligung von (4n) Elektronen eines der Fragmente in supra-, das andere in antarafacialer Weise reagieren muss. Bei (4n + 2) Elektronen reagieren beide Fragmente suprafacial. Die Begriffe werden unmittelbar klar, wenn man sich überlegt, dass in jeder sigmatropen Umlagerung eine σ-Bindung gebrochen und eine gebildet wird. Die beiden Fragmente, von denen hier die Rede ist, ergeben sich dadurch zwanglos, wenn man sich beide Bindungen aus dem Molekül wegdenkt, sodass man zwei getrennte Teile erhält. Die Zahl der Atome in jedem der beiden Fragmente zwischen den beiden σ-Bindungen wird verwendet, um sigmatrope Umlagerungen zu klassifizieren. Eine [m,n]-sigmatrope Umlagerung vollzieht sich also zwischen einem Fragment mit m Atomen zwischen der gebrochenen und der neu gebildeten Bindung und einem Fragment mit n Atomen. Da in den ersten drei Beispielen in Abb. 10.7 jeweils nur ein Wasserstoffatom wandert, sind dies je nach Länge des anderen Fragments [1,3]- [1,5]- und [1,7]-sigmatrope Umlagerungen. Bei der Cope-Umlagerung sind es zwei C_3-Fragmente. Sie ist also eine [3,3]-sigmatrope

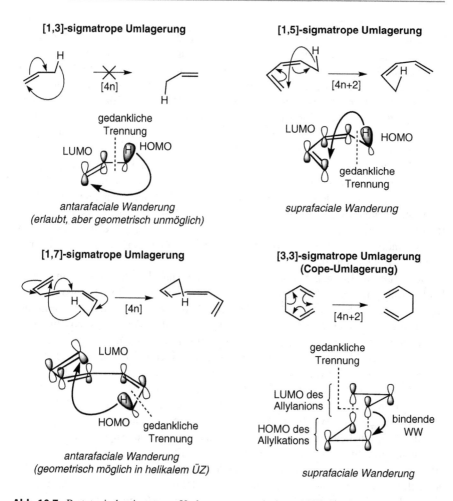

Abb. 10.7 Prototypische sigmatrope Umlagerungen analysiert mithilfe der Grenzorbitalmethode

Umlagerung. Befinden sich sowohl die gebrochene als auch die gebildete σ-Bindung auf der gleichen Seite eines Fragments, spricht man von suprafacial, stehen sie auf gegenüberliegenden Seiten, reagiert das jeweilige Fragment in antarafacialer Weise.

Beginnen wir mit der [1,3]-sigmatropen Umlagerung. Das Vorgehen bei der Analyse der Reaktion mithilfe der Grenzorbitalmethode ist ähnlich wie bei den elektrocyclischen Reaktionen. Man teilt das Molekül wieder gedanklich in zwei Teile. Hier bietet es sich an, die Trennung neben der Stelle vorzunehmen, an der die σ-Bindung im Reaktionsverlauf gebrochen wird. Bei der [1,3]-sigmatropen Umlagerung erhalten wir so eine C–H-Bindung, deren HOMO dem σ-Bindungsorbital entspricht, und ein Ethenfragment, bei dem wir dann das entsprechende LUMO, also das π*-Orbital, eintragen müssen. Wichtig ist wieder die bindende Orbitalüberlappung über die gedachte Trennstelle hinweg. Nun sehen wir, dass eine Wasserstoffwanderung oberhalb der Molekülebene nicht möglich ist. Eine konzertierte Reaktion ist nur dann erlaubt, wenn das Wasserstoffatom die Molekülebene kreuzt und an den unteren Orbitallappen am gegenüberliegenden Ende bindet. Das Wasserstoffatom mit seinem kugelsymmetrischen 1s-Orbital reagiert immer suprafacial, und die Orbitalanalyse ergibt hier, dass dann das zweite Fragment antarafacial reagieren muss – genau wie die Woodward-Hoffmann-Regeln es vorhersagen. Diese Reaktion ist also als supra-/antarafaciale Reaktion hinsichtlich der Orbitalsymmetrien erlaubt. Allerdings ist der Übergangszustand so stark sterisch gehindert, dass sie dennoch nicht abläuft.

Anders ist dies bei der [1,5]-sigmatropen Umlagerung, an der sechs Elektronen beteiligt sind. Hier teilt man das Molekül am besten in die C–H-Bindung einerseits und ein Butadienfragment andererseits auf. Wenn wir genauso wie eben vorgehen, erhalten wir als Ergebnis der Orbitalanalyse einen supra-/suprafacialen Reaktionsverlauf. Das Wasserstoffatom kann also unter Verschiebung der beiden Doppelbindungen mühelos oberhalb der Molekülebene von einem zum anderen Ende des Moleküls wandern.

Geht man noch einen Schritt weiter, so erhält man bei der [1,7]-sigmatropen Umlagerung mit acht beteiligten Elektronen wieder die Notwendigkeit eines supra-/antarafacialen Verlaufs. Diese Reaktion läuft tatsächlich auch ab. Damit das Wasserstoffatom aber von der einen Molekülseite auf die andere wechseln kann, muss das Molekül im Übergangszustand helikal verwunden sein.

Bei der Cope-Umlagerung wird ein sechsgliedriger Übergangszustand durchlaufen, den man sich etwas idealisiert in einer Sesselkonformation vorstellen kann. Auch hier ist es sinnvoll, die gedankliche Trennung an der Stelle vorzunehmen, an der die σ-Bindung im Reaktionsverlauf gebrochen wird. Damit erhalten wir zwei Allylfragmente. Wie bei den elektrocyclischen Reaktionen werden die sechs an der Reaktion beteiligten Elektronen so auf die beiden Allylsysteme verteilt, dass man ein Allylkation und ein Allylanion erhält. Wie man in Abb. 10.7 leicht erkennt, ergibt sich aus der entsprechenden HOMO-LUMO-Kombination, dass auch diese Umlagerung supra-/suprafacial verläuft. Die Grenzorbitalanalyse ist also auch hier in Übereinstimmung mit den Woodward-Hoffmann-Regeln.

Übung 10.7

Prüfen Sie, ob bei der Cope-Umlagerung auch ein wannenförmiger Übergangszustand denkbar wäre oder ob es hier zu einem von der supra-/suprafacialen Variante abweichenden Reaktionsverlauf kommt.

Betrachten wir zum Schluss noch die cheletropen Reaktionen. Hierbei handelt es sich um Cycloadditionen, bei denen zwei Bindungen zum gleichen Atom gebildet werden (Abb. 10.8). Die Woodward-Hoffmann-Regeln machen bei diesem Typ pericyclischer Reaktionen Vorhersagen über die Struktur des Übergangszustands, die allerdings nicht an den Produkten ablesbar sind. Auch wenn die Regeln für die cheletropen Reaktionen daher weniger Bedeutung für den organischen Chemiker haben, runden sie das Bild ab und vervollständigen die Systematik.

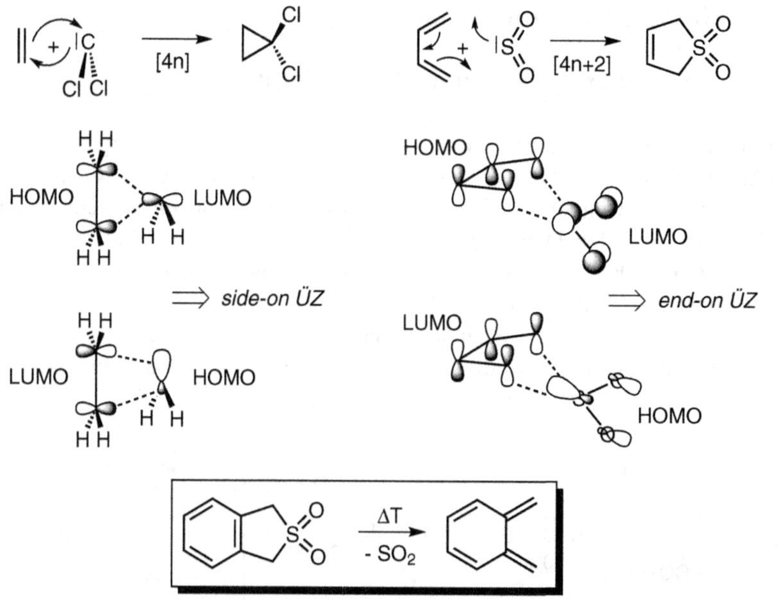

Abb. 10.8 Oben: Grenzorbitalanalyse der Übergangszustandsgeometrien cheletroper Reaktionen. **Unten:** Der präparative Wert der SO_2-Abspaltung zur *In-situ*-Herstellung hochreaktiver Diene

Beginnen wir mit der Carbenaddition an Doppelbindungen als ein Beispiel für eine cheletrope Reaktion mit vier Elektronen. Da ein Triplett-Carben keine konzertierte Reaktion mit einem Alken eingehen kann und notwendigerweise über einen schrittweise verlaufenden radikalischen Mechanismus reagieren muss, setzen wir voraus, dass das Carben in seinem Singulett-Zustand vorliegt. Dass dies für Methylen, den einfachsten Vertreter der Carbene, eine Idealisierung ist, haben wir bereits in Kap. 8 besprochen. Die Grenzorbitale des Carbens sind leicht gefunden: Das HOMO entspricht dem Orbital, in dem sich das freie Elektronenpaar befindet, das LUMO ist das leere p-Orbital senkrecht zur Molekülebene. Für beide HOMO-LUMO-Kombinationen ist leicht zu erkennen, dass das Carben sich „side-on" an die Doppelbindung annähern muss, damit es auf beiden Seiten zu einer bindenden Wechselwirkung kommen kann.

Umgekehrt ergibt sich für die Reaktion des SO_2-Moleküls mit Butadien, an der sechs Elektronen beteiligt sind, eine „end-on"-Annäherung. Reaktionen dieser Art sind selten; das Beispiel der Cycloaddition von Butadien und SO_2 ist aber von präparativer Bedeutung, allerdings in Form der Retroreaktion. Beim Erwärmen des Produkts wird SO_2 abgespalten und sehr reaktive und nicht lagerfähige Diene für die Diels-Alder-Reaktion können so *in situ* gebildet werden.

10.4   Einige besondere Aspekte

10.4.1 Diels-Alder-Reaktionen: Stereochemie

Die Orbitalsymmetrie und damit die Topologie des cyclischen Übergangszustands bewirken zusammen mit dem konzertierten Verlauf der Diels-Alder-Reaktion, dass die Stereochemie weitgehend definiert ist. Natürlich entstehen aus entsprechend substituierten achiralen Dienen und achiralen Dienophilen stets racemische Produkte, diese aber diastereoselektiv. Welche Diastereomere gebildet werden, ergibt sich dabei aus der Konfiguration der Edukte.

Betrachten wir dazu drei Beispiele. Im ersten Fall (Abb. 10.9, oben) reagiert ein *(E,E)*-Dien mit einem 2-Butindisäurediester als Dienophil. Die Dreifachbindung

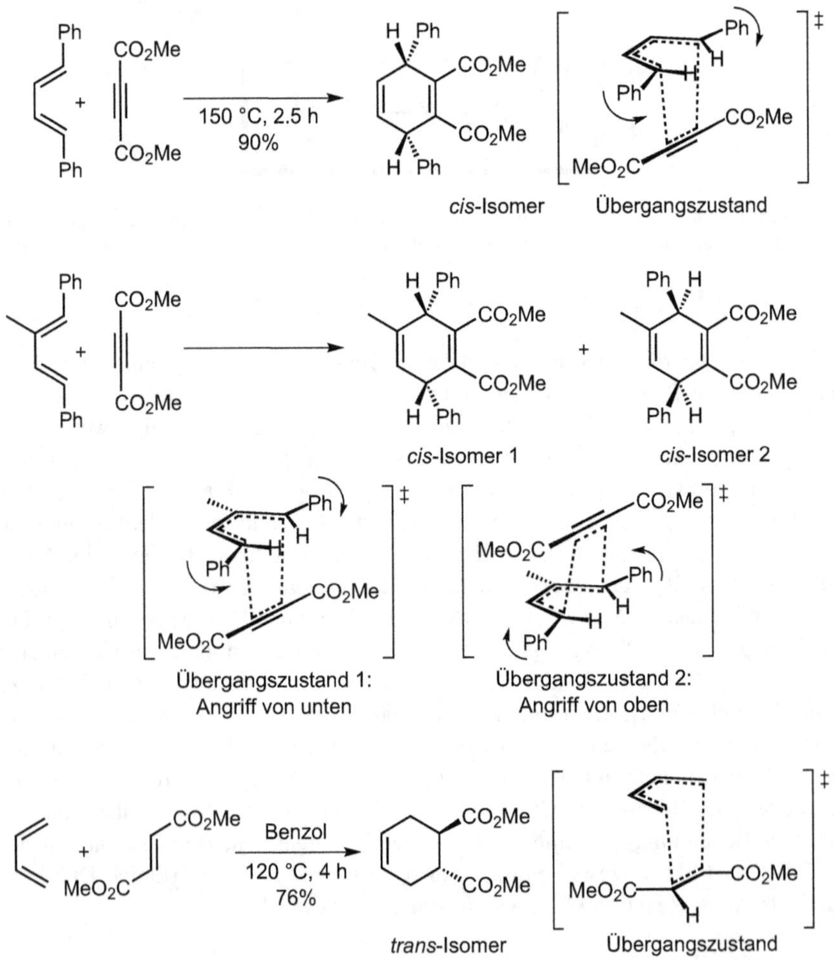

Abb. 10.9 Stereochemische Aspekte der Diels-Alder-Reaktion

ist hier bewusst gewählt, da die daraus im Produkt gebildete Doppelbindung die beiden Estergruppen in einer Ebene belässt und daher hier keine Stereoisomere gebildet werden. Wir können uns also bei unseren stereochemischen Überlegungen auf die beiden Phenylgruppen konzentrieren. Welche räumliche Anordnung diese beiden Substituenten nach der Reaktion haben, wird durch einen Blick auf den Übergangszustand ersichtlich: Das Dienophil nähert sich dem Dien entweder von der Unter- oder von der Oberseite mit möglichst guter Überlappung der Enden der π-Orbitale. Die beiden möglichen Reaktionsverläufe führen in diesem Fall zu identischen Produkten – einer *meso*-Form. In beiden Fällen drehen sich die in die Mitte zeigenden Wasserstoffatome vom angreifenden Dienophil weg, während sich die beiden neuen σ-Bindungen bilden. Dadurch liegen sie im Produkt auf der gleichen Seite. Entsprechend stehen auch die beiden Phenylringe stets *cis* zueinander.

Wird die Symmetrie des Diens nun durch eine Methylgruppe gebrochen (Abb. 10.9, Mitte), kann keine *meso*-Form mehr entstehen. Jetzt führen die Reaktionen des Dienophils von unten und oben zu spiegelsymmetrischen Produkten, also einem Enantiomerenpaar. Beide Produkte sind aber *cis*-Isomere, die die beiden Phenylgruppen auf der gleichen Seite des Rings tragen, während die analogen *trans*-Isomere nicht gebildet werden.

Betrachten wir nun das dritte Beispiel (Abb. 10.9, unten). Hier ist das Dien unsubstituiert und reagiert mit einem *(E)*-Alken als Dienophil. Zeichnet man wieder den Übergangszustand, erkennt man unmittelbar, dass im Produkt einer der Substituenten unter und der andere über der Ringebene positioniert ist. Man erhält also das *trans*-Produkt.

Generell kann man stereoselektive Reaktionsverläufe pericyclischer Reaktionen als guten Hinweis auf konzertierte Mechanismen werten. Findet man hingegen entgegen der für konzertierte Reaktionsverläufe erwarteten Stereoselektivität stereochemisch uneinheitliche Produkte, so liegt ein schrittweiser Verlauf der Reaktion nahe.

Übung 10.8

a) Spielen Sie systematisch durch, welche Produkte man erwartet, wenn das Dien in den ersten beiden Beispielen nicht *(E,E)*-, sondern *(E,Z)*-substituiert ist. Welche Produkte erhalten Sie in diesen Fällen? Wie sieht es mit einem *(Z,Z)*-Dien aus? Wo könnte hier eine Schwierigkeit liegen?

b) Setzen Sie analog im dritten Beispiel einmal das entsprechende *(Z)*-Dienophil ein und ermitteln wieder aus der Betrachtung des Übergangszustands, welches Produkt man erhält.

c) Kombinationen aus substituierten Dienen mit substituierten Dienophilen erlauben die gleichzeitige Kontrolle von bis zu vier Stereozentren. Spielen Sie auch solche Fälle systematisch durch. Üben Sie anhand der erhaltenen Produkte auch noch einmal die CIP-Nomenklatur.

d) Am Ende des vorangehenden Abschnitts haben wir die Carbenaddition an eine Doppelbindung näher angeschaut. Analysieren Sie, wie der stereochemische Verlauf einer Addition von Singulett-CH_2 an *(E)*- bzw. *(Z)*-2-Buten sein müsste. Welche Produkte würde man dagegen erwarten, wenn Triplett-CH_2 mit den beiden Alkenen reagiert?

10.4.2 Diels-Alder-Reaktionen: *exo-/endo*-Verhältnis

In der Diels-Alder-Reaktion von Cyclopentadien mit Maleinsäureanhydrid können zwei verschiedene diastereomere Bicylen entstehen: Das *endo*-Produkt, bei dem das Maleinsäureanhydrid auf die Seite der C_2-Brücke des Bicyclus zeigt, und das *exo*-Produkt, bei dem es auf der Seite der C_1-Brücke liegt (Abb. 10.10). Variiert man die Reaktionstemperatur, so macht man eine überraschende Beobachtung. Bei Raumtemperatur entsteht als Hauptprodukt das *endo*-Isomer, während sich bei hoher Temperatur und längeren Reaktionszeiten das Diels-Alder-Produkt zwar nur mit geringer Ausbeute bildet, aber fast ausschließlich als *exo*-Produkt vorliegt. Wir können also schlussfolgern, dass es sich beim *endo*-Produkt um das kinetische Produkt handeln muss, das sich über eine energetisch günstigere Barriere schneller bildet und so auch schon bei niedrigerer Temperatur entstehen kann. Das *exo*-Isomer ist hingegen das thermodynamische Produkt, das über eine höhere Barriere gebildet wird. Es entsteht, wenn die Temperatur so hoch ist, dass beide Hin- und Rückreaktionen schnell ablaufen. So kann einmal gebildetes *endo*-Isomer in einer Retro-Diels-Alder-Reaktion wieder in die beiden Edukte zerfallen, die anschließend zum *exo*-Produkt reagieren.

Man kann dies, wie in Abb. 10.10 gezeigt, mithilfe von Potenzialenergie-kurven ausdrücken. Während der *endo*-Übergangszustand niedriger als der

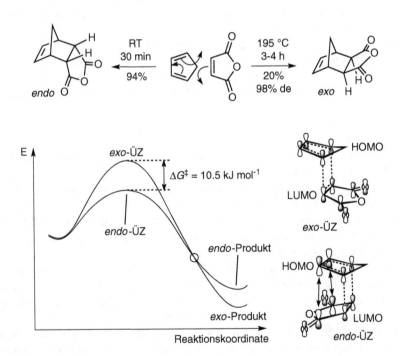

Abb. 10.10 Das *exo/endo*-Verhältnis bei der Reaktion von Cyclopentadien mit Maleinsäure-anhydrid hängt stark von der Temperatur ab

exo-Übergangszustand liegt, ist dies bei den Produkten umgekehrt. Die beiden Potenzialenergiekurven schneiden sich also. Nach dem Hammond-Postulat hätten wir erwartet, dass das thermodynamisch stabilere Produkt auch über die kleinere Barriere gebildet wird. Offensichtlich muss es im *endo*-Übergangszustand einen zusätzlichen stabilisierenden Effekt geben, der sich auf den *exo*-Übergangszustand nicht in gleicher Weise auswirkt.

Betrachtet man die beiden Übergangszustände in Abb. 10.10, so wird klar, dass auch dieser Effekt mithilfe von Orbitalwechselwirkungen erklärt werden kann. Im *exo*-Übergangszustand gibt es die Orbitalwechselwirkung zwischen den Atomen, zwischen denen sich die beiden neuen σ-Bindungen bilden. Die anderen Orbitallappen sind nicht zu Überlappungen in der Lage, da sie räumlich zu weit auseinander liegen. Im *endo*-Übergangszustand hingegen liegen die beiden Ringe untereinander, und die Orbitallappen an den beiden Carbonyl-Kohlenstoffatomen des Maleinsäureanhydrids können stabilisierende, sogenannte sekundäre Orbitalwechselwirkungen mit den darüber liegenden Orbitalen des Cyclopentadiens eingehen. Dadurch wird der *endo*-Übergangszustand stabilisiert.

Interessanterweise können sekundäre Orbitalwechselwirkungen auch den gegenteiligen Effekt haben und die Barriere zum *endo*-Produkt deutlich erhöhen, wie die folgende Reaktion von Cyclopentadien mit Tropon zeigt (Abb. 10.11). Diese Reaktion ist zwar keine Diels-Alder-Reaktion, sondern eine [6 + 4]-Cycloaddition, aber sie ist als 10-Elektronen-Reaktion nach den Woodward-Hoffmann-Regeln thermisch erlaubt und mit der Diels-Alder-Reaktion entsprechend verwandt. Bei dieser Reaktion wird ausschließlich das *exo*-Produkt gebildet, da der *endo*-Übergangszustand durch antibindende sekundäre Orbitalwechselwirkungen destabilisiert wird. Das *exo*-Diastereomer ist somit sowohl das kinetische als auch das thermodynamische Produkt.

Diese beiden Beispiele zeigen, dass man mit der Orbitalanalyse auch über die qualitative Beurteilung, welche Reaktionen erlaubt sind und welche nicht, hinausgehende Schlussfolgerungen ziehen kann.

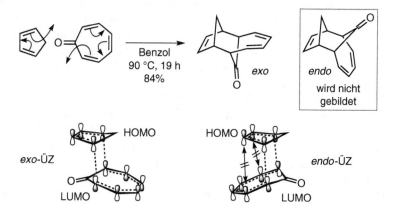

Abb. 10.11 Destabilisierende sekundäre Orbitalwechselwirkungen im *endo*-Übergangszustand der [6 + 4]-Cycloaddition von Cyclopentadien mit Tropon

---

Übung 10.9

a) Bauen Sie die Moleküle, die an den beiden hier besprochenen Beispielreaktionen beteiligt sind, mithilfe eines Molekülbaukastens nach. Überlegen Sie, wie die π-Orbitale relativ zur Molekülgeometrie angeordnet sind. Bringen Sie dann die Edukte so zusammen, dass Sie sich die Übergangszustandsgeometrien vorstellen können, die eine optimale Orbitalüberlappung entlang der neu zu bildenden σ-Bindungen erlauben.

b) Spielen Sie die bindenden und antibindenden sekundären Orbitalwechselwirkungen durch und üben Sie, die Übergangszustände so zu zeichnen, dass ein guter Eindruck von der räumlichen Anordnung entsteht.

c) Zeichnen Sie für die beiden [6 + 4]-Cycloadditionen zum *exo*- und *endo*-Produkt in Abb. 10.11 Potenzialenergiekurven, in denen die relativen Lagen der beiden Übergangszustände und der beiden Produkte korrekt eingezeichnet sind.

d) Das Tropon ist ein Aromat. Erklären Sie dies mithilfe mesomerer Grenzformeln.

10.4.3 Diels-Alder-Reaktionen: Orbitalenergien und Reaktionsgeschwindigkeiten

Die Orbitalkontrolle pericyclischer Reaktionen reicht noch weiter, als im letzten Kapitel angesprochen. Wenn man die Orbitalenergien kennt, kann man sogar Abschätzungen vornehmen, wie schnell z. B. Cycloadditionen ablaufen. Um das zu verstehen, müssen wir zunächst etwas über Orbitalenergien wissen. Man kann die Orbitalenergien, wie oben bereits kurz skizziert, sowohl theoretisch berechnen als auch experimentell messen.

Substituenten beeinflussen die Orbitalenergien entscheidend mit. Abb. 10.12 zeigt dies am Beispiel eines Dienophils. Analoges gilt auch für das Dien. Eine einfache Doppelbindung weist zwei Molekülorbitale für das π-System auf, das $\pi_{C=C}$- und das $\pi^*_{C=C}$-Orbital, wie in der Mitte der Abbildung gezeigt. Steht die Doppelbindung in Konjugation zu einem freien Elektronenpaar eines benachbarten Heteroatoms, wie dies im Beispiel des Methoxyethens rechts der Fall ist, so ergibt sich eine deutliche energetische Anhebung des HOMOs und eine etwas weniger stark ausgeprägte Anhebung des LUMOs. Beide Orbitalenergien erhöhen sich also. Umgekehrt ergibt sich eine leichte Absenkung des HOMOs und eine deutliche Absenkung des LUMOs, wenn die C=C-Doppelbindung mit einer Carbonylgruppe in Konjugation steht. Insgesamt ergibt sich also, dass elektronenziehende Substituenten die Orbitalenergien beider Grenzorbitale absenken, elektronenschiebende Substituenten sie hingegen anheben.

In der qualitativen Grenzorbitalanalyse von Cycloadditionen wurden immer HOMO-LUMO-Kombinationen betrachtet, wobei das HOMO des einen Moleküls mit dem LUMO des anderen im Übergangszustand in Wechselwirkung tritt. Welche HOMO-LUMO-Kombination betrachtet wurde, ist dabei nicht wichtig; das qualitative Ergebnis ist bei beiden Varianten das gleiche. Hier geht es jetzt aber um

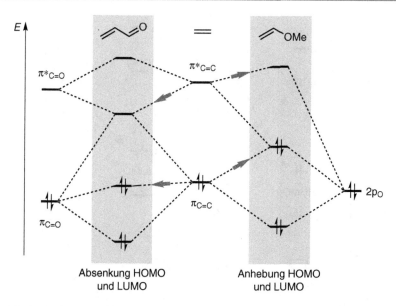

Abb. 10.12 Auswirkungen von elektronenziehenden (links) und elektronenschiebenden Substituenten (rechts) auf die Orbitalenergien der Grenzorbitale. Substitution des Dienophils mit einer elektronenziehenden Gruppe (hier eine Carbonylgruppe) führt zu einer energetischen Absenkung beider Grenzorbitale. Umgekehrt hebt die Wechselwirkung mit einem freien Elektronenpaar an einem benachbarten Heteroatom die Grenzorbitale energetisch an

eine quantitative Vorhersage von Reaktionsgeschwindigkeiten. Daher ist nun wichtig, welche Grenzorbitalkombination betrachtet wird. Entscheidend ist immer die Kombination, die die kleinere Energiedifferenz zwischen dem HOMO des einen und dem LUMO des anderen Reaktionspartners aufweist. Je kleiner diese Orbitalenergiedifferenz, desto größer ist die Stabilisierung des Übergangszustands. Je niedriger der Übergangszustand energetisch liegt, desto schneller wird die Reaktion. Man kann also schlussfolgern, dass für die Reaktionsgeschwindigkeit immer diejenige HOMO-LUMO-Kombination entscheidend sein wird, bei der die beiden Grenzorbitale eine möglichst kleine Energiedifferenz haben.

Betrachtet man die Diels-Alder-Reaktion zwischen 1,3-Butadien und Ethen, sind die Energiedifferenzen für beide HOMO-LUMO-Kombinationen in etwa gleich (Abb. 10.13, links), da beide Moleküle unsubstituiert und alle Grenzorbitale symmetrisch um den Energieschwerpunkt verteilt sind. Hier ist es also nicht entscheidend, welche Grenzorbitalkombination man auswählt. Anders ist dies, wenn beispielsweise ein elektronenreiches Dien mit einem elektronenarmen Dienophil reagiert (Abb. 10.13, rechts). Hier werden die Grenzorbitale des Diens energetisch angehoben und die des Dienophils abgesenkt, sodass die beiden HOMO-LUMO-Differenzen nicht mehr gleich groß sind. Für die Reaktionsgeschwindigkeit entscheidend ist die kleinere HOMO-LUMO-Differenz (dicker Doppelpfeil), während die andere Kombination (gestrichelter Doppelpfeil) keine Rolle spielt. In einer solchen Diels-Alder-Reaktion reagiert also das Dien mit seinem HOMO

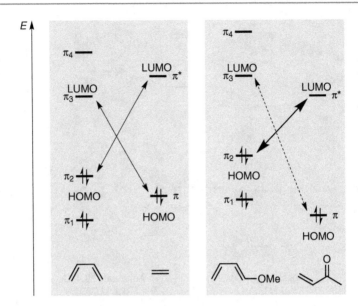

Abb. 10.13 HOMO-LUMO-Orbitalenergiedifferenzen für die Reaktion zweier unsubstituierter Edukte (links) und die Reaktion eines elektronenreichen Diens mit einem elektronenarmen Dienophil (rechts)

und das Dienophil mit seinem LUMO. Man nennt dies eine Diels-Alder-Reaktion mit „normalem Elektronenbedarf". Die Beispiele für die umgekehrte Situation, bei der das Dien so stark elektronenziehend substituiert ist und das Dienophil so stark elektronenschiebend, dass die andere Grenzorbitalkombination (LUMO$_{\text{Dien}}$-HOMO$_{\text{Dienophil}}$) entscheidend wird, sind seltener. Es gibt aber Beispiele, und man nennt diese Reaktionen dann Diels-Alder-Reaktionen mit „inversem Elektronenbedarf". Wir können aus diesen Überlegungen schließen, dass Diels-Alder-Reaktionen der unsubstituierten Grundkörper eher langsam verlaufen und höhere Temperaturen erfordern. Mit günstigen Substitutionsmustern jedoch lassen sie sich deutlich beschleunigen.

Übung 10.10

a) Analysieren Sie einmal den „Klassiker", die Reaktion von Cyclopentadien und Maleinsäureanhydrid, hinsichtlich der Substituenten und ihrer Effekte auf die Reaktionsgeschwindigkeit.

b) Wie wirken sich Alkylsubstituenten auf die Orbitalenergien aus? Welche Wirkung hat demnach die Methylengruppe im Cyclopentadien?

Betrachten wir zum Schluss noch ein paar experimentelle Befunde. In Abb. 10.14 sehen Sie die logarithmisch aufgetragenen Reaktionsgeschwindigkeiten für zwei Serien von Diels-Alder-Reaktionen. In der einen Serie (ausgefüllte Punkte)

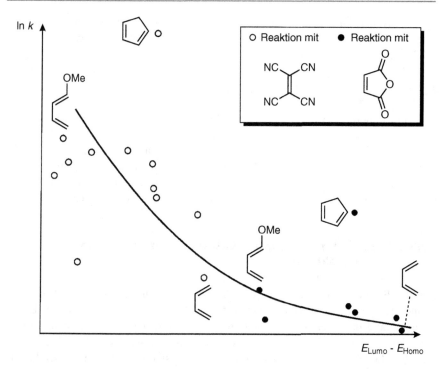

Abb. 10.14 Reaktionsgeschwindigkeiten zweier Serien von Diels-Alder Reaktionen, logarithmisch aufgetragen über die Differenz der Grenzorbitalenergien der beiden Reaktionspartner

betrachten wir die Reaktionen verschiedener Diene mit Maleinsäureanhydrid, in der anderen Serie (leere Punkte) sehen wir die Reaktionen der gleichen Diene mit Tetracyanoethen. In beiden Serien haben wir exemplarisch nur drei Diene herausgegriffen und die Punkte zugeordnet. Zunächst ist eindeutig der Trend zu sehen, dass kleinere HOMO-LUMO-Energiedifferenzen zu schnelleren Reaktionen führen. Für jedes der bezeichneten Diene ist die Reaktion mit Tetracyanoethen schneller als die mit Maleinsäureanhydrid, da die vier Nitrilgruppen eine deutlich stärkere Absenkung des LUMOs im Dienophil bewirken als die beiden Carbonylgruppen des Maleinsäureanhydrids. Damit ist bei einem gegebenen Dien auch die HOMO-LUMO-Differenz für das Tetracyanoethen kleiner, und die Reaktion verläuft schneller.

Es wird aber auch deutlich, dass weitere Effekte eine Rolle spielen. Einige der Punkte liegen in dem Diagramm doch recht weit von der Trendlinie entfernt. Ganz klar ist zu sehen, dass die Reaktionen von Cyclopentadien mit beiden Dienophilen offensichtlich schneller sind, als aus den HOMO-LUMO-Energiedifferenzen zu erwarten wäre. Dies kann aber einleuchtend erklärt werden, wenn man sich überlegt, dass ein offenkettiges 1,3-Butadien aus sterischen Gründen bevorzugt in seiner transoiden Konformation vorliegt und für eine konzertierte Diels-Alder-Reaktion erst in die energetisch ungünstigere cisoide Konformation übergehen muss. Es liegt also ein ungünstiges vorgelagertes Konformationsgleichgewicht vor, das die Reaktion verlangsamt, da die im Gleichgewicht vorhandene Konzentration

der reaktiven Konformation gering ist. Beim Cyclopentadien sind alle Moleküle
bereits so vororganisiert, dass sie in einer Diels-Alder-Reaktion reagieren können.
Die Reaktion ist also schneller.

Übung 10.11

a) Formulieren Sie die Diels-Alder-Reaktion von 1,3-Butadien mit
   Methylacrylat.
b) Wenn Sie diese Reaktion unter Zugabe einer katalytischen Menge an $AlCl_3$
   durchführen, läuft sie deutlich schneller ab. Erklären Sie, warum eine Lewis-
   Säure die Diels-Alder-Reaktion beschleunigt, indem Sie überlegen, welche
   Auswirkungen die Lewis-Säure auf die Grenzorbitalenergien hat.

10.4.4 Diels-Alder-Reaktionen: Orbitalkoeffizienten und Regioselektivitäten

Sind beide Edukte, also das Dien und das Dienophil, unsymmetrisch substituiert,
können je nach der relativen Orientierung der beiden Reaktionspartner im Übergangszustand der Diels-Alder-Reaktion zwei verschiedene Regioisomere auftreten. Man beobachtet dabei häufig, dass das sterisch anspruchsvollere Isomer das
Hauptprodukt ist. Sterische Effekte sind dann offensichtlich nicht die wesentlichen
Faktoren, die das Produktverhältnis bestimmen. Stattdessen spielt die Überlappung der Grenzorbitale im Übergangszustand eine entscheidende Rolle.

In Abb. 10.15 ist die Reaktion von 1-Methoxy-1,3-butadien mit Acrolein als Beispiel gezeigt. Obwohl ein Cycloadditionsprodukt möglich ist, bei dem die beiden

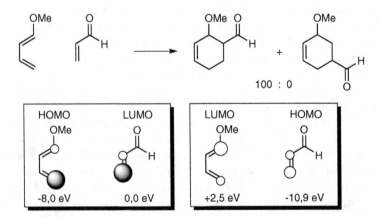

Abb. 10.15 Die Rolle der Orbitalkoeffizienten für die Regiochemie von Diels-Alder-Reaktionen. **Unten:** die beiden möglichen HOMO-LUMO-Kombinationen mit den zugehörigen Orbitalenergien und den Orbitalkoeffizienten an den Enden der π-Systeme, dargestellt durch die Größe
des jeweils nach vorn zeigenden Orbitallappens

Substituenten am Sechsring nicht direkt nebeneinander stehen, wird ausschließlich das 3,4-disubstituierte Cyclohexen gebildet. Will man verstehen, warum dies so ist, geht man wie folgt vor: Zunächst zeichnet man beide möglichen HOMO-LUMO-Kombinationen und schlägt die Orbitalenergien nach. Die kleinste Orbitalenergiedifferenz erhält man für das $HOMO_{Dien}$-$LUMO_{Dienophil}$-Paar, das im linken Kasten gezeigt ist. Diese Orbitalkombination ist also wieder die entscheidende.

Für diese Orbitale bestimmt man dann die Koeffizienten der Atomorbitale in der dem jeweiligen Grenzorbital entsprechenden Linearkombination. Dies kann man z. B. mithilfe theoretischer Rechnungen tun. In der Regel reichen qualitative Überlegungen aus. Wichtig sind nur die Orbitalkoeffizienten an den Enden der jeweiligen π-Systeme, an denen bei der Cycloaddition die neuen σ-Bindungen entstehen, denn hier kommt es auf eine gute Orbitalüberlappung an. Die beste Orbitalüberlappung ist dann gegeben, wenn die Enden der beiden Edukte miteinander in Wechselwirkung treten, die einen großen Orbitalkoeffizienten besitzen. Im gezeigten Beispiel sind dies sowohl im Dien als auch im Dienophil die von der funktionellen Gruppe weiter entfernten Enden. Damit ist die Regiochemie festgelegt, und für die anderen beiden Enden erhält man automatisch die Wechselwirkung zwischen den jeweils kleineren Orbitallappen. Man sucht also immer nach einer „groß-groß/klein-klein"-Wechselwirkung zwischen den Grenzorbitalen und kann daraus die Regiochemie ableiten.

Sind die Unterschiede zwischen den Orbitalkoeffizienten klein, ist die Reaktion in der Regel unselektiv, und man erhält eine Mischung beider möglicher Regioisomere. Sind die Unterschiede wie im gezeigten Beispiel groß, verläuft die Reaktion auch entgegen möglichen sterischen Effekten orbitalkontrolliert selektiv ab. Da im Alltag die Abschätzung von Orbitalkoeffizienten nicht immer leicht ist, gibt es die „ortho-para"-Faustregel, die in der Mehrzahl aller Fälle zum richtigen Ergebnis bei einer Vorhersage der Stereochemie führt: Wenn wir Elektronen schiebende Substituenten mit „X", konjugierte π-Systeme mit „C" und elektronenziehende Substituenten mit „Z" bezeichnen, so bilden sich mit einer Ausnahme bei allen Kombinationen von Dien und Dienophil 1,2- oder 1,4-Produkte, also bei X + C, C + C, Z + C, Z + Z, C + Z etc. Lediglich die Kombination von X + X gehorcht dieser Regel nicht.

Wir haben in diesem Kapitel gesehen, wie weit eine Orbitalanalyse trägt: Wir können nicht nur ableiten, ob Reaktionen gut ablaufen sollten oder nicht. Eine Analyse der sekundären Effekte, der Orbitalenergien und der Orbitalkoeffizienten ermöglicht darüber hinaus Vorhersagen zur Stereochemie, zur Reaktionsgeschwindigkeit und zur Regiochemie.

Übung 10.12

Da nicht nur pericyclische Reaktionen mithilfe der Grenzorbitalmethode analysiert werden können, ist die Grenzorbitalmethode generell ein wertvolles Werkzeug für die mechanistische Analyse organisch-chemischer Reaktionen.

a) Überlegen Sie zunächst ganz allgemein, mit welchem Grenzorbital ein Nucleophil und mit welchem Grenzorbital ein Elektrophil in einer polaren Reaktion reagieren.

b) Wir haben in Kap. 7 die Grenzorbitale der Carbonylgruppe bereits in diesem Sinne diskutiert. Wiederholen Sie diesen Teil noch einmal und beschreiben Sie anhand eines nucleophilen Angriffs auf die Carbonylgruppe, warum er gerade am Carbonyl-C-Atom geschieht.

c) Auch hatten wir in Kap. 4 besprochen, dass der Rückseitenangriff eines Nucleophils bei der S_N2-Reaktion möglichst in einem 180°-Winkel zwischen Nucleophil, Kohlenstoffatom und Abgangsgruppe erfolgen muss. Übertragen Sie Grenzorbitalüberlegungen auch auf diesen Fall und begründen Sie diese Winkelabhängigkeit.

10.4.5 1,3-Dipolare Cycloadditionen

1,3-Dipole sind elektrisch neutrale Moleküle, bei denen eine positive und eine negative Formalladung in einer der mesomeren Grenzstrukturen einen 1,3-Abstand aufweisen. Sie besitzen somit ein elektrophiles und ein nucleophiles Ende. Alle 1,3-Dipole sind isoelektronisch zum Propargyl-/Allenylanion oder zum Allylanion und können daher in zwei Typen unterschieden werden (Abb. 10.16). Einige dieser Verbindungen haben wir in Kap. 9 als Stickstoff-Ylide kennengelernt.

1,3-Dipole können Cycloadditionen mit Alkenen und Alkinen eingehen und bilden dann fünfgliedrige Ringe. Auch wenn die Ringgröße um ein Atom kleiner ist als bei der Diels-Alder-Reaktion, sind auch die 1,3-dipolare Cycloadditionen pericyclische Reaktionen mit sechs beteiligten Elektronen. Sie folgen daher ganz analogen Regeln wie die bisher besprochenen [4 + 2]-Cycloadditionen und sind nach den Woodward-Hoffmann-Regeln thermisch erlaubt. Für eine Orbitalanalyse mithilfe der Grenzorbitalmethode ist es hilfreich, sich klar zu machen, dass der 1,3-Dipol die 4-Elektronen-Komponente in der Reaktion und isoelektronisch zum Allylanion ist.

Schauen wir uns als Beispiel die Ozonolyse an (Abb. 10.17). Sie ist eine der prominentesten Reaktionen dieser Klasse. Das Reagenz ist Ozon, ein gewinkeltes Molekül aus drei Sauerstoffatomen. Ozon reagiert mit Alkenen zunächst in einer 1,3-dipolaren Cycloaddition zum sogenannten Primärozonid. Da es isoelektronisch zum Allylanion ist, können wir die Grenzorbitale von diesem ableiten. Unabhängig davon, welche HOMO-LUMO-Kombination man wählt, ergibt sich für diese Cycloaddition, dass an den Enden der π-Systeme, zwischen denen sich die neuen σ-Bindungen bilden, stets auf beiden Seiten eine bindende Überlappung möglich ist. Daher ist diese Reaktion thermisch erlaubt.

Das primäre Produkt ist das Primärozonid, das eine Trioxideinheit enthält, die sofort in einer 1,3-dipolaren Cycloreversion weiterreagiert, also der Umkehrung einer 1,3-dipolaren Cycloaddition. Die dabei entstehende Carbonylverbindung und das Carbonyloxid, das ebenfalls ein 1,3-Dipol ist, reagieren anschließend in einer weiteren 1,3-dipolaren Cycloaddition zum Sekundärozonid.

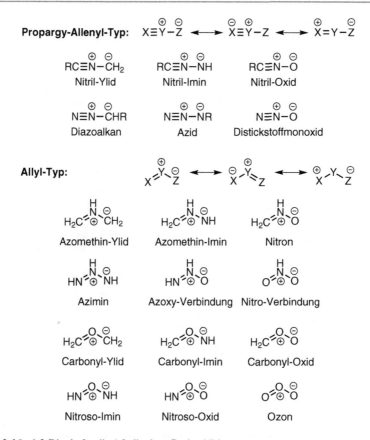

Abb. 10.16 1,3-Dipole für die 1,3-dipolare Cycloaddition

Das Sekundärozonid enthält zweimal das Strukturelement eines Acetals oder Ketals. Es ist daher unter sauren wässrigen Bedingungen hydrolysierbar, und je nach Substitution entstehen zwei Aldehyde oder Ketone. Allerdings entstünde ein Molekül Wasserstoffperoxid, wenn Sie das Sekundärozonid sauer katalysiert hydrolysieren würden. Es würde einen in der Hydrolyse ebenfalls entstehenden Aldehyd umgehend zur Carbonsäure oxidieren – allerdings nur ein Äquivalent, sodass z. B. in der in Abb. 10.17 gezeigten Reaktion Produktgemische erhalten würden (ein Äquivalent Aldehyd und ein Äquivalent Carbonsäure). Daher ist es ratsam, bei der Aufarbeitung des Ozonolyseprodukts entweder unter oxidativen oder unter reduktiven Bedingungen zu arbeiten. So kann man nicht nur Produktgemische vermeiden, sondern auch noch steuern, welche Produkte man erhalten will. Die zusätzliche Zugabe eines Oxidationsmittels wie Wasserstoffperoxid führt einheitlich zu Carbonsäuren. Über die Umsetzung mit relativ schwachen Reduktionsmitteln wie Dimethylsulfid, Triphenylphosphin oder Zink und Säure lässt sich das aus der Ozonolyse stammende Wasserstoffperoxid abfangen, und man erhält Aldehyde oder Ketone. Bei Verwendung stärkerer

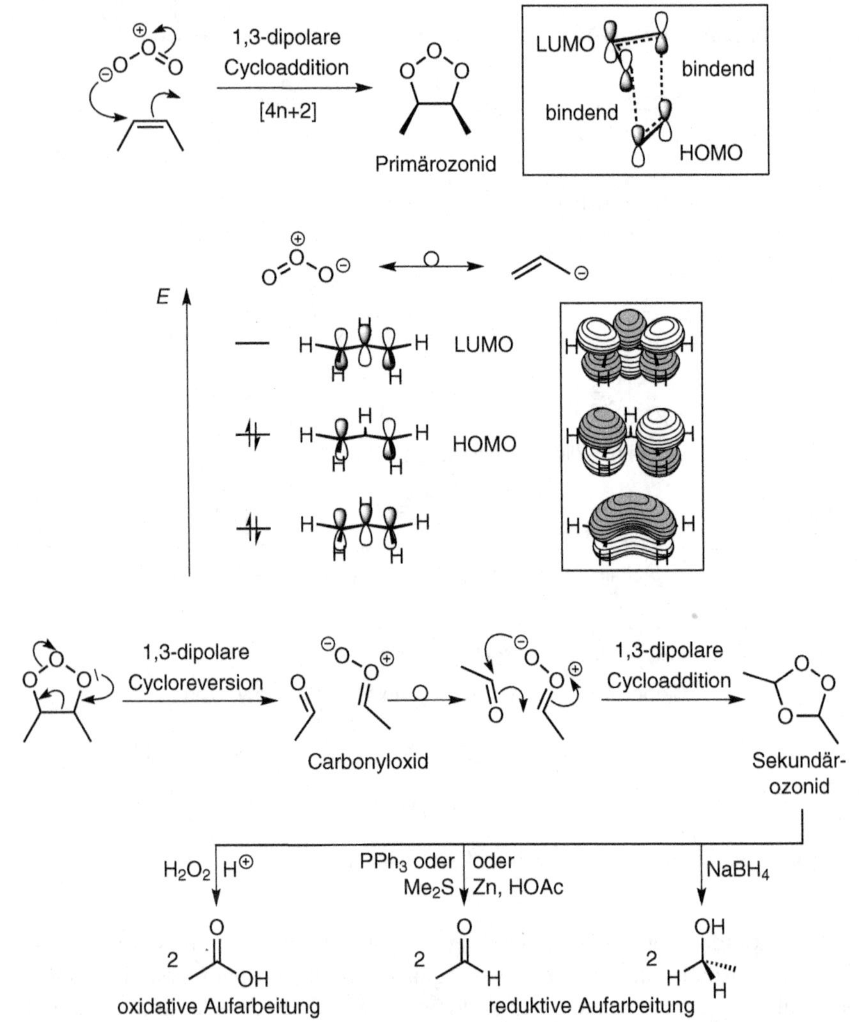

Abb. 10.17 Die Ozonolyse als prototypische 1,3-dipolare Cycloaddition. **Oben:** Cycloaddition zum Primärozonid und Grenzorbitalanalyse. **Mitte:** Ozon ist isoelektronisch zum Allylanion. Gezeigt sind die drei π-MOs von Ozon bzw. vom Allylanion. Da vier Elektronen unterzubringen sind, ist das mittlere Orbital das HOMO, das höchste das LUMO. **Unten:** Da das Primärozonid nicht sehr stabil ist, reagiert es in einer Sequenz aus einer 1,3-dipolaren Cycloreversion und einer weiteren 1,3-dipolaren Cycloaddition zum Sekundärozonid, das über die Wahl der bei der Aufarbeitung verwendeten Reagenzien zu unterschiedlichen Produkten weiterreagiert

Reduktionsmittel wie Natriumborhydrid gelingt es auch, direkt durch Reduktion der entstehenden Carbonylverbindungen zu Alkoholen zu gelangen. Auf diese Weise ist die Ozonolyse nicht nur mechanistisch interessant, sondern durch ihr breites Produktspektrum auch synthetisch wertvoll.

Übung 10.13

a) Analysieren Sie die aus dem Primärozonid erfolgende 1,3-dipolare Cyclo-reversion und die 1,3-dipolare Cycloaddition des Carbonyloxids im letzten Schritt zum Sekundärozonid mithilfe der Grenzorbitalmethode.

b) Versuchen Sie sich einmal daran, ein Korrelationsdiagramm für die 1,3-dipolare Cycloaddition aufzustellen, und begründen Sie mit seiner Hilfe, dass diese Reaktion wie die Diels-Alder-Reaktion symmetrieerlaubt ist.

c) Schauen Sie sich noch einmal die bereits im Kap. 5 diskutierte Dihydroxylierung von Alkenen mit Osmiumtetroxid an. Ziehen Sie Analogieschlüsse.

10.4.6 Synthese fünfgliedriger Heterocyclen durch 1,3-dipolare Cycloadditionen

Im Gegensatz zur Ozonolyse führen die meisten Cycloadditionen der anderen 1,3-Dipole an Alkene oder Alkine zu stabilen fünfgliedrigen Heterocyclen. Die synthetische Bedeutung der 1,3-dipolaren Cycloaddition liegt jedoch nicht im Aufbau stereochemisch definierter Ringsysteme, wie dies bei der Diels-Alder-Reaktion meist der Fall ist, sondern in der Erzeugung von Heterocyclen mit anschließender Ringöffnung. Auf diese Weise können funktionelle Gruppen mit einem 1,3-Abstand sehr elegant in ein Molekül eingeführt werden. In der Synthese sind hier insbesondere zwei 1,3-Dipole wichtig: Nitrone und Nitriloxide. In beiden Fällen können die schwachen N–O-Bindungen der Produkte durch verschiedene Reagenzien gespalten werden.

Zur Illustration dieser Strategie werfen wir einen Blick auf die Nitrone. Die beiden wichtigsten Methoden zu ihrer Herstellung sind die Kondensation von Aldehyden oder Ketonen mit Hydroxylaminen und – insbesondere für cyclische Nitrone – die Oxidation der entsprechenden Hydroxylamine z. B. mit MnO_2 oder mit N-Methylmorpholin-N-oxid (NMO) und katalytischen Mengen n-Tetrapropylammoniumperruthenat (TPAP) (Abb. 10.18). Die cyclischen Hydroxylamine können z. B. durch Cope-Eliminierung entsprechender tertiärer Amine oder durch milde Oxidation der jeweiligen sekundären Amine mit Wasserstoffperoxid gewonnen werden.

Die Reaktion mit einem Dipolarophil, in Abb. 10.18 einem substituierten Alken, ergibt einen fünfgliedrigen Isoxazolidin-Heterocyclus. Diverse Reduktionsmittel wie z. B. metallisches Zink in Säure oder die Hydrierung unter Verwendung von Nickel- oder Palladiumkatalysatoren können für die reduktive Spaltung der N–O-Bindung verwendet werden; es entstehen eine Amino- und eine Hydroxygruppe im 1,3-Abstand. Die oxidative Spaltung mit Persäuren wie *meta*-Chlorperbenzoesäure (*m*-CPBA) führt interessanterweise erneut zu einem Nitron, das wiederum in 1,3-dipolaren Cycloadditionen verwendet werden kann.

Anhand der Synthese von Kokain, bei der eine intramolekulare 1,3-dipolare Cycloaddition eines Nitrons als Schlüsselschritt dient, lässt sich die Bedeutung

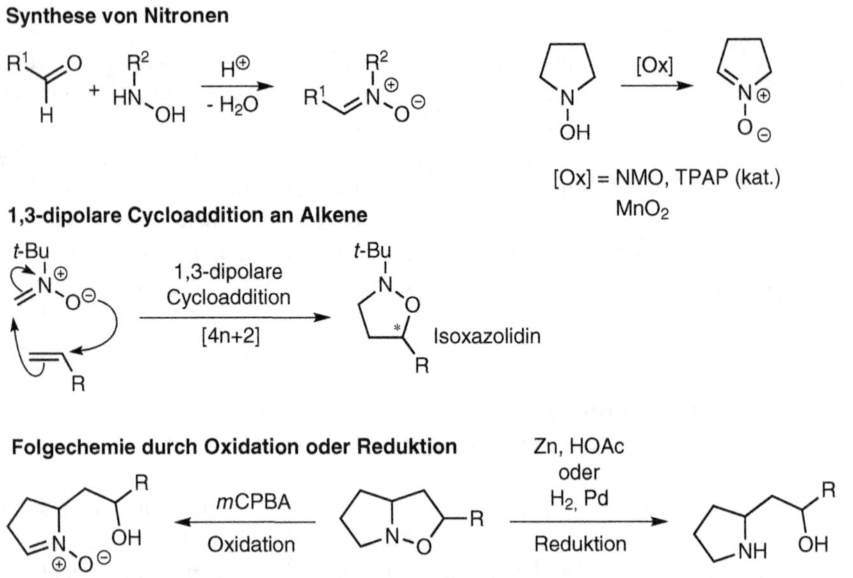

Synthese von Nitronen

[Ox] = NMO, TPAP (kat.)
MnO$_2$

1,3-dipolare Cycloaddition an Alkene

Folgechemie durch Oxidation oder Reduktion

Abb. 10.18 Synthese von Nitronen und Folgereaktionen aus dem in einer 1,3-dipolaren Cycloaddition mit einem Alken gebildeten Isoxazolidin

dieser Verbindungsklasse gut illustrieren (Abb. 10.19). Die Ausgangssubstanz ist dabei ein einfaches cyclisches Nitron, das zunächst eine Cycloaddition mit 3-Butensäuremethylester eingeht. Die Regioselektivität ist dabei wahrscheinlich ein Ergebnis sterischer Faktoren. Da die Estergruppe nicht in Konjugation zum Alken steht, hat sie kaum einen Einfluss auf die Orbitalkoeffizienten, die sonst wie in der Diels-Alder-Reaktion auch bei den 1,3-dipolaren Cycloadditionen die Regioselektivität steuern können. Die anschließende oxidative Spaltung des Isoxazolidins mit *m-CPBA* ergibt erneut ein Nitron und eine Hydroxygruppe im 1,3-Abstand vom Stickstoffatom.

Die ursprüngliche Syntheseplanung sah vor, aus dem Alkohol durch Überführung in eine Abgangsgruppe und darauf folgende Eliminierung ein Alken für die zweite, diesmal intramolekulare 1,3-dipolare Cycloaddition zu erzeugen, die dann auf sehr direktem Wege zum bicyclischen Grundgerüst des Kokains geführt hätte. Das Nitron stört jedoch diesen Dehydratationsschritt, sodass es zuvor geschützt werden muss. Die einfachste Lösung hierfür ist ein leicht flüchtiges aktiviertes Alken, das wir zunächst in einer 1,3-dipolaren Cycloaddition mit dem Nitron reagieren lassen. Nach der Wassereliminierung, die in zwei Schritten durch Überführung der OH-Gruppe in ein Mesylat und anschließende E1cB-Eliminierung erfolgt, kann die Nitron-Schutzgruppe anschließend in einer 1,3-dipolaren Cycloreversion wieder abgespalten werden. Unter diesen Bedingungen schließt sich ohne weitere Aufarbeitung direkt die intramolekulare 1,3-dipolare Cycloaddition zum Kokaingrundgerüst an. Das so gebildete Isoxazolidin kann nach einer

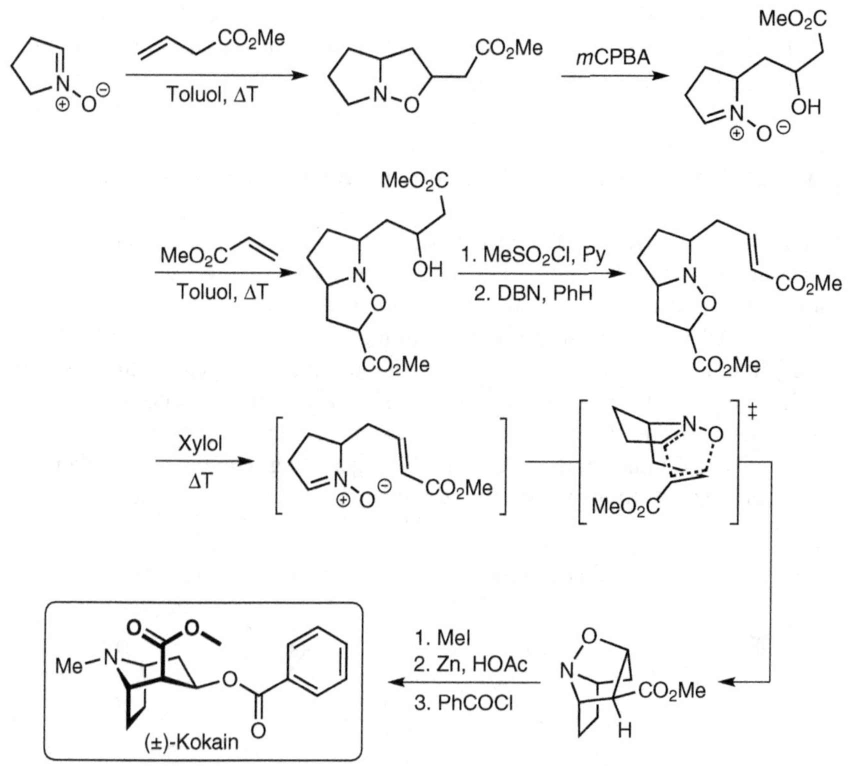

Abb. 10.19 Synthese von Kokain unter mehrfacher Verwendung 1,3-dipolarer Cycloadditionen

Methylierung des Stickstoffs reduktiv gespalten werden, und die entstehende Hydroxylgruppe wird mit Benzoylchlorid in den entsprechenden Ester überführt. Wie Sie sehen, ist diese Synthese nicht nur relativ kurz. Ihr Charme liegt u. a. auch darin, dass die N–O-Bindung vor der letzten Ringöffnung die richtige Stereochemie zwischen dem Stickstoffatom und der OH-Gruppe, die zum Schluss benzoyliert wird, garantiert.

Übung 10.14

a) Die in Abb. 10.19 gezeigte Kokainsynthese erzeugt racemisches Kokain, ist also nicht enantioselektiv, was sie in Anbetracht der achiralen Ausgangsstoffe natürlich auch nicht sein kann. Zeichnen Sie das zweite Enantiomer des Kokains. Schlagen Sie nach, welches Enantiomer die Kokapflanze, aus der natürliches Kokain gewonnen wird, erzeugt. Ist in Abb. 10.19 das natürliche Enantiomer gezeigt?

b) Gehen Sie die in Abb. 10.19 gezeigte Totalsynthese Schritt für Schritt durch, formulieren Sie die Mechanismen auch der übrigen beteiligten Reaktionen und wandeln Sie die hier gezeigte Synthese übungshalber in eine Retrosynthese um, wobei Sie jeweils die Strukturen auf Retrons hin prüfen und Synthons für jeden Reaktionsschritt angeben.

10.4.7 Elektrocyclische Reaktionen von Kationen und Anionen

Auch wenn die meisten bisher diskutierten pericyclischen Reaktionen von neutralen Edukten ausgingen, muss dies natürlich nicht so sein. Entscheidend ist die richtige Anzahl der an der Reaktion beteiligten Elektronen. Abb. 10.20 (oben) zeigt einen Alkohol, der unter sauren Bedingungen dehydratisiert werden kann. Man erhält ein π-System, in dem das leere p-Orbital einbezogen ist und das, über fünf Zentren verteilt, vier π-Elektronen enthält. In einem conrotatorischen Ringschluss cyclisiert das Pentadienylkation spontan bereits bei sehr niedrigen Temperaturen (–83 °C) und bildet einen fünfgliedrigen Ring. Die Grenzorbitalanalyse ist daneben gezeigt. Sinnvoll ist eine gedachte Zerlegung des Pentadienylkations

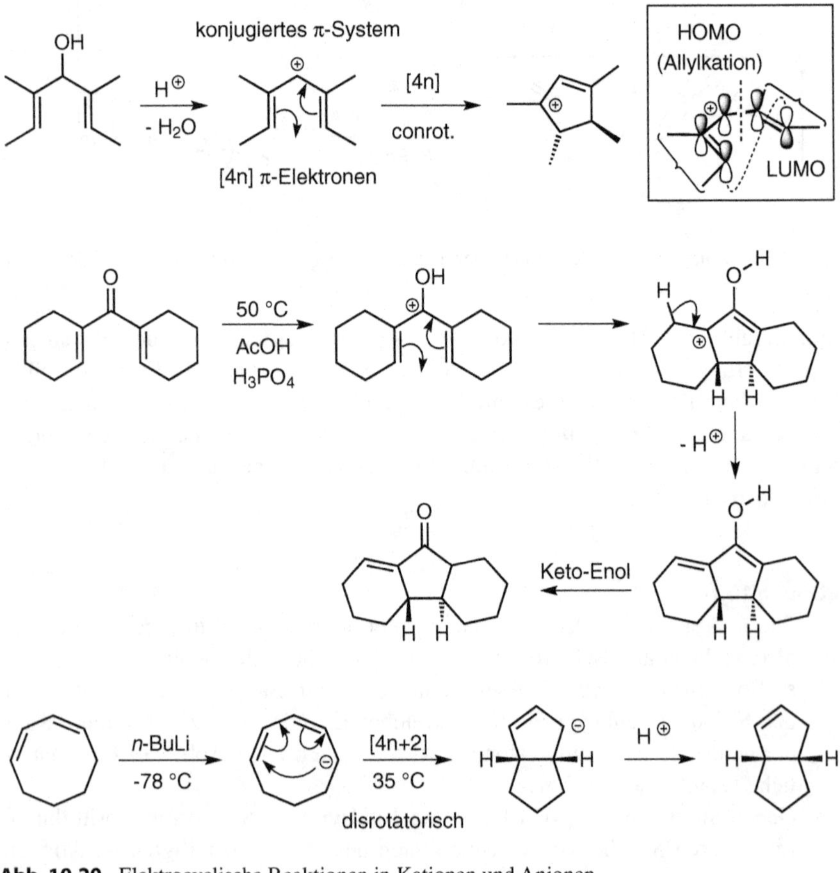

Abb. 10.20 Elektrocyclische Reaktionen in Kationen und Anionen

in ein Allylkation und ein Alken. Beide HOMO-LUMO-Kombinationen zeigen, dass der Ringschluss – wie von den Woodward-Hoffmann-Regeln vorhergesagt – conrotatorisch verlaufen muss, wenn Sie beachten, dass über die gedachte Schnittstelle hinweg eine bindende Orbitalüberlappung gegeben sein muss.

Wie das Beispiel in Abb. 10.20 (Mitte) zeigt, können neben Pentadienylkationen auch Divinylketone Electrocyclisierungen eingehen. Diese Reaktion ist eine Namensreaktion und heißt Nazarov-Cyclisierung. Das Pentadienylkation wird durch Protonierung der Carbonylgruppe oder deren Aktivierung mit einer Lewis-Säure gebildet. Die Cyclisierung verläuft im 4-Elektronen-System wieder conrotatorisch. In unsymmetrischen Divinylketonen mit ähnlichen, aber nicht gleichen Substituenten an beiden Doppelbindungen ist es häufig schwierig, gute Regioselektivitäten zu realisieren.

Betrachten wir schließlich noch das Pentadienylanion (Abb. 10.20, unten), so finden wir zwei Elektronen mehr als im Kation vor und haben damit ein konjugiertes π-System mit $(4n + 2)$ Elektronen vorliegen. Die thermisch induzierte Ringschlussreaktion verläuft in diesem Fall also disrotatorisch.

10.4.8 Synthetisch wichtige Analoga der Cope-Umlagerung

Die bereits diskutierte Cope-Umlagerung selbst ist synthetisch von nicht allzu großer Bedeutung, da Edukt und Produkt annähernd gleich stabil sind. Durch die Cope-Umlagerung erhält man daher Gemische von Edukt und Produkt, und eine Verschiebung des Gleichgewichts ganz auf eine Seite ist kaum möglich. Man kann sich in der Synthese aber sogenannte „Hetero-Cope"-Varianten zunutze machen (Abb. 10.21).

Der Grundtyp dieser Umlagerungen ist die Claisen-Umlagerung, bei der ein Allylalkohol zunächst in einen Allylvinylether überführt und dann durch Erwärmen umgelagert wird. Im Zuge dieser Reaktion werden zwei C=C-Doppelbindungen in eine C=C- und eine C=O-Doppelbindung überführt. Wegen der hohen Bindungsenergie der C=O-Doppelbindung ist die Reaktion daher exergonisch und läuft mit guten Ausbeuten zum Produkt hin ab. Es gibt eine Reihe von Varianten der Claisen-Umlagerung, die sich das gleiche Grundprinzip zunutze machen, jedoch zu verschiedenen Carbonylverbindungen führen.

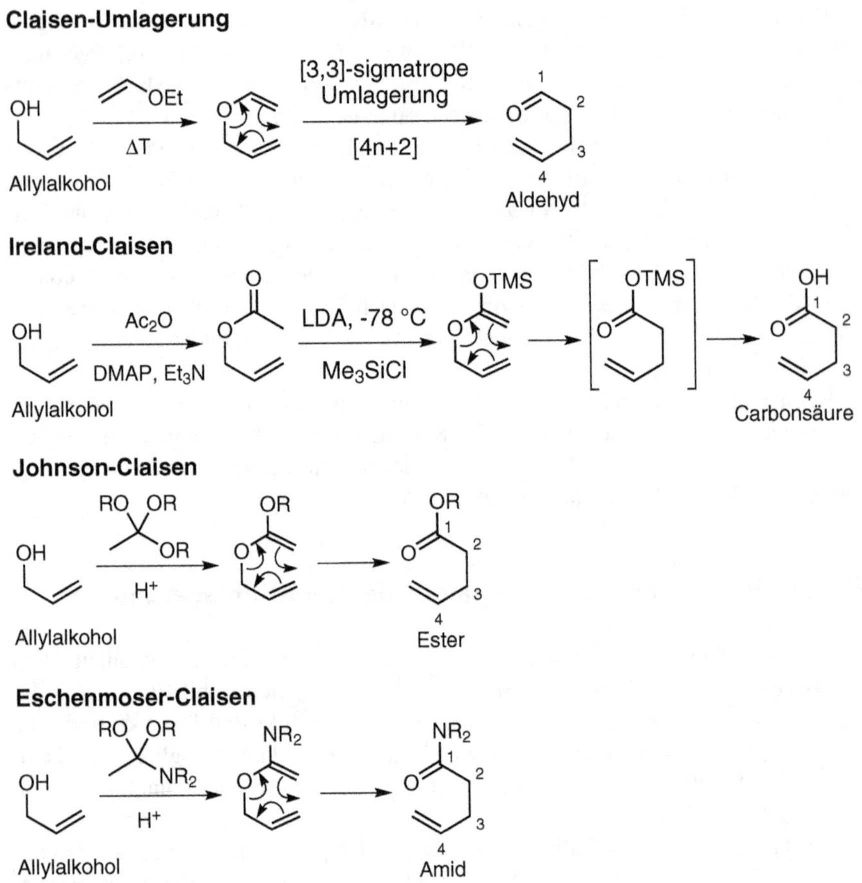

Claisen-Umlagerung

Ireland-Claisen

Johnson-Claisen

Eschenmoser-Claisen

Abb. 10.21 Synthetisch nützliche Varianten der Cope-Umlagerung, die die Bildung einer sehr stabilen C=O-Doppelbindung ausnutzen

10.4.9 Gruppentransferreaktionen

Von synthetischem Wert sind auch einige konzertiert verlaufende Gruppentransferreaktionen, die die fünfte Kategorie der pericyclischen Reaktionen bilden. Abb. 10.22 fasst einige davon zusammen.

Bei der Diimid-Reduktion von Alkinen oder Alkenen verwendet man Diimid als Wasserstofftransfer-Reagenz, sodass in der Reaktion als zweites Produkt molekularer Stickstoff entsteht. Die Triebkraft erhält die Reaktion also aus der Bildung dieses sehr stabilen Nebenprodukts, das zugleich inert ist und als Gas leicht aus der Reaktionsmischung entfernt werden kann.

Analoge Wasserstofftransferreaktionen machen sich die aromatische Resonanzenergie des Benzols zunutze. Als Reagenz kommt 1,4-Cyclohexadien zum Einsatz, das nach dem Wasserstofftransfer von der aromatischen Stabilisierung des Benzols profitiert. Hiermit gelingt es sogar, Anthracen an der 9- und 10-Position

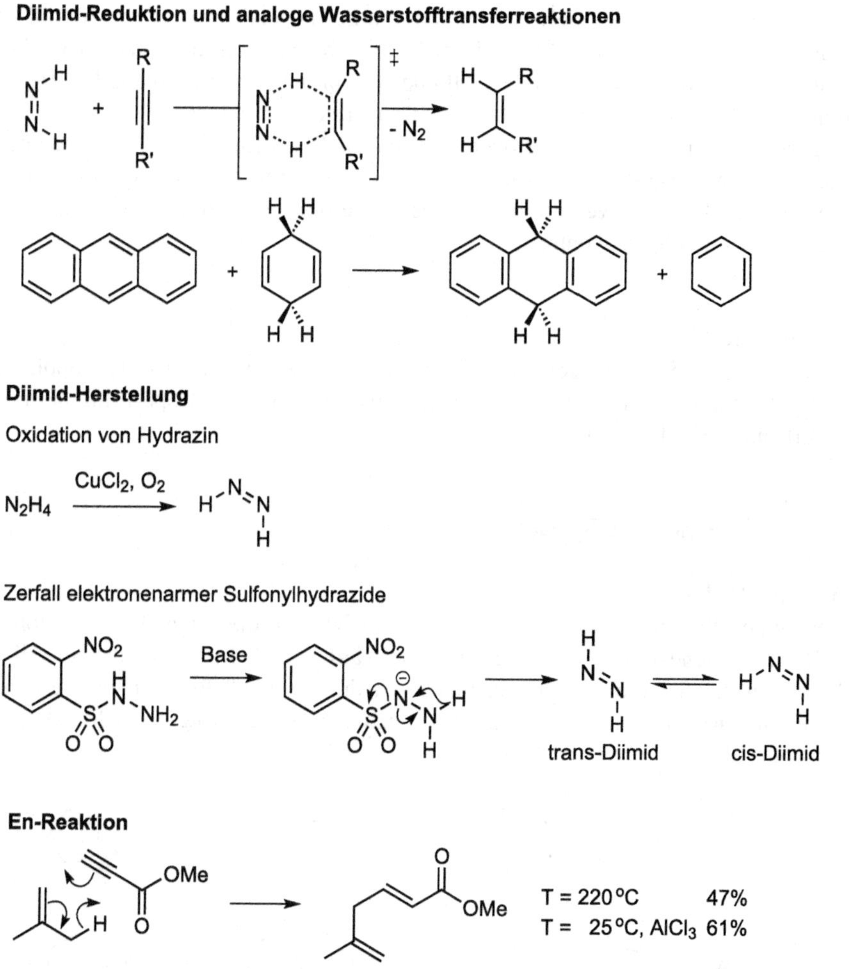
Diimid-Reduktion und analoge Wasserstofftransferreaktionen
- N2
Diimid-Herstellung
Oxidation von Hydrazin
CuCl2, O2
N2H4
Zerfall elektronenarmer Sulfonylhydrazide
NO2
Base
NH2
trans-Diimid
cis-Diimid
En-Reaktion
OMe
T = 220 °C 47%
T = 25 °C, AlCl3 61%

Abb. 10.22 Beispiele für Gruppentransferreaktionen, die konzertiert als pericyclische Reaktionen ablaufen

im mittleren Ring zu hydrieren – dort und nicht an einem der äußeren Ringe, weil die Resonanzstabilisierung dreier getrennter Benzolringe größer ist als die eines Anthracens oder die eines Benzolrings und eines Naphthalins. Schaut man sich beide Reaktionen, also die Diimidreduktion und die Transferhydrierung des Anthracens, im Vergleich an, sieht man, dass die Diimidreduktion unter Beteiligung von sechs Elektronen abläuft, während an der Anthracenreduktion zehn Elektronen beteiligt sind. Auch hier zeigt sich wieder das bekannte, zwischen (4n) und (4n + 2) Elektronen alternierende Reaktivitätsmuster.

Eine weitere Gruppentransferreaktion ist die En-Reaktion, an der zwei π- und eine σ-Bindung beteiligt sind, aus denen zwei σ- und eine π-Bindung entstehen. Ohne Lewis-Säure-Katalyse muss man im gezeigten Beispiel relativ hoch heizen, um diese Reaktion zu initiieren – und das, obwohl das sogenannte Enophil bereits elektronenziehend substituiert ist und über ein tief liegendes LUMO verfügt. Gibt man eine Lewis-Säure wie Aluminiumtrichlorid hinzu, kann diese an der Carbonylgruppe koordinieren und das LUMO des Enophils weiter absenken. Die Reaktion läuft bereits bei deutlich niedrigeren Temperaturen effizient ab.

Einige Gruppentransferreaktionen, die man als Retro-En-Reaktionen betrachten könnte, kennen Sie bereits aus dem Eliminierungskapitel. Die Esterpyrolyse und die Chugaev-Reaktion verlaufen ebenfalls konzertiert unter Beteiligung von sechs Elektronen unter Stereokontrolle.

Übung 10.15

Vergleichen Sie einerseits die Diels-Alder-Reaktion mit der 1,3-dipolaren Cycloaddition und andererseits die Esterpyrolyse mit der Cope-Eliminierung. Erkennen Sie die Analogien?

10.5 Trainingsaufgaben

Aufgabe 10.1

Bestimmen Sie zunächst, zu welcher der fünf Klassen die folgenden Reaktionen gehören. Welche Regeln gelten nach Woodward und Hoffman für die jeweilige Klasse, wenn Sie die Reaktionen thermisch durchführen? Bestimmen Sie unter Zuhilfenahme einfacher Grenzorbitalüberlegungen, ob die folgenden Reaktionen erlaubt sind oder nicht.

Aufgabe 10.2

a) 1,3-Dipolare Cycloadditionen sind wie die Diels-Alder-Reaktion Cycloadditionen unter Beteiligung von (4n + 2) Elektronen (n = 1), führen aber zu fünfgliedrigen Ringen. Erstellen Sie ein Korrelationsdiagramm für die 1,3-dipolare Cycloaddition von Phenylazid an Propinsäure.

b) Ein schönes Beispiel für eine Gruppentransferreaktion ist die in Abb. 10.21 ganz oben gezeigte Diimidreduktion von Doppel- oder Dreifachbindungen. Auch diese Reaktion lässt sich mithilfe eines Korrelationsdiagramms beschreiben. Stellen Sie auch dieses Korrelationsdiagramm auf und beurteilen Sie, ob die Reaktion über eine niedrige oder eher eine hohe Barriere ablaufen sollte.

Aufgabe 10.3

a) Furan kann durch die in der Abbildung oben gezeigte zweistufige Reaktionssequenz in 3- und 4-Position sehr gut mit Estergruppen substituiert werden. Geben Sie das zweite Edukt **A** sowie das Nebenprodukt **B** an und zeichnen Sie das Produkt **C**. Da diese Reaktionssequenz quasi symmetrisch ist, könnte man erwarten, dass es sich um eine Gleichgewichtsreaktion handelt, die nicht selektiv zum gewünschten Produkt reagiert. Wie könnte man das Gleichgewicht auf die Produktseite verschieben?

b) Furan ist ein 6-Elektronen-Aromat, der resonanzstabilisiert sein sollte. Warum reagiert Furan dennoch in Cycloadditionsreaktionen? Finden Sie die Resonanzenergien von Furan, Thiophen und Pyrrol heraus und vergleichen Sie sie mit der des Benzols.

c) Cantharidin (Abbildung Mitte) ist ein Wehr- und Locksekret verschiedener Käferarten. Es ist als „spanische Fliege" bekannt geworden, weil zermahlene Käfer wegen ihres Cantharidingehalts beim Mann Erektionen auslösen. Da es nur erigierend, aber nicht zugleich luststeigernd wirkt und der Unterschied zwischen wirksamer und letaler Dosis nicht sehr groß ist, wird es heute nicht mehr verwendet. Machen Sie einen Vorschlag für eine zweistufige Synthese und zeichnen Sie die Moleküle **D–G**.

Cantharidin

d) Schlagen Sie einmal nach, wie Cantharidin tatsächlich hergestellt wird. Sie werden feststellen, dass es recht aufwendige vielstufige Synthesewege gibt, Sie aber auch den hier gefragten kurzen Weg gehen können. Allerdings müssen Sie dann zum einen die beiden Methylgruppen des Dimethylmaleinsäureanhydrids über eine Thioetherbrücke miteinander verbinden und den ersten Reaktionsschritt bei hohem Druck durchführen. Die Reaktion funktioniert sonst nicht. Erläutern Sie, warum hoher Druck den ersten Reaktionsschritt begünstigt. Was bedeuten die Begriffe „Aktivierungsvolumen" und „Reaktionsvolumen"? Diskutieren Sie beide im Kontext mit der Cantharidinsynthese.

e) Die Reaktion unten in der Abbildung lässt sich in einer einzigen Synthesestufe bewerkstelligen. Geben Sie an, welches zweite Edukt Sie neben dem 3,6-Dimethoxy-1,2,4,5-tetrazin verwenden. Geben Sie auch für diese Reaktion an, was die Triebkraft ist.

Aufgabe 10.4

a) Führen Sie Trypticen retrosynthetisch auf 2-Aminobenzoesäure zurück. Benennen Sie bei jedem Reaktionsschritt über dem Retrosynthesepfeil die jeweils zu verwendenden Synthons.

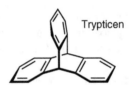

Trypticen

b) Anthracen reagiert mit guten Dienophilen in Diels-Alder-Reaktionen am mittleren Ring. Begründen Sie, warum nicht einer der beiden äußeren Ringe angegriffen wird. Ermitteln Sie dazu die Resonanzenergie von Benzol und Naphthalin, formulieren Sie die Produkte, die in der Reaktion von Anthracen mit Maleinsäureanhydrid am mittleren bzw. äußeren Ring entstehen und schätzen Sie den Energieunterschied zwischen den Produkten ab.

Aufgabe 10.5

a) In der folgenden Grafik sehen Sie eine Cycloaddition. Konstruieren Sie die Molekülorbitale der an dieser Reaktion beteiligten π-Systeme. Besetzen Sie die Orbitale mit Elektronen und bezeichnen Sie die HOMOs und LUMOs.

b) Zeichnen Sie den Übergangszustand so, dass die relative Anordnung der Reaktionspartner zueinander im Raum eindeutig zu erkennen ist. Tragen Sie geeignete

Molekülorbitale ein und belegen Sie, dass die Cycloaddition nach den Woodward-Hoffmann-Regeln thermisch erlaubt ist.

c) Sie können die gleiche Reaktion auch mit Cyclopentadien und Pyrrol durchführen, wobei die Ausbeuten in der Serie von Cyclopentadien über Furan zu Pyrrol
schlechter werden. Erklären Sie, warum dies so ist.

Aufgabe 10.6
Rachitis war eine Mangelerkrankung in den Nachkriegswintern; sie trat vor allem
bei im Wachstum befindlichen Kleinkindern, die keinen ausreichenden Zugang zu
guter Nahrung hatten, häufig auf. Schlagen Sie nach, was Rachitis ist und wie man
diese Krankheit verhindern kann. Erklären Sie auf molekularer Basis, warum es
neben einer gesunden Ernährung zumindest südlich des 52. Breitengrades auch
hilft, wenn man die Kleinkinder auch im Winter mit entblößtem Hinterteil durch
die Sonne spazieren fährt.

Vitamin D_3 bildet sich aus Ergosterol. Dabei laufen nacheinander zwei pericyclische Reaktionen ab, die eine durch Licht, die andere thermisch induziert.
Vervollständigen Sie den Weg zum Vitamin D_3. Geben Sie an, wie die beiden
Reaktionen gemäß den Woodward-Hoffman-Regeln verlaufen. Warum erfolgt der
erste Reaktionsschritt nur lichtinduziert?

Ergosterol   Vitamin D_3

Aufgabe 10.7
Methano[10]annulen ist ein 10-Elektronen-Aromat, der in der Vergangenheit einige
Berühmtheit bei der Erforschung von Aromatizität erlangt hat. Er reagiert mit zwei
Molekülen der stark rot gefärbten Azoverbindung 4-Methyl-1,2,4-triazol-2,5-dion
(MTAD) bei Raumtemperatur sehr rasch zum gezeigten Produkt. Dabei verschwin-
det die rote Farbe, und die Reaktion ist so schnell, dass man die Menge des Me-
thano[10]annulens durch Titration mit der Azoverbindung bestimmen könnte.

a) Im Verlauf dieser insgesamt dreischrittigen Reaktion finden zwei verschiedene pericyclische Reaktionen statt, wobei die letzten beiden Schritte dem gleichen Typ zuzuordnen sind. Geben Sie an, welche pericyclischen Reaktionen durchlaufen werden, wie viele π-Elektronen an der jeweiligen Reaktion beteiligt sind und was die Woodward-Hoffman-Regeln über den Verlauf der jeweiligen Reaktion vorhersagen.

b) Analysieren Sie die beiden pericyclischen Reaktionen mithilfe der Grenzorbitaltheorie und zeigen Sie, dass die Reaktion tatsächlich wie in der Zeichnung gezeigt ablaufen kann.

c) Zeichnen Sie den Übergangszustand des zweiten Reaktionsschritts so, dass die relative Anordnung der Reaktionspartner zueinander im Raum eindeutig zu erkennen ist. Tragen Sie geeignete Molekülorbitale ein und belegen Sie, dass dieser Schritt ebenfalls problemlos möglich ist.

Aufgabe 10.8

a) Geben Sie an, welchen Regeln sigmatrope Umlagerungen mit (4n) und (4n + 2) Elektronen gehorchen.

b) Um diese Regeln zu überprüfen, wurde das folgende Molekül, das senkrecht zur Papierebene liegend gezeichnet ist, hergestellt und untersucht. Es besitzt ein *(R)*-konfiguriertes Stereozentrum und eine *(E)*-Doppelbindung am anderen Ende des Moleküls. Wenn Sie dieses Molekül erwärmen, läuft eine [1,5]-sigmatrope Umlagerung ab. Sie erhalten – möglicherweise überraschend – nur die zwei gezeigten, in ihrer Stereochemie verschiedenen Produkte. Erläutern Sie anhand von Grenzorbitalbetrachtungen, warum ganz offensichtlich die Stereochemie der Doppelbindung *(E* vs. *Z)* am Ende des π-Systems und die Stereochemie am chiralen Zentrum miteinander gekoppelt sind. Diskutieren Sie, ob dieser experimentelle Befund tatsächlich so überraschend ist und ob er einen Widerspruch zu den Woodward-Hoffmann-Regeln darstellt.

Aufgabe 10.9

a) Vergleichen Sie die beim Erwärmen ablaufenden Reaktionen der vier Edukte in der folgenden Abbildung (oben). Welche Produkte **A, B, C** und **D** entstehen? Welche Klasse pericyclischer Reaktionen liegt jeweils vor?

b) Das Produkt **D**, das Sie über Analogieschlüsse aus den anderen Reaktionen ableiten können, mag Ihnen etwas seltsam vorkommen. Vielleicht hilft es Ihnen, wenn Sie sich den experimentellen Befund ansehen, der mit einem deuterierten Edukt erhalten wurde (Abbildung unten). Wie deuterieren Sie die beiden terminalen Alkine? Können Sie einen Mechanismus formulieren, der beide Isotopomere über ein gemeinsames Intermediat miteinander verbindet?

$$\text{[C]} \longrightarrow \mathbf{A} \quad \text{[C]} \longrightarrow \mathbf{B} \quad \text{[C]} \longrightarrow \mathbf{C} \quad \text{[C]} \longrightarrow \mathbf{D}$$

$$\longrightarrow \mathbf{D} \longrightarrow$$

c) Die gesuchte Reaktion ist eine Namensreaktion. Sie heißt Bergman-Cyclisierung. Bei genauerer Betrachtung stellt man fest, dass das Intermediat **D** tatsächlich ein Diradikal ist. Steht dieser Befund mit Ihrer Zuordnung für **D** in Einklang?

d) Die Bergman-Cyclisierung spielt die entscheidende Rolle bei der Antitumorwirkung von Calicheamicinen, Naturstoffen, die eine Endiin-Einheit enthalten. Schlagen Sie die Struktur von Calicheamicin γ1 nach. Sie werden erkennen, dass das Endiin-System Bestandteil eines Ringsystems ist, das neben der Endiin-Einheit auch noch ein α,β-ungesättigtes Keton und ein Trisulfid enthält. Der Wirkmechanismus ist äußerst interessant: Calicheamicin bindet in der „minor groove" der DNA-Doppelhelix. Der Angriff eines Nucleophils auf das Trisulfid setzt ein Thiolatanion frei, das intramolekular als Nucleophil in einer Michael-Addition an das α,β-ungesättigte Keton addiert und damit ein sp^2- in ein sp^3-hybridisiertes Kohlenstoffatom überführt. Diese Umhybridisierung verändert den Abstand der beiden Enden des Endiin-Systems so zueinander, dass die Bergman-Cyclisierung eingeleitet wird. Es entsteht das diradikalische Intermediat, das eine DNA-Spaltung bewirkt. Gehen Sie diese Schritte noch einmal durch und vollziehen Sie sie anhand der von Ihnen ermittelten Struktur nach. Zeichnen Sie die einzelnen Schritte auf.

Aufgabe 10.10

Das folgende Molekül heißt Bullvalen und besitzt 10 Kohlenstoffatome. Wenn Sie alle Kohlenstoffatome unterscheiden könnten, würden Sie feststellen, dass beim Erwärmen auf 100 °C 1.209.600 Isomere entstehen. Jeder Kohlenstoff kann durch Umlagerungen offensichtlich an jede Position des Moleküls gelangen.

a) Erklären Sie, wie das möglich ist. Welche Umlagerung läuft bei erhöhter Temperatur im Bullvalenmolekül schnell ab?

b) Informieren Sie sich über die Synthese von Bullvalen. Sie enthält eine ganze Serie interessanter pericyclischer Reaktionen. Gehen Sie die Syntheseroute im

Detail durch und diskutieren Sie für jede der beteiligten pericyclischen Reaktionen, zu welchem Typ sie gehört, welche Woodward-Hoffmann-Regeln dafür gelten und welche Reaktionsbedingungen Sie einhalten müssen, um zum gewünschten Ergebnis zu kommen. Analysieren Sie diese Schritte mithilfe von Grenzorbitalen.

c) Entwerfen Sie eine (wegen des astronomischen Syntheseaufwands und der hohen Kosten für isotopenmarkierte Synthesevorläufer sicher nicht realisierbare) Strategie, mit der Sie experimentell prüfen könnten, ob die Isomerisierung tatsächlich alle Kohlenstoffe auf alle Positionen verteilt. Kommen Sie zurecht, wenn Sie ^1H, ^2H (Deuterium) und ^3H (Tritium) und ^{12}C, ^{13}C und ^{14}C als Isotope zur Verfügung haben? Wenn nicht, was könnten Sie stattdessen zur Markierung verwenden?

d) Erklären Sie mithilfe einer Formel, wie Sie die Anzahl verschiedener Isomere berechnen können.

Aufgabe 10.11
Cyclopentadien reagiert mit Maleinsäureanhydrid bei Raumtemperatur bevorzugt zum *endo*-Produkt (kinetische Kontrolle), bei hoher Temperatur aber vorwiegend zum *exo*-Produkt (thermodynamische Kontrolle).

a) Wiederholen Sie das Konzept der kinetischen und thermodynamischen Reaktionskontrolle und diskutieren Sie den Einfluss der Temperatur.

b) Zur Erklärung dieses Reaktionsverhaltens haben wir sekundäre Orbitalwechselwirkungen herangezogen. Zeichnen Sie die beiden Übergangszustände, die zum *endo*- bzw. *exo*-Produkt führen und zeichnen Sie eine beliebige HOMO-LUMO-Kombination ein. Zeigen Sie daran die sekundären Wechselwirkungen auf.

c) Zeichnen Sie für die beiden Reaktionen die Potenzialenergiekurven und tragen Sie die relativen energetischen Lagen der beiden Übergangszustände und der beiden Produkte korrekt ein.

d) In der folgenden Abbildung sehen Sie die Reaktion von Cyclopentadien mit Tropon. Mit was für einer pericyclischen Reaktion haben Sie es hier zu tun? Wie viele Elektronen sind an ihr beteiligt?

e) Das einzige Produkt, das unabhängig von der Temperatur gebildet wird, ist das *exo*-Produkt, das demnach sowohl das kinetische als auch das thermodynamische Produkt sein muss. Erläutern Sie diese *exo*-Selektivität mithilfe der Betrachtung sekundärer Orbitalwechselwirkungen.

f) Zeichnen Sie auch für diese beiden Reaktionen die Potenzialenergiekurven und tragen Sie die relativen energetischen Lagen der beiden Übergangszustände und der beiden Produkte korrekt ein. Worin besteht der Unterschied zu den Potenzialenergiekurven für die Reaktion mit Maleinsäureanhydrid?

Aufgabe 10.12

a) Das Molekül in der folgenden Abbildung ist hoch gespannt. Schätzen Sie die Spannungsenergie grob aus den einzelnen Ringspannungen von Cyclopropan und Cyclobutan ab. Wird Cyclobuten eher stärker oder eher schwächer gespannt sein als Cyclobutan?

b) Es ist verlockend, das Molekül in einer elektrocylischen Ringöffnung in einen Fünfring zu überführen und so die Spannungsenergie freizusetzen. Analysieren Sie diese Ringöffnung mithilfe eines Orbitalmodells. Wie viele Elektronen sind beteiligt? Wie müsste sie nach den Woodward-Hoffmann-Regeln verlaufen? Geht das hier?

c) Statt einer elektrocylischen Ringöffnung läuft eine andere pericyclische Reaktion ab, die scheinbar zu einer Verschiebung der Methylgruppen führt. In Wahrheit wandern aber nicht die Methylgruppen, sondern der Cyclopropanring und die Doppelbindung. Welche Reaktion könnte gemeint sein?

d) Analysieren Sie auch diese Reaktion mithilfe eines Orbitalmodells. Sie können daraus Informationen über die Stereochemie erhalten. Offensichtlich bleibt das Deuteriumatom immer unter dem Vierring und tauscht niemals seine Position mit der des Wasserstoffatoms an der Spitze des Dreirings. Erklären Sie auch diesen Befund anhand Ihres Orbitalmodells.

e) Wir haben die pericyclischen Reaktionen als konzertierte Reaktionen kennengelernt. Wenn die Woodward-Hoffmann-Regeln einen Reaktionsverlauf aus Gründen der Orbitalsymmetrie verbieten, ist natürlich stets auch ein nicht konzertierter Verlauf möglich, der aber häufig hohe Barrieren aufweist. Die oben angesprochene elektrocyclische Ringöffnung zum Fünfring ist in diesem Molekül konzertiert nicht möglich. Wie sähe die analoge nicht konzertierte Reaktion aus? Was können Sie für die energetische Lage der Übergangszustände der in der Abbildung gezeigten circumambulatorischen sigmatropen Umlagerung schließen, wenn diese nicht konzertierte Reaktion nicht abläuft? Schätzen Sie ein oberes Limit für die Barriere ab.

f) Welches der in der Abbildung gezeigten Isomere ist chiral, welches achiral? Schlagen Sie nach, was man unter Pseudochiralität versteht, und benennen Sie alle vier Isomere korrekt nach IUPAC unter Beachtung der CIP-Regeln.

Aufgabe 10.13

a) Cyclopentadien reagiert mit sich selbst, wenn es in Substanz in einer Flasche gelagert wird. Daher muss es vor der Verwendung in einer Diels-Alder-Reaktion erst durch Destillation wieder aus seinem Dimer gewonnen werden. Welche Reaktion könnte hier ablaufen?

b) Sie könnten alternativ auch an eine [4 + 4]-Cycloaddition denken, die zu einem symmetrischen Cyclopentadien-Dimer führen würde. Analysieren Sie diese Reaktion mithilfe der Grenzorbitalmethode und begründen Sie, warum sie nicht abläuft.

c) Cyclobutadien haben wir im Aromaten-Kapitel kennengelernt. Es ist in Substanz nicht stabil. Wie reagiert es?

Aufgabe 10.14

Geben Sie die Hauptprodukte der folgenden, mitunter etwas weniger offensichtlichen pericyclischen Reaktionen an und analysieren Sie sie mithilfe der Grenzorbitalmethode.

a) In Reaktion (a) entstehen nur zwei Produkte. Die Stereochemie der beiden Produkte ist dabei daran gekoppelt, ob das Deuterium- oder das Wasserstoffatom des isotopenmarkierten Zentrums wandert. Welche zwei Produkte erhalten Sie? Erklären Sie diesen Befund.

b) Welche Rolle spielt das EtAlCl$_2$ in Reaktion (b)? Erläutern Sie dies mithilfe von Orbitalbetrachtungen.

c) Begründen Sie die Stereochemie, die Sie für **D**, **E** und **F** in Reaktion (c) erhalten.

d) Überlegen Sie auch für **G** in Reaktion (d) ob und, wenn ja, warum hier eine stereoselektive Reaktion erwartet werden kann.

e) Für das Produkt **I** in Reaktion (e) werden im ^{1}H-NMR-Spektrum nur drei Methylgruppensignale beobachtet. Erklären Sie, warum das so sein könnte.

Aufgabe 10.15

a) In der folgenden Abbildung sehen Sie im ersten Schritt die Addition von Chlorfluorcarben an die Doppelbindung des Bicyclus. Wie könnte diese Reaktion mechanistisch im Detail ablaufen? Welche Rolle spielt das Natriummethanolat?

b) Das Reaktionsprodukt **A** reagiert direkt weiter zum Endprodukt **C**, während **B** die analoge Reaktion zu **D** nur bei deutlich erhöhter Temperatur eingeht. Daher isolieren Sie bei Raumtemperatur nur **B** und **C**. Aus dem annähernden 1:1-Verhältnis können Sie jedoch entnehmen, dass der erste Reaktionsschritt keine deutliche Selektivität dafür besitzt, in welcher Orientierung die beiden Halogene zur mittleren Brücke stehen. Der Folgeschritt ist jedoch hoch selektiv für die Positionen der Halogene. Identifizieren Sie, welche pericyclischen Reaktionen von **A** nach **C** und von **B** nach **D** ablaufen.

c) Erklären Sie die beobachteten Selektivitäten mithilfe von Grenzorbitalbetrachtungen.

d) Warum ist der Folgeschritt aus **A** schnell, der aus **B** jedoch erheblich langsamer?

Fortgeschrittenere Retrosynthesen

11

Im letzten Kapitel sind Sie herausgefordert, meist nicht allzu schwere Retro-syntheseaufgaben selbst zu lösen. Zuvor besprechen wir aber noch einige etwas kompliziertere Retrosynthesen.

- Sie schulen dabei Ihren Blick für charakteristische Strukturelemente (Retrons) und sammeln Erfahrungen, welche Synthons bzw. Synthese-äquivalente Sie jeweils benötigen.
- Sie lernen auch den einen oder anderen möglicherweise unerwarteten Kniff, der für eine effiziente Retrosynthese hilfreich sein kann.
- Sie wenden die in Kap. 2 diskutierten Regeln an und sehen ihre konkrete Umsetzung.

11.1 Naturstoffsynthese: Prostaglandin $F_{2\alpha}$

Prostaglandine sind Gewebshormone, die eine Reihe von Stoffwechselvorgängen regulieren – darunter Blutgerinnung, Entzündungsprozesse und Schmerzwahrneh-mung. Prostaglandin $F_{2\alpha}$ (Abb. 11.1) spielt bei Säugetieren auch in der Reproduk-tion eine Rolle und wird in der Tiermedizin zur Einleitung der Geburt und zum Abbau der Gelbkörper eingesetzt.

Eine wohl recht offensichtliche erste retrosynthetische Zerlegung schneidet an der *(Z)*-Doppelbindung, die sich leicht über eine Wittig-Reaktion aufbauen lässt. Wir erhalten dadurch eine Carbonylgruppe, die jedoch in anderen Reaktions-schritten als konkurrierendes Elektrophil agieren kann und somit möglicherweise ein Selektivitätsproblem verursacht. Man muss also darauf vorbereitet sein, die Carbonylgruppe mit einer Schutzgruppe gegen den Angriff von Nucleophilen zu schützen. Eine einfache Lösung hierfür ist die Bildung eines Acetals unter Einbau

© Springer-Verlag GmbH Deutschland 2017   357
S. Leisering und C.A. Schalley, *Tutorium Reaktivität und Synthese*,
DOI 10.1007/978-3-662-53852-4_11

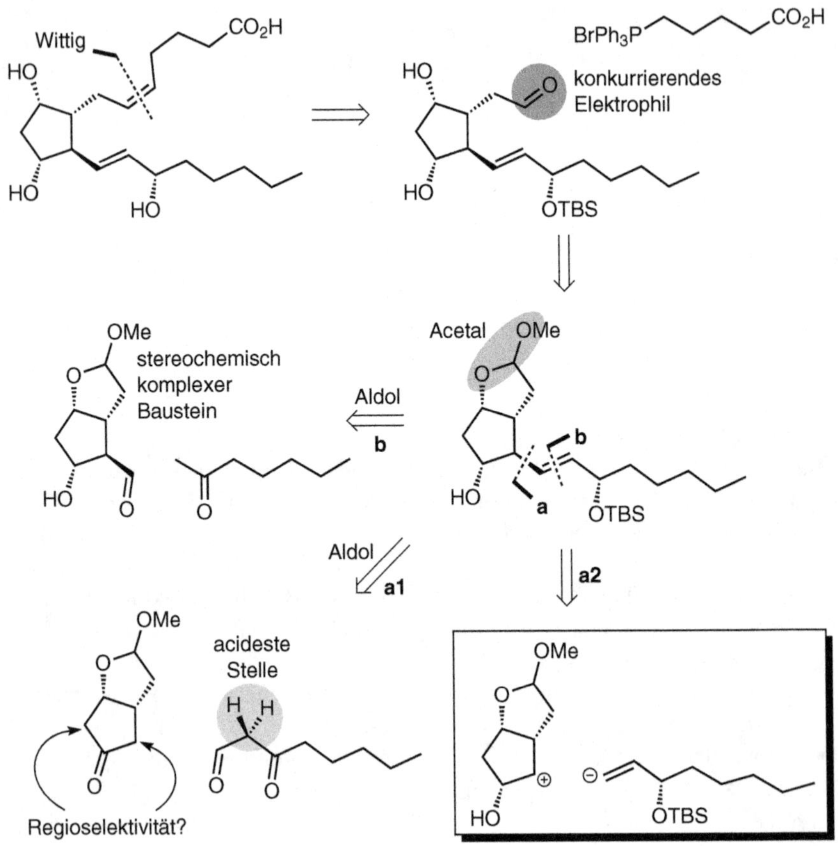

Abb. 11.1 Die ersten retrosynthetischen Zerlegungsschritte von Prostaglandin $F_{2\alpha}$

der benachbarten Hydroxylgruppe. Auf diese Weise haben wir gleich zwei funktionelle Gruppen geschützt.

Für den nächsten Schritt der Retrosynthese sind zwei unterschiedliche Schnitte, **a** oder **b**, denkbar. Analysieren wir zunächst Schnitt **b**. Erkennt man die Doppelbindung mit einer geschützten Hydroxygruppe in Allylstellung als versteckte 1,3-dioxygenierte Verbindung, ist wohl die logischste Wahl zur Umsetzung dieses Schnitts eine Aldolkondensation zwischen einem Aldehyd und einem Keton. Man erhält daraus aber einen recht komplexen Baustein mit hoher Funktionalität und komplizierter Stereochemie, dessen Synthese vermutlich nicht so einfach zu realisieren sein wird.

Betrachten wir nun die Zerlegung **a** und beginnen hier mit der Überlegung, dass man sich das Nucleophil am fünfgliedrigen Ring und das Elektrophil am Ende der abgetrennten Kette denken kann (Weg **a1**). Die hierzu passende Reaktion wäre – wieder wegen des „versteckten" – 1,3-Abstands eine Aldolkondensation. Allerdings ergeben sich mehrere Probleme. Zum einen müssen wir die

Regioselektivität der Enolatbildung kontrollieren. Zum anderen würde es sich bei unserem Elektrophil um eine 1,3-Dicarbonylverbindung handeln, deren Methylenprotonen deutlich acider sind als die in der α-Stellung des Keton-Gegenstücks. Dieser Weg ist vermutlich also auch nicht die erste Wahl.

Die zweite Variante, einen Schnitt entlang **a** zu legen, besteht darin, den fünfgliedrigen Ring zum Elektrophil und die Kette zum Nucleophil zu machen (Weg **a2**; Kasten in Abb. 11.1). Am Ende der Kette eine nucleophile Position zu erzeugen, ist in Form eines Lithiumorganyls gut möglich. Allerdings handelt es sich beim elektrophilen Gegenstück im Fünfring um ein a^2-Synthon, das eine Umpolung erfordert. Eine Möglichkeit (Abb. 11.2) wäre daher die Einführung eines Epoxids. Hier bekommen wir jedoch ein Problem mit der Regioselektivität der Ringöffnung, sodass auch dies nicht der günstigste Weg ist.

Es gibt aber eine Möglichkeit, eine solche Zerlegung dennoch elegant zu nutzen. Einen alternativen Ansatz für die Erzeugung einer elektrophilen Position im Fünfring stellt eine 1,4-Addition an das Syntheseäquivalent in der Mitte von Abb. 11.2 (Kasten) dar. Die OH-Gruppe des Fünfrings ist hier durch eine Formylgruppe ersetzt. Mithin ist also ein Kohlenstoffatom zu viel eingebaut. Aber eine Michael-Addition an die konjugierte Doppelbindung stellt die gewünschte Bindung her. Natürlich muss hier die 1,2-Addition an die Aldehydgruppe vermieden werden. Aber wir wissen ja, wie das bewerkstelligt werden kann: Man wandelt das Lithiumorganyl in ein Cuprat um, das selektiv 1,4-Additionen eingeht.

Nun bleibt natürlich noch die Frage, wie wir die Carbonylgruppe um ein C-Atom verkürzen und in den eigentlich gewünschten Alkohol umwandeln. Die Ozonolyse liefert hierfür nicht nur eine selektive, sondern auch eine elegante Möglichkeit. Für eine Ozonolyse wird eine Doppelbindung direkt am Fünfring benötigt. Passenderweise ist diese Doppelbindung sehr leicht erhältlich, indem wir das während der 1,4-Addition als Intermediat gebildete Enolat direkt fixieren, beispielsweise in Form des Silylenolethers. Eine Ozonolyse des Silylenolethers mit reduktiver Aufarbeitung liefert dann den gewünschten Alkohol. Die restliche Synthese setzt sich aus einer einfachen Acetalbildung und zwei Aldolreaktionen zusammen (Abb. 11.2, unten).

Sie lernen aus dieser Retrosynthese mehrere Aspekte: Zunächst wird klar, dass es eine ganze Reihe von Möglichkeiten gibt, ein Molekül aufzubauen. Wir haben dies anhand der Schnitte **a** und **b** deutlich gemacht. Es gibt bei Retrosynthesen also keine richtige oder falsche Lösung. Entscheidend ist, aus den vielen Zerlegungsmöglichkeiten die günstigste herauszufinden. Dabei sind viele Faktoren zu berücksichtigen: Die Anzahl der Reaktionsschritte sollte möglichst gering sein. Die einzelnen Schritte sollten möglichst kostengünstig sein, d. h., man sollte günstige Reagenzien, günstige Reaktionsbedingungen wie die Vermeidung hoher Reaktionstemperaturen, billige und einfach zu entsorgende Lösemittel und preiswerte Katalysatoren etc. verwenden – ein Umstand, der insbesondere in großtechnischen Synthesen von Bedeutung sein kann. Die einzelnen Schritte sollten mit möglichst hohen Ausbeuten und selektiv verlaufen. Darüber hinaus sehen wir am Beispiel dieser Retrosynthese aber auch, dass man mitunter zu guten Retrosynthesen kommt, wenn man bereit ist, gedanklich „aus dem System auszubrechen". Besonders gut

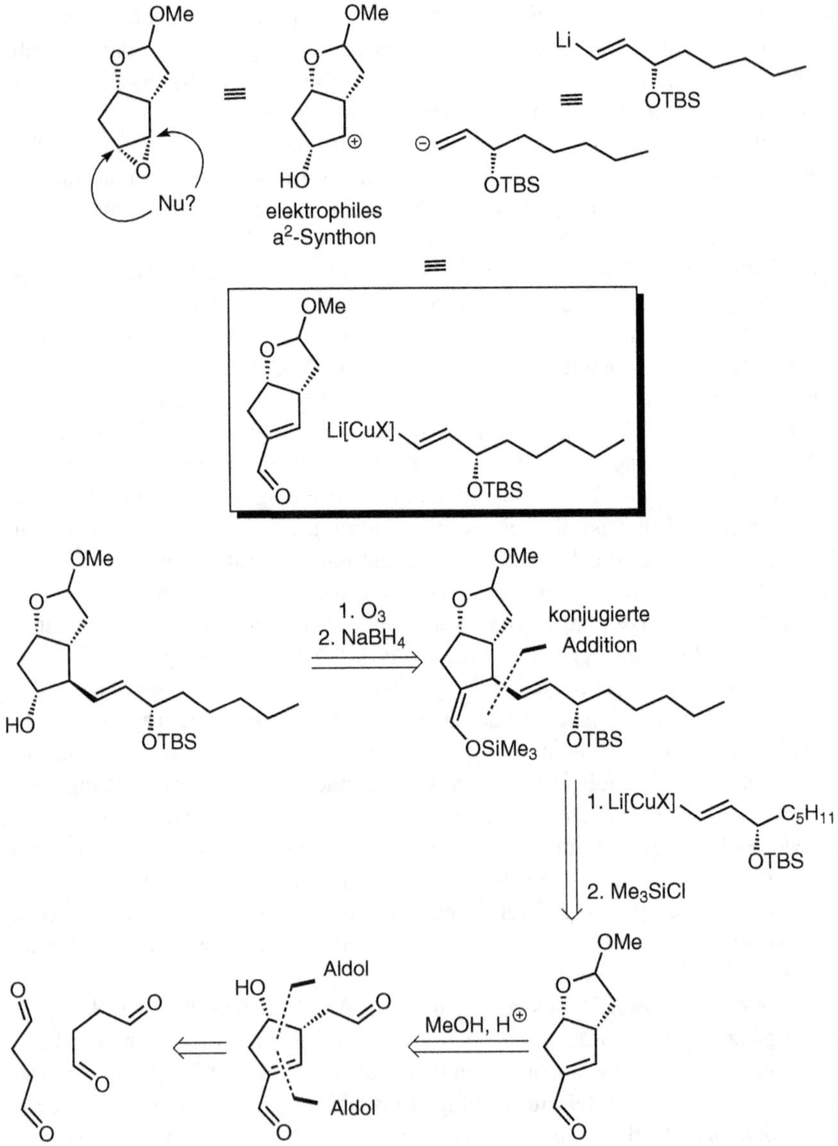

Abb. 11.2 Die weiteren retrosynthetischen Schritte auf dem Weg zum Prostaglandin $F_{2\alpha}$

ist dies hier daran zu erkennen, dass die sich so offensichtlich anbietenden Aldolkondensationen sowohl im Weg **a1** als auch im Weg **b** verworfen wurden und stattdessen ein Weg über eine ungewöhnliche „Umpolung durch Kettenverlängerung"
gewählt wurde. Schließlich wird die gezeigte Prostaglandin-Synthese auch dadurch
interessant, dass sie nahezu keine Schutzgruppen erfordert. Hier ist besonders

elegant, dass im Falle des Fünfring-Acetals im Molekül befindliche Gruppen sich gegenseitig schützen.

Vielleicht haben Sie aber auch bemerkt, auf welche Weise in dieser Prostaglandin-Retrosynthese das Wissen aus verschiedenen Kapiteln dieses Buchs zusammenspielt, etwa die normale Reaktivität in einer 1,4-Addition, die sich aber aus der Analyse ergibt, dass man sonst ein umgepoltes a^2-Synthon benötigte, und nur dadurch möglich wird, dass anschließend die Ozonolyse eine Kettenverkürzung und die Einführung der OH-Gruppe erlaubt.

Übung 11.1

a) Die gezeigte Prostaglandin-Retrosynthese und die zugehörige Synthese wurden erst vor wenigen Jahren publiziert: Coulthard G, Erb W, Aggarwal VK (2012) Nature 489:278–281. Schlagen Sie die Originalliteratur nach und formulieren Sie die Synthese in allen Details, um die einzelnen Schritte nachvollziehen zu können.

b) Formulieren Sie auch die Mechanismen der beteiligten Reaktionen und überlegen Sie, in welchen Schritten man möglicherweise einen stereoselektiven Verlauf erwarten darf.

c) Die folgende Abbildung zeigt etwas verkürzt die Schlüsselschritte einer alternativen Retrosynthese für Prostaglandin F$_{2\alpha}$, die Sie in der Literatur finden können: Kozikowski AP, Stein PD (1984) J Org Chem 49:2301–2309. Das gezeigte Zielmolekül unterscheidet sich vom Prostaglandin nur durch die Ketogruppe, die noch zum Alkohol reduziert werden muss. Arbeiten Sie diese Retrosynthese einmal genauer aus und vergleichen Sie sie mit der zuvor besprochenen. Diskutieren Sie Vor- und Nachteile beider Retrosynthesen.

SG = Schutzgruppe; Bn = Benzyl

11.2   Aufbau von Kohlenstoffgerüsten: Hirsuten, Isocomen und Longifolen

In diesem Unterkapitel beschäftigen wir uns mit drei Beispielen für Retrosynthesen von Kohlenstoffgerüsten, die reine Kohlenwasserstoffe sind und als funktionelle Gruppen lediglich eine Doppelbindung enthalten.

11.2.1   Radikalische Cyclisierungen: (±)-Hirsuten

Das erste Beispiel ist Hirsuten, ein Naturstoff, der drei annelierte, jeweils miteinander *cis*-verknüpfte Fünfringe und eine exocyclische C=C-Doppelbindung enthält (Abb. 11.3). Die Serie von Fünfringen lässt vermuten, dass zwei radikalische Ringschlussreaktionen günstig sein könnten, um die beiden äußeren Fünfringe aufzubauen. Auch die exocyclische Doppelbindung kann so leicht aus einer vor

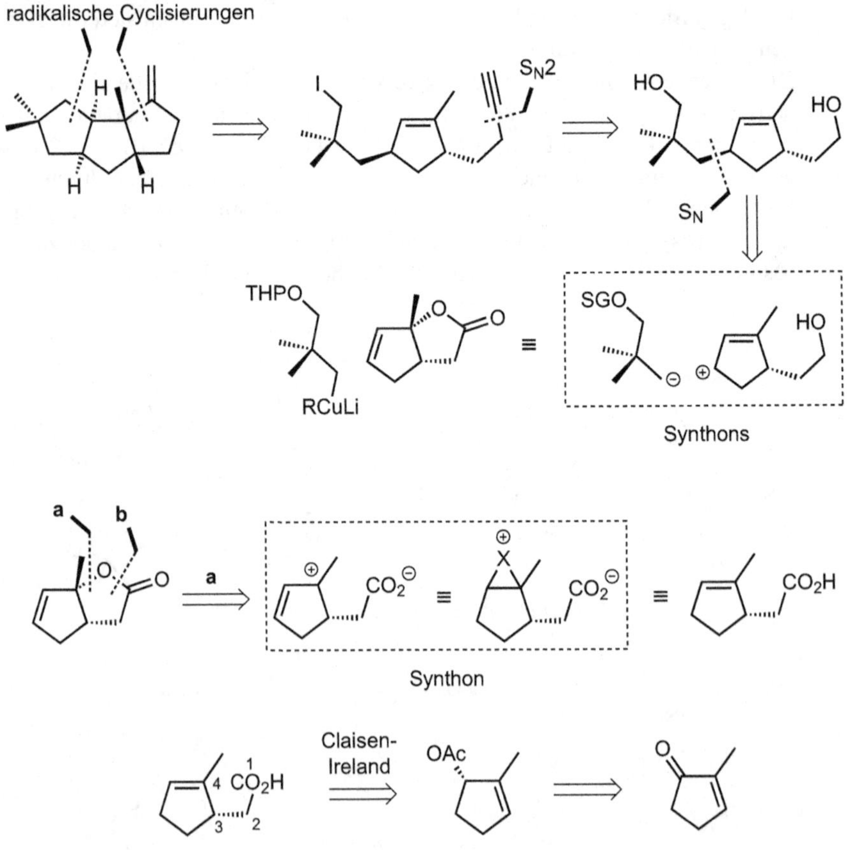

Abb. 11.3   Retrosynthetische Analyse von Hirsuten (SG = Schutzgruppe, X = Br, I)

der Cyclisierung vorhandenen terminalen Dreifachbindung erzeugt werden. Zwei Zerlegungen, die nucleophilen Substitutionsreaktionen entsprechen, führen dann zum Grundkörper, dem in Abb. 11.3 (Mitte) gezeigten Fünfring-Lacton.

Will man dieses Lacton aufbauen, sollte man sich zunächst überlegen, dass ein Carboxylat eine relativ gute Abgangsgruppe ist. Das Lacton kann also als ein Äquivalent zu einem zwitterionischen Synthon mit einem Allylkation und einem Carboxylat aufgefasst werden. Es lässt sich aus 2-(2-Methylcyclopent-2-en-1-yl)essigsäure gewinnen, indem man die Doppelbindung z. B. mit Iod zum entsprechenden Iodoniumion umsetzt, das dann in einer Iodlactonisierung den Lactonring schließt. Anschließende 1,2-Eliminierung von HI stellt die Doppelbindung in der um ein C verschobenen Position dann wieder her. 2-(2-Methylcyclopent-2-en-1-yl)essigsäure wiederum lässt sich aus kommerziell erhältlichem 2-Methyl-2-cyclopentenon durch Reduktion der Carbonylgruppe zum Alkohol, Veresterung mit Acetylchlorid und schließlich durch eine Claisen-Ireland-Umlagerung herstellen.

Übung 11.2

a) Abb. 11.3 zeigt die Schlüsselschritte der Retrosynthese. Arbeiten Sie die Retrosynthese vollständig in allen Einzelheiten aus. Geben Sie jeweils Synthons und Syntheseäquivalente an.

b) Formulieren Sie dann eine vollständige Synthese und vergleichen Sie sie mit der Literatursynthese: Curran DP, Rakiewicz DM (1985) J Am Chem Soc 107:1448–1449.

c) In Abb. 11.3 ist die Zerlegung des Fünfring-Lactons entlang Schnitt **a** gezeigt. Überlegen Sie sich eine Synthese, wenn Sie das Lacton retrosynthetisch entlang Schnitt **b** öffnen. Vergleichen Sie beide Varianten.

d) Formulieren Sie die Mechanismen der Reaktionen, die vom 2-Methyl-2-cyclopentenon zum Fünfring-Lacton führen.

11.2.2 Ringerweiterungen: (±)-Isocomen

Isocomen (Abb. 11.4) ist ebenfalls ein reiner Kohlenwasserstoff mit nur einer C=C-Doppelbindung als funktioneller Gruppe, der aus drei Fünfringen aufgebaut ist. Allerdings ist hier die radikalische Cyclisierung als Synthesestrategie nicht einfach anwendbar. Deshalb bedient man sich eines anderen Vorgehens. Die erste wichtige Erkenntnis ist, dass die Doppelbindung bei Protonierung ein tertiäres Carbokation bilden würde. Denkt man sich das rückwärts, also im retrosynthetischen Sinne, so ist ein tertiäres Kation immer auch ein recht gutes Produkt einer Wagner-Meerwein-Umlagerung. Folgt man dieser Idee, gelangt man zu dem Intermediat mit einem zentralen Vierring, der an einen Sechsring mit exocyclischer Doppelbindung anneliert ist. Vollziehen Sie diesen Schritt einmal in Syntheserichtung, und Sie werden erkennen, dass die Reaktion energetisch günstig sein sollte, da einerseits die Ringspannung des Vierrings frei wird, andererseits eine höher substituierte Doppelbindung gebildet wird.

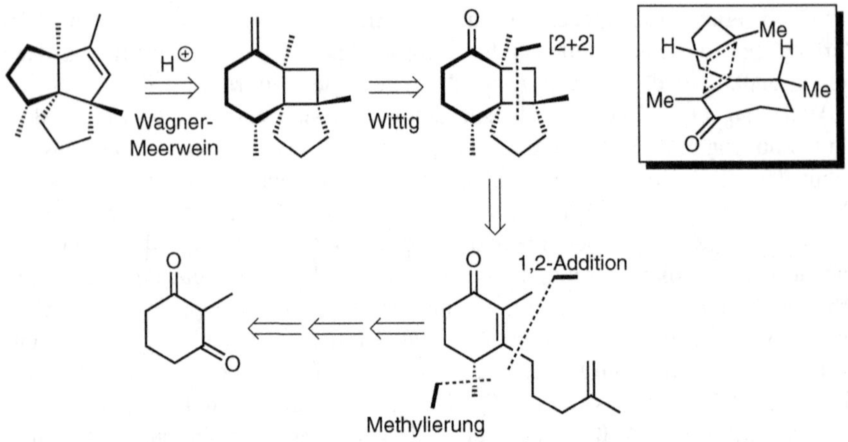

Abb. 11.4 Retrosynthetische Analyse von Isocomen mit einer Ringerweiterung durch Wagner-Meerwein-Umlagerung als finalem Schlüsselschritt

Eine exocyclische Doppelbindung kann leicht durch eine Wittig-Reaktion aus einem Keton erzeugt werden. Wenn man dann noch einbezieht, dass viergliedrige Ringe am besten durch photochemisch initiierte [2 + 2]-Cycloadditionen gebildet werden können, ist auch die nächste Zerlegung klar. Sie führt uns zurück zu einem Michael-System und einer C=C-Doppelbindung in einer Seitenkette des Moleküls.

Von dem nun vorliegenden Intermediat ist rasch klar, dass es aus 2-Methylcyclohexan-1,3-dion erhalten werden kann. Kurz gefasst, ist die Synthesesequenz hier: Schützung einer Carbonylgruppe als Acetal, Deprotonierung in α-Position zur anderen Carbonylgruppe unter Beachtung thermodynamischer vs. kinetischer Kontrolle, damit kein Selektivitätsproblem entsteht, nucleophile Addition der Seitenkette an die nicht geschützte Carbonylgruppe, beispielsweise in Form einer Grignard-Verbindung, eine Wasserabspaltung zum Michael-System und zuletzt die Entschützung des Acetals.

Der Kasten in Abb. 11.4 zeigt den Übergangszustand der [2 + 2]-Cycloaddition, aus dem klar hervorgeht, dass die relative Stereochemie aller Methylgruppen und Ringverknüpfungen festgelegt ist, wenn die im Methylierungsschritt eingeführte Methylgruppe festliegt. In dem gezeigten Übergangszustand greift die Doppelbindung der Seitenkette bevorzugt von der von der Methylgruppe abgewandten Seite aus an, da die Reaktion auf dieser Seite sterisch weniger behindert ist. Da das Edukt-Diketon achiral ist und sonst auch bei keiner Reaktion eine Stereoinduktion vorliegt, ergibt die Synthese ein Racemat.

Übung 11.3

a) Abb. 11.4 zeigt wieder vor allem die Schlüsselschritte der Retrosynthese. Arbeiten Sie die Retrosynthese auch hier vollständig in allen Einzelheiten aus, insbesondere auch den Weg vom Diketon zum letzten Intermediat vor der [2 + 2]-Cycloaddition. Geben Sie jeweils Synthons und Syntheseäquivalente an.

b) Formulieren Sie dann eine vollständige Synthese und vergleichen Sie sie mit der Literatursynthese: Pirrung MC (1979) J Am Chem Soc 101:7130–7131.

11.2.3 Ringerweiterungen: (±)-Longifolen

Schaut man sich die Struktur von Longifolen in Abb. 11.5 an, so sieht man ein recht komplexes tricyclisches Molekülgerüst, das eine einzige funktionelle Gruppe, nämlich die exocyclische Doppelbindung, trägt. Die allermeisten C–C-Knüpfungsreaktionen erfordern aber die Anwesenheit funktioneller Gruppen, die durch Aktivierung bestimmter Positionen im Molekül den selektiven Aufbau des Gerüsts ermöglichen. Wir müssen für die retrosynthetische Zerlegung des Longifolens also zunächst darüber nachdenken, wo wir funktionelle Gruppen im Molekül am besten gebrauchen können, um den Aufbau des Kohlenstoffgerüsts zu bewerkstelligen. Diese funktionellen Gruppen müssen anschließend entfernt werden können.

In Kap. 7 haben wir gesehen, dass die Carbonylgruppe eine vielfältige Reaktivität bietet, sodass die Einführung von Carbonylgruppen sicherlich eine erste gute Idee ist, die man verfolgen sollte. Will man z. B. retrosynthetisch zuerst die in der Abbildung fett gezeichnete Bindung zerlegen, bietet sich an, eine Carbonylgruppe statt der C=C-Doppelbindung im Vorläufer zu haben. Diese Carbonylgruppe lässt sich durch eine Wittig-Reaktion leicht in die C=C-Doppelbindung überführen. Zugleich befindet sich die fett gezeichnete Bindung aber in der α-Stellung zu dieser Carbonylgruppe. Wir können dort also leicht ein Nucleophil erzeugen.

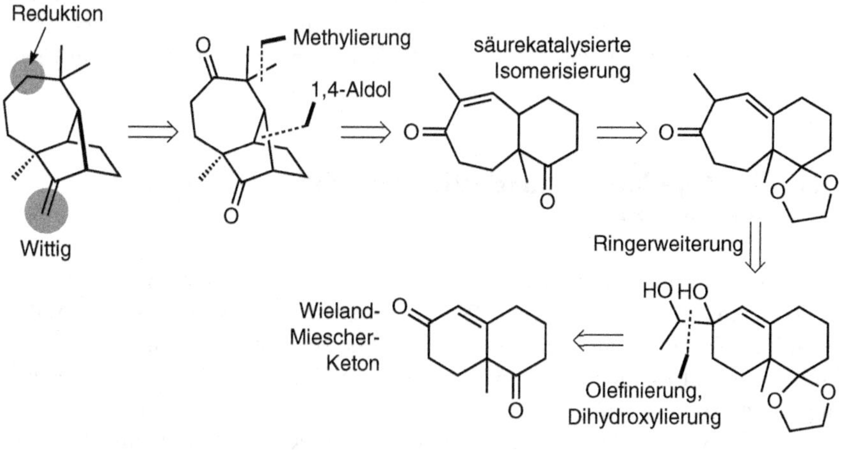

Abb. 11.5 Retrosynthetische Analyse von Longifolen

Verfolgen wir diese Idee weiter, benötigen wir am anderen Ende der Bindung ein Elektrophil. Auch das lässt sich leicht einbauen, wenn man an der Methylengruppe neben den beiden Methylgruppen (oberer grauer Kreis) eine Ketogruppe einbaut. Auch diese Ketogruppe lässt sich leicht wieder entfernen, z. B. durch Thioketalentschwefelung, Clemmensen-Reduktion oder Wolff-Kishner-Reduktion. Baut man das π-System dieser Carbonylgruppe zu einem Michael-System aus, so erhält man an der gewünschten Position eine elektrophile Position. Durch eine vinyloge Aldolreaktion können wir also die fett gezeichnete Bindung aufbauen. Retrosynthetisch haben wir den Tricyclus somit auf einen erheblich einfacheren Bicyclus zurückgeführt, der aus einem Sieben- und einem annelierten Sechsring besteht.

Dieses Diketon kann schließlich aus dem Wieland-Miescher-Keton aufgebaut werden, indem man zunächst die nicht mit der Doppelbindung konjugierte Carbonylgruppe durch eine geeignete Schutzgruppe schützt. Anschließend wird die zweite, konjugierte Carbonylgruppe durch eine Wittig-Reaktion in eine C=C-Doppelbindung überführt, die dihydroxyliert werden kann. Nun muss die sekundäre OH-Gruppe selektiv in eine Abgangsgruppe, z. B. ein Mesylat, überführt werden. Nach ihrer Abspaltung kommt es im Carbokation zu einer Semipinakol-Umlagerung, durch die der sechs- zum siebengliedrigen Ring erweitert wird. Unter Säurekatalyse kann schließlich noch die C=C-Doppelbindung in Konjugation zur Carbonylgruppe gebracht werden.

Übung 11.4

a) Arbeiten Sie auch die Retrosynthese von Longifolen vollständig aus. Geben Sie jeweils Synthons und Syntheseäquivalente an.

b) Formulieren Sie den Mechanismus der Ringerweiterungsreaktion in allen Details.

c) Durch welche Reaktion kann das Wieland-Miescher-Keton hergestellt werden? Geben Sie die nötigen Edukte an und formulieren Sie den Mechanismus.

d) Formulieren Sie die Synthese und vergleichen Sie sie mit der Literatursynthese: Corey EJ, Ohno M, Mitra RB, Vatakencherry PA (1964) J Am Chem Soc 86:478–485.

11.3   1,3-Dipolare Cycloaddition als Schlüsselschritt: Retronecin

Als letztes Beispiel soll Retronecin (Abb. 11.6) dienen, das man mit einer 1,3-dipolaren Cycloaddition eines Nitrons an eine Doppelbindung als Schlüsselschritt aufbauen kann. Um den Ringschluss des zweiten Fünfrings und die abschließende Eliminierung von Wasser zum Einbau der C=C-Doppelbindung vorzubereiten, wird das verwendete Alken auf der einen Seite durch eine Hydroxymethylgruppe substituiert, die im weiteren Verlauf dann in eine Abgangs-

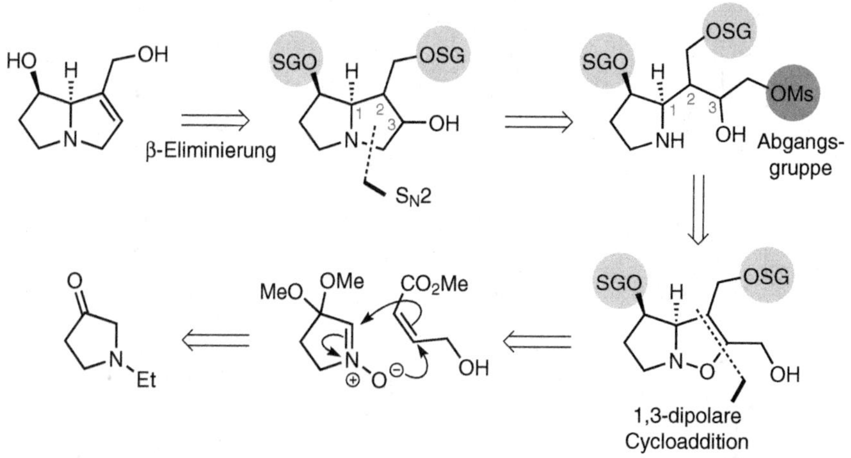

Abb. 11.6 Retrosynthetische Analyse von Retronecin mit einer 1,3-dipolaren Cycloaddition als Schlüsselschritt (SG = Schutzgruppe)

gruppe überführt werden kann, um so durch eine intramolekulare nucleophile Substitution den Ring zu schließen. In Abb. 11.6 sind drei C-Atome nummeriert, damit deutlich wird, wie der Ring geschlossen wird. Die OH-Gruppe, die schließlich für die Wassereliminierung erforderlich ist, stammt aus dem Nitron selbst, das reduktiv geöffnet wurde. Da in diesem Molekül mehrere OH-Gruppen vorkommen, muss man eine Schutzgruppenstrategie anwenden, auf die wir hier aber nicht näher eingehen wollen.

Übung 11.5

a) Arbeiten Sie auch die Retrosynthese von Retronecin vollständig aus. Geben Sie jeweils Synthons und Syntheseäquivalente an.

b) Formulieren Sie die Synthese und vergleichen Sie sie mit der Literatursynthese: Tufariello JJ, Lee GE (1980) J Am Chem Soc 102:373–374.

11.4 Trainingsaufgaben

Aufgabe 11.1

Entwickeln Sie jeweils eine Retrosynthese für die folgenden Moleküle und formulieren Sie die dazu passenden Synthons und Syntheseäquivalente. Schreiben Sie dann die Synthese inklusive der jeweiligen Mechanismen auf. Es sind jeweils Edukte angegeben, auf die Sie die gezeigten Moleküle retrosynthetisch zurückführen sollen.

a) Offensichtlich können Sie bei der Synthese von **A** wegen der dirigierenden Wirkung der OH-Gruppe nicht von Phenol ausgehen. Wie führen Sie in Molekül **A** die OH-Gruppe ein? Sie haben hierfür zwei Möglichkeiten kennengelernt. Welche scheidet hier von vornherein aus und warum?

b) Für die Retrosynthese von Molekül **C** kann es hilfreich sein, wenn Sie einmal Keto-Enol-Tautomere zeichnen, auch wenn sie energetisch vielleicht nicht so günstig sind wie der gezeigte Heterocyclus. Ersetzen Sie dann einmal die beiden Stickstoffatome isoelektronisch durch Sauerstoffe.

c) Wenn Sie bei der Synthese von Dimedon **E** Schwierigkeiten haben, überlegen Sie zunächst, wo im Zielmolekül das angegebene Edukt versteckt sein könnte und welcher Teil des Moleküls dann noch aus einem zweiten, anderen Edukt herrühren muss.

d) Die Synthese von **F** lässt sich in einer einzigen Synthesestufe realisieren, in der aber eine Abfolge zweier Reaktionen hintereinander durchlaufen wird. In einer retrosynthetischen Zerlegung betrachten Sie beide zunächst getrennt. Welche beiden Reaktionen sind dies? Sowohl die beiden Einzelreaktionen als auch die Gesamtreaktion sind Namensreaktionen. Geben Sie die Namen an.

e) Für Molekül **G** sollen Sie zwei Retrosynthesen entwerfen, die von den beiden genannten Edukten ausgehen. Wiederholen Sie noch einmal die in Kap. 2 diskutierten Regeln für gute Retrosynthesen und diskutieren Sie vergleichend die Vorzüge und Limitierungen der beiden Varianten.

f) Bei der Synthese von **I** dürfen Sie ein Racemat erzeugen. Wählen Sie aber die Reaktionen in Ihrer Synthese so aus, dass eine komplexe Mischung vieler Diastereomere vermieden wird.

Aufgabe 11.2

Stellen Sie die folgenden vier Moleküle auch hinsichtlich ihrer Regio- und Stereo-chemie möglichst selektiv her. Auch hier sind wieder Racemate erlaubt. Bei einem der Moleküle ist eine Kontrolle der Stereochemie nicht trivial. Bei welchem? Begründen Sie Ihre Wahl, indem Sie anhand des Mechanismus Ihrer Reaktion zeigen, warum die Selektivität möglicherweise nicht gegeben ist.

Aufgabe 11.3

Methano[10]annulen hat in diesem Buch ja bereits mehrfach eine Rolle gespielt. Versuchen Sie einmal, eine Retrosynthese zu entwickeln. Die folgenden Fragen sollen Ihnen dabei Hilfestellung geben.

a) Beginnen wir mit dem Zielmolekül. Neben den Diels-Alder-Reaktionen lief in der in Aufgabe 10.7 gezeigten Reaktionsfolge noch eine zweite pericyclische Reaktion ab. Welche ist dies? Beide Isomere des Methano[10]annulens liegen im Gleichgewicht vor. Auf welcher Seite liegt das Gleichgewicht? Begründen Sie Ihre Wahl.

b) Wenn Sie Methano[10]annulen mit Naphthalin vergleichen, so sehen Sie, dass beide fast das gleiche π-System mit 10 Elektronen aufweisen. Der entscheidende Unterschied ist die Länge der mittleren Brücke. Mithilfe welcher pericyclischen Reaktion können Sie einen C_1-Baustein einführen? Welche funktionelle Gruppe benötigen Sie hierfür?

c) Es wäre verlockend, diese Reaktion direkt am Naphthalin durchführen. Leider geht dies nicht, weil Naphthalin durch die aromatische Resonanzenergie zu stark stabilisiert ist. Sie müssen daher einen Umweg über das mittels der Birch-Reduktion aus Naphthalin erzeugte 1,4,5,8-Tetrahydronaphthalin gehen. Bei dieser Reaktion wird ein Aromat mithilfe von Na-Metall in flüssigem Ammoniak mit Ethanol als Protonenspender reduziert. Aus Benzol entsteht dabei das nichtkonjugierte 1,4-Cyclohexadien, aus Naphthalin das gewünschte bicyclische Trien. Wie führen Sie nun Ihren C_1-Baustein ein?

d) Die letzte zu lösende Aufgabe besteht dann noch darin, aus einem Alken ein Dien zu machen, um schließlich die richtige Anzahl an Doppelbindungen zu erhalten. Wie können Sie dies bewerkstelligen?

Aufgabe 11.4

Die Syntheseplanung für die folgenden Moleküle ist schon etwas schwieriger. Entwickeln Sie geeignete Retrosynthesen.

a) Die direkte Alkylierung von Ammoniak ist synthetisch nicht sinnvoll, da es in der Regel zu Überalkylierungen kommt und schwierig zu trennende Produktgemische entstehen. Geben Sie für Molekül **A** eine alternative Syntheseroute an, in der Sie die Symmetrie des Moleküls zumindest in der Weise nutzen, dass Sie gemeinsame Synthesevorläufer verwenden.

b) Entwickeln Sie eine Retrosynthese für Molekül **B,** in der Sie atomökonomisch nur zwei Moleküle Isopren als Kohlenstoffquelle einsetzen. Dies erlaubt Ihnen zugleich, die Synthesesequenz kurz zu halten.

c) Der Käfig **E** kann in zwei Stufen erhalten werden. Identifizieren Sie im Käfig, wo die Kohlenstoffatome des Parachinons enthalten sind.

d) Schlagen Sie nach, was Pyrethrum-Insektizide sind und welche Strukturen sie haben. Vergleichen Sie diese Strukturen mit Molekül **F.**

Aufgabe 11.5

Die folgende Abbildung zeigt die Strukturen dreier gängiger Schmerzmittel: Aspirin, Paracetamol und Ibuprofen. Sie werden in großen Mengen hergestellt, sodass jede Optimierung der Synthese sich schließlich im Gewinn des jeweiligen Pharmaunternehmens deutlich niederschlägt. Es kommt also darauf an, möglichst effiziente Synthesen zu finden.

Acetylsalicylsäure (Aspirin)   N-(4-Hydroxyphenyl)acetamid (Paracetamol)   2-(4-Isobutylphenyl)propansäure (Ibuprofen)

a) Wie würden Sie Aspirin aus Phenol herstellen? Wie können Sie atomökonomisch und mit guter Selektivität die beiden *ortho*-ständigen funktionellen

Gruppen einführen? Formulieren Sie die Mechanismen der einzelnen Reaktionsschritte.

b) Paracetamol hatten Sie bereits in Trainingsaufgabe 6.3 bearbeitet. Wiederholen Sie die Retrosynthese hier noch einmal.

c) Zum Knobeln: Ibuprofen wird ausgehend von Isobutylbenzol synthetisiert. Wie stellen Sie das Edukt her? Die Retrosynthese von Ibuprofen selbst ist deutlich komplizierter als die der anderen beiden Verbindungen. Einer der Schlüsselschritte ist eine Darzens-Glycidestersynthese. Schlagen Sie nach, was in dieser Reaktion geschieht, und entwerfen Sie eine Retrosynthese für Ibuprofen.

Aufgabe 11.6
Die folgende Abbildung zeigt zwei verschiedene Möglichkeiten, Fumagillol retrosynthetisch zu zerlegen.

a) Identifizieren Sie die Retrons, die Sie auf die Idee zu diesen beiden Zerlegungen bringen könnten.
b) Formulieren Sie die beiden Retrosynthesen möglichst vollständig aus und diskutieren Sie Vorzüge und Nachteile.
c) Formulieren Sie die entsprechenden Synthesen.

Weiterführende Literatur

Dieser Abschnitt enthält keine vollständige Literaturliste zum Inhalt des Buchs, sondern soll Hinweise auf weiterführende Literatur zu ausgewählten, in diesem Tutorium diskutierten Konzepten geben.

Aromatizität

Gleiter R, Haberhauer G (2012) Aromaticity and Other Conjugation Effects. Wiley-VCH, Weinheim
Übersicht: Schleyer PvR, Jiao H (1996) What is Aromaticity? Pure Appl Chem 68:209–218

Chiralität

Umfassend: Eliel EL, Wilen SH (1994) Stereochemistry of Organic Compounds. Wiley, Hoboken
Eliel EL, Wilen SH, Doyle MP (2001) Basic Organic Stereochemistry. Wiley, Hoboken
Hellwich K-H (2007) Stereochemie. Springer, Heidelberg
Übungsbuch hierzu: Hellwich K-H, Siebert CD (2007) Übungen zur Stereochemie. Springer, Heidelberg

Grenzorbitale und das Konzept der Erhaltung der Orbitalsymmetrie

Fleming I (2012) Grenzorbitale und Reaktionen organischer Verbindungen. Wiley-VCH, Weinheim
Übersicht: Woodward RB, Hoffmann R (1969) Die Erhaltung der Orbitalsymmetrie. Angew Chem 81:797–870
Leicht zu lesen: Hoffmann R, Woodward RB (1972) Das Konzept von der Erhaltung der Orbitalsymmetrie. Chem unserer Zeit 6:167–174

© Springer-Verlag GmbH Deutschland 2017
S. Leisering und C.A. Schalley, *Tutorium Reaktivität und Synthese*,
DOI 10.1007/978-3-662-53852-4

Namensreaktionen

Laue T, Plagens A (2006) Namen- und Schlagwort-Reaktionen der Organischen Chemie. Springer, Heidelberg

Kürti L, Czakó B (2005) Strategic Applications of Named Reactions in Organic Synthesis. Academic Press, London

Pericyclische Reaktionen

Übersicht mit einer Vielzahl gerechneter Übergangszustandsgeometrien, die den Verlauf pericyclischer Reaktionen anschaulich werden lässt: Houk KN, Yi Li J, Evanseck D (1992) Transition structures of hydrocarbon pericyclic reactions. Angew Chem 104:711–739

Radikale

Linker T, Schmittel M (1998) Radikale und Radikalionen in der Organischen Synthese. Wiley-VCH, Weinheim

Reaktionsmechanismen

Grossmann RB (2003) The Art of Writing Reasonable Organic Reaction Mechanisms. Springer, Heidelberg

Lüning U (2010) Organische Reaktionen – Eine Einführung in Reaktionswege und Mechanismen. Springer Spektrum, Heidelberg

Gómez Gallego M, Sierra MA (2004) Organic Reaction Mechanisms – 40 Solved Cases. Springer, Heidelberg

Reaktivitäts-Selektivitäts-Prinzip/HSAB-Konzept

Kritische Betrachtung des Reaktivitäts-Selektivitäts-Prinzips: Mayr H, Ofial AR (2006) Das Reaktivitäts-Selektivitäts-Prinzip: ein unzerstörbarer Mythos der organischen Chemie. Angew Chem 118:1876–1886

Kritische Betrachtung des HSAB-Konzepts: Mayr H, Breugst M, Ofial AR (2011) Abschied vom HSAB-Modell ambidenter Reaktivität. Angew Chem 123:6598–6634

Retrosynthese

Übungsbuch: Warren S (1997) Organische Retrosynthese. Teubner, Stuttgart

Warren S, Wyatt P (2008) Organic Synthesis – The Disconnection Approach. Wiley, Hoboken

Wirth T (1998) Syntheseplanung – Aber wie? Spektrum, Heidelberg

Für Fortgeschrittene: Corey EJ, Cheng X-M (1995) The Logic of Chemical Synthesis. Wiley, Hoboken

Brückner R (1989) Organisch-Chemischer Denksport. Vieweg, Wiesbaden

Umpolung

Übersicht: Seebach D (1979) Methoden der Reaktivitätsumpolung. Angew Chem 91:259–278

Wittig-Reaktion

Übersichtsartikel, der die Komplexität des Mechanismus der Wittig-Reaktion und die aktuellen Diskussionen deutlich werden lässt: Byrne PA, Gilheany DG (2013) Chem Soc Rev 42:6670–6696

Sachverzeichnis

© Springer-Verlag GmbH Deutschland 2017
S. Leisering und C.A. Schalley, *Tutorium Reaktivität und Synthese*,
DOI 10.1007/978-3-662-53852-4

Willkommen zu den Springer Alerts

- Unser Neuerscheinungs-Service für Sie:
  aktuell *** kostenlos *** passgenau *** flexibel

Springer veröffentlicht mehr als 5.500 wissenschaftliche Bücher jährlich in gedruckter Form. Mehr als 2.200 englischsprachige Zeitschriften und mehr als 120.000 eBooks und Referenzwerke sind auf unserer Online Plattform SpringerLink verfügbar. Seit seiner Gründung 1842 arbeitet Springer weltweit mit den hervorragendsten und anerkanntesten Wissenschaftlern zusammen, eine Partnerschaft, die auf Offenheit und gegenseitigem Vertrauen beruht.

Die SpringerAlerts sind der beste Weg, um über Neuentwicklungen im eigenen Fachgebiet auf dem Laufenden zu sein. Sie sind der/die Erste, der/die über neu erschienene Bücher informiert ist oder das Inhaltsverzeichnis des neuesten Zeitschriftenheftes erhält. Unser Service ist kostenlos, schnell und vor allem flexibel. Passen Sie die SpringerAlerts genau an Ihre Interessen und Ihren Bedarf an, um nur diejenigen Information zu erhalten, die Sie wirklich benötigen.

Mehr Infos unter: springer.com/alert

A14445 | Image: Tashatuvango/iStock